国家卫生健康委员会"十四五"规划教材配套教材
全国高等学校药学类专业第九轮规划教材配套教材
供药学类专业用

# 物理化学
## 学习指导与习题集

### 第 5 版

主　编　崔黎丽
副主编　王凯平　袁　悦　吴文娟
编　者　（按姓氏笔画排序）
　　　　王凯平（华中科技大学同济医学院）
　　　　刘　艳（北京大学医学部）
　　　　李　森（哈尔滨医科大学）
　　　　杨　峰（中国人民解放军海军军医大学）
　　　　吴文娟（广东药科大学）
　　　　陈　刚（复旦大学药学院）
　　　　林玉龙（河北医科大学）
　　　　袁　悦（沈阳药科大学）
　　　　栾玉霞（山东大学药学院）
　　　　崔黎丽（中国人民解放军海军军医大学）

人民卫生出版社
·北　京·

# 版权所有，侵权必究！

图书在版编目（CIP）数据

物理化学学习指导与习题集 / 崔黎丽主编 . —5 版
. —北京：人民卫生出版社，2023.7（2024.11重印）
ISBN 978-7-117-35025-9

Ⅰ. ①物…　Ⅱ. ①崔…　Ⅲ. ①物理化学 —高等学校 —
教学参考资料　Ⅳ. ①O64

中国国家版本馆 CIP 数据核字（2023）第 122916 号

| | | |
|---|---|---|
| 人卫智网 | www.ipmph.com | 医学教育、学术、考试、健康，购书智慧智能综合服务平台 |
| 人卫官网 | www.pmph.com | 人卫官方资讯发布平台 |

**物理化学学习指导与习题集**
Wuli Huaxue Xuexi Zhidao yu Xitiji
第 5 版

主　　编：崔黎丽
出版发行：人民卫生出版社（中继线 010-59780011）
地　　址：北京市朝阳区潘家园南里 19 号
邮　　编：100021
E - mail：pmph @ pmph.com
购书热线：010-59787592　010-59787584　010-65264830
印　　刷：河北环京美印刷有限公司
经　　销：新华书店
开　　本：787 × 1092　1/16　　印张：19
字　　数：474 千字
版　　次：2006 年 4 月第 1 版　　2023 年 7 月第 5 版
印　　次：2024 年11月第 2 次印刷
标准书号：ISBN 978-7-117-35025-9
定　　价：69.00 元
打击盗版举报电话：010-59787491　E-mail：WQ @ pmph.com
质量问题联系电话：010-59787234　E-mail：zhiliang @ pmph.com
数字融合服务电话：4001118166　　E-mail：zengzhi @ pmph.com

# 前　言

　　《物理化学学习指导与习题集》(第5版)是全国高等学校药学类专业第九轮规划教材《物理化学》(第9版)的配套教材。

　　演算习题是学习物理化学必不可少的重要环节。对初学者而言,学习演算习题的各种方法和技巧是非常必要的。本书的目的是引导学生通过习题的练习,加深对物理化学基本概念、基本原理和基本方法的理解,提高分析问题和解决问题的能力,并在此基础上培养学生不怕困难、攻坚克难、探索创新的精神。

　　全书共分十章,第一章至第九章由要点概览、主要公式、例题解析、习题详解和本章自测题及参考答案组成。要点概览部分,对本章的重要内容进行了扼要的归纳,所涉及的内容都是最基本的;主要公式部分,列出了相关公式、名称、意义或使用条件,便于学生掌握和正确使用;例题解析部分,选择了一些有一定难度的例题进行解析,以提高学生的综合分析能力;习题详解部分,对主干教材后的所有习题进行了详解;本章自测题则通过多种题型,对本章内容进行全面的总结,通过自测,学生可以检验自己对相关知识的掌握情况。此外,为本科生学期末考试或研究生入学考试备考,本书编入了参编学校的期末考试或研究生入学考试真题,其中还编入了一套全英文测试题,希望对学习有所帮助。

　　因编者水平所限,本教材中难免存在错误或不妥之处,诚恳希望读者批评指正。

编　者
2023年5月

# 目　录

# 第一章　热力学第一定律

## 一、要点概览

### （一）热力学基本概念

1. 系统与环境　系统是作为研究对象的物质；环境则是系统以外与系统密切相关的部分。根据系统与环境之间能量和物质交换的不同，系统可分为①敞开系统：系统与环境间既有物质交换，又有能量传递；②封闭系统：系统与环境间只有能量传递，没有物质交换；③孤立系统：系统与环境间既无物质交换，又无能量传递。

2. 系统的性质和状态

（1）系统的性质：表征系统状态的宏观物理量，分为广度性质和强度性质两类。广度性质数值大小与物质的量有关，具有加和性；强度性质数值大小与物质的量无关，不具有加和性。

（2）状态函数：由系统状态确定的各种热力学性质。状态函数有以下特点①状态函数是状态的单值函数；②状态函数的改变量只与系统的始、终态有关，与变化的途径无关；③状态函数的微小变化在数学上是全微分；④状态函数的集合（和、差、积、商）也是状态函数。

3. 过程与途径　过程是系统状态所发生的一切变化；途径是完成过程的具体步骤。

热力学常见的变化过程有①等温过程：$T_{始}=T_{终}=T_{环}$，$\Delta T=0$；②等压过程：$p_{始}=p_{终}=p_{环}$，$\Delta p=0$；③等容过程：系统的体积保持不变，$\Delta V=0$；④绝热过程：系统与环境之间没有热量传递的过程；⑤循环过程：系统始终态相同的过程。

4. 热力学平衡态　系统的性质不随时间变化的状态为热力学平衡态，同时满足下列四个平衡：热平衡、力学平衡、相平衡和化学平衡。

5. 热和功　热 $Q$ 是由系统与环境之间的温度差而引起的能量传递；功 $W$ 是除热以外，系统与环境之间其他一切被传递的能量。热力学规定：系统吸热为正，即 $Q>0$；放热为负，$Q<0$；系统对环境做功为负，即 $W<0$；环境对系统做功为正，即 $W>0$。

热和功都不是系统的性质，不是状态函数，在数学上不能用全微分的方法处理，其微小变量用 $\delta Q$、$\delta W$ 表示。

### （二）体积功与可逆过程

1. 体积功　体积功是因系统体积变化而引起的系统与环境之间交换的功。功不是状态函数，不同的过程，系统做的功不同。

2. 可逆过程　某系统经一过程之后，如果沿原途径返回，能使系统和环境都完全复原的过程称为可逆过程。可逆过程的特点是：整个过程是由一系列无限接近平衡的状态所构成；系统在可逆过程中做最大功；循原过程相反方向进行，可使系统和环境完全复原。可逆过程为一理想过程,现实中只有一些近似的可逆过程。

### （三）热力学第一定律

热力学第一定律是能量守恒定律在热力学范畴的表述,它是人类长期实践的经验总结。封闭系统中热力学第一定律的数学表达式为:$\Delta U = Q + W$ 或 $\mathrm{d}U = \delta Q + \delta W$。

鉴于化学热力学所研究系统的特殊性,一般情况下,在系统的总能量中只关注热力学能的变化。热力学能 $U$ 是系统内物质所有能量的总和,其绝对值目前仍无法确定。热力学能是系统的状态函数,具有状态函数所具有的一切性质。

### （四）焓和热容

1. 等容热、等压热和焓　焓的定义为 $H = U + pV$,焓是系统的状态函数和广度性质,具有能量的量纲。封闭系统经历一非体积功为零的等容过程,其热力学能的增量等于等容热效应,即 $\Delta U = Q_V$。若在等压非体积功为零的条件下,其焓的增量等于等压热效应,即 $\Delta H = Q_p$。焓的引出给处理许多物理和化学问题带来极大方便。

2. 热容　一个无化学变化和相变化的封闭系统,经历非体积功为零的过程,其吸收的热 $\delta Q$ 和温度的变化 $\mathrm{d}T$ 之比,被称为该系统的热容($C$)。热容与过程有关,常用的有等容热容 $C_V$ 和等压热容 $C_p$。$C$ 是温度的函数,常用的经验方程多具有下面的形式:$C_{p,m} = a + bT + cT^2$ 或 $C_{p,m} = a + bT + c'/T^2$。理想气体的等压摩尔热容与等容摩尔热容的差等于摩尔气体常数 $R$。

### （五）理想气体的热力学能和焓

理想气体的热力学能和焓都只是温度的函数,$U = f(T)$,$H = f(T)$。理想气体经绝热可逆过程,由于 $Q = 0$,因此 $\delta W = \mathrm{d}U = C_V \mathrm{d}T$,并可导出理想气体绝热可逆过程方程式。

### （六）节流膨胀

实际气体经节流膨胀后,$H$ 不发生变化。气体节流膨胀时温度随压力的变化率称为焦耳-汤姆孙系数,$\mu_{\mathrm{J-T}} = (\partial T / \partial p)_H$。当 $\mu_{\mathrm{J-T}} > 0$ 时,气体经节流膨胀后温度降低;若 $\mu_{\mathrm{J-T}} < 0$,则温度升高。

### （七）化学反应的热效应

1. 化学反应的 $\Delta_r H_m$ 和 $\Delta_r U_m$　封闭系统在非体积功为零情况下发生某化学反应,若产物与反应物温度相同,则系统所吸收或放出的热量称为该化学反应的热效应。反应进度为 1mol 时引起系统的焓变和热力学能的变化,分别称为摩尔反应焓变 $\Delta_r H_m$ 和摩尔反应热力学能的变化 $\Delta_r U_m$。

2. 赫斯定律　一个化学反应,无论是一步完成还是几步完成,其热效应($Q_p$ 或 $Q_V$)总是相同的,这就是赫斯(Hess)定律。它的前提是 $W' = 0$ 的等容或等压反应。

3. $\Delta_r H_m$ 计算

（1）标准摩尔生成焓:在标准压力和指定温度下,由最稳定单质生成 1mol 该状态下化合物的焓变称为该化合物在此温度下的标准摩尔生成焓。由反应中各物质的数据可求得反应的热效应。

（2）标准摩尔燃烧焓:在标准压力和指定温度下,1mol 某物质完全燃烧生成该状态下最稳定的氧化物或单质的焓变称为该物质在此温度下的标准摩尔燃烧焓。由反应中各物质的数据可求得反应的热效应。

（3）键焓:某化学键的键焓为该键在各种化合物中键能的平均值。用键焓可以估算 $\Delta_r H_m$。

4. 基尔霍夫定律 反应热与温度的关系可用基尔霍夫定律来表示。根据该定律可以用已知某一温度下反应的 $\Delta_r H_m(T_1)$ 求出另一温度下的 $\Delta_r H_m(T_2)$。若在温度变化的范围内系统有相的变化,应该在各相区分段使用该定律,而最终计算得到的 $\Delta_r H_m$ 还应包括相变热的影响。

## 二、主 要 公 式

| | |
|---|---|
| $\delta W=-p_e dV$ 或 $W=-\int_{V_1}^{V_2} p_e dV$ | 体积功计算式,$p_e$ 为环境压力,只有可逆过程 $p=p_e$ |
| $\Delta U=Q+W$ 或 $dU=\delta Q+\delta W$ | 热力学第一定律数学表达式,适用于非敞开系统的任意过程 |
| $H=U+pV$ | 焓的定义式,任意系统的平衡状态 |
| $\Delta H=Q_p$ | 封闭系统、等压只做体积功的焓变 |
| $\Delta U=Q_V$ | 封闭系统、等容只做体积功的热力学能变化 |
| $C=\dfrac{\delta Q}{dT}$ | 热容的定义,适用于无化学变化和相变化且非体积功为零的封闭系统 |
| $C_V=\dfrac{\delta Q_V}{dT}=\left(\dfrac{\partial U}{\partial T}\right)_V$ | 等容热容,适用于无化学变化和相变化且非体积功为零的封闭系统 |
| $C_p=\dfrac{\delta Q_p}{dT}=\left(\dfrac{\partial H}{\partial T}\right)_p$ | 等压热容,适用于无化学变化和相变化且非体积功为零的封闭系统 |
| $C_{p,m}-C_{V,m}=R$ | 理想气体 $C_{p,m}$ 与 $C_{V,m}$ 的关系 |
| $\Delta U=nC_{V,m}\Delta T$,$\Delta H=nC_{p,m}\Delta T$ | 热力学能变和焓变的计算,适用于理想气体的任意变温过程 |
| $TV^{\gamma-1}=K$,$pV^{\gamma}=K'$,$T^{\gamma}p^{1-\gamma}=K''$ | 绝热可逆过程方程,适用于理想气体、不做非体积功、$\gamma$ 为常数的过程 |
| $W=C_V(T_2-T_1)=\dfrac{p_2V_2-p_1V_1}{\gamma-1}$ | 理想气体绝热功 |
| $\mu_{J\text{-}T}=\left(\dfrac{\partial T}{\partial p}\right)_H$ | 焦耳-汤姆孙系数定义式,适用于节流过程 |
| $\xi=\dfrac{\Delta n_B}{\nu_B}$ 或 $d\xi=\dfrac{dn_B}{\nu_B}$ | 反应进度定义 |

| | |
|---|---|
| $Q_p = Q_V + (\Delta n)RT$ | 等容热效应与等压热效应的关系,视参加反应的所有气体物质为理想气体 |
| $\Delta_r H_m^{\ominus} = \sum_B \nu_B \Delta_f H_m^{\ominus}(B)$ | 由标准摩尔生成焓计算反应焓变 |
| $\Delta_r H_m^{\ominus} = -\sum_B \nu_B \Delta_c H_m^{\ominus}(B)$ | 由标准摩尔燃烧焓计算反应焓变 |
| $\Delta_r H_m^{\ominus} = \sum(\Delta_b H_m^{\ominus})_{断裂} - \sum(\Delta_b H_m^{\ominus})_{形成}$ | 键焓估算反应焓变 |
| $\Delta_{isol} H_m = \dfrac{\Delta_{isol} H}{n_B}$ | 摩尔积分溶解焓 |
| $\Delta_{dsol} H_m = \left(\dfrac{\partial H}{\partial n_B}\right)_{T,p,n_A} = \left(\dfrac{\delta Q_p}{\partial n_B}\right)_{T,p,n_A}$ | 摩尔微分溶解焓 |
| $\Delta_{idil} H_m = \dfrac{\Delta_{idil} H}{n_A}$ | 摩尔积分稀释焓 |
| $\Delta_{ddil} H_m = \left(\dfrac{\delta Q}{d n_A}\right)_{T,p,n_B} = \left(\dfrac{\partial H}{\partial n_A}\right)_{T,p,n_B}$ | 摩尔微分稀释焓 |
| $\Delta_r H_m(T_2) = \Delta_r H_m(T_1) + \int_{T_1}^{T_2} \Delta C_p dT$ | 基尔霍夫定律 |

# 三、例 题 解 析

**例1**　某大礼堂的体积为 1 000m³,室温为298K,大气压为100kPa,一次大会结束后,室温升高了5K,试问与会者对大礼堂的空气贡献的热量为多少?

**解**:若选礼堂内温度为298K 时的空气为系统,则随着温度升高,室内空气不断向外排出,系统已不是封闭系统而是敞开系统。现选取礼堂内实际存在的空气为系统,室内空气的量随着温度升高而逐渐变少。若在压力和体积维持恒定时,则

$$n = \frac{pV}{RT}$$

恒压过程热量为:

$$Q_p = \int_{T_1}^{T_2} n C_{p,m} dT = \int_{T_1}^{T_2} \left(\frac{pV}{RT} C_{p,m}\right) dT = \frac{pV}{R} C_{p,m} \ln \frac{T_2}{T_1}$$

设空气为双原子分子,$C_{p,m} = 7R/2$

$$Q_p = \frac{pV}{R} \times \frac{7R}{2} \times \ln \frac{T_2}{T_1} = 100 \times 10^3 \times 1\ 000 \times \frac{7}{2} \times \ln \frac{303}{298} = 5\ 823.76 \text{kJ}$$

**例2** 2mol 理想气体 $N_2$ 经一可逆循环过程（图1-1），其中 A 状态为 $2p^{\ominus}$，$V=0.01m^3$；B 状态为 $2p^{\ominus}$，$V=0.02m^3$；C 状态为 $p^{\ominus}$，$V=0.02m^3$；过程（3）为等温过程。分别计算各个步骤及整个循环过程的 $Q$、$W$、$\Delta U$ 和 $\Delta H$。

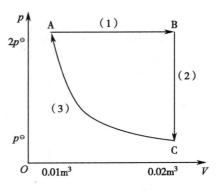

图1-1 例题2图

**解**：设 $N_2$ 为理想气体，$pV=nRT$，$C_{V,m}=\dfrac{5}{2}R$，

$C_{p,m}=\dfrac{7}{2}R$。

过程（1）为等压过程

$$W_1=-\int p_e dV=-p_e(V_2-V_1)$$

$$=-200\ 000\times(0.02-0.01)=-2\ 000.0J$$

$$T_1=\frac{p_1V_1}{nR}=\frac{200\ 000\times0.01}{2\times8.314}=120.28K$$

$$T_2=\frac{p_2V_2}{nR}=\frac{200\ 000\times0.02}{2\times8.314}=240.56K$$

$$\Delta H_1=Q_p=Q_1=nC_{p,m}(T_2-T_1)$$

$$=2\times\frac{7}{2}\times8.314\times(240.56-120.28)=7\ 000J$$

所以
$$\Delta U_1=Q_1+W_1=7\ 000-2\ 000=5\ 000J$$

过程（2）为等容过程，$W_2=0$，$T_3=T_1=120.28K$

$$Q_2=\Delta U_2=nC_{V,m}(T_3-T_2)=2\times\left(\frac{5}{2}\times8.314\right)\times(120.28-240.56)=-5\ 000J$$

$$\Delta H_2=nC_{p,m}(T_3-T_2)=2\times\left(\frac{7}{2}\times8.314\right)\times(120.28-240.56)=-7\ 000J$$

过程（3）为等温可逆过程，因此 $\Delta U_3=0$，$\Delta H_3=0$。

$$W_3=-\int_{V_3}^{V_1}p_e dV=-\int_{V_3}^{V_1}pdV=-nRT\ln\frac{V_1}{V_3}=-2\times8.314\times120.28\times\ln\frac{0.01}{0.02}=1\ 386J$$

$$Q_3=-W_3=-1\ 386J$$

整个循环过程：

$$\Delta U=0, \Delta H=0$$

$$W=W_1+W_2+W_3=-2\ 000+1\ 386=-614J$$

$$Q=-W=614J$$

**例3** 试计算在101.325kPa 及351K（乙醇的沸点），$1m^3$ 乙醇蒸气（视作理想气体）完全变成液体的 $\Delta U$ 和 $\Delta H$。已知乙醇的汽化热为 39.47kJ/mol。

**解**：此过程是等温等压下的可逆相变过程。乙醇蒸气视为理想气体，则

$$n=\frac{pV}{RT}=\frac{101\ 325\times1}{8.314\times351}=34.72mol$$

$$\Delta H=Q_p=(-39.47)\times34.72=-1\ 370.4kJ$$

$$W=-p_e(V_1-V_g)=p_eV_g=101\ 325\times1=101.3kJ（因为 V_g\gg V_1）$$

$$\Delta U = Q + W = -1\,370.4 + 101.3 = -1\,269.1\text{kJ}$$

**例 4**    1mol $N_2$,始态压力为 202.65kPa,体积为 11.2L,经 $TV$ 为一常数的可逆过程膨胀至 22.4L。计算系统所做的功及 $\Delta U$、$\Delta H$。($N_2$ 可视为理想气体。)

**解:** $\because TV = B$,$\therefore V = B/T$,$\text{d}V = \text{d}(B/T) = -B/T^2\text{d}T$

$$W = -\int_{V_1}^{V_2} p_e \text{d}V = -\int_{V_1}^{V_2} p\text{d}V = -\int_{V_1}^{V_2} \frac{nRT}{V}\text{d}V = -\int_{T_1}^{T_2} \frac{nRT^2}{B}\left(\frac{-B}{T^2}\right)\text{d}T$$

$$= nR\int_{T_1}^{T_2}\text{d}T = nR(T_2 - T_1)$$

$$T_1 = \frac{p_1 V_1}{nR} = \frac{202.65 \times 11.2}{1 \times 8.314} = 273\text{K}$$

$$\because T_1 V_1 = T_2 V_2 \quad \therefore T_2 = \frac{T_1 V_1}{V_2} = \frac{273 \times 11.2}{22.4} = 136.5\text{K}$$

代入上式,得:$W = 8.314 \times (136.5 - 273) = -1\,135\text{J}$

$$\Delta U = nC_{V,\text{m}}(T_2 - T_1) = 1 \times \frac{5}{2} \times 8.314 \times (136.5 - 273) = -2\,837\text{J}$$

$$\Delta H = nC_{p,\text{m}}(T_2 - T_1) = 1 \times \frac{7}{2} \times 8.314 \times (136.5 - 273) = -3\,972\text{J}$$

**例 5**    试证明 $C_p - C_V = \left[\left(\dfrac{\partial U}{\partial V}\right)_T + p\right]\left(\dfrac{\partial V}{\partial T}\right)_p$

**证明:** $C_p = \left(\dfrac{\partial H}{\partial T}\right)_p$,$C_V = \left(\dfrac{\partial U}{\partial T}\right)_V$,$H = U + pV$

$$C_p - C_V = \left(\frac{\partial H}{\partial T}\right)_p - \left(\frac{\partial U}{\partial T}\right)_V = \left(\frac{\partial U}{\partial T}\right)_p + p\left(\frac{\partial V}{\partial T}\right)_p - \left(\frac{\partial U}{\partial T}\right)_V \qquad \text{式}(1\text{-}1)$$

对 $U = f(T, V)$ 全微分,得:$\text{d}U = \left(\dfrac{\partial U}{\partial T}\right)_V \text{d}T + \left(\dfrac{\partial U}{\partial V}\right)_T \text{d}V$

定 $p$ 对 $T$ 微分,得:
$$\left(\frac{\partial U}{\partial T}\right)_p = \left(\frac{\partial U}{\partial T}\right)_V + \left(\frac{\partial U}{\partial V}\right)_T \left(\frac{\partial V}{\partial T}\right)_p \qquad \text{式}(1\text{-}2)$$

将式(1-2)代入式(1-1),得:

$$C_p - C_V = \left(\frac{\partial U}{\partial T}\right)_V + \left(\frac{\partial U}{\partial V}\right)_T \left(\frac{\partial V}{\partial T}\right)_p + p\left(\frac{\partial V}{\partial T}\right)_p - \left(\frac{\partial U}{\partial T}\right)_V$$

$$C_p - C_V = \left[\left(\frac{\partial U}{\partial V}\right)_T + p\right]\left(\frac{\partial V}{\partial T}\right)_p$$

**例 6**    在一具有无摩擦活塞的绝热气缸内,有 5mol 双原子理想气体,压力为 1 013.25kPa,温度为 298.2K。

(1)若该气体绝热可逆膨胀至 101.325kPa,计算系统所做的功。

(2)若外压从 1 013.25kPa 骤减至 101.325kPa,系统膨胀所做的功为多少?

**解:**(1)双原子理想气体:$C_{V,\text{m}} = \dfrac{5}{2}R$,$C_{p,\text{m}} = \dfrac{7}{2}R$,$\gamma = \dfrac{C_{p,\text{m}}}{C_{V,\text{m}}} = 1.4$

因为绝热可逆膨胀,则 $T^\gamma p^{1-\gamma} = K$,$T_2^\gamma = T_1^\gamma p_1^{1-\gamma}/p_2^{1-\gamma}$

$$T_2 = [298^{1.4} \times (1\,013.25/101.325)^{-0.4}]^{1/1.4} = 154.4\text{K}$$

绝热 $Q=0$,∴ $W=\Delta U=nC_{V,m}(T_2-T_1)$

$$W=5\times\frac{5}{2}\times8.314\times(154.4-298.2)=-14.94kJ$$

(2)对抗恒定外压101.325kPa绝热膨胀,$Q=0$,$W=\Delta U$

$$W=-p_e(V_2-V_1)=-p_e\left(\frac{nRT_2}{p_2}-\frac{nRT_1}{p_1}\right)=-5\times8.314\times\left(T_2-\frac{298.2}{10}\right)$$

$$\Delta U=nC_{V,m}(T_2-T_1)=5\times\frac{5}{2}\times8.314\times(T_2-298.2)$$

$$T_2=221.5K$$

$$W=-5\times8.314\times\left(221.5-\frac{298.2}{10}\right)=-7.97kJ$$

**例7**　298K时,将0.126 5g蔗糖样品放在弹式量热计中燃烧,反应完成后温度升高1.743K。若用电热丝加热该系统,在电压为5.0V,电流密度为0.50A的情况下加热12分15秒,温度升高1.538K。试计算:

(1)量热计的总热容是多少?

(2)蔗糖的燃烧热是多少?

(3)试从蔗糖的燃烧热及其他有关数据计算蔗糖的标准生成焓。

**解**:(1)所做的电功全部转化为热

系统的热容:$C=\dfrac{0.5\times5\times(12\times60+15)}{1.538}=1\ 194.7J/K$

(2)蔗糖的燃烧反应为:$C_{12}H_{22}O_{11}(s)+12O_2(g)\!=\!\!=\!\!=\!12CO_2(g)+11H_2O(l)$

$M_{蔗糖}=342$,$n=\dfrac{0.126\ 5}{342}$,则

$$Q_V=-\frac{1\ 194.7\times1.743}{n}=-5\ 630kJ/mol$$

反应的 $\Delta n=0$,$\Delta_c H_m^\ominus=Q_p=Q_V=-5\ 630kJ/mol$

(3)查表得:$CO_2$ 和 $H_2O$ 的标准摩尔生成热分别为$-393.5kJ/mol$ 和$-285.83kJ/mol$,则

$$\Delta_r H_m^\ominus=12\times\Delta_f H_{CO_2}+11\times\Delta_f H_{H_2O}-\Delta_f H_{蔗糖}-12\times\Delta_f H_{O_2}=-5\ 630kJ/mol$$

$$\Delta_f H_{蔗糖}^\ominus=5\ 630+12\times(-393.5)+11\times(-285.83)=-2\ 236.13kJ/mol$$

**例8**　已知298K时,$H_2(g)+\frac{1}{2}O_2(g)\!=\!\!=\!\!=\!H_2O(l)$的反应热 $\Delta_r H_m$ 为$-285.83kJ/mol$,$H_2(g)$、$O_2(g)$、$H_2O(l)$、$H_2O(g)$的热容分别为 $29.07-0.84\times10^{-3}T$, $31.46+3.34\times10^{-3}T$, $74.48$ 和 $30.36+9.61\times10^{-3}T$ J/(K·mol)。水的摩尔汽化热为40.6kJ/mol。试计算该反应在500K时的 $\Delta_r H_m$。

**解**:由于水在500K时已经气化,所以应分段计算。

(1)298K→373K

$$\Delta C_p=74.48-(29.07-0.84\times10^{-3}T)-\frac{1}{2}\times(31.46+3.34\times10^{-3}T)$$

$$=29.68-0.83\times10^{-3}T$$

$$\Delta H_1=\int_{298}^{373}(29.68-0.83\times10^{-3}T)\mathrm{d}T$$

$$= 29.68 \times (373-298) - \frac{1}{2} \times 0.83 \times 10^{-3} \times (373^2 - 298^2) = 2\ 205\text{J}$$

(2) $373\text{K}, H_2O(l) \longrightarrow H_2O(g)$

$$\Delta H_2 = 40.6\text{kJ}$$

(3) $373\text{K} \rightarrow 500\text{K}$

$$\Delta C_p = 30.36 + 9.61 \times 10^{-3}T - (29.07 - 0.84 \times 10^{-3}T) - \frac{1}{2} \times (31.46 + 3.34 \times 10^{-3}T)$$

$$= -14.44 + 8.78 \times 10^{-3}T$$

$$\Delta H_3 = \int_{373}^{500} (-14.44 + 8.78 \times 10^{-3}T)\,dT$$

$$= -14.44 \times (500-373) + \frac{1}{2} \times 8.78 \times 10^{-3} \times (500^2 - 373^2) = -1\ 347\text{J}$$

$$\Delta_r H_{m,500} = \Delta_r H_{m,298} + \Delta_r H_1 + \Delta_r H_2 + \Delta_r H_3$$

$$= -285.84 + 2.205 + 40.6 + (-1.347) = -244.37\text{kJ/mol}$$

**例 9**　根据实验测得 $1\text{mol }H_2SO_4$ 溶于 $n_1\text{mol}$ 水中时,溶解热 $\Delta_{isol}H$ 可用下式表示

$$\Delta_{isol}H = -\frac{an_1}{b+n_1}$$

式中,$a = 7.473 \times 10^4\text{J}$,$b = 1.798\text{mol}$。试求:

(1)积分溶解热,用 $1\text{mol }H_2SO_4$ 溶于 $10\text{mol}$ 水中。

(2)积分稀释热,在上述溶液中再加 $10\text{mol}$ 水。

**解:**(1) $\Delta_{isol}H = -\dfrac{an_1}{b+n_1}$

$$= -\frac{7.473 \times 10^4 \times 10}{1.798 + 10} = -6.334 \times 10^4\text{J}$$

(2) $\Delta_{idil}H = -\dfrac{7.473 \times 10^4 \times 20}{1.798 + 20} - \left(-\dfrac{7.473 \times 10^4 \times 10}{1.798 + 10}\right) = -5\ 225\text{J}$

**例 10**　在 $298.15\text{K}$、$p^{\ominus}$ 下,单位反应 $C(s) + \frac{1}{2}O_2(g) \Longrightarrow CO(g)$ 若经过以下两条途径:

(1)等温等压下的化学反应,已知单位反应放热 $110.52\text{kJ/mol}$;(2)若反应在原电池中进行,对环境作电功 $60.15\text{kJ/mol}$。求两途径的 $Q$、$W$、$\Delta U$、$\Delta H$。

**解:**(1)等温、等压无其他功的条件下进行单位化学反应

$$Q_1 = -110.52\text{kJ/mol}$$

$$W_1 = -\int_{V_1}^{V_2} p_e\,dV = -p(V_2 - V_1) = -(n_2 - n_1)RT$$

$$= -(1-0.5) \times 8.314 \times 298.15 = -1.24\text{kJ/mol}$$

$$\Delta U_1 = Q_1 + W_1 = -110.52 - 1.24 = -111.76\text{kJ/mol}$$

$$\Delta H_1 = Q_p = Q_1 = -110.52\text{kJ/mol}$$

(2)等温、等压有电功的条件下进行单位化学反应

$$W_2 = W + W' = -1.24 - 60.15 = -61.39\text{kJ/mol}$$

因途径(1)和(2)的始、终态相同,所以状态函数改变值应相等,即

$$\Delta U_2 = -111.76\text{kJ/mol}, \ \Delta H_2 = -110.52\text{kJ/mol}$$

途径（2）的 $Q_2$ 是在有其他功的条件下进行的,故不等于途径（1）的 $Q_p$,也不等于 $\Delta H_2$。它的值由第一定律求出,即

$$Q_2 = \Delta U_2 - W_2 = -111.76 + 61.39 = -50.37 \text{kJ/mol}$$

# 四、习题详解（主干教材）

1. （1）若某系统从环境接受了 160kJ 的功,热力学能增加了 200kJ,则系统将吸收或是放出了多少热量?（2）如果某系统在膨胀过程中对环境做了 100kJ 的功,同时系统吸收了 260kJ 的热,则系统热力学能变化为多少?

**解:**（1）因为 $W = 160 \text{kJ}$,$\Delta U = 200 \text{kJ}$

$$\therefore Q = \Delta U - W = 200 - 160 = 40 \text{kJ}$$

（2）因为 $W = -100 \text{kJ}$,$Q = 260 \text{kJ}$,所以

$$\Delta U = Q + W = 260 - 100 = 160 \text{kJ}$$

2. 试证明 1mol 理想气体在等压下升温 1K 时,气体与环境交换的功等于摩尔气体常数 $R$。

**解:**因为是理想气体的等压过程,所以

$$W = -p(V_2 - V_1) = -p\left(\frac{nRT_2}{p} - \frac{nRT_1}{p}\right) = -R$$

3. 已知冰和水的密度分别为 $0.92 \times 10^3 \text{kg/m}^3$ 和 $1.0 \times 10^3 \text{kg/m}^3$,现有 1mol 的水发生如下变化:

（1）在 373.15K、101.325kPa 下蒸发为水蒸气,且水蒸气可视为理想气体。

（2）在 273.15K、101.325kPa 下变为冰。

试求上述过程系统所做的体积功。

**解:**设水的密度和温度无关。

$$(1)\ W = -\int_{V_1}^{V_g} p_e \mathrm{d}V = -p_e(V_g - V_1) = -p_e\left(\frac{nRT}{p} - \frac{n \times M}{d_1}\right)$$

$$= -101\ 325 \times \left(\frac{1 \times 8.314 \times 373.15}{101\ 325} - \frac{1 \times 1.8 \times 10^{-2}}{1.0 \times 10^3}\right) = -3\ 100 \text{J}$$

$$(2)\ W = -\int_{V_1}^{V_s} p_e \mathrm{d}V = -p_e(V_s - V_1) = -p_e\left(\frac{n \times M}{d_s} - \frac{n \times M}{d_1}\right)$$

$$= -101\ 325 \times 1.8 \times 10^{-2} \times \left(\frac{1}{0.92 \times 10^3} - \frac{1}{10 \times 10^3}\right) = -0.16 \text{J}$$

4. 设某 $60 \text{m}^3$ 房间内装有一空调,室温为 288K。今在 100kPa 下要将温度升高到 298K,试求需要提供多少热量? 假设其平均热容 $C_{p,\mathrm{m}} = 29.30 \text{J/(mol · K)}$,空气为理想气体,墙壁为绝热壁。

**解:**若欲保持 $p$、$V$ 恒定,由 $pV = nRT$ 可知,随 $T$ 升高,物质的量 $n$ 也随之而变。即若选 $n = f(T)$ 的敞开系统,则

$$Q_p = \int_{T_1}^{T_2} nC_{p,\mathrm{m}} \mathrm{d}T = \int_{T_1}^{T_2} \frac{pVC_{p,\mathrm{m}}}{RT} \mathrm{d}T = \frac{C_{p,\mathrm{m}}pV}{R} \ln \frac{T_2}{T_1}$$

$$= \frac{29.30 \times 100\ 000 \times 60}{8.314} \ln \frac{298}{288} = 721.7 \text{kJ}$$

5. 1mol 理想气体从 373.15K、0.025m³ 经下述 4 个过程变为 373.15K、0.1m³：

（1）向真空膨胀。

（2）恒外压为终态压力下膨胀。

（3）等温下，先在外压恒定为气体体积等于 0.05m³ 的压力下膨胀至 0.05m³ 后，再在恒定外压等于终态压力下膨胀至 0.1m³。

（4）等温可逆膨胀。

求上述过程系统所做的体积功，并比较结果，说明什么？

**解：**（1）$W = -\int_{V_1}^{V_2} p_e \mathrm{d}V = -p_e(V_2 - V_1) = -0 \times (V_2 - V_1) = 0$

（2）$W = -\int_{V_1}^{V_2} p_e \mathrm{d}V = -p_e(V_2 - V_1) = -\dfrac{nRT}{V_2} \times (V_2 - V_1)$

$$= -\frac{1 \times 8.314 \times 373.15}{0.1} \times (0.1 - 0.025) = -2\,327\mathrm{J}$$

（3）$W = -\dfrac{1 \times 8.314 \times 373.15}{0.05} \times (0.05 - 0.025) - \dfrac{1 \times 8.314 \times 373.15}{0.1} \times (0.1 - 0.05)$

$$= -3\,102\mathrm{J}$$

（4）$W = -\int_{V_1}^{V_2} p_e \mathrm{d}V = -\int_{V_1}^{V_2} p \mathrm{d}V = -nRT \ln \dfrac{V_2}{V_1}$

$$= -1 \times 8.314 \times 373.15 \ln \frac{0.1}{0.025} = -4\,301\mathrm{J}$$

计算结果说明，虽然始终态相同，但过程不同系统所做的功就不同，其中以等温可逆膨胀过程所做的功最大。

6. 在一个带有无重量无摩擦活塞的绝热圆筒内充入理想气体，圆筒内壁上绕有电炉丝。通电时气体缓慢膨胀，设为等压过程。若（1）选理想气体为系统；（2）选电阻丝和理想气体为系统。两过程的 $Q$、$\Delta H$ 分别是等于、小于还是大于零？

**解：**（1）因为是等压过程且非体积功为零，所以 $Q_p = \Delta H > 0$（吸热）

（2）$Q = 0$；因为非体积功不为零，所以 $\Delta H = W_{电功} > 0$

7. 分别判断下列各过程中的 $Q$、$W$、$\Delta U$ 和 $\Delta H$ 为正、为负还是为零？

（1）理想气体自由膨胀。

（2）理想气体等温可逆膨胀。

（3）理想气体节流膨胀。

（4）理想气体绝热、反抗恒外压膨胀。

（5）水蒸气通过蒸汽机对外做出一定量的功之后恢复原态，以水蒸气为系统。

（6）水（101 325Pa，273.15K）——→冰（101 325Pa，273.15K）。

（7）在充满氧的定容绝热反应器中，石墨剧烈燃烧，以反应器及其中所有物质为系统。

**解：**（1）因为 $p_e = 0$，所以 $W = 0$；又因为 $Q = 0$，所以 $\Delta U = \Delta H = 0$。

（2）理想气体等温可逆膨胀，所以 $\Delta U = 0$，$\Delta H = 0$。$W = -nRT \ln \dfrac{V_2}{V_1} < 0$，$Q = -W > 0$。

（3）因为 $\Delta T = 0$，所以 $\Delta U = \Delta H = 0$。又因为绝热 $Q = 0$，所以 $W = 0$。

（4）因为绝热 $Q = 0$，$W = -p_e \Delta V$，$\Delta V > 0$，故 $W < 0$；$\Delta U = Q + W = 0 + W < 0$，又因为 $\Delta T < 0$，所以

$\Delta H = C_p \Delta T < 0$。

（5）系统对外做功，故 $W < 0$；因系统经循环后恢复原态，状态函数都恢复原值，所以 $\Delta U = 0$，$\Delta H = 0$，又据 $Q = \Delta U - W$，所以 $Q > 0$。

（6）$W = -p_e \Delta V = -p_e (V_s - V_1)$，因为冰的体积大于水的体积，即 $V_s > V_1$，所以 $W < 0$；又因为水凝固放热，故 $Q < 0$；则 $\Delta U = Q + W < 0$；$\Delta H = Q < 0$。

（7）因为绝热、恒容，所以 $Q = 0$，$W = 0$，则 $\Delta U = 0$；系统内发生反应 $C(s) + O_2(g) \longrightarrow CO_2(g)$，由反应式可知，系统内的气体分子数保持不变，但随着反应的绝热进行，系统的温度升高，压力增大，而体积不变，因此：

$$\Delta H = \Delta U + \Delta(pV) = \Delta U + V\Delta p, \quad \Delta p > 0, \quad \Delta U = 0, \quad 故 \quad \Delta H > 0。$$

8. 已知 $H_2(g)$ 的 $C_{p,m} = (29.07 - 0.836 \times 10^{-3}T + 2.01 \times 10^{-6}T^2)$ J/(K·mol)，现将 1mol 的 $H_2(g)$ 从 300K 升至 1 000K，试求：

（1）等压升温吸收的热及 $H_2(g)$ 的 $\Delta H$。

（2）等容升温吸收的热及 $H_2(g)$ 的 $\Delta U$。

**解**：（1）$Q_p = \Delta H = \int nC_{p,m}\mathrm{d}T$

$$= \int_{300}^{1\,000} (29.07 - 0.836 \times 10^{-3}T + 2.01 \times 10^{-6}T^2)\,\mathrm{d}T$$

$$= 29.07 \times (1\,000 - 300) - \frac{0.836 \times 10^{-3}}{2} \times (1\,000^2 - 300^2) + \frac{2.01 \times 10^{-6}}{3} \times (1\,000^3 - 300^3)$$

$$= 20\,620.5\text{J}$$

（2）$Q_V = \Delta U = \Delta H - \Delta(pV) = \Delta H - nR\Delta T$

$$= 20\,620.5 - 1 \times 8.314 \times (1\,000 - 300) = 14\,800.7\text{J}$$

9. 在 273K 和 500kPa 条件下，2L 的双原子理想气体系统以下述两个过程等温膨胀至压力为 100kPa，求 $Q$、$W$、$\Delta U$ 和 $\Delta H$。

（1）可逆膨胀。

（2）对抗恒外压 100kPa 膨胀。

**解**：$n = \dfrac{pV}{RT} = \dfrac{5 \times 10^5 \times 2 \times 10^{-3}}{8.314 \times 273} = 0.440\,6\text{mol}$

（1）理想气体等温可逆膨胀，则 $\Delta U = \Delta H = 0$

$$W_1 = -nRT\ln\frac{p_1}{p_2} = -0.440\,6 \times 273 \times 8.314 \times \ln\frac{500}{100} = -1\,609.5\text{J}$$

$$Q_1 = -W_1 = 1\,609.5\text{J}$$

（2）理想气体等温恒外压膨胀，$\Delta U = \Delta H = 0$

$$W_2 = -p_e(V_2 - V_1) = -100\,000 \times \left( \frac{0.440\,6 \times 8.314 \times 273}{100\,000} - 2 \times 10^{-3} \right) = -800\text{J}$$

$$Q_2 = -W_2 = 800\text{J}$$

10. （1）在 373K、101.325kPa 下，1mol 水全部蒸发为水蒸气，求此过程的 $Q$、$W$、$\Delta U$ 和 $\Delta H$。已知水的汽化热为 40.7kJ/mol。（2）若在 373K、101.325kPa 下的 1mol 水向真空蒸发，变成同温同压的水蒸气，上述各量又如何？（假设水蒸气可视为理想气体。）

**解**：（1）可逆相变在等温等压且非体积功为零下进行，则

$$\Delta H = Q_p = 40.7\text{kJ}$$

$$W = -\int_{V_1}^{V_2} p_e dV = -p^{\ominus}(V_g - V_1) \approx -p^{\ominus}V = -RT = -8.314 \times 373 = -3.10\text{kJ}$$

$$\Delta U = Q_p + W = 40.7 - 3.10 = 37.6\text{kJ}$$

(2)该相变向真空蒸发为不可逆相变,$p_e = 0$,$W = 0$。因为(2)的始、终态同(1),所以 $\Delta U$ 和 $\Delta H$ 与(1)相同,即 $\Delta U = 37.6\text{kJ}$,$\Delta H = 40.7\text{kJ}$,$Q = \Delta U = 37.6\text{kJ}$。

11. 1mol 单原子理想气体,始态压力为 202.65kPa,体积为 11.2L,经过 $pT$=常数的可逆压缩过程至终态压力为 405.3kPa,求:

(1)终态的体积与温度。

(2)系统的 $\Delta U$ 及 $\Delta H$。

(3)该过程系统所做的功。

**解:**(1)$T_1 = p_1 V_1 / nR = 202.65 \times 10^3 \times 11.2 \times 10^{-3} / 1 \times 8.314 = 273\text{K}$

$\because pT$=常数,$\therefore T_2 = p_1 T_1 / p_2 = 202.65 \times 273 / 405.3 = 136.5\text{K}$

$$V_2 = nRT_2 / p_2 = 8.314 \times 136.5 / 405.3 = 2.8\text{L}$$

(2)单原子理想气体 $C_{V,m} = 3/2R$,$C_{p,m} = 5/2R$

$$\Delta U = nC_{V,m}(T_2 - T_1) = 3/2 \times 8.314 \times (136.5 - 273) = -1\,702\text{J}$$

$$\Delta H = nC_{p,m}(T_2 - T_1) = 5/2 \times 8.314 \times (136.5 - 273) = -2\,837\text{J}$$

(3)$pT = B$,$p = B/T$,$V = RT/p = RT^2/B$,$dV = (2RT/B)dT$

$$W = -\int_{V_1}^{V_2} p_e dV = -\int_{T_1}^{T_2} \frac{B}{T} \frac{2RT}{B} dT = -\int_{T_1}^{T_2} 2R dT$$

$$= -2 \times 8.314 \times (136.5 - 273) = 2\,270\text{J}$$

12. 某理想气体的 $C_{V,m} = 20.92\text{J}/(\text{K}\cdot\text{mol})$,现将 1mol 的该理想气体于 300K、100kPa 时受某恒外压等温压缩至平衡态,再将此平衡态等容升温至 370K,此时压力为 1 000kPa。求整个过程的 $Q$、$W$、$\Delta U$ 和 $\Delta H$。

**解:**过程如下:

$$
\boxed{\begin{array}{l} T_1 = 300\text{K} \\ p_1 = 100\text{kPa} \\ V_1 = ? \end{array}}
\xrightarrow{\text{等温、恒外压}}
\boxed{\begin{array}{l} T_2 = 300\text{K} \\ p_2 = p_e \\ V_2 = ? \end{array}}
\xrightarrow{\text{等容}}
\boxed{\begin{array}{l} T_3 = 370\text{K} \\ p_3 = 1\,000\text{kPa} \\ V_3 = V_2 \end{array}}
$$

$$V_2 = V_3 = nRT_3 / p_3 = 8.314 \times 370 / 1\,000 \times 10^3 = 3.076 \times 10^{-3}\text{m}^3$$

$$V_1 = nRT_1 / p_1 = 8.314 \times 300 / 100 \times 10^3 = 2.494 \times 10^{-2}\text{m}^3$$

$$p_e = p_2 = nRT_2 / V_2 = 8.314 \times 300 / 3.076 \times 10^{-3} = 810.858\text{kPa}$$

$$W_1 = -p_e(V_2 - V_1) = -810\,858 \times (3.076 \times 10^{-3} - 2.494 \times 10^{-2}) = 17.73\text{kJ}$$

$$W_2 = 0$$

$$W = W_1 + W_2 = 17.73\text{kJ}$$

$$\Delta U = nC_{V,m}(T_2 - T_1) = 20.92 \times (370 - 300) = 1\,464.4\text{J}$$

$$\Delta H = nC_{p,m}(T_2 - T_1) = (20.92 + 8.314) \times (370 - 300) = 2\,046.4\text{J}$$

$$Q = \Delta U - W = 1\,464.4 - 17.73 \times 10^3 = -16.27\text{kJ}$$

13. 1mol 单原子分子理想气体,在 273.2K、$1.0 \times 10^5$Pa 时发生一变化过程,体积增大一倍,$Q = 1\,674\text{J}$,$\Delta H = 2\,092\text{J}$。

(1)计算终态的温度、压力和此过程的 $W$、$\Delta U$。

(2)若该气体经等温和等容两步可逆过程到达上述终态,试计算 $Q$、$W$、$\Delta U$、$\Delta H$。

**解:**(1)据 $\Delta H=nC_{p,m}(T_2-T_1)$ 得

$$T_2=\frac{\Delta H}{nC_{p,m}}+T_1=\frac{\Delta H}{5R/2}+T_1=\frac{2\,092}{2.5\times8.314}+273.2=373.8\text{K}$$

$$p_2=\frac{nRT_2}{V_2}=\frac{nRT_2}{2V_1}=\frac{p_1T_2}{2T_1}=\frac{10^5\times373.8}{2\times273.2}=6.84\times10^4\text{Pa}$$

$$\Delta U=nC_{V,m}(T_2-T_1)=\frac{3}{2}R(T_2-T_1)=1.5\times8.314\times(373.8-273.2)=1\,255\text{J}$$

$$W=\Delta U-Q=1\,255-1\,674=-419\text{J}$$

(2)因始、终态与(1)相同,所以状态函数的改变值与(1)相同,即

$$\Delta U=1\,255\text{J},\Delta H=2\,092\text{J}$$

第一步等温可逆过程:

$$W_1=-nRT_1\ln\frac{V_2}{V_1}=-8.314\times273.2\times\ln2=-1\,574\text{J}$$

第二步等容可逆过程:$W_2=0$,所以

$$W=W_1+W_2=-1\,574\text{J}$$

$$Q=\Delta U-W=1\,255+1\,574=2\,829\text{J}$$

14. 在温度为 273.15K 下,1mol 氩气从体积为 22.41L 膨胀至 50.00L,试求下列两种过程的 $Q$、$W$、$\Delta U$、$\Delta H$。已知氩气的等压摩尔热容 $C_{p,m}=20.79\text{J}/(\text{K}\cdot\text{mol})$(氩气视为理想气体)。

(1)等温可逆过程。

(2)绝热可逆过程。

**解:**(1)因为理想气体等温过程,则 $\Delta U=\Delta H=0$

$$W=-nRT\ln\frac{V_2}{V_1}=-8.314\times273.15\times\ln\frac{50.00}{22.41}=-1\,822\text{J}$$

$$Q=-W=1\,822\text{J}$$

(2)绝热,$Q=0$;已知 $C_{p,m}=20.79\text{J}/(\text{K}\cdot\text{mol})$,所以 $\gamma=\frac{C_{p,m}}{C_{V,m}}=\frac{20.79}{20.79-8.314}=1.67$

理想气体绝热可逆过程,则

$$T_2=T_1\left(\frac{V_1}{V_2}\right)^{\gamma-1}=273.15\times\left(\frac{22.41}{50.00}\right)^{1.67-1}=159.55\text{K}$$

$$W=\Delta U=nC_{V,m}(T_2-T_1)=\frac{3}{2}\times8.314\times(159.55-273.15)=-1\,416.7\text{J}$$

$$\Delta H=nC_{p,m}(T_2-T_1)=20.79\times8.314\times(159.55-273.15)=-19\,635.5\text{J}$$

15. 某理想气体的 $C_{p,m}=28.8\text{J}/(\text{K}\cdot\text{mol})$,其起始状态为 $p_1=303.99\text{kPa}$,$V_1=1.43\text{L}$,$T_1=298\text{K}$。经一可逆绝热膨胀至 2.86L。求:

(1)终态的温度与压力。

(2)该过程的 $\Delta U$ 及 $\Delta H$。

**解:**(1)$\gamma=\frac{28.8}{28.8-8.314}=1.4$

理想气体可逆绝热过程,则 $p_2=p_1\left(\dfrac{V_1}{V_2}\right)^{\gamma}=303.99\times\left(\dfrac{1.43}{2.86}\right)^{1.4}=115.2\text{kPa}$

$$T_2=T_1\left(\frac{p_1}{p_2}\right)^{\frac{1-\gamma}{\gamma}}=298\times\left(\frac{303.99}{115.2}\right)^{\frac{1-1.4}{1.4}}=226\text{K}$$

（2） $\quad n=\dfrac{p_1V_1}{RT_1}=\dfrac{303.99\times10^3\times1.43\times10^{-3}}{8.314\times298}=0.176\text{mol}$

$$\Delta U=nC_{V,m}(T_2-T_1)=0.176\times(28.8-8.314)\times(226-298)=-260\text{J}$$

$$\Delta H=nC_{p,m}(T_2-T_1)=0.176\times28.8\times(226-298)=-365\text{J}$$

16. 今有 10L 的 $O_2$ 从 $2.0\times10^5$Pa 经绝热可逆膨胀到 30L,试计算此过程的 $Q$、$W$、$\Delta U$ 及 $\Delta H$。（假设 $O_2$ 可视为理想气体。）

**解**：双原子理想气体,$C_{V,m}=\dfrac{5}{2}R$,$C_{p,m}=\dfrac{7}{2}R$,$\gamma=\dfrac{C_{p,m}}{C_{V,m}}=1.4$

根据理想气体绝热可逆过程方程

$$p_2=p_1\left(\frac{V_1}{V_2}\right)^{\gamma}=2.0\times10^5\times\left(\frac{10}{30}\right)^{1.4}=4.3\times10^4\text{Pa}$$

$$W=\frac{p_2V_2-p_1V_1}{\gamma-1}=\frac{4.3\times10^4\times30\times10^{-3}-2.0\times10^5\times10\times10^{-3}}{1.4-1}=-1\,775\text{J}$$

$$\Delta U=W=-1\,775\text{J}$$

$$\Delta H=\gamma\Delta U=-2\,485\text{J}$$

17. 证明 $C_p-C_V=-\left(\dfrac{\partial p}{\partial T}\right)_V\left[\left(\dfrac{\partial H}{\partial p}\right)_T-V\right]$

**证**：由于 $C_V=\left(\dfrac{\partial U}{\partial T}\right)_V$,$C_p=\left(\dfrac{\partial H}{\partial T}\right)_p$,$H=U+pV$

所以：

$$C_p-C_V=\left(\frac{\partial H}{\partial T}\right)_p-\left(\frac{\partial U}{\partial T}\right)_V=\left(\frac{\partial H}{\partial T}\right)_p-\left[\frac{\partial(H-pV)}{\partial T}\right]_V$$

$$=\left(\frac{\partial H}{\partial T}\right)_p-\left(\frac{\partial H}{\partial T}\right)_V+V\left(\frac{\partial p}{\partial T}\right)_V \qquad\qquad 式（1\text{-}3）$$

又：$H=f(T,p)$

所以 $\qquad\qquad dH=\left(\dfrac{\partial H}{\partial T}\right)_p dT+\left(\dfrac{\partial H}{\partial p}\right)_T dp$

恒 $V$ 对 $T$ 微分,得

$$\left(\frac{\partial H}{\partial T}\right)_V=\left(\frac{\partial H}{\partial T}\right)_p+\left(\frac{\partial H}{\partial p}\right)_T\left(\frac{\partial p}{\partial T}\right)_V \qquad\qquad 式（1\text{-}4）$$

将式（1-4）代入式（1-3）,得

$$C_p-C_V=\left(\frac{\partial H}{\partial T}\right)_p-\left(\frac{\partial H}{\partial T}\right)_p-\left(\frac{\partial H}{\partial p}\right)_T\left(\frac{\partial p}{\partial T}\right)_V+V\left(\frac{\partial p}{\partial T}\right)_V$$

$$=-\left(\frac{\partial p}{\partial T}\right)_V\left[\left(\frac{\partial H}{\partial p}\right)_T-V\right]$$

18. 设下列各反应均在 298K 和标准大气压下进行,试比较下列各反应的 $\Delta U$ 和 $\Delta H$ 的大小。

（1）蔗糖（$C_{12}H_{22}O_{11}$）的完全燃烧。

（2）乙醇（$C_2H_5OH$）的完全燃烧。

（3）$C_6H_{12}O_6(s) \longrightarrow 2C_2H_5OH(l) + 2CO_2(g)$

**解：**（1）蔗糖（$C_{12}H_{22}O_{11}$）的完全燃烧反应如下：

$$C_{12}H_{22}O_{11}(s) + 12O_2(g) \longrightarrow 12CO_2(g) + 11H_2O(l)$$

因 $\Delta n = 12 - 12 = 0$，故 $\Delta H = \Delta U$

（2）乙醇（$C_2H_5OH$）的完全燃烧反应如下：

$$C_2H_5OH(l) + 3O_2(g) \longrightarrow 2CO_2(g) + 3H_2O(l)$$

因 $\Delta n = 2 - 3 = -1 < 0$，故 $\Delta H < \Delta U$

（3）　　　　　　　　$C_6H_{12}O_6(s) \longrightarrow 2C_2H_5OH(l) + 2CO_2(g)$

因 $\Delta n = 2 - 0 = 2 > 0$，故 $\Delta H > \Delta U$

19. 葡萄糖发酵反应如下

$$C_6H_{12}O_6(s) \longrightarrow 2C_2H_5OH(l) + 2CO_2(g)$$

已知 1mol 葡萄糖在 100kPa、298K 下产生 -67.8kJ 的等压反应热，试求该反应的热力学能变化 $\Delta U$ 为多少？

**解：**由反应可知：$\Delta n = 2$

$$\Delta U = \Delta H - \Delta n RT = -67.8 \times 10^3 - 2 \times 8.314 \times 298 = -72.76 \text{kJ/mol}$$

20. 298K 的 0.5g 正庚烷在等容条件下完全燃烧，使热容为 8 175.5J/K 的量热计温度上升了 2.94K，求正庚烷在 298K 完全燃烧的 $\Delta H$。

**解：**正庚烷的燃烧反应：$C_7H_{16}(l) + 11O_2(g) \longrightarrow 7CO_2(g) + 8H_2O(l)$

$$\Delta H = Q_p = Q_V + \Delta n RT = \frac{C_V \Delta T}{n_{\text{正庚烷}}} + \Delta n RT$$

$$= -\frac{8\ 175.5 \times 2.94}{0.5/100} + (7-11) \times 8.314 \times 298 = -4\ 817.1 \text{kJ}$$

21. 试求下列反应在 298K、100kPa 时的恒压热效应。

（1）$2H_2S(g) + SO_2(g) \longrightarrow 2H_2O(l) + 3S(斜方)$　　　$Q_V = -223.8 \text{kJ}$

（2）$2C(石墨) + O_2(g) \longrightarrow 2CO(g)$　　　$Q_V = -231.3 \text{kJ}$

（3）$H_2(g) + Cl_2(g) \longrightarrow 2HCl(g)$　　　$Q_V = -184 \text{kJ}$

**解：**（1）$Q_p = Q_V + \Delta n RT = -223.8 \times 10^3 + (0-3) \times 8.314 \times 298 = -231.2 \text{kJ}$

（2）$Q_p = -231.3 \times 10^3 + (2-1) \times 8.314 \times 298 = -228.8 \text{kJ}$

（3）$Q_p = -184 \times 10^3 + (2-2) \times 8.314 \times 298 = -184 \text{kJ}$

22. 某反应系统，起始时含 10mol $H_2$ 和 20mol $O_2$，在反应进行的 $t$ 时刻，生成了 4mol 的 $H_2O$。请计算下述反应方程式的反应进度。

（1）$H_2 + \dfrac{1}{2}O_2 \longrightarrow H_2O$

（2）$2H_2 + O_2 \longrightarrow 2H_2O$

（3）$\dfrac{1}{2}H_2 + \dfrac{1}{4}O_2 \longrightarrow \dfrac{1}{2}H_2O$

**解：**（1）$\xi = \dfrac{\Delta n_B}{\nu_B} = \dfrac{4}{1} = 4 \text{mol}$

$(2) \xi = \dfrac{\Delta n_B}{\nu_B} = \dfrac{4}{2} = 2mol$

$(3) \xi = \dfrac{\Delta n_B}{\nu_B} = \dfrac{4}{1/2} = 8mol$

23. 已知下列反应在298K时的热效应。

$(1) Na(s) + \dfrac{1}{2}Cl_2(g) \longrightarrow NaCl(s)$        $\Delta_r H_m = -411kJ/mol$

$(2) H_2(g) + S(s) + 2O_2(g) \longrightarrow H_2SO_4(l)$        $\Delta_r H_m = -811.3kJ/mol$

$(3) 2Na(s) + S(s) + 2O_2(g) \longrightarrow Na_2SO_4(s)$        $\Delta_r H_m = -1\,383kJ/mol$

$(4) \dfrac{1}{2}H_2(g) + \dfrac{1}{2}Cl_2(g) \longrightarrow HCl(g)$        $\Delta_r H_m = -92.3kJ/mol$

求反应 $2NaCl(s) + H_2SO_4(l) \longrightarrow Na_2SO_4(s) + 2HCl(g)$ 在298K的 $\Delta_r H_m$ 和 $\Delta_r U_m$。

**解:** 根据赫斯定律,所求反应 = (3) + 2×(4) - 2×(1) - (2)

$$\Delta_r H_m = \Delta_r H_{m,3} + 2 \times \Delta_r H_{m,4} - 2 \times \Delta_r H_{m,1} - \Delta_r H_{m,2}$$
$$= -1\,383 + 2 \times (-92.3) - 2 \times (-411) - (-811.3) = 65.7kJ/mol$$

$$\Delta_r U_m = \Delta_r H_m - \Delta nRT = 65.7 \times 10^3 - 2 \times 8.314 \times 298 = 60.74kJ/mol$$

24. 已知下述反应298K时的热效应

$(1) C_6H_5COOH(l) + 7\dfrac{1}{2}O_2(g) \longrightarrow 7CO_2(g) + 3H_2O(l)$        $\Delta_r H_m = -3\,230kJ/mol$

$(2) C(s) + O_2(g) \longrightarrow CO_2(g)$        $\Delta_r H_m = -394kJ/mol$

$(3) H_2(g) + \dfrac{1}{2}O_2(g) \longrightarrow H_2O(l)$        $\Delta_r H_m = -286kJ/mol$

求 $C_6H_5COOH(l)$ 的标准生成热 $\Delta_f H_m^\ominus$。

**解:** $C_6H_5COOH(l)$ 的生成反应为:

$$7C(s) + 3H_2(g) + O_2(g) \longrightarrow C_6H_5COOH(l)$$

根据赫斯定律,该反应 = 7×(2) + 3×(3) - (1),则反应的热效应为

$$\Delta_r H_m^\ominus = \Delta_f H_m^\ominus(C_6H_5COOH, l) = 7 \times (-394) + 3 \times (-286) - (-3\,230) = -386kJ/mol$$

25. 在标准压力和温度298K下,测得葡萄糖和麦芽糖的摩尔燃烧热 $\Delta_c H_m^\ominus$ 为 $-2\,816kJ/mol$ 和 $-5\,648kJ/mol$。试求此条件下,0.018kg葡萄糖按下列反应方程式转化为麦芽糖的焓变是多少?

$$2C_6H_{12}O_6(s) \longrightarrow C_{12}H_{22}O_{11}(s) + H_2O(l)$$

**解:** 由葡萄糖及麦芽糖的摩尔燃烧热可求得反应热,即

$$\Delta_r H_m^\ominus = -\sum_B \nu_B \Delta_c H_m^\ominus(B)$$

$$= 2\Delta_c H_m^\ominus(C_6H_{12}O_6) - \Delta_c H_m^\ominus(C_{12}H_{22}O_{11}) - \Delta_c H_m^\ominus(H_2O)$$

$$= 2 \times (-2\,816) - (-5\,648) - 0 = 16kJ/mol$$

则0.018kg的葡萄糖转化为麦芽糖的焓变(即反应热)为:

$$\dfrac{0.018 \times 10^3}{180} \times \dfrac{16 \times 10^3}{2} = 800J$$

26. $KCl(s)$298.15K时的溶解过程: $KCl(s) \longrightarrow K^+(aq, \infty) + Cl^-(aq, \infty)$, $\Delta_r H_m = 17.18kJ/mol$。

已知 $Cl^-(aq,\infty)$ 和 $KCl(s)$ 的摩尔生成焓分别为 $-167.44kJ/mol$ 和 $-435.87kJ/mol$,求 $K^+(aq,\infty)$ 的摩尔生成焓。

**解:** $\Delta_f H_m^{\ominus} = \Delta_f H_m^{\ominus}(K^+,aq,\infty) + \Delta_f H_m^{\ominus}(Cl^-,aq,\infty) - \Delta_f H_m^{\ominus}(KCl,s)$

$$\Delta_f H_m^{\ominus}(K^+,aq,\infty) = 17.18 + (-435.87) - (-167.44) = -251.25kJ/mol$$

27. 在 298K 时 $H_2O(l)$ 的标准摩尔生成焓为 $-285.83kJ/mol$,已知在 298K 至 373K 的温度范围内 $H_2(g)$、$O_2(g)$ 及 $H_2O(l)$ 的 $C_{p,m}$ 分别为 $28.824J/(K\cdot mol)$、$29.355J/(K\cdot mol)$ 及 $75.291J/(K\cdot mol)$。求 373K 时 $H_2O(l)$ 的标准摩尔生成焓。

**解:** $\Delta_r H_m^{\ominus}(373K) = \Delta_r H_m^{\ominus}(298K) + \int_{298}^{373} \Delta C_p dT$

$$= -285.83\times10^3 + \left(75.291 - 28.824 - \frac{1}{2}\times29.355\right)\times(373-298)$$

$$= -283.44kJ/mol$$

28. 反应 $N_2(g) + 3H_2(g) \Longrightarrow 2NH_3(g)$ 在 298K 时的 $\Delta_r H_m^{\ominus} = -92.88kJ/mol$,求此反应在 398K 时的 $\Delta_r H_m^{\ominus}$。已知:

$$C_{p,m}(N_2,g) = (26.98 + 5.912\times10^{-3}T - 3.376\times10^{-7}T^2)J/(K\cdot mol)$$

$$C_{p,m}(H_2,g) = (29.07 - 0.837\times10^{-3}T + 20.12\times10^{-7}T^2)J/(K\cdot mol)$$

$$C_{p,m}(NH_3,g) = (25.89 + 33.00\times10^{-3}T - 30.46\times10^{-7}T^2)J/(K\cdot mol)$$

**解:** $\Delta C_p = 2C_{p,m}(NH_3) - C_{p,m}(N_2) - 3C_{p,m}(H_2)$

所以 $\Delta C_p = -62.41 + 62.6\times10^{-3}T - 117.9\times10^{-7}T^2$

$$\Delta_r H_m^{\ominus}(398K) = \Delta_r H_m^{\ominus}(298K) + \int_{298}^{398} \Delta C_p dT$$

$$= -92.88 + \int_{298}^{398}(62.41 + 62.6\times10^{-3}T - 117.9\times10^{-7}T^2)dT$$

$$= -97.09kJ/mol$$

# 五、本章自测题及参考答案

## 自 测 题

**(一)单选题**

1. 一封闭系统从 A 态出发,经一循环过程后回到 A 态,则下列为零的是( )

   A. $Q$                             B. $W$

   C. $Q+W$                    D. $Q-W$

2. 系统经一等压过程从环境吸热,则( )

   A. $Q>0$                    B. $\Delta H>0$

   C. $\Delta U>0$                D. A,B 都对

3. 下列各式哪个不受理想气体的条件限制( )

   A. $\Delta H = \Delta U + p\Delta V$        B. $C_{p,m} - C_{V,m} = R$

   C. $pV^{\gamma} =$ 常数           D. $W = -nRT\ln(V_2-V_1)$

4. 下列物理量中属于强度性质的是( )

   A. $Q$                             B. $W$

C. $T$              D. $U$

5. 若要通过节流膨胀达到制冷目的,则节流操作应控制的条件是(　　)

A. $\mu_{J\text{-}T}<0$          B. $\mu_{J\text{-}T}>0$

C. $\mu_{J\text{-}T}=0$          D. 无须考虑 $\mu_{J\text{-}T}$ 值

6. 某一化学反应在等温等压下进行放热 $Q_1$,焓变 $\Delta H_1$,若通过可逆电池完成,放热 $Q_2$,焓变 $\Delta H_2$,则(　　)

A. $\Delta H_1=\Delta H_2$          B. $\Delta H_1>\Delta H_2$

C. $\Delta H_1<\Delta H_2$          D. 无法确定

7. 某化学反应的 $\Delta C_p<0$,则该反应的 $\Delta_r H_m$ 随温度升高而(　　)

A. 增大          B. 减小

C. 不变          D. 无法确定

8. 某理想气体在恒外压下进行绝热膨胀,其热力学能的变化为(　　)

A. $\Delta U=0$          B. $\Delta U>0$

C. $\Delta U<0$          D. 无法确定

9. 已知反应 C(石墨)$+O_2(g)$=$=$$CO_2(g)$ 的 $\Delta_r H_m$,下列说法中不正确的是(　　)

A. $\Delta_r H_m$ 是 $CO_2(g)$ 的生成焓          B. $\Delta_r H_m$ 是 $CO_2(g)$ 的燃烧焓

C. $\Delta_r H_m$ 是 C(石墨)的燃烧焓          D. $\Delta_r H_m$ 是负值

10. 在一个绝热的钢壁容器中,发生一个化学反应,使系统的温度从 $T_1$ 升到 $T_2$,压力从 $p_1$ 升到 $p_2$,则(　　)

A. $\Delta Q>0,W>0,\Delta U>0$          B. $\Delta Q=0,W=0,\Delta U=0$

C. $\Delta Q=0,W>0,\Delta U<0$          D. $\Delta Q>0,W=0,\Delta U>0$

11. 1mol 理想气体从同一始态出发,经绝热可逆和等温可逆膨胀到达同一体积,则终态的压力(　　)

A. $p_{等温}>p_{绝热}$          B. $p_{等温}<p_{绝热}$

C. $p_{等温}=p_{绝热}$          D. 无法判断

12. 在标准状态下,反应 $C_2H_6(l)+3.5O_2(g)\longrightarrow 2CO_2(g)+3H_2O(l)$ 的 $\Delta C_p>0$,反应热为 $\Delta_r H_m^\ominus$。下列说法正确的是(　　)

A. $\Delta_r H_m^\ominus$ 是 $C_2H_6(l)$ 的标准摩尔生成焓

B. $\Delta_r H_m^\ominus$ 是 $C_2H_6(l)$ 的标准摩尔燃烧焓

C. $\Delta_r H_m^\ominus=\Delta_r U_m^\ominus$

D. $\Delta_r H_m^\ominus$ 不随温度变化而变化

13. 下列说法中不正确的是(　　)

A. 一定量的理想气体自由膨胀后,其 $\Delta U=0$

B. 非理想气体经一绝热自由膨胀,其 $\Delta U\neq 0$

C. 非理想气体经一可逆循环,其 $\Delta U=0$

D. 一定量非理想气体自由膨胀,气体温度略有变化

**(二)判断题**

1. 状态改变后,状态函数一定都改变。(　　)

2. 绝热封闭系统就是孤立系统。(　　)

3. 系统向外放热,则其热力学能必定减少。(　　)

4. 孤立系统内发生的一切变化过程,其 $\Delta U$ 必定为零。(　　)

5. 因为 $\Delta H = Q_p$,而 $H$ 是状态函数,所以 $Q_p$ 也是状态函数。(　　)

6. 因为 $H = U + pV$,而理想气体的热力学能仅是温度的函数,所以理想气体的焓与 $p$、$V$、$T$ 都有关。(　　)

7. 一定量的理想气体反抗 100kPa 作绝热膨胀,则 $\Delta H = Q_p = 0$。(　　)

8. 系统经一循环过程对环境做 1kJ 的功,它必然从环境吸热 1kJ。(　　)

9. 理想气体绝热变化过程中 $W_{可逆} = C_V \Delta T, W_{不可逆} = C_V \Delta T$,所以 $W_{可逆} = W_{不可逆}$。(　　)

10. 在等压下,机械搅拌绝热容器中的液体,使其温度上升,则 $\Delta H = Q_p = 0$。(　　)

11. 与环境有化学作用的系统是敞开系统。(　　)

12. 从同一始态经不同的过程到达同一终态,则 $Q$ 和 $W$ 的值一般不同,$Q + W$ 的值一般也不相同。(　　)

**（三）填空题**

1. 热和功的数值大小与变化的途径有关,因此它们都不是状态函数,是_____函数。

2. 理想气体向真空膨胀时 $\Delta U$ _____ 0。

3. 在 1 173K 和标准压力下,1mol $CaCO_3(s)$ 分解为 $CaO(s)$ 和 $CO_2(g)$ 时吸热 178kJ,则该过程的 $\Delta H$ _____。

4. 已知水蒸气的平均摩尔定压热容为 33.47J/(K·mol)。在 100kPa 下,2mol 373K 的水蒸气变成 423K 的水蒸气时,过程所吸收的热为_____。

5. 1mol 理想气体绝热可逆膨胀,$W$ _____ 0。

6. $H_2$ 和 $N_2$ 在密闭的绝热钢瓶中生成 $NH_3$,系统的 $\Delta U$ 为_____（填正、负或零）,$\Delta U$ _____ $\Delta H$(填>、<或=)。

7. 在 101.325kPa、273.15K 下,1mol 固体冰融化为水时的 $Q$ _____ 0;$W$ _____ 0;$\Delta U$ _____ 0(填>、<或=)。

8. 在一个绝热定容反应器中,发生下列反应 C(石墨) + 1/2$O_2(g)$ === $CO(g)$,$\Delta_r H_m^{\ominus}(298K) < 0$,则系统的 $\Delta T$ _____ 0;$\Delta U$ _____ 0;$\Delta H$ _____ 0(填>、<或=)。

9. 在一个定容非绝热容器中,发生下列反应 $H_2(g) + Cl_2(g)$ === $2HCl(g)$,$\Delta_r H_m^{\ominus}(298K) < 0$,反应前后温度相同,则 $Q$ _____ 0;$W$ _____ 0;$\Delta U$ _____ 0;$\Delta H$ _____ 0(填>、<或=)。

10. 1mol 单原子理想气体从 350K 分别经过(1)恒压膨胀和(2)绝热膨胀过程到达相同的终态温度 298K 时,则两过程的 $\Delta U_1$ _____ $\Delta U_2$,$\Delta H_1$ _____ $\Delta H_2$(填>、<或=)。

**（四）问答题**

1. 化学上的可逆反应与热力学上的可逆过程有何区别? 研究热力学可逆过程有何意义?

2. 一隔板将一刚性绝热容器分为左右两侧,左室气体的压力大于右室气体的压力。现将隔板抽去,左、右气体的压力达到平衡。若以全部气体作为系统,则 $\Delta U$、$Q$、$W$ 为正? 为负? 或为零?

3. 若系统经下列变化过程,则 $Q$、$W$、$Q+W$ 和 $\Delta U$ 各量是否完全确定? 为什么?

(1)使一封闭系统由某一始态经不同途径变到某一终态。

(2)若在绝热的条件下使系统从某一始态变到某一终态。

4. 某一化学反应,若在等温等压下进行,放热 $Q_1$,焓变为 $\Delta H_1$;若使该反应通过可逆电池来完成,则放热 $Q_2$,焓变为 $\Delta H_2$,试判断 $Q_1$ 和 $Q_2$、$\Delta H_1$ 和 $\Delta H_2$ 是否相同?

5. 在 101.325kPa、373K 下水向真空蒸发成 101.325kPa、373K 的水蒸气(此过程环境温度保持不变)。下述两个结论是否正确?

（1）设水蒸气可以视为理想气体,因为此过程为等温过程,所以 $\Delta U = 0$。

（2）此过程 $\Delta H = \Delta U + p\Delta V$,由于向真空汽化,$W = -p\Delta V = 0$,所以此过程 $\Delta H = \Delta U$。

6. "在搅拌器中搅拌一定量的液体水,恒压下使其温度升高,则该过程的 $Q_p = \Delta H$" 这个结论是否正确? 为什么?

7. 夏天打开室内正在运行中的电冰箱的门,若紧闭门窗（设门窗及墙壁均不传热）,能否使室内温度降低? 为什么?

8. 在 373.15K 和 101.325kPa 下,1mol 水等温蒸发为水蒸气（假设水蒸气为理想气体）。因为此过程中系统的温度不变,所以 $\Delta U = 0$,$Q_p = \int C_p \mathrm{d}T = 0$。这一结论是否正确? 为什么?

9. 将 Zn 与稀 $H_2SO_4$ 作用,（1）在开口瓶中进行;（2）在闭口瓶中进行。何者放热较多? 为什么?

10. 热核反应及原子蜕变反应可否用"产物生成焓总和减去反应物生成焓总和"的方法来求热效应? 为什么?

## （五）计算题

1. 1mol $H_2O(l)$ 在 373K 和外压恒定为 100kPa 时完全蒸发成水蒸气,试求此过程的 $W$ 和 $\Delta U$。已知 373K 和 100kPa 时,液态水和水蒸气的密度分别为 958.8kg/m$^3$ 和 0.586 3kg/m$^3$,此过程水的蒸发热为 40.63kJ/mol。

2. 已知在 291K 和 $p^{\ominus}$ 下,1mol $Zn(s)$ 溶于足够量的稀盐酸中,置换出 1mol $H_2(g)$ 时放热 152kJ。试计算该过程的 $Q$、$W$、$\Delta U$ 和 $\Delta H$。

3. 在 298K 和 100kPa 时,2mol 理想气体 $H_2$ 在恒定外压下恒温膨胀至内外压相等,然后再恒容升温到 500K、200kPa。试求整个过程的 $Q$、$W$、$\Delta U$ 及 $\Delta H$。

4. 1mol 理想气体 He 从 273K、1 013.25kPa 下,经过下述 2 个途径膨胀到 101.325kPa,试求 2 个过程的 $Q$、$W$、$\Delta U$ 及 $\Delta H$。（1）可逆绝热膨胀;（2）绝热恒外压 101.325kPa 膨胀。

5. 在 298K 时,已知乙酸和乙醇的标准摩尔燃烧焓分别为 -874.54kJ/mol 和 -1 366kJ/mol,$CO_2(g)$ 和 $H_2O(l)$ 的标准摩尔生成焓分别为: -393.51kJ/mol 和 -285.83kJ/mol。试计算乙酸乙酯在 298K 时的标准摩尔生成焓。反应为: $CH_3COOH(l) + C_2H_5OH(l) \longrightarrow CH_3COOC_2H_5(l) + H_2O(l)$,$\Delta_r H_m^{\ominus}(298K) = -9.20kJ/mol$。

6. 在 373K 和 101.325kPa 的条件下,1mol 体积为 18.80cm$^3$ 的液态水变为 30 200cm$^3$ 的水蒸气,已知水的蒸发热为 $4.067 \times 10^4$J/mol。求此过程系统的 $\Delta H$ 及 $\Delta U$。

7. 1mol 双原子理想气体在 273K 和 100kPa 时经绝热可逆膨胀至 50kPa,求该过程的 $W$ 及 $\Delta U$。

8. 证明

$$\left( \frac{\partial U}{\partial T} \right)_p = C_p - p\left( \frac{\partial V}{\partial T} \right)_p$$

9. 已知下列反应 298K 时的热效应:

（1）C(金刚石) $+ O_2(g) \longrightarrow CO_2(g)$      $\Delta_r H_m^{\ominus} = -395.4kJ$

（2）C(石墨) $+ O_2(g) \longrightarrow CO_2(g)$      $\Delta_r H_m^{\ominus} = -393.5kJ$

求 C(石墨) $\longrightarrow$ C(金刚石) 在 298K 时的 $\Delta_r H_m^{\ominus}$。

10. 试分别由生成焓和燃烧焓计算下列反应

$$3C_2H_2(g) \longrightarrow C_6H_6(l)$$

在 100kPa 和 298.15K 时的 $\Delta_r H_m$ 和 $\Delta_r U_m$。

## 参 考 答 案

**（一）单选题**

1. C。该过程是一个循环过程,所以 $\Delta U = Q + W = 0$。

2. A。系统吸热 $Q > 0$。

3. A。根据焓的定义式,$H = U + pV$,则恒压下 $\Delta H = \Delta U + p\Delta V$。

4. C。

5. B。节流膨胀 $dp < 0$,由 $\mu_{J-T} = \left(\dfrac{\partial T}{\partial p}\right)_H$ 可判断,若要通过节流膨胀温度降低则 $\mu_{J-T} > 0$。

6. A。$H$ 是状态函数,只与始终态有关。

7. B。因为,$\Delta C_p < 0$,则由 $\left(\dfrac{\partial \Delta H}{\partial T}\right)_p = \Delta C_p$ 可知,随温度升高 $\Delta_r H_m$ 减小。

8. C。绝热膨胀 $Q = 0$,$\Delta U = W < 0$。

9. B。根据标准摩尔燃烧焓的定义:在标准压力 $p^{\ominus}$（100kPa）和指定温度 $T$ 下,1mol 物质完全燃烧的恒压热效应称为该物质的标准摩尔燃烧焓。

10. B。因为 $Q = 0$,$W = 0$,所以 $\Delta U = 0$。

11. A。根据 $p = nRT/V$,两个过程的 $V_2$ 相同,由于 $T_{等温} > T_{绝热}$,故 $p_{等温} > p_{绝热}$。

12. B。据标准摩尔燃烧焓的定义:在标准压力 $p^{\ominus}$（100kPa）和指定温度 $T$ 下,1mol 物质完全燃烧的恒压热效应称为该物质的标准摩尔燃烧焓。

13. B。因绝热自由膨胀,$Q = 0$,$W = 0$,所以 $\Delta U = 0$。

**（二）判断题**

1. 错。只要有一个状态函数改变,系统状态就会发生变化。

2. 错。可能有做功,所以不是孤立系统。

3. 错。如果环境向系统做功,则热力学能不一定减少。

4. 对。孤立系统 $Q = 0$,$W = 0$,故 $\Delta U = 0$。

5. 错。热是过程函数。

6. 错。因为 $H = U + pV = f(T) + nRT = f'(T)$,所以理想气体的焓仅是温度的函数,与体积或压力无关。

7. 错。这是一个恒外压过程,不是恒压过程。

8. 对。

9. 错,从同一始态出发,经绝热可逆和绝热不可逆两条途径不可能到达同一终态。可逆过程因做功多,而温度下降较大,故 $\Delta T$ 不同。

10. 错。有非体积功,故 $\Delta H \neq Q_p$。

11. 对。

12. 错。$Q + W = \Delta U$,$U$ 是状态函数,$\Delta U$ 只与始终态有关,与过程无关。

**（三）填空题**

1. 过程。

2. $=$。

3. 178kJ。

4. 3 347J。

5. <。

6. 0;>。

7. >;>;>。

8. >; = ;>。

9. <; = ;<;<。

10. = ; =。

**（四）问答题**

1. 化学上的可逆反应,是指反应物按正向反应得到产物,产物也可按逆向反应变回反应物。热力学上的可逆过程,指变化的过程在一连串的平衡状态下可逆地进行,即这种可逆过程,当系统恢复原态时,环境也能恢复原态,不留下任何痕迹。

研究热力学可逆过程的意义:可逆过程是在系统无限接近于平衡的状态下进行的过程,所以它与平衡态密切相关。有些重要的热力学函数只有通过可逆过程才能求算。因此可逆过程的概念非常重要。

2. 以全部气体为系统,经过所指定的过程,系统既没有对外做功,也无热传递。所以 $Q$、$W$ 和 $\Delta U$ 均为零。

3. (1)$\Delta U$ 和 $Q+W$ 完全确定,因为 $\Delta U=Q+W$。

(2)$Q$、$W$、$Q+W$ 和 $\Delta U$ 均确定,因为 $Q=0$,$\Delta U=W$。

4. 同一化学反应,始终态相同,通过不同的途径来实现,由于 $Q$ 是过程函数,故 $Q_1 \neq Q_2$。但是 $H$ 系统的状态函数,只要始终态相同,焓变是相等的,故 $\Delta H_1 = \Delta H_2$。

5. (1)不对。因为只有理想气体的简单状态变化才有 $U=f(T)$ 存在,而此过程有相变,故 $\Delta U \neq 0$。

(2)不对。因该过程不是等压过程,所以 $W=-p_e\Delta V \neq p\Delta V$,即 $W=-p_e\Delta V=0$,但 $p\Delta V \neq 0$,所以 $\Delta H \neq \Delta U$。

6. 不正确。因为公式 $Q_p = \Delta H$ 成立的条件是等压和非体积功为零,本题机械搅拌时,非体积功 $W'$ 不为零,所以 $Q_p \neq \Delta H$。

7. 不能。因为这相当于一个绝热系统中做电功,电机发热只能使室温升高。

8. 不对。(1)因为此过程有相变。等温过程的 $\Delta U=0$ 只适用于理想气体的简单状态变化,不能用于相变过程。

(2)$Q_p=\int C_p \mathrm{d}T=0$ 也不能用于相变过程。在可逆相变过程中,$Q_p=\Delta H_m$。

9. 闭口瓶放出的热量较多。因为反应为:$Zn(s)+H_2SO_4 \Longrightarrow ZnSO_4+H_2(g)$。根据 $Q_p=Q_V+(\Delta n)RT$,$\Delta n=1$,而 $Q_p$ 和 $Q_V$ 均为负值,所以 $|Q_V|>|Q_p|$。

10. 不能。因为热核反应及原子蜕变反应均发生在原子内部,与涉及化学键断裂的生成焓无关。

**（五）计算题**

1. 解:上述水的蒸发为外压恒定过程,此过程的功为

$$W=-\int_{V_1}^{V_2} p_e \mathrm{d}V=-p_e(V_2-V_1)$$

$$=-100 \times 18.02 \times 10^{-3} \times \left(\frac{1}{0.586\,3}-\frac{1}{958.8}\right)=-3.07\mathrm{kJ}$$

$$Q = 1 \times 40.63 = 40.63 \text{kJ}$$
$$\Delta U = Q + W = 40.63 + (-3.07) = 37.56 \text{kJ}$$

2. 解：恒外压过程，$\Delta H = Q = -152 \text{kJ}$
$$W = -p\Delta V = -nRT = -1 \times 8.314 \times 291 = -2.42 \text{kJ}$$
$$Q = -152 \text{kJ}$$
$$\Delta U = Q + W = -152 - 2.42 = -154.42 \text{kJ}$$

3. 解：$p_e = p_2 = p_3 T_2 / T_3 = 200 \times 298 / 500 = 177.6 \text{kPa}$
$$W = W_1 = -p_e(V_2 - V_1) = -nRT_1(1 - p_2/p_1)$$
$$= -2 \times 8.314 \times 298(1 - 177.6/100) = 3\,845.6 \text{J}$$
$$\Delta U = nC_{V,m}(T_3 - T_1) = 2 \times 2.5 \times 8.314 \times (500 - 298) = 8\,355.6 \text{J}$$
$$\Delta H = nC_{p,m}(T_2 - T_1) = 2 \times 3.5 \times 8.314 \times (500 - 298) = 11\,697.8 \text{J}$$
$$Q = \Delta U - W = 8\,355.6 - 3\,845.6 = 4\,510 \text{J}$$

4. 解：(1) 可逆绝热 $Q = 0$，$p_1 V_1^{\gamma} = p_2 V_2^{\gamma}$
$$V_1 = nRT_1 / p_1 = 8.314 \times 273 / 1\,013\,250 = 2.24 \text{dm}^3, V_2 = 8.89 \text{dm}^3$$
$$T_2 = p_2 V_2 / nR = 101\,325 \times 8.89 \times 10^{-3} / 8.314 = 108.4 \text{K}$$
$$\Delta U = nC_{V,m}(T_2 - T_1) = 1 \times 1.5 \times 8.314 \times (108.4 - 273) = -2\,055 \text{J}$$
$$\Delta H = nC_{p,m}(T_2 - T_1) = 1 \times 2.5 \times 8.314 \times (108.4 - 273) = -3\,425 \text{J}$$
$$W = \Delta U = -2\,055 \text{J}$$

(2) $W = -p_e(V_2 - V_1) = -p_2(RT_2/p_2 - RT_1/p_1) = -R(T_2 - 2.24 \times 10^{-3})$
$$Q = 0, W = \Delta U = nC_{V,m}(T_2 - T_1) = 1 \times 1.5 \times 8.314 \times (T_2 - 273)$$

所以　$T_2 = 163.9 \text{K}$
$$\Delta U = nC_{V,m}(T_2 - T_1) = 1 \times 1.5 \times 8.314 \times (163.9 - 273) = -1\,363 \text{J}$$
$$\Delta H = nC_{p,m}(T_2 - T_1) = 1 \times 2.5 \times 8.314 \times (163.9 - 273) = -2\,272 \text{J}$$
$$W = \Delta U = -1\,363 \text{J}$$

5. 解：先求出 $CH_3COOH(1)$ 和 $C_2H_5OH(1)$ 的标准摩尔生成焓。
$$CH_3COOH(1) + 2O_2(g) \Longrightarrow 2CO_2(g) + 2H_2O(1)$$
$$\Delta_r H_m^{\ominus} = \Delta_c H_m^{\ominus}(CH_3COOH) - 2 \times \Delta_c H_m^{\ominus}(CO_2) - 2 \times \Delta_c H_m^{\ominus}(H_2O)$$
$$= -874.54 - 2 \times (-393.51) - 2 \times (-285.83) = 484.14 \text{kJ/mol}$$
$$C_2H_5OH(1) + 3O_2(g) \Longrightarrow 2CO_2(g) + 3H_2O(1)$$
$$\Delta_r H_m^{\ominus} = \Delta_c H_m^{\ominus}(C_2H_5OH) - 2 \times \Delta_c H_m^{\ominus}(CO_2) - 3 \times \Delta_c H_m^{\ominus}(H_2O)$$
$$= -1\,366 - 2 \times (-393.51) - 3 \times (-285.83) = 278.51 \text{kJ/mol}$$

所以　$CH_3COOH(1) + C_2H_5OH(1) \Longrightarrow CH_3COOC_2H_5(1) + H_2O(1)$
$$\Delta_r H_m^{\ominus} = \Delta_f H_m^{\ominus}(CH_3COOC_2H_5) + \Delta_f H_m^{\ominus}(H_2O) - \Delta_f H_m^{\ominus}(CH_3COOH) - \Delta_f H_m^{\ominus}(C_2H_5OH)$$

代入数据，求得：
$$\Delta_f H_m^{\ominus}(CH_3COOC_2H_5) = -9.20 + 484.14 + 278.51 - (-285.83) = 1\,039.28 \text{kJ/mol}$$

6. 解：该过程是可逆相变过程，所以
$$Q_p = \Delta H = 4.067 \times 10^4 \times 1 = 4.067 \times 10^4 \text{J}$$
$$\Delta U = Q + W = Q_p - p(V_g - V_1) = 4.067 \times 10^4 - 101\,325 \times (30\,200 - 18.80) \times 10^{-6} = 3.76 \times 10^4 \text{J}$$

7. 解：双原子理想气体 $C_{V,m} = \dfrac{5}{2}R$，$C_{p,m} = \dfrac{7}{2}R$，$\gamma = \dfrac{C_{p,m}}{C_{V,m}} = 1.4$，$T^{\gamma}p^{1-\gamma} = $ 常数

$$T_2 = T_1 \left( \frac{p_1}{p_2} \right)^{\frac{1-\gamma}{\gamma}} = 273 \times \left( \frac{100}{50} \right)^{\frac{1-1.4}{1.4}} = 224\text{K}$$

$$\Delta U = nC_{V,m}(T_2 - T_1) = \frac{5}{2} \times 8.314 \times (224 - 273) = -1\ 018.5\text{J}$$

$$W = \Delta U = -1\ 018.5\text{J}$$

8. 证：$C_p = \left( \dfrac{\partial H}{\partial T} \right)_p$，$H = U + pV$

$$C_p = \left( \frac{\partial U}{\partial T} \right)_p + p \left( \frac{\partial V}{\partial T} \right)_p$$

$$\left( \frac{\partial U}{\partial T} \right)_p = C_p - p \left( \frac{\partial V}{\partial T} \right)_p$$

9. 解：该反应 = (2) − (1)

$$\Delta_r H_m^{\ominus} = \Delta_r H_m^{\ominus}(2) - \Delta_r H_m^{\ominus}(1) = -393.5 - (-395.4) = 1.9\text{kJ/mol}$$

10. 解：由生成焓计算（所需数据查表）：

$$\Delta_r H_m = \sum_B \nu_B \Delta_f H_m^{\ominus}(B) = 49.04 - 3 \times 226.73 = -631\text{kJ/mol}$$

由燃烧焓计算：

$$\Delta_r H_m = -\sum_B \nu_B \Delta_c H_m^{\ominus}(B) = 3 \times (-1\ 299.6) - (-3\ 267.5) = -631\text{kJ/mol}$$

$$\Delta_r U_m = \Delta_r H_m - \Delta nRT = -631 \times 10^3 - (-3) \times 8.314 \times 298 = -623.6\text{kJ/mol}$$

# 第二章　热力学第二定律

## 一、要 点 概 览

### （一）热力学第二定律

1. **自发过程**　不需要借助外力就可以自动发生的过程称为自发过程。自发过程的逆过程是非自发过程。自发过程的主要特征是不可逆性,其本质是热功转换的不可逆性。

2. **热力学第二定律的表述**　克劳修斯表述:"热量由低温物体传给高温物体而不引起其他变化是不可能的"。

开尔文表述:"从单一热源取热使之完全变为功,而不发生其他变化是不可能的。"即"第二类永动机是不可能造成的"。

3. **卡诺热机和卡诺定理**　热机是将热能(热)转变为机械能(功)的装置,卡诺热机是由等温可逆膨胀、绝热可逆膨胀、等温可逆压缩和绝热可逆压缩四步过程构成的可逆循环过程。

卡诺定理的表述为:①工作于两个确定温度热源之间的热机,以卡诺热机的效率最高。②任意可逆热机的效率只与两热源的温度有关,与工作物质无关。

4. **熵和熵的物理意义**　熵为状态函数,是广度性质,用符号 $S$ 表示,单位 J/K。熵是系统微观状态数的一种度量,是系统混乱程度的度量。熵值越大,系统混乱程度越大。

5. **克劳修斯不等式**　也称为热力学第二定律数学表达式,用于判断过程的可逆性。$\Delta S$ 大于 $\sum \frac{\delta Q}{T}$ 为不可逆过程,等于则为可逆过程。

6. **熵增加原理**　对于绝热可逆过程,系统的熵值不变,$\Delta S = 0$;对绝热不可逆过程,系统的熵值增加,$\Delta S > 0$,绝热过程系统的熵值永不减少。

孤立系统自发过程的方向总是朝着熵值增大的方向进行,直到在该条件下系统熵值达到最大为止,即孤立系统中过程的限度就是其熵值达到最大。这是孤立系统的熵增原理,孤立系统的熵值永不会减少。

孤立系统的熵增原理可作为过程的方向和限度的判据。孤立系统中熵值增大的过程是自发过程,也是不可逆过程;系统的熵值保持不变的过程是可逆过程,系统处于平衡态;孤立系统中熵值减小的过程永远不可能发生。

### （二）热力学第三定律

1. **热力学第三定律**　在 0K 时,任何纯物质完美晶体的熵为零。

2. **规定熵和标准熵**　根据热力学第三定律,求得的任何物质在温度 $T$ 时的熵值 $S_T$ 为规定熵。

$$S_T = \int_0^T dS = \int_0^T \frac{C_p dT}{T} = \int_0^T C_p d\ln T$$

1mol 纯物质在标准状态($T, p^\ominus = 100\text{kPa}$)下的规定熵称该物质在温度 $T$ 时的标准摩尔熵(standard molar entropy),符号为 $S_m^\ominus$。

### (三) 亥姆赫兹能和吉布斯能

1. 亥姆霍兹能和吉布斯能  亥姆赫兹能和吉布斯能分别用符号 $F$ 和 $G$ 表示,均为状态函数,广度性质,绝对值无法确定。等温等容、只做体积功的亥姆霍兹能变以及等温等压、只做体积功的吉布斯能变可作为过程的方向和限度的判据。

2. 最小亥姆霍兹能原理  封闭系统在等温等容且不作非体积功的条件下,系统亥姆赫兹能减少的过程才能自动发生,当该条件下亥姆霍兹能达到最小值时系统达到平衡状态。

3. 最小吉布斯能原理  封闭系统在等温等压且不作非体积功的条件下,系统吉布斯能减少的过程才能自动发生,当该条件下吉布斯能达到最小值时系统达到平衡状态。

4. $\Delta G$ 的计算

(1)简单状态变化过程:可利用 $dG = -SdT + Vdp$,根据不同条件进行计算。

(2)相变过程:等温等压可逆相变,$\Delta G = 0$;等温等压的不可逆相变,通过在始终态之间设计可逆过程进行计算。

## 二、主 要 公 式

| | |
|---|---|
| $dS = \dfrac{\delta Q_R}{T}$ 或 $\Delta S = \int_A^B \dfrac{\delta Q_R}{T}$ | 熵变的定义,$Q_R$ 为可逆过程的热 |
| $dS \geqslant \dfrac{\delta Q}{T}$ | 克劳修斯不等式,$Q$ 为实际过程的热 |
| $\Delta S_{孤立} = \Delta S_{系统} + \Delta S_{环境} \geqslant 0$ | 熵判据,适用于孤立系统的任何过程 |
| $\Delta S = nC_{V,m}\ln\dfrac{T_2}{T_1} + nR\ln\dfrac{V_2}{V_1}$ <br> 或 $\Delta S = nC_{p,m}\ln\dfrac{T_2}{T_1} - nR\ln\dfrac{p_2}{p_1}$ | 理想气体任意简单状态变化,$C_{p,m}$ 和 $C_{V,m}$ 为常数 |
| $\Delta S = nR\ln\dfrac{V_2}{V_1} = -nR\ln\dfrac{p_2}{p_1}$ | 理想气体等温过程 |
| $\Delta S = nC_{p,m}\ln\dfrac{T_2}{T_1}$ | 理想气体等压变温过程,$C_{p,m}$ 为常数 |
| $\Delta S = nC_{V,m}\ln\dfrac{T_2}{T_1}$ | 理想气体等容变温过程,$C_{V,m}$ 为常数 |

| | |
|---|---|
| $\Delta_{\mathrm{mix}}S = -R \sum\limits_{B} n_{B} \ln x_{B}$ | 理想气体等温、等压混合过程 |
| $\Delta S = \dfrac{\Delta H_{相变}}{T}$ | 可逆相变（注：不可逆相变需设计可逆过程进行计算） |
| $\Delta_{r}S^{\ominus} = (\sum \nu_{i}S_{m,i}^{\ominus})_{产物} - (\sum \nu_{i}S_{m,i}^{\ominus})_{反应物}$ | 化学变化 |
| $F = U - TS$ | 亥姆霍兹能定义式，适用于任意过程 |
| $G = H - TS$ | 吉布斯能定义式，适用于任意过程 |
| $\Delta F_{T,V} \leqslant W'$ $\begin{array}{l}<自发\\=平衡\end{array}$ | 赫姆霍兹能判据，适用于等温等容的封闭系统 |
| $\Delta F_{T,V,W'=0} \leqslant 0$ $\begin{array}{l}<自发\\=平衡\end{array}$ | 赫姆霍兹能判据，等温等容和非体积功为零的封闭系统 |
| $\Delta G_{T,p} \leqslant W'$ $\begin{array}{l}<自发\\=平衡\end{array}$ | 吉布斯能判据，等温等压的封闭系统 |
| $\Delta G_{T,p,W'=0} \leqslant 0$ $\begin{array}{l}<自发\\=平衡\end{array}$ | 吉布斯能判据，等温等压和非体积功为零的封闭系统 |
| $\Delta F = \Delta U - T\Delta S,\ \Delta G = \Delta H - T\Delta S$ | 等温过程 |
| $\Delta F = \Delta U - S\Delta T,\ \Delta G = \Delta H - S\Delta T$ | 等熵过程 |
| $\Delta G = \displaystyle\int_{p_1}^{p_2} V\mathrm{d}p,\ \Delta F = -\int_{V_1}^{V_2} p\mathrm{d}V$ | 理想气体等温过程 |
| $\mathrm{d}U = T\mathrm{d}S - p\mathrm{d}V$ $\mathrm{d}H = T\mathrm{d}S + V\mathrm{d}p$ $\mathrm{d}F = -S\mathrm{d}T - p\mathrm{d}V$ $\mathrm{d}G = -S\mathrm{d}T + V\mathrm{d}p$ | 热力学基本方程，适用于组成不变且无非体积功的封闭系统 |
| $\left[\dfrac{\partial(\Delta_{r}G/T)}{\partial T}\right]_{P} = -\dfrac{\Delta_{r}H}{T^{2}}$ | 吉布斯-亥姆霍兹公式 |

# 三、例 题 解 析

**例1**　1mol 273K、0.2MPa 的理想气体沿着 $pV^{-1}=$ 常数的可逆途径到达压力为 0.4MPa 的终态。已知 $C_{V,m} = \dfrac{5}{2}R$，求过程的 $Q$、$W$、$\Delta U$、$\Delta H$、$\Delta S$。

$$\textbf{解:} V_1 = \frac{nRT_1}{p_1} = \frac{1 \times 8.314 \times 273.15}{0.2 \times 10^6} = 11.35 \times 10^{-3} m^3 = 11.35L$$

$$\frac{p_2}{V_2} = \frac{p_1}{V_1}$$

$$V_2 = \frac{p_2}{p_1} \times V_1 = \frac{0.4}{0.2} \times 11.35 = 22.70L$$

$$T_2 = \frac{p_2 V_2}{nR} = \frac{0.4 \times 10^6 \times 22.70 \times 10^{-3}}{1 \times 8.314} = 1\,092K$$

$$W = -\int_{V_1}^{V_2} p\,dV = -\int_{V_1}^{V_2} \frac{p_1}{V_1} V\,dV = -\frac{p_1}{V_1} \times \frac{1}{2} \times (V_2^2 - V_1^2)$$

$$= -\frac{1}{2}(p_2 V_2 - p_1 V_1)$$

$$= -\frac{1}{2} \times (0.4 \times 22.70 - 0.2 \times 11.35) \times 10^3$$

$$= -3.405kJ$$

$$\Delta U = nC_{V,m}\Delta T = 1 \times \frac{5}{2} \times 8.314 \times (1\,092 - 273)$$

$$= 17.02 \times 10^3 J = 17.02kJ$$

$$\Delta H = nC_{p,m}\Delta T = 1 \times \frac{7}{2} \times 8.314 \times (1\,092 - 273)$$

$$= 23.83 \times 10^3 J = 23.83kJ$$

$$Q = \Delta U - W = 20.43kJ$$

$$\Delta S = nC_{p,m}\ln\frac{T_2}{T_1} - nR\ln\frac{p_2}{p_1}$$

$$= 1 \times \left(\frac{5}{2} + 1\right) \times 8.314 \times \ln\frac{1\,092}{273.15} - 8.314 \times \ln\frac{0.4}{0.2}$$

$$= 34.56J/K$$

**例2**　$C_6H_6$ 的正常熔点为 278K,摩尔熔化热为 9\,916J/mol,$C_{p,m} = 126.8J/(K \cdot mol)$,$C_{p,m} = 122.6J/(K \cdot mol)$,求 101.325kPa 下,1mol 268K 的过冷 $C_6H_6$ 凝固成 268K 固态 $C_6H_6$ 的 $Q$、$\Delta U$、$\Delta H$、$\Delta S$、$\Delta F$、$\Delta G$。设凝固过程中的体积功可忽略不计。

**解:** 这是一不可逆相变,需设计如下可逆过程进行相关计算。

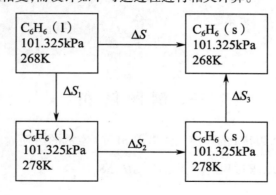

$$Q=\Delta H=-9\,916+(122.6-126.8)\times[(-5)-5]=-9\,874\mathrm{J}$$

$$\Delta U=Q+W\cong Q=-9\,874\mathrm{J}$$

$$\Delta S_1=C_{p,\mathrm{m(1)}}\ln\frac{T_2}{T_1}=126.8\times\ln\frac{278.15}{268.15}=4.643\mathrm{J/K}$$

$$\Delta S_2=\frac{\Delta H_2}{T_2}=-35.65\mathrm{J/K}$$

$$\Delta S_3=C_{p,\mathrm{m(s)}}\ln\frac{T_1}{T_2}=-4.489\mathrm{J/K}$$

$$\Delta S=\Delta S_1+\Delta S_2+\Delta S_3=-35.5\mathrm{J/K}$$

$$\Delta F=\Delta U-T\Delta S=-355\mathrm{J}$$

$$\Delta G=\Delta H-T\Delta S=-355\mathrm{J}$$

**例3**　把 1mol He 在 400K 和 0.5MPa 下等温压缩至 1MPa,试求其 $Q$、$W$、$\Delta U$、$\Delta H$、$\Delta S$、$\Delta F$、$\Delta G$。He 可视为理想气体。(1)设为可逆过程;(2)设压缩时外压自始至终为 1MPa。

**解:** (1) $\Delta U=0,\Delta H=0$

$$W=-nRT\ln\frac{p_1}{p_2}=2\,306\mathrm{J}$$

$$Q=\Delta U-W=-2\,306\mathrm{J}$$

$$\Delta S=nR\ln\frac{p_1}{p_2}=-5.763\mathrm{J/K}$$

$$\Delta F=W_R=2\,306\mathrm{J}$$

$$\Delta G=\Delta F=2\,306\mathrm{J}$$

(2) $\Delta U$、$\Delta H$、$\Delta S$、$\Delta F$、$\Delta G$ 同(1)

$$W=-p_e\Delta V=p_2\left(\frac{nRT}{p_2}-\frac{nRT}{p_1}\right)$$

$$=nRT\left(1-\frac{p_2}{p_1}\right)=3\,327\mathrm{J}$$

$$Q=\Delta U-W=-3\,327\mathrm{J}$$

**例4**　(1)乙醇气体脱水制乙烯,反应为:

$$\mathrm{C_2H_5OH(g)\longrightarrow C_2H_4(g)+H_2O(g)}$$

试计算 298K 的 $\Delta_r S_m^\ominus$。

(2)若将反应写成:

$$\mathrm{2C_2H_5OH(g)\longrightarrow 2C_2H_4(g)+2H_2O(g)},$$

则 298K 的 $\Delta_r S^\ominus$ 又是多少?

| 物质 | $\mathrm{C_2H_5OH(g)}$ | $\mathrm{C_2H_4(g)}$ | $\mathrm{H_2O(g)}$ |
|---|---|---|---|
| $S_m^\ominus$/ [ J/ ( K·mol ) ] | 282.70 | 219.56 | 188.83 |

**解:** (1) $\Delta_r S_m^\ominus=(219.56+188.83)-282.70$

$$=125.69\mathrm{J/(K\cdot mol)}$$

(2) $\Delta_r S^\ominus=2\times125.69=251.38\mathrm{J/(K\cdot mol)}$

**例5** 求673K时反应:$CO(g)+2H_2(g) \longrightarrow CH_3OH(g)$的$\Delta_r H$、$\Delta_r S$和$\Delta_r G$。已知甲醇的正常沸点为337.7K,摩尔蒸发焓为35.27kJ/mol。

| 物质 | $\Delta H_f^{\ominus}/$ ( kJ/mol ) | $C_{p,m}/$ ( J/mol ) |
|---|---|---|
| $CO(g)$ | −110.525 | 30.2 |
| $H_2(g)$ | 0 | 29.3 |
| $CH_3OH(l)$ | −238.66 | 77.2 |
| $CH_3OH(g)$ | | 59.2 |

**解:**

$$\Delta H_1 = ( 30.2+2\times29.3 )\times( 298-673 ) = -33.3 kJ$$

$$\Delta_r H_2 = -238.66-( -110.525 ) = -128.14 kJ$$

$$\Delta H_3 = 77.2\times( 338-298 ) = 3.09 kJ$$

$$\Delta H_4 = 35.27 kJ$$

$$\Delta H_5 = 59.2\times( 673-338 ) = 19.8 kJ$$

$$\Delta_r H = \Delta H_1+\Delta_r H_2+\Delta H_3+\Delta H_4+\Delta H_5 = -103.3 kJ$$

$$\Delta S_1 = ( 1\times30.2+2\times29.3 )\ln\frac{298}{673} = -72.3 J/K$$

$$\Delta_r S_2 = ( 126.8-197.674-2\times130.684 ) = -332.2 J/K$$

$$\Delta S_3 = 77.2\ln\frac{338}{298} = 9.72 J/K$$

$$\Delta S_4 = \frac{35.27\times10^3}{64.7+273.2} = 104.40 J/K$$

$$\Delta S_5 = 59.2\ln\frac{673}{338} = 40.8 J/K$$

$$\Delta_r S = \Delta S_1+\Delta_r S_2+\Delta S_3+\Delta S_4+\Delta S_5 = -249.6 J/K$$

$$\Delta_r G = \Delta_r H-T\Delta_r S$$
$$= -103.3-673\times( -249.6 )\times10^{-3}$$
$$= 64.7 kJ$$

**例6** 已知298K时$H_2O(l)$的标准摩尔生成吉布斯函数为−237.13kJ/mol,水的饱和蒸气压为3.167kPa,求298K时$H_2O(g)$的标准生成吉布斯函数。

解：

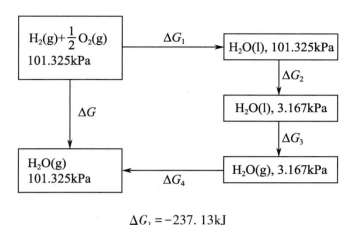

$$\Delta G_1 = -237.13\text{kJ}$$

$$\Delta G_2 = \int_{p_1}^{p_2} V\mathrm{d}p \cong 0$$

$$\Delta G_3 = 0$$

$$\Delta G_4 = 1\times8.314\times298\ln\frac{101.325}{3.167} = 8.56\text{kJ}$$

$$\Delta G = \Delta G_1 + \Delta G_2 + \Delta G_3 + \Delta G_4 = -228.57\text{kJ}$$

**例 7**　在 298K、100kPa 下，0.5mol 氧气与 0.5mol 氮气混合，计算此过程的 $\Delta H$、$\Delta S$、$\Delta G$ 和 $\Delta V$。设气体为理想气体。

**解：**此为理想气体的等温等压混合过程，故 $\Delta H = 0$，$\Delta V = 0$。

$$\Delta S = \Delta S_{\text{氧气}} + \Delta S_{\text{氮气}} = nR\ln\frac{2V}{V} + nR\frac{2V}{V} = 2nR\ln 2 = 8.314\times0.693 = 5.76\text{J/K}$$

$$\Delta G = \Delta H - T\Delta S = -T\Delta S = 1\ 717\text{J}$$

**例 8**　在标准压力下，有 1mol、253K 的过冷水，在绝热密闭的容器中部分凝结成 273K 的冰、水两相共存的平衡系统。计算：（1）有多少摩尔的水结成了冰；（2）该过程的 $Q$、$W$、$\Delta U$、$\Delta H$、$\Delta S$、$\Delta F$、$\Delta G$。已知：在 273K 时冰的熔化热为 6 009.7J/mol。在 298K 时，水与冰的标准熵分别为 69.96 和 39.33J/（K·mol）；水与冰的平均等压热容分别为 75.3 和 36.0J/（K·mol）。设系统的体积 $V_{\text{终}} = V_{\text{始}}$。

**解：**（1）设有 $x$mol 的冰生成，过程如下：

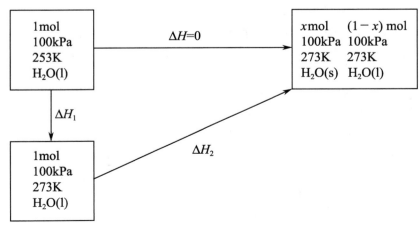

由上述过程可知,$\Delta H_1 = -\Delta H_2$

$$C_{p,m}(1)\Delta T = -[x(-\Delta H_凝)]$$

$$x = \frac{C_{p,m}(1)\Delta T}{\Delta H_凝} = \frac{75.3 \times 20}{6\ 009.7} = 0.25\text{mol}$$

(2) $\Delta H = 0$,$Q = 0$

又因 $V_终 = V_始$,所以 $W = 0$,$\Delta U = 0$。

$$\Delta S = S_终 - S_始 = [xS_{(s,273K)} + (1-x)S_{(1,273K)}] - S_{(1,253K)}$$

$$= \left\{ \left[ 0.25\left(S_{(s,298K)} + C_{p,m}(s)\ln\frac{273}{298}\right) \right] + \left[ (1-0.25)\left(S_{(1,298K)} + C_{p,m}(1)\ln\frac{273}{298}\right) \right] \right\} -$$

$$\left( S(1,298K) + C_{p,m}(1)\ln\frac{253}{298} \right)$$

$$= \left\{ \left[ 0.25\left(39.33 + 36.0\ln\frac{273}{298}\right) \right] + \left[ 0.75\left(69.96 + 75.3\ln\frac{273}{298}\right) \right] \right\}$$

$$-\left( 69.96 + 75.3\ln\frac{253}{298} \right)$$

$$= 56.56 - 57.63 = -1.07\text{J/(K·mol)}$$

$$\Delta F = \Delta U - \Delta(TS) = -\Delta(TS) = T_1 S_1 - T_2 S_2 = (253 \times 57.63 - 273 \times 56.56) = -860.5\text{J}$$

$$\Delta G = \Delta H - \Delta(TS) = -\Delta(TS) = \Delta F = -860.5\text{J}$$

**例 9**　用热力学原理证明在 373K、202.65kPa 时水比水蒸气稳定。

**证明:**所谓水比水蒸气稳定,就是在此条件下,水蒸气能自动凝结成水。故这是一个等温等压下相变过程的方向问题,要判断此方向可用吉布斯函数判据。为此设计以下等温过程:

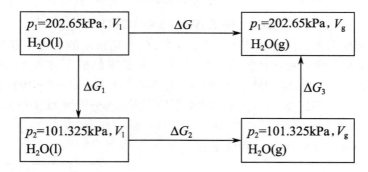

由热力学基本方程 $\text{d}G = -S\text{d}T + V\text{d}p$,在等温下,有 $\text{d}G = V\text{d}p$,则有:

$$\Delta G = \Delta G_1 + \Delta G_2 + \Delta G_3 = V(1)[p_2-p_1] + 0 + V(g)[p_1-p_2]$$

$$= [V_g - V_1][p_1 - p_2]$$

因 $V_g > V_1$,$p_1 > p_2$,所以 $\Delta G > 0$。故在 373K、202.65kPa 时,水不会自动气化,而只可能是水蒸气自动凝结,即水比水蒸气稳定。

**例 10**　1mol 单原子理想气体始态为 273K、100kPa,分别经历下列可逆变化:(1)等温下压力加倍;(2)等压下体积加倍;(3)恒容下压力加倍;(4)绝热可逆膨胀至压力为 50kPa;(5)绝热不可逆反抗恒外压 50kPa 膨胀至平衡。试计算上述各过程的 $Q$、$W$、$\Delta U$、$\Delta H$、$\Delta S$、$\Delta G$、$\Delta F$。已知 273K、100kPa 下该气体的 $S = 100\text{J/(K·mol)}$。

**解:**(1)等温下压力加倍,$\Delta U = 0$、$\Delta H = 0$

$$Q = -W = nRT\ln\frac{p_1}{p_2} = 1 \times 8.314 \times 273\ln\frac{1}{2} = -1\ 573J$$

$$\Delta S = nR\ln\frac{p_1}{p_2} = 1 \times 8.314 \times \ln\frac{1}{2} = -5.763J/K$$

$$\Delta F = -W_R = 1\ 573J$$

$$\Delta G = \Delta F = 1\ 573J$$

(2) 等压下体积加倍，$p = \dfrac{nRT}{V}$，当 $V_2 = 2V_1$ 时，$T_2 = 2T_1$。

$$\Delta U = nC_{V,m}(T_2 - T_1) = 1 \times \frac{3}{2} \times 8.314 \times 273 = 3\ 405J$$

$$W = -p_e\Delta V = -p(2V_1 - V_1) = pV_1 = nRT = 1 \times 8.314 \times 273 = -2\ 270J$$

$$\Delta H = nC_{p,m}(T_2 - T_1) = 1 \times \frac{5}{2} \times 8.314 \times 273 = 5\ 674J$$

$$\Delta S = nC_{p,m}\ln\frac{T_2}{T_1} = 1 \times \frac{5}{2} \times 8.314\ln 2 = 14.41J/K$$

$$S_2 = S_1 + \Delta S = 100 + 14.41 = 114.41J/K$$

$$\Delta G = \Delta H - \Delta(TS) = \Delta H - (T_2 S_2 - T_1 S_1) = 5\ 674 - (2 \times 273 \times 114.41 - 273 \times 100)$$
$$= -2.949 \times 10^4 J$$

$$\Delta F = \Delta U - \Delta(TS) = \Delta U - (T_2 S_2 - T_1 S_1) = 3\ 405 - (2 \times 273 \times 114.41 - 273 \times 100)$$
$$= -3.176 \times 10^4 J$$

(3) 恒容下压力加倍，$V = \dfrac{nRT}{p}$，当 $p_2 = 2p_1$ 时，$T_2 = 2T_1$

$$W = -p\Delta V = 0$$

$$\Delta U = nC_{V,m}(T_2 - T_1) = 1 \times \frac{3}{2} \times 8.314 \times 273 = 3\ 405J$$

$$Q_V = \Delta U = 3\ 405J$$

$$\Delta H = nC_{p,m}(T_2 - T_1) = 1 \times \frac{5}{2} \times 8.314 \times 273 = 5\ 674J$$

$$\Delta S = nC_{V,m}\ln\frac{T_2}{T_1} = 1 \times \frac{3}{2} \times 8.314\ln 2 = 8.644J/K$$

$$S_2 = S_1 + \Delta S = 100 + 8.644 = 108.644J/K$$

$$\Delta G = \Delta H - \Delta(TS) = \Delta H - (T_2 S_2 - T_1 S_1) = 5\ 674 - (2 \times 273 \times 108.644 - 273 \times 100)$$
$$= -2.635 \times 10^4 J$$

$$\Delta F = \Delta U - \Delta(TS) = \Delta U - (T_2 S_2 - T_1 S_1) = 3\ 405 - (2 \times 273 \times 108.644 - 273 \times 100)$$
$$= -2.861 \times 10^4 J$$

(4) 绝热可逆膨胀至压力为 50kPa，$Q = 0$

$$\left(\frac{p_1}{p_2}\right)^{1-\gamma} = \left(\frac{T_2}{T_1}\right)^{\gamma}$$

$$\gamma = \frac{C_{p,m}}{C_{V,m}} = \frac{\dfrac{5}{2}R}{\dfrac{3}{2}R} = 1.667$$

$$T_2 = 207K$$

$$\Delta U = nC_{V,m}(T_2-T_1) = 1 \times \frac{3}{2} \times 8.314 \times (207-273) = -823.1J$$

$$W = \Delta U = 823.1J$$

$$\Delta H = nC_{p,m}(T_2-T_1) = 1 \times \frac{5}{2} \times 8.314 \times (207-273) = -1\,372J$$

$$\Delta S = 0$$

$$\Delta G = \Delta H - \Delta(TS) = \Delta H - S\Delta T = -1\,372 - 100 \times (207-273) = 5\,228J$$

$$\Delta F = \Delta U - \Delta(TS) = \Delta U - S\Delta T = -823.1 - 100 \times (207-273) = 5\,777J$$

（5）绝热不可逆反抗恒外压 50kPa 膨胀至平衡，$Q=0$，$W=\Delta U$，即

$$nC_{V,m}(T_2-T_1) = -p_e(V_2-V_1)$$

$$n \times \frac{3}{2} \times (T_2-T_1) = -nR\left(T_2 - \frac{T_1}{p_1} \times p_2\right)$$

$T_2 = 218.4K$，则

$$\Delta U = nC_{V,m}(T_2-T_1) = 1 \times \frac{3}{2} \times 8.314 \times (218.4-273) = -680.9J$$

$$\Delta H = nC_{p,m}(T_2-T_1) = 1 \times \frac{5}{2} \times 8.314 \times (218.4-273) = -1\,135J$$

$$\Delta S = nC_{p,m}\ln\frac{T_2}{T_1} + nR\ln\frac{p_1}{p_2} = 1.125J/K$$

$$S_2 = S_1 + \Delta S = 101.125J/K$$

$$\Delta G = \Delta H - \Delta(TS) = \Delta H - (T_2S_2 - T_1S_1) = 4\,079J$$

$$\Delta F = \Delta U - \Delta(TS) = \Delta U - (T_2S_2 - T_1S_1) = 4\,533J$$

# 四、习题详解（主干教材）

1. 1L 理想气体在 3 000K 时压力为 1 519.9kPa，经等温膨胀最后体积变到 10L，计算该过程的 $W_{max}$、$\Delta H$、$\Delta U$ 及 $\Delta S$。

**解：**此过程的始、终态如下

| 1L<br>3 000K<br>1 519.9kPa | → | 10L<br>3 000K<br>$p_2$ |

理想气体，等温，则有 $\Delta U = 0$，$\Delta H = 0$

$$W_{max} = -nRT\ln\frac{V_2}{V_1} = -p_1V_1\ln\frac{V_2}{V_1}$$

$$= -1\,519.9 \times 1 \times 10^{-3}\ln\frac{10}{1} = -3.5kJ$$

$$\Delta S = nR\ln\frac{V_2}{V_1} = \frac{p_1V_1}{T_1}\ln\frac{V_2}{V_1}$$

$$= \frac{1\,519.9 \times 10^3 \times 1 \times 10^{-3}}{3\,000} \ln \frac{10}{1}$$

$$= 1.17 \text{J/K}$$

2. 300K 时 1mol $H_2$ 从体积为 1L 向真空膨胀至体积为 10L,求系统的熵变。若使该 $H_2$ 在 300K 从 1L 经等温可逆膨胀至 10L 其熵变又是多少? 由此得到什么结论?

**解:**

| 1mol<br>300K<br>1L<br>$H_2(g)$ | $\xrightarrow[\text{等温可逆},\Delta S]{p_e=0}$ | 1mol<br>300K<br>10L<br>$H_2(g)$ |
|---|---|---|

$$\Delta S = nR\ln\frac{V_2}{V_1} = 1 \times 8.314 \times \ln\frac{10}{1} = 19.14 \text{J/K}$$

状态函数的变化量与始态和终态有关,跟具体途径无关。

3. 0.5L、343K 的水与 0.1L、303K 的水混合,求熵变。已知水的 $C_{p,m} = 75.29 \text{J/(K·mol)}$。

**解:** 设混合后温度为 $T$

$$\frac{0.5 \times 10^3}{18}C_{p,m}(T-343) + \frac{0.1 \times 10^3}{18}C_{p,m}(T-303) = 0$$

$$T = 336.3\text{K}$$

$$\Delta S = \frac{0.5 \times 10^3}{18}C_{p,m}\ln\frac{336.3}{343} + \frac{0.1 \times 10^3}{18}C_{p,m}\ln\frac{336.3}{303}$$

$$= 2.36 \text{J/K}$$

4. 有 473K 的锡 250g,落在 283K 1kg 水中,略去水的蒸发,求达到平衡时此过程的熵变。已知锡的 $C_{p,m} = 24.14 \text{J/(K·mol)}$,原子量为 118.71,水的 $C_{p,m} = 75.29 \text{J/(K·mol)}$。

**解:** $\frac{250}{118.71} \times 24.14 \times (T-473) + \frac{1\,000}{18} \times 75.29(T-283) = 0$

$$T = 285.3\text{K}$$

$$\Delta S = \frac{250}{118.71} \times 24.14\ln\frac{285.3}{473} + \frac{1\,000}{18} \times 75.29\ln\frac{285.3}{283}$$

$$= 8.205 \text{J/K}$$

5. 1mol 水在 373K 和 101.325kPa 向真空蒸发,变成 373K 和 101.325kPa 的水蒸气,试计算此过程的 $\Delta S$、$\Delta S_{环}$、和 $\Delta S_{孤}$,并判断此过程是否自发。水的蒸发热为 40.64kJ/mol。

**解:**

| 1mol<br>373K<br>101.325kPa<br>$H_2O(l)$ | $\xrightarrow[\Delta S、\Delta S_环、\Delta S_孤]{p_环=0}$ | 1mol<br>373K<br>101.325kPa<br>$H_2O(g)$ |
|---|---|---|

$$\Delta S = \frac{\Delta H}{T} = \frac{40.64 \times 10^3}{373} = 109 \text{J/K}$$

$$\Delta S_{环} = \frac{-Q}{T_{环}} = \frac{-\Delta U}{T_{环}} = \frac{\Delta(pV) - \Delta H}{T_{环}} = -100.7\text{J/K}$$

$$\Delta S_{孤} = \Delta S + \Delta S_{环} = 8.3\text{J/K} > 0$$

该过程自发进行。

6. 试计算 263K 和 100kPa 下,1mol 水凝结成冰这一过程的 $\Delta S$、$\Delta S_{环}$ 和 $\Delta S_{孤}$,并判断此过程是否为自发过程。已知水和冰的热容分别为 75.3J/(K·mol) 和 37.6J/(K·mol),273K 时冰的熔化热为 -6 025J/mol。

**解：**

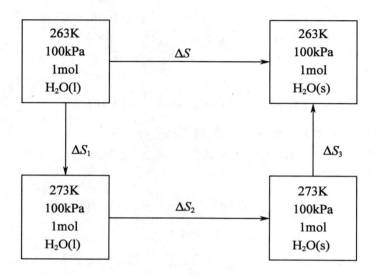

$$\Delta S_1 = nC_{p,\text{m},\text{H}_2\text{O(l)}} \ln \frac{273}{263} = 2.81\text{J/K}$$

$$\Delta S_2 = \frac{\Delta H}{T} = \frac{-6\ 025}{273} = -22.07\text{J/K}$$

$$\Delta S_3 = nC_{p,\text{m},\text{H}_2\text{O(s)}} \ln \frac{263}{273} = -1.40\text{J/K}$$

$$\Delta S = \Delta S_1 + \Delta S_2 + \Delta S_3 = -20.66\text{J/K}$$

$$\Delta H_1 = nC_{p,\text{m},\text{H}_2\text{O(l)}} (273 - 263) = 754.0\text{J/mol}$$

$$\Delta H_2 = -6\ 025\text{J/mol}$$

$$\Delta H_3 = nC_{p,\text{m},\text{H}_2\text{O(s)}} (263 - 273) = -375.1\text{J/mol}$$

$$\Delta H = \Delta H_1 + \Delta H_2 + \Delta H_3 = -5\ 646.1\text{J/mol}$$

$$\Delta S_{环} = \frac{-\Delta H}{T_{环}} = -\frac{-5\ 646.1}{263} = 21.47\text{J/K}$$

$$\Delta S_{孤} = \Delta S + \Delta S_{环} = 0.82\text{J/K} > 0$$

该过程自发进行。

7. 有一物系如图所示,将隔板抽去,求平衡后 $\Delta S$。设气体的 $C_{p,\text{m}}$ 均是 28.03J/(K·mol)。

| 1mol O$_2$ | 1mol H$_2$ |
|:---:|:---:|
| 283K | 293K |
| $V$ | $V$ |

**解:** 设混合后温度为 $T$

$$1 \times C_{p,m}(T-283) + 1 \times C_{p,m}(T-293) = 0$$

$$T = 288K$$

$$\Delta S_{O_2} = nC_{V,m}\ln\frac{T_2}{T_1} + nR\ln\frac{V_2}{V}$$

$$= 1 \times (28.03 - 8.31)\ln\frac{288}{283} + nR\ln\frac{2V}{V}$$

$$= 6.11 J/K$$

$$\Delta S_{H_2} = nC_{V,m}\ln\frac{T_2}{T_1} + nR\ln\frac{V_2}{V_1}$$

$$= 1 \times (28.03 - 8.31)\ln\frac{288}{293} + 1 \times 8.31\ln\frac{2V}{V}$$

$$= 5.42 J/K$$

$$\Delta S = \Delta S_{O_2} + \Delta S_{H_2} = 11.53 J/K$$

8. 在温度为 298.2K 的室内有一冰箱,冰箱内的温度为 273.2K。试问欲使 1kg 水结成冰,至少须做功若干？此冰箱对环境放热若干？已知冰的熔化热为 334.7J/g。$\left(\text{注：卡诺热机的逆转即制冷机,可逆制冷机的制冷率} \beta = \dfrac{Q}{W} = \dfrac{T_1}{T_2 - T_1}\right)$

**解:** 可逆热机效率最大

$$\beta = \frac{Q_1}{W} = \frac{T_1}{T_2 - T_1} = \frac{273.2}{298.2 - 273.2} = 10.928$$

$$W = \frac{Q_1}{\beta} = \frac{334.7 \times 1\ 000}{10.928} = 30.63 kJ$$

$$-W = Q_1 + Q_2$$

$$Q_2 = -Q_1 - W = -334.7 - 30.63 = -365.3 kJ$$

9. 有一大恒温槽,其温度为 369.9K,室温为 299.9K,经过一定时间后,有 4 184J 的热因恒温槽绝热不良而传给室内空气,试求:

(1)恒温槽的熵变。

(2)空气的熵变。

(3)试问此过程是否可逆。

**解:**

$$\Delta S_槽 = \frac{Q}{T} = \frac{-4\ 184J}{369.9} = -11.31 J/K$$

$$\Delta S_空 = \frac{-Q}{T_环} = \frac{4\ 184}{299.9} = 13.95 J/K$$

$$\Delta S_总 = \Delta S_槽 + \Delta S_空 = 2.64 J/K > 0$$

该过程自发进行。

10. 1mol 甲苯在其沸点 383.2K 时蒸发为气态,求该过程的 $Q$、$W$、$\Delta U$、$\Delta H$、$\Delta S$、$\Delta G$ 和 $\Delta F$,已知该温度下甲苯的气化热为 362kJ/kg。

**解：**

$$
\boxed{\begin{array}{l}1\text{mol}\\ 甲苯(\text{l})\\ 101.325\text{kPa}\\ 383.2\text{K}\end{array}} \longrightarrow \boxed{\begin{array}{l}1\text{mol}\\ 甲苯(\text{g})\\ 101.325\text{kPa}\\ 383.2\text{K}\end{array}}
$$

$$
Q = \Delta H = \frac{362 \times 93}{1\,000} = 33.7\text{kJ}
$$

$$
\Delta U = \Delta H - p\Delta V = 33.7 - 1 \times 8.314 \times 383.2 \times 10^{-3} = 30.5\text{kJ}
$$

$$
W = \Delta U - Q = -3.2\text{kJ}
$$

$$
\Delta S = \frac{\Delta H}{T} = \frac{33.7 \times 10^3}{383.2} = 87.9\text{J/K}
$$

$$
\Delta G = 0
$$

$$
\Delta F = -3.2\text{kJ}(\Delta F = W_R)
$$

11. 1mol $O_2$ 于 298.2K 时：(1)由 100kPa 等温可逆压缩到 600kPa，求 $Q$、$W$、$\Delta U$、$\Delta H$、$\Delta F$、$\Delta G$、$\Delta S$ 和 $\Delta S_{孤}$；(2)若自始至终用 600kPa 的外压，等温压缩到终态，求上述各热力学量的变化。

**解：**(1)$\Delta U = 0$，$\Delta H = 0$

$$
\begin{aligned}
W &= -nRT \ln \frac{p_1}{p_2} \\
&= -1 \times 8.314 \times 298.2 \times \ln \frac{100}{600} \\
&= 4\,442\text{J}
\end{aligned}
$$

$$
Q = -W = -4\,442\text{J}
$$

$$
\Delta S = \frac{Q}{T} = \frac{-4\,442}{298.2} = -14.9\text{J/K}
$$

$$
\Delta G = \Delta F = -T\Delta S = 4\,442\text{J}
$$

$$
\Delta S_{环} = -\frac{Q}{T} = -\frac{-4\,442}{298.2} = 14.9\text{J/K}
$$

$$
\Delta S_{孤} = \Delta S + \Delta S_{环} = 0
$$

(2)$W = -p_e\Delta V$

$$
\begin{aligned}
&= -600 \times 10^3 \times \left(\frac{1 \times 8.314 \times 298.2}{600 \times 10^3} - \frac{1 \times 8.314 \times 298.2}{100 \times 10^3}\right) \\
&= 12\,396\text{J}
\end{aligned}
$$

$$
Q = -W = -12\,396\text{J}
$$

$\Delta U$、$\Delta H$、$\Delta S$、$\Delta F$、$\Delta G$ 与(1)相同。

$$
\Delta S_{环} = -\frac{Q}{T} = -\frac{-12\,396}{298.2} = 41.6\text{J/K}
$$

$$
\Delta S_{孤} = \Delta S + \Delta S_{环} = -14.9 + 41.6 = 26.7\text{J/K}
$$

12. 298K，1mol $O_2$ 从 100Pa 绝热可逆压缩到 600kPa，求 $Q$、$W$、$\Delta U$、$\Delta H$、$\Delta G$、$\Delta S$。已知 298K 氧的规定熵为 205.14J/(K·mol)。$\left(\text{氧为双原子分子，若为理想气体，}C_{p,m} = \frac{7}{2}R, \gamma = \frac{7}{5}\right)$

**解:**绝热可逆过程,$Q=0,\Delta S=0$

$$\left(\frac{p_1}{p_2}\right)^{1-\gamma}=\left(\frac{T_2}{T_1}\right)^{\gamma},\gamma=\frac{C_{p,\mathrm{m}}}{C_{V,\mathrm{m}}}=\frac{\frac{7}{2}R}{\frac{5}{2}R}=1.4$$

$$T_2=497.3\mathrm{K}$$

$$W=\Delta U=nC_{V,\mathrm{m}}(T_2-T_1)=\frac{5}{2}\times8.314\times(298.2-497.3)=-4\ 140\mathrm{J}$$

$$\Delta H=nC_{p,\mathrm{m}}(T_2-T_1)=1\times\frac{7}{2}\times8.314\times(497.3-298.2)=5\ 794\mathrm{J}$$

$$\Delta G=\Delta H-S\Delta T=5\ 794-205.03\times(497.3-298.2)=-35\ 027\mathrm{J}$$

13. $273.2\mathrm{K}$、$10^3\mathrm{kPa}$、$10\mathrm{L}$ 的单原子理想气体,绝热膨胀至 $100\mathrm{kPa}$,计算 $Q$、$W$、$\Delta U$、$\Delta H$、$\Delta S$。(1)$p_\mathrm{e}=p$;(2)$p_\mathrm{e}=100\mathrm{kPa}$;(3)$p_\mathrm{e}=0$。$\left(单原子分子理想气体,C_{V,\mathrm{m}}=\frac{3}{2}R,\gamma=\frac{5}{3}\right)$

**解:**(1)$p_\mathrm{e}=p$ 的绝热过程为可逆过程。

$$V_2=\left(\frac{p_1}{p_2}\right)^{\frac{1}{\gamma}}V_1=\left(\frac{1}{0.1}\right)^{\frac{3}{5}}\times10=39.8\mathrm{L}$$

$$n=\frac{p_1V_1}{RT_1}=\frac{1\times10^6\times10\times10^{-3}}{8.314\times273.2}=4.403\mathrm{mol}$$

$$T_2=\frac{p_2V_2}{nR}=\frac{0.1\times10^6\times39.8\times10^{-3}}{4.403\times8.314}=108.7\mathrm{K}$$

$$Q=0$$

$$W=\Delta U=nC_{V,\mathrm{m}}(T_2-T_1)=4.403\times\frac{3}{2}\times8.314\times(108.7-273.2)=-9\ 033\mathrm{J}$$

$$\Delta H=nC_{p,\mathrm{m}}(T_2-T_1)=4.403\times\frac{5}{2}\times8.314\ 5\times(108.7-273.2)=-15.06\times10^3\mathrm{J}$$

$$\Delta S=0$$

(2)是绝热不可逆过程

$$\Delta U=W,nC_{V,\mathrm{m}}(T_2-T_1)=-p_\mathrm{e}(V_2-V_1)$$

$$n\frac{3}{2}R(T_2-T_1)=-p_\mathrm{e}nR\left(\frac{T_2}{p_2}-\frac{T_1}{p_1}\right)$$

$$\frac{3}{2}(T_2-T_1)=-0.1\left(\frac{T_2}{0.1}-\frac{T_1}{1}\right)=-\left(T_2-\frac{T_1}{10}\right)$$

$T_1=273.2\mathrm{K}$,则 $T_2=174.8\mathrm{K}$

$$V_2=\frac{nRT_2}{p_2}=\frac{4.403\times8.314\ 5\times174.8}{0.1\times10^6}=63.99\mathrm{L}$$

$$W=\Delta U=nC_{V,\mathrm{m}}(T_2-T_1)=4.403\times\frac{3}{2}\times8.314(174.8-273.2)=-5\ 043\mathrm{J}$$

$$\Delta H=nC_{p,\mathrm{m}}(T_2-T_1)=4.403\times\frac{5}{2}\times8.314\ 5(174.8-273.2)=-9\ 006\mathrm{J}$$

$$\Delta S = nC_{V,\mathrm{m}}\ln\frac{T_2}{T_1}+nR\ln\frac{V_2}{V_1}$$

$$= 4.403\times\frac{3}{2}\times8.314\ 5\ln\frac{174.8}{273.2}+4.403\times8.314\ 5\ln\frac{63.99}{10}$$

$$= 43.43\mathrm{J/K}$$

（3）$Q=0,W=0,\Delta U=0,\Delta H=0$

$$\Delta S = nC_{p,\mathrm{m}}\ln\frac{T_2}{T_1}+nR\ln\frac{p_1}{p_2}=nR\ln\frac{p_1}{p_2}=84.29\mathrm{J/K}$$

14. 在 298K、101.325kPa 下，1mol 过冷水蒸气变为 298K、101.325kPa 的液态水，求此过程的 $\Delta S$ 及 $\Delta G$。已知 298K 水的饱和蒸气压为 3.167 4kPa，气化热为 2 217kJ/kg。上述过程能否自发进行？

**解：**设计过程如下

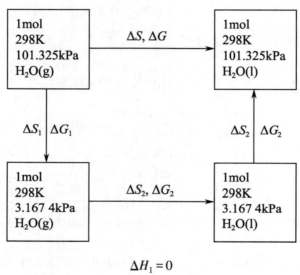

$$\Delta H_1 = 0$$

$$\Delta H_2 = -\frac{18}{1\ 000}\times2\ 217 = -39.9\mathrm{kJ}$$

$$\Delta H_3 \cong 0$$

$$\Delta H = \Delta H_1 + \Delta H_2 + \Delta H_3 = -39.9\mathrm{kJ}$$

$$\Delta S_1 = nR\ln\frac{p_1}{p_2} = 1\times8.314\ln\frac{101.325}{3.167\ 4} = 28.8\mathrm{J/K}$$

$$\Delta S_2 = \frac{\Delta H_2}{T} = \frac{-39.9\times10^3}{298} = -133.9\mathrm{J/K}$$

$$\Delta S_3 \cong 0$$

$$\Delta S = \Delta S_1 + \Delta S_2 + \Delta S_3 = -105.1\mathrm{J/K}$$

$$\Delta G = \Delta H - T\Delta S$$

$$= -39.9 - 298.2\times(-105.1\times10^{-3})$$

$$= -8.6\mathrm{kJ} < 0$$

该过程能自发进行。

15. 指出在下述各过程中系统的 $\Delta U$、$\Delta H$、$\Delta S$、$\Delta F$ 和 $\Delta G$ 何者为零?

(1)理想气体卡诺循环。

(2)$H_2$ 和 $O_2$ 在绝热钢瓶中发生反应。

(3)非理想气体的绝热节流膨胀。

(4)液态水在 373.15K 和 101.325kPa 下蒸发为水蒸气。

(5)理想气体的绝热节流膨胀。

(6)理想气体向真空自由膨胀。

(7)理想气体绝热可逆膨胀。

(8)理想气体等温可逆膨胀。

**解:**(1)$\Delta U$、$\Delta H$、$\Delta S$、$\Delta F$、$\Delta G$ 均为零　　(2)$\Delta U = 0$

(3)$\Delta H = 0$ 　　　　　　　　　　　　　(4)$\Delta G = 0$

(5)$\Delta H = 0$ 　　　　　　　　　　　　　(6)$\Delta U = 0$, $\Delta H = 0$

(7)$\Delta S = 0$ 　　　　　　　　　　　　　(8)$\Delta U = 0$, $\Delta H = 0$

16. 某溶液中化学反应,若在等温等压(298.15K、101.325kPa)下进行,放热 $4 \times 10^4$J,若使该反应通过可逆电池来完成,则吸热 4 000J。试计算:

(1)该化学反应的 $\Delta S$。

(2)当该反应自发进行(即不作电功)时,求环境的熵变及总熵变。

(3)该系统可能做的最大功。

**解:**(1)
$$\Delta S = \frac{Q_R}{T} = \frac{4\ 000}{298.15} = 13.4 \text{J/K}$$

(2)
$$\Delta S_{环} = \frac{-Q}{T} = \frac{4 \times 10^4}{298.15} = 134 \text{J/K}$$

$$\Delta S_{孤} = \Delta S + \Delta S_{环} = 147.4 \text{J/K}$$

(3)
$$W = 4.4 \times 10^4 \text{J}$$

17. 已知 268K 时,固态苯的蒸气压为 2.28kPa,过冷苯蒸气压为 2.64kPa,设苯蒸气为理想气,求 268K、1mol 过冷苯凝固为固态苯的 $\Delta G$。

**解:**设计过程如下

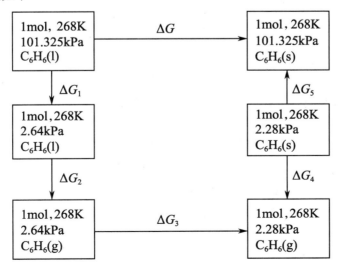

$$\Delta G_1 = \int V \mathrm{d}p \cong 0$$

可逆相变： $$\Delta G_2 = 0, \Delta G_4 = 0$$

$$\Delta G_3 = nRT \ln \frac{p_2}{p_1} = 1 \times 8.314 \times 268 \ln \frac{2.28}{2.64}$$

$$= -326.7 \mathrm{J}$$

$$\Delta G_5 = \int V \mathrm{d}p \cong 0$$

$$\Delta G = \Delta G_1 + \Delta G_2 + \Delta G_3 + \Delta G_4 + \Delta G_5$$

$$= -326.7 \mathrm{J}$$

18. 计算下列等温(298K)反应的熵变化：

$$2\mathrm{C}(石墨) + 3\mathrm{H}_2(\mathrm{g}) \longrightarrow \mathrm{C}_2\mathrm{H}_6(\mathrm{g})$$

已知 298K 时 C(石墨)、$H_2$ 和 $C_2H_6$ 的标准熵分别为 5.74J/(K·mol)、130.68J/(K·mol)和 229.6J/(K·mol)。

**解**：$2\mathrm{C}(石墨) + 3\mathrm{H}_2(\mathrm{g}) \longrightarrow \mathrm{C}_2\mathrm{H}_6(\mathrm{g})$

$$\Delta_r S^{\ominus} = \Delta S^{\ominus}_{\mathrm{C}_2\mathrm{H}_6} - 2S^{\ominus}_{\mathrm{C}} - 3S^{\ominus}_{\mathrm{H}_2}$$

$$= 229.5 - 2 \times 5.74 - 3 \times 130.6$$

$$= 229.5 - 403.28 = -173.78 \mathrm{J}/(\mathrm{K} \cdot \mathrm{mol})$$

19. 计算下列等温反应(298K)的 $\Delta G^{\ominus}_{r,m}$：

$$\mathrm{C}_6\mathrm{H}_6(\mathrm{g}) + \mathrm{C}_2\mathrm{H}_2(\mathrm{g}) \longrightarrow \mathrm{C}_6\mathrm{H}_5\mathrm{C}_2\mathrm{H}_3(\mathrm{g})$$

已知 298K 时 $C_6H_5C_2H_3$ 的 $\Delta_f H^{\ominus}_m = 147.36 \mathrm{kJ/mol}$，$S^{\ominus}_m = 345.1 \mathrm{J}/(\mathrm{K} \cdot \mathrm{mol})$。

**解**：查表得 $C_6H_6(\mathrm{g})$ 和 $C_2H_2(\mathrm{g})$ 的 $\Delta_f H^{\ominus}_m$ 分别为 82.93kJ/mol 和 226.73kJ/mol，$S^{\ominus}_m$ 分别为 269.31J/(K·mol)和 200.94J/(K·mol)。

$$\Delta_r S^{\ominus}_m = S^{\ominus}_m(\mathrm{C}_6\mathrm{H}_5\mathrm{C}_2\mathrm{H}_3) - S^{\ominus}_m(\mathrm{C}_6\mathrm{H}_6) - S^{\ominus}_m(\mathrm{C}_2\mathrm{H}_2)$$

$$\Delta_r S^{\ominus}_m = 345.1 - 269.31 - 200.94 = -125.15 \mathrm{J}/(\mathrm{K} \cdot \mathrm{mol})$$

$$\Delta_r H^{\ominus}_m = \Delta_f H^{\ominus}_m(\mathrm{C}_6\mathrm{H}_5\mathrm{C}_2\mathrm{H}_3) - \Delta_f H^{\ominus}_m(\mathrm{C}_6\mathrm{H}_6) - \Delta_f H^{\ominus}_m(\mathrm{C}_2\mathrm{H}_2)$$

$$\Delta_r H^{\ominus}_m = 147.36 - 82.93 - 226.73 = -162.3 \mathrm{kJ/mol}$$

$$\Delta_r G^{\ominus}_m = \Delta_r H^{\ominus}_m - T \Delta_r S^{\ominus}_m$$

$$\Delta_r G^{\ominus}_m = -162.3 \times 10^3 - 298 \times (-125.15) = -125 \mathrm{kJ/mol}$$

20. 298K、100kPa 时,金刚石与石墨的规定熵分别为 2.38J/(K·mol)和 5.74J/(K·mol)；其标准燃烧热分别为-395.4kJ/mol 和-393.5kJ/mol。计算在此条件下,石墨——→金刚石的 $\Delta G^{\ominus}_m$ 值,并说明此时哪种晶体较为稳定。

**解**：

$$\Delta_r H^{\ominus} = \Delta_c H^{\ominus}_{石墨} - \Delta_c H^{\ominus}_{金刚石}$$

$$= -393.5 + 395.4 = 1.9 \mathrm{kJ/mol}$$

$$\Delta_r S^{\ominus} = S^{\ominus}_{金刚石} - S^{\ominus}_{石墨}$$

$$= 2.38 - 5.74 = -3.36 \mathrm{J}/(\mathrm{K} \cdot \mathrm{mol})$$

$$\Delta_r G^{\ominus}_m = \Delta_r H^{\ominus} - T \Delta_r S^{\ominus} = 1\,900 - 298 \times (-3.36) = 2\,901 \mathrm{J/mol} > 0$$

在此条件下,石墨稳定。

21. 试由 20 题的结果,求算需增大到多大压力才能使石墨变成金刚石? 已知在 298K 时石墨和金刚石的密度分别为 $2.260×10^3 kg/m^3$ 和 $3.513×10^3 kg/m^3$。

**解:**

$$C_{石墨}(298K, p) \xrightarrow{\Delta G'} C_{金刚石}(298K, p')$$

$$\Delta G_1 \downarrow \qquad\qquad \uparrow \Delta G_2$$

$$C_{石墨}(298K, 100kPa) \xrightarrow{\Delta G} C_{金刚石}(298K, 100kPa)$$

设 298K,压力为 $p$ 时,石墨和金刚石正好能平衡共存,则 $\Delta G' = 0$

$$\Delta G_1 = \int_P^{p^\ominus} V_1 \mathrm{d}p = V_1(p^\ominus - p)$$

$$\Delta G = 2\ 898J$$

$$\Delta G_2 = \int_{p^\ominus}^p V_2 \mathrm{d}p = V_2(p - p^\ominus)$$

$$\Delta G' = \Delta G_1 + \Delta G + \Delta G_2 = 0$$

$$V_1(p^\ominus - p) - V_2(p^\ominus - p) = -\Delta G$$

$$p^\ominus - p = \frac{\Delta G}{V_2 - V_1} = \frac{\Delta G}{M\left(\dfrac{1}{\rho_2} - \dfrac{1}{\rho_1}\right)} = -1\ 538×10^6 Pa$$

$$p = 1.54×10^9 Pa$$

22. 101.325kPa 压力下,斜方硫和单斜硫的转换温度为 368K,今已知在 273K 时,S(斜方)$\longrightarrow$S(单斜)的 $\Delta_r H = 322.17J/mol$,在 $273 \sim 373K$ 之间,硫的摩尔等压热容分别为 $C_{p,m}$(斜方)$= (17.24 + 0.019\ 7T)J/(K \cdot mol)$;$C_{p,m}$(单斜)$= (15.15 + 0.030\ 1T)J/(K \cdot mol)$,求(1)转换温度 368K 时的 $\Delta_r H_m$;(2)273K 时,转换反应的 $\Delta_r G_m$。

**解:**(1)$T = 368K$ 时

$$\Delta C_P = 15.15 + 0.030\ 1T - (17.24 + 0.019\ 7T)$$

$$= -2.09 + 0.010\ 4T$$

$$\Delta_r H_{m,368} = \Delta_r H_{m,273} + \int_{273}^{368} \Delta C_P \mathrm{d}T$$

$$= 322.17 + \int_{273}^{368} (-2.09 + 0.010\ 4T) \mathrm{d}T$$

$$= 446.93J/mol$$

(2)$T = 273K$

$$\Delta S_{368} = \frac{\Delta H_{368}}{T} = \frac{446.93}{368} = 1.214J/K$$

$$\Delta S_{273} = \Delta S_{368} + \int_{368}^{273} \frac{\Delta C_p}{T} \mathrm{d}T$$

$$= \Delta S_{368} + \int_{368}^{273} \frac{(-2.09 + 0.010\ 4T)}{T} \mathrm{d}T$$

$$= 1.214 + (-2.09)\ln\frac{273}{368} + 0.010\ 4×(273 - 368)$$

$$= 0.85J/K$$

$$\Delta_r G_m = \Delta H_{m,273} - T\Delta S_{273}$$

$$= 322.17 - 273 \times 0.85$$

$$= 90.12 \text{J/mol}$$

23. 1mol 水在 373K、101.3kPa 等温等压气化为水蒸气,并继续升温降压为 473K、50.66kPa,求整个过程的 $\Delta G$(设水蒸气为理想气体)。已知:$C_{p,\mathrm{H_2O(g)}} = 30.54 + 10.29 \times 10^{-3}T \mathrm{J/(K \cdot mol)}$;$S^{\ominus}_{\mathrm{H_2O(g)}}(298\mathrm{K}) = 188.72 \mathrm{J/(K \cdot mol)}$。

**解:**

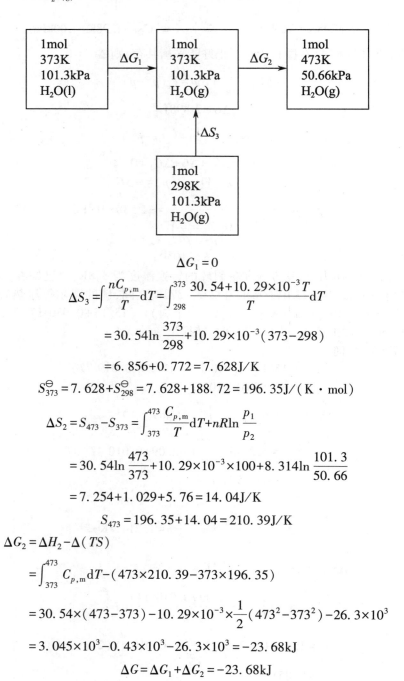

$$\Delta G_1 = 0$$

$$\Delta S_3 = \int \frac{nC_{p,\mathrm{m}}}{T}\mathrm{d}T = \int_{298}^{373} \frac{30.54 + 10.29 \times 10^{-3}T}{T}\mathrm{d}T$$

$$= 30.54\ln\frac{373}{298} + 10.29 \times 10^{-3}(373 - 298)$$

$$= 6.856 + 0.772 = 7.628 \text{J/K}$$

$$S^{\ominus}_{373} = 7.628 + S^{\ominus}_{298} = 7.628 + 188.72 = 196.35 \text{J/(K \cdot mol)}$$

$$\Delta S_2 = S_{473} - S_{373} = \int_{373}^{473} \frac{C_{p,\mathrm{m}}}{T}\mathrm{d}T + nR\ln\frac{p_1}{p_2}$$

$$= 30.54\ln\frac{473}{373} + 10.29 \times 10^{-3} \times 100 + 8.314\ln\frac{101.3}{50.66}$$

$$= 7.254 + 1.029 + 5.76 = 14.04 \text{J/K}$$

$$S_{473} = 196.35 + 14.04 = 210.39 \text{J/K}$$

$$\Delta G_2 = \Delta H_2 - \Delta(TS)$$

$$= \int_{373}^{473} C_{p,\mathrm{m}}\mathrm{d}T - (473 \times 210.39 - 373 \times 196.35)$$

$$= 30.54 \times (473 - 373) - 10.29 \times 10^{-3} \times \frac{1}{2}(473^2 - 373^2) - 26.3 \times 10^3$$

$$= 3.045 \times 10^3 - 0.43 \times 10^3 - 26.3 \times 10^3 = -23.68 \text{kJ}$$

$$\Delta G = \Delta G_1 + \Delta G_2 = -23.68 \text{kJ}$$

24. 计算下述化学反应在 100kPa 下,温度分别为 298.15K 及 398.15K 时的熵变各是多少? 设在该温度区间内各 $C_{p,m}$ 值是与 $T$ 无关的常数。

$$C_2H_2(g,p^{\ominus})+2H_2(g,p^{\ominus})=\!=\!=C_2H_6(g,p^{\ominus})$$

已知:$S_m^{\ominus}$J/(K·mol)　　　　200.82　　　130.59　　　　229.49

$C_{p,m}$J/(K·mol)　　　　43.93　　　28.84　　　　52.65

**解:**
$$\Delta_r S_{298.15}^{\ominus}=S_{C_2H_6}^{\ominus}-2S_{H_2}^{\ominus}-S_{C_2H_2}^{\ominus}$$

$$=229.49-2\times130.59-200.82=-232.51\text{J/K}$$

$$\Delta_r S_{398.15}^{\ominus}=\Delta_r S_{298.15}^{\ominus}+\int_{298.15}^{398.15}\frac{\Delta C_p}{T}\mathrm{d}T$$

$$=-232.51+(52.65-43.93-2\times28.84)\ln\frac{398.15}{298.15}$$

$$=-232.51-48.96\times0.2892=-246.7\text{J/K}$$

25. 反应 $CO(g)+H_2O(g)=\!=\!=CO_2(g)+H_2(g)$,自热力学数据表查出反应中各物质 $\Delta_f H_m^{\ominus}$,$S_m^{\ominus}$ 及 $C_{p,m}$,求该反应在 298.15K 和 1 000K 时的 $\Delta_r H_m^{\ominus}$,$\Delta_r S_m^{\ominus}$ 和 $\Delta_r G_m^{\ominus}$。

**解:**各物质热力学数据如下表:

| 数据 | CO(g) | H₂O(g) | CO₂(g) | H₂(g) |
|---|---|---|---|---|
| $\Delta_f H^{\ominus}/(\text{kJ/mol})$ | −110.525 | −241.818 | −393.509 | 0 |
| $S^{\ominus}/[\text{J}/(\text{K·mol})]$ | 197.674 | 188.825 | 213.74 | 130.684 |
| $a/[\text{J}/(\text{K·mol})]$ | 28.70 | 31.80 | 22.59 | 28.45 |
| $b\times10^3/[\text{J}/(\text{K}^2\cdot\text{mol})]$ | 0.14 | 4.47 | 56.15 | 1.20 |
| $c\times10^6/[\text{J}/(\text{K}^3\cdot\text{mol})]$ | 4.64 | 5.10 | −24.85 | 0.42 |

$$\Delta_r H_{298.15}=-393.509-(-110.525-241.818)=-41.17\text{kJ/mol}$$

$$\Delta_r S_{298.15}=213.74+130.684-197.674-188.825=-42.08\text{J/(K·mol)}$$

$$\Delta_r G_{298.15}=-41.17\times10^3+298.15\times42.08=-28.62\text{kJ/mol}$$

$$\Delta a=22.59+28.45-28.70-31.80=-9.46\text{J/(K·mol)}$$

$$\Delta b=(56.15+1.20-0.14-4.47)\times10^{-3}=52.94\times10^{-3}\text{J/(K}^2\cdot\text{mol)}$$

$$\Delta c=(-24.85+0.42-4.64-5.10)\times10^{-6}=-34.17\times10^{-6}\text{J/(K}^3\cdot\text{mol)}$$

$$\Delta_r H_{1\,000}=\Delta_r H_{298.15}+\Delta a(T-298.15)+\frac{\Delta b(T^2-298.15^2)}{2}+\frac{\Delta c(T^3-298.15^3)}{3}$$

$$=-34.87\text{kJ/mol}$$

$$\Delta_r S_{1\,000}=\Delta_r S_{298.15}+\Delta a\ln\frac{T}{298.15}+\Delta b(T-298.15)+\frac{\Delta c(T^2-298.15^2)}{2}$$

$$=-32.08\text{J/(K·mol)}$$

$$\Delta_r G_{1\,000}=-34.87+1\,000\times32.08\times10^{-3}=-2.79\text{kJ/mol}$$

# 五、本章自测题及参考答案

## 自 测 题

**（一）选择题**

1. 系统经历一个不可逆循环后（　　）
   - A. 系统的熵增加
   - B. 系统吸热大于对外做功
   - C. 环境的熵一定增加
   - D. 环境内能减小

2. 已知某反应的标准反应熵大于零,则该反应的标准反应吉布斯自由能将随温度的升高（　　）
   - A. 增大
   - B. 不变
   - C. 减小
   - D. 不确定

3. 下列过程中,可适用热力学基本方程 $dU=TdS-pdV$ 的是（　　）
   - A. 298K,标准压力下水气化成水蒸气
   - B. 理想气体向真空膨胀
   - C. 电解水制取氢气
   - D. 合成氨的反应

4. 在 383K、标准压力下,1mol 过热水蒸气凝聚成水,则系统和环境的熵变为（　　）
   - A. $\Delta S_系<0,\Delta S_环<0$
   - B. $\Delta S_系>0,\Delta S_环>0$
   - C. $\Delta S_系>0,\Delta S_环<0$
   - D. $\Delta S_系<0,\Delta S_环>0$

5. 理想气体向真空膨胀时（　　）。
   - A. $\Delta U=0,\Delta S=0,\Delta G=0$
   - B. $\Delta U>0,\Delta S>0,\Delta G>0$
   - C. $\Delta U<0,\Delta S<0,\Delta G<0$
   - D. $\Delta U=0,\Delta S>0,\Delta G<0$

6. 绝热系统中的可逆过程,有（　　）
   - A. $\Delta U=0$
   - B. $\Delta H=0$
   - C. $\Delta S=0$
   - D. $\Delta G=0$

7. 计算熵变的公式 $\Delta S=\int(dU+pdV)/T$ 适用于（　　）
   - A. 理想气体的简单状态变化
   - B. 无非体积功的封闭系统的简单状态变化过程
   - C. 理想气体的任意变化过程
   - D. 封闭系统的任意变化过程

8. 下列过程中,其 $\Delta G=\Delta F$ 的是（　　）
   - A. $H_2O(l,373K,p)\longrightarrow H_2O(g,373K,p)$
   - B. $N_2(g,400K,1\,000kPa)\longrightarrow N_2(g,400K,100kPa)$
   - C. 等温等压下,$N_2(g)+3H_2(g)\longrightarrow 2NH_3(g)$
   - D. $He(g,T,p)\longrightarrow He(g,T+100,p)$

9. 理想气体与温度为 $T$ 的大热源接触,做等温膨胀吸热 $Q$,而所做的功是变到相同终态最大功的 20%,则系统的熵变为（　　）
   - A. $\Delta S=-\dfrac{Q}{T}$
   - B. $\Delta S=\dfrac{Q}{T}$
   - C. $\Delta S=\dfrac{Q}{5T}$
   - D. $\Delta S=\dfrac{5Q}{T}$

10. 理想气体在定温下,经一个可逆膨胀过程,对于系统正确的是(　　　)

　　A. $\Delta U > 0$　　　　　　　　　　　　B. $\Delta S > 0$

　　C. $\Delta H > 0$　　　　　　　　　　　　D. $\Delta S = 0$

**（二）判断题**

1. 在可逆过程中系统的熵值不变。(　　　)

2. 如一个化学反应的 $\Delta_r H$ 与温度无关,则其 $\Delta_r S$ 也与温度无关。(　　　)

3. 根据 $dG = -SdT + Vdp$,对于任意等温等压过程 $dT = 0, dp = 0$,则 $dG$ 一定为零。(　　　)

4. 理想气体向真空膨胀,其 $\Delta S = nR\ln\dfrac{V_2}{V_1}$。(　　　)

5. 在等温情况下,理想气体发生状态变化时,$\Delta F$ 与 $\Delta G$ 相等。(　　　)

6. 因为在等温等压下化学反应无论是否可逆,其反应热均等于过程中的 $\Delta H$,所以反应的 $\Delta_r S = \dfrac{Q_R}{T} = \dfrac{\Delta_r H}{T}$。(　　　)

7. 吉布斯能减小的过程一定是自发过程。(　　　)

8. 在绝热条件下系统达平衡态时,系统的熵值最大。(　　　)

9. 自发过程是不可逆的,不可逆过程也一定是自发过程。(　　　)

10. 封闭系统的熵可以减少,孤立系统的熵只能增加。(　　　)

**（三）填空题**

1. A 和 B 两种同温同体积的理想气体混合后保持 A 和 B 的温度和体积。则 $\Delta U$ ＿＿＿ 0,$\Delta H$ ＿＿＿ 0,$\Delta S$ ＿＿＿ 0,$\Delta F$ ＿＿＿ 0,$\Delta G$ ＿＿＿ 0。（填>、=或<）

2. 水在正常冰点 101.3kPa、273K 时结冰。$\Delta U$ ＿＿＿ 0,$\Delta H$ ＿＿＿ 0,$\Delta S$ ＿＿＿ 0,$\Delta F$ ＿＿＿ 0,$\Delta G$ ＿＿＿ 0。（填>、=或<）

3. 在 300K 时,2mol 某理想气体的吉布斯能 $G$ 与亥姆霍兹能 $F$ 的差值为＿＿＿＿＿。

4. 水的正常冰点为 273K。现有下列过程:

| 1mol $H_2O$(l)<br>101.325kPa,268K | $T_e = 273K, p_e = 101.325kPa$ | 1mol $H_2O$(s)<br>101.325kPa,268K |
| --- | --- | --- |

$\Delta U$ ＿＿＿ $Q_p$,$\Delta H$ ＿＿＿ $Q_p$,$\Delta S$ ＿＿＿ $\dfrac{\Delta H}{T}$,$\Delta F$ ＿＿＿ 0,$\Delta G$ ＿＿＿ 0,$\Delta S$ ＿＿＿ 0。（填>、<或 =）

5. 已知某系统从 300K 的恒温热源吸热 1 000J,系统的熵变 $\Delta S = 10J/K$,则此过程为＿＿＿＿＿＿过程。（填可逆或不可逆）

6. 熵从统计角度看是系统＿＿＿＿＿＿的一种量度,是热力学的＿＿＿＿＿＿函数,熵变在数值上等于＿＿＿＿＿＿。在孤立系统中熵变大于零的过程为＿＿＿＿＿＿过程,在绝对零度时,纯物质的定态排列晶体的熵为＿＿＿＿＿＿。

7. 在等温等压下某吸热反应能自发进行,则该反应的 $\Delta S$ ＿＿＿＿＿＿ 0。

8. 298K 下,将两种理想气体分别取 1mol 进行等温等压混合,则混合过程的 $\Delta S$ ＿＿＿＿＿＿ 0,$\Delta G$ ＿＿＿＿＿＿ 0。（填>、<或 =）

9. 有 1mol 理想气体,始态温度为 $T_1$,体积为 $V_1$,经下述不同过程均达到终态体积 $V_2$:(1)等温不可逆膨胀,$\Delta S$ ＿＿＿＿＿＿ 0;(2)绝热等外压膨胀,$\Delta S$ ＿＿＿＿＿＿ 0。（填>、<或 =）

10. 已知某反应的标准反应熵大于零,则该反应的标准反应吉布斯能将随温度的升高_____。

### （四）问答题

1. 用热力学原理说明,自同一始态出发,绝热可逆过程与绝热不可逆过程不可能到达同一个终态。

2. 1mol 理想气体在 298K、101.325kPa 下等温可逆膨胀,若过程的 $\Delta G = -2\,983J$,则终态的压力和过程的 $\Delta S$ 各是多少?

3. 298K 和 101 325Pa 下反应 $H_2O(l) \Longrightarrow H_2(g) + \frac{1}{2}O_2(g)$ 的 $\Delta G$ 值为 285.84kJ/mol,说明此反应不能自动进行。但实验室内却用电解水制取氢气和氧气,这两者是否矛盾?

4. 如何从微观角度看自发过程变化的方向以及自发过程的不可逆性?

5. 热力学第三定律的表述是什么? 热力学第三定律的提出解决了什么问题?

### （五）计算题

1. 理想气体经过等压可逆过程从始态 3L、400K、100kPa 膨胀到末态 4L。始态的熵是 125.52J/K,$C_p$ 为 83.68J/K,计算过程的 $\Delta U$、$\Delta H$、$\Delta S$、$\Delta G$、$Q_p$、$W$。

2. 已知液态水在 25℃ 时的饱和蒸气压为 3 167.68Pa,假定液态水的吉布斯能压力无关。在 25℃ 和 $10^5$Pa 下的液态水能否变成 25℃ 和 $10^5$Pa 的水蒸气?

3. 1mol 水在 373K、100kPa 时向真空蒸发成同温同压的水蒸气。(1)求此过程的 $\Delta S$ 与 $\Delta S_{孤}$,并判断过程的可逆性。(2)求此过程的 $\Delta G$ 与 $\Delta F$,并判断过程的可逆性。已知在 373K,100kPa 时水的气化热为 40.64kJ/mol。

4. 在一个带活塞(无摩擦无质量)的容器中,有氮气 0.5mol,容器底部有一个密闭小瓶,瓶中有水 1.5mol。系统温度保持 373.2K、101.325kPa,使小瓶破碎,在维持压力为 101.325kPa 下水蒸发为水蒸气,终态温度仍为 373.2K。求此过程中的 $Q$、$W$、$\Delta U$、$\Delta H$、$\Delta S$、$\Delta G$、$\Delta F$。已知水在 373.2K、101.325kPa 下的摩尔蒸发热为 40.67kJ/mol,氮气和水蒸气均按理想气体处理。

5. 试导出亥姆霍兹能 $F$ 的吉布斯-亥姆霍兹公式,即:$\left[\dfrac{\partial\left(\dfrac{\Delta F}{T}\right)}{\partial T}\right]_V = -\dfrac{\Delta U}{T^2}$。

## 参　考　答　案

### （一）选择题

1. C。因循环后系统的状态函数不变,所以 A($\Delta S = 0$)、B($\Delta U = Q + W$)不对。又根据能量守恒定律,环境的 $\Delta U = 0$,所以 D 不对。

2. C。因 $\Delta G = \Delta H - T\Delta S$,所以 $\left[\dfrac{\partial(\Delta G)}{\partial T}\right]_p = -\Delta S < 0$。

3. B。热力学基本方程适用于简单状态变化的任意过程和可逆的相变及可逆的化学变化。

4. D。水蒸气凝聚成水的 $\Delta S_{系} < 0$,系统放热 $\Delta H < 0$,$\Delta S_{环} > 0$。

5. D。理想气体向真空膨胀时,$Q = 0$,$W = 0$,$\Delta U = \Delta H = 0$,$\Delta S = nR\ln\dfrac{p_1}{p_2} > 0$,自发过程 $\Delta G < 0$。

6. C。绝热可逆过程 $\Delta S=0$。

7. B。根据熵变的定义,该式为无非体积功的封闭系统的简单状态变化过程的通式。

8. B。理想气体简单状态变化的等温过程。

9. D。$Q=W=0.2$,$W_{max}$,$Q_r=W_{max}$,$\Delta S=Q_r/T=5W/T=5Q/T$。

10. B。理想气体等温可逆膨胀,$\Delta U=\Delta H=0$,$\Delta S=nR\ln\dfrac{p_1}{p_2}>0$。

**(二)判断题**

1. 错。绝热可逆过程熵不变。

2. 对。$\Delta_r H$ 与 $T$ 无关,这就意味着 $\dfrac{\mathrm{d}\Delta_r H}{\mathrm{d}T}=\Delta C_p=0$,即反应前后不引起热容变化。所以 $\dfrac{\mathrm{d}\Delta_r S}{\mathrm{d}T}=\dfrac{\Delta C_p}{T}=0$,即 $\Delta S$ 不随温度变化。

3. 错。公式 $\mathrm{d}G=-S\mathrm{d}T+V\mathrm{d}p$,只适应于双变量封闭系统的任意过程。而对于相变化和化学变化,若为不可逆过程,则不能使用。

4. 对。

5. 对。$\Delta G=\Delta H-T\Delta S$;$\Delta F=\Delta U-T\Delta S$;$\Delta H=\Delta U=0$,$\Delta G=\Delta F$。

6. 错。公式 $\Delta S=\dfrac{Q}{T}$ 要求等温可逆;$Q=\Delta H$ 要求过程等压且非体积功为零。

7. 错。$\Delta G<0$ 作为判据的条件是封闭系统等温等压非体积功为零。

8. 对。

9. 错。不可逆过程也有非自发过程。

10. 对。

**(三)填空题**

1. 全部为零。

2. $\Delta U<0$;$\Delta H<0$;$\Delta S<0$;$\Delta F<0$;$\Delta G=0$。

3. $G-F=pV=nRT=2\times8.314\times300=4\,988.4\mathrm{J}$。

4. $\Delta U<Q_p$;$\Delta H=Q_p$;$\Delta S>\dfrac{\Delta H}{T}$;$\Delta F<0$;$\Delta G<0$;$\Delta S<0$。

5. 不可逆$\left(\Delta S-\dfrac{Q}{T}>0\right)$。

6. 混乱度;状态;可逆过程的热温商$\left(\mathrm{d}S=\dfrac{\delta Q}{T}\right)$;自发;零。

7. $>$。

8. $>$;$<$。

9. $>$;$>$。

10. 减小。

**(四)问答题**

1. 绝热可逆过程熵不变,而绝热不可逆过程熵增加,可见这两个过程的末态熵值不同,即这两个末态不可能是同一个状态。

2. 由 $\Delta G=nRT\ln\dfrac{p_2}{p_1}$,得终态压力

$$p_2 = p_1 e^{\frac{\Delta G}{nRT}} = 101.325 e^{\frac{-2\,983}{1 \times 8.314 \times 298}} = 30.397 \text{kPa}$$

$$\Delta S = nR \ln \frac{p_1}{p_2} = -\frac{\Delta G}{T} = -\frac{-2\,983}{298.15} = 10.01 \text{J/K}$$

3. 不矛盾，反应的 $\Delta G > 0$，说明在等温等压只做体积功的条件下，水不能自发分解为氢气和氧气。但实验室中电解水是靠环境对系统做电功而进行的，所以和等温等压只做体积功情况下 $\Delta G > 0$ 反应不能自发进行的结论不矛盾。

4. 自发变化的方向是从有序向无序的方向进行，直至在该条件下最混乱的状态，即熵值最大的状态。而相反，大量分子的无序运动不可能自发的变成有序运动，这就是自发过程不可逆的本质。

5. 任何纯物质完美晶体的熵在 0K 时为零。解决了化学反应熵的计算问题。

**（五）计算题**

1. 解：题中所给过程可以表示为

$$
\boxed{\begin{array}{c} p_1 = 100\text{kPa} \\ V_1 = 3\text{L} \\ T_1 = 400\text{K} \end{array}} \xrightarrow{\text{等压可逆过程}} \boxed{\begin{array}{c} p_2 = 100\text{kPa} \\ V_2 = 3\text{L} \\ T_2 \end{array}}
$$

因为 $p_2 = p_1$，所以

$$T_2 = T_1 \frac{V_2}{V_1} = \left(400 \times \frac{4}{3}\right) \text{K} = 533.3 \text{K}$$

$$\Delta H = Q_p = C_P(T_2 - T_1) = [83.68 \times (533.3 - 400) \times 10^{-3}] = 11.155 \text{kJ}$$

$$W = -p(V_2 - V_1) = [-100 \times 10^3 \times (4 - 3) \times 10^3 \times 10^{-6} \times 10^{-3}] = -0.1 \text{kJ}$$

$$\Delta U = \Delta H - \Delta(pV) = \Delta H - p(V_2 - V_1) = 11.155 - 0.1 = 11.055 \text{kJ}$$

$$\Delta S = C_p \ln \frac{T_2}{T_1} = (83.68) \ln \frac{533.3}{400} = 24.07 \text{J/K}$$

$$S_2 = S_1 + \Delta S = 125.52 + 24.07 = 149.59 \text{J/K}$$

$$\Delta G = \Delta H - \Delta(TS) = \Delta H - (T_2 S_2 - T_1 S_1)$$

$$= 11.155 - (533.3 \times 149.57 - 400 \times 125.52) \times 10^{-3} = -18.41 \text{kJ}$$

2. 解：

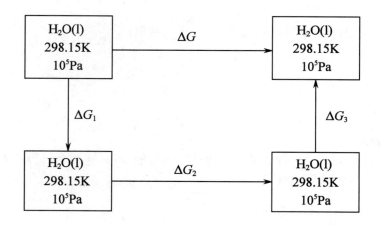

$$\Delta G = \Delta G_1 + \Delta G_2 + \Delta G_3$$

由于液态水的吉布斯能与压力无关,则 $\Delta G_1 = 0$。又有 $\Delta G_2 = 0$(可逆相变),则

$$\Delta G = \Delta G_3 = nRT\ln\frac{p_2}{p_1} = 1\times8.314\times298.15\times\ln\frac{10^5}{3\,167.68} = 8\,557.31\text{J}$$

由于恒温恒压下 $\Delta G>0$,故 298.15K、$10^5$Pa 的液态水不能自动变成 298.15K、$10^5$Pa 的水蒸气。

3. 解:(1)水向真空蒸发为不可逆相变过程,为计算 $\Delta S$,需设计一始、终态与此相同的可逆途径:

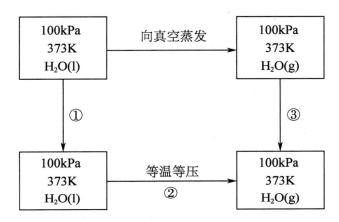

由以上过程可知,①、③两步状态无任何变化。

所以

$$\Delta S = \Delta S_2 = \frac{\Delta H}{T} = \frac{40.64\times10^3}{373.2} = 108.9\text{J/K}$$

$$\Delta S_{环} = -\frac{Q}{T} = -\frac{\Delta U}{T} = -\frac{\Delta H - \Delta(pV)}{T} = -\frac{\Delta H - nRT}{T} = -\frac{\Delta H}{T} + nR$$

$$\Delta S_{孤} = \Delta S + \Delta S_{环} = nR = 8.314\text{J/K}>0$$

$\Delta S_{孤}>0$,为不可逆过程。

(2)由上述过程可知:$\Delta G = \Delta G_2 = 0$。因上述过程不等压,故不能判断过程的可逆性。

$$\Delta F = \Delta G + \Delta(pV) = -nRT = -3.103\text{KJ}$$

$\Delta F_T<W$,因此可知该过程为不可逆过程。

4. 解:氮气和水蒸气均理想气体,混合时无热效应。所以

$$Q = n\Delta H_{蒸发} = 1.5\times40.67 = 61\text{kJ}$$

$$W = p_e\Delta V = p_e\left(\frac{nRT}{p_2} - \frac{n_{N_2}RT}{p_1}\right) = n_{水}\,RT = 1.5\times8.314\times373.2 = 4\,654\text{J}$$

$$\Delta U = Q - W = 56.36\text{kJ}$$

$$\Delta H = Q_p = 61\text{kJ}$$

$$\Delta S = \Delta S_{vap} + \Delta S_{mix} = \frac{\Delta H}{T} + (\Delta S_{H_2O(g)} + \Delta S_{N_2}) = \frac{\Delta H}{T} + \left(n_{H_2O}R\ln\frac{p_{H_2O}}{p} + n_{N_2}R\ln\frac{p_{N_2}}{p}\right)$$

$$= \frac{61\,000}{373.2} + 1.5\times8.314\ln\frac{1.5}{1.5+0.5} + 0.5\times8.314\ln\frac{0.5}{1.5+0.5} = 172.9\text{J/K}$$

$$\Delta G = \Delta H - \Delta(TS) = -3.51\text{kJ}$$

$$\Delta F = \Delta U - \Delta(TS) = -8.16\text{kJ}$$

5. 证明：

$$\left(\frac{\partial \Delta F}{\partial T}\right)_V = -\Delta S = \frac{\Delta F - \Delta U}{T} = \frac{\Delta F}{T} - \frac{\Delta U}{T} \qquad 式(2\text{-}1)$$

$$\left[\frac{\partial\left(\dfrac{\Delta F}{T}\right)}{\partial T}\right]_V = \frac{1}{T}\left(\frac{\partial \Delta F}{\partial T}\right)_V - \frac{\Delta F}{T^2}$$

由式(2-1)得：

$$\frac{1}{T}\left(\frac{\partial \Delta F}{\partial T}\right)_V = \frac{\Delta F}{T^2} - \frac{\Delta U}{T^2}$$

$$\frac{1}{T}\left(\frac{\partial \Delta F}{\partial T}\right)_V - \frac{\Delta F}{T^2} = -\frac{\Delta U}{T^2}$$

$$\left[\frac{\partial\left(\dfrac{\Delta F}{T}\right)}{\partial T}\right]_V = -\frac{\Delta U}{T^2}$$

## 一、要 点 概 览

### （一）多组分系统和组成表示法

1. 多组分的均相系统的分类　①混合物：在热力学中,任何组分可按同样的方法来处理的均相系统。②溶液：在热力学中,各组分不能用同样的方法来处理的均相系统。通常将含量较多的组分称为溶剂,其他组分称为溶质。③稀溶液：溶质摩尔分数的总和远小于 1 的溶液,稀溶液有依数性质。

2. 组成表示法　常用的浓度表示法有质量分数、摩尔分数、量浓度和质量摩尔浓度。

### （二）偏摩尔量

1. 偏摩尔量定义　偏摩尔量是等温等压浓度不变时,改变 1mol B 物质引起的系统某一广度性质的改变。偏摩尔量是强度性质,与系统的量无关。

2. 偏摩尔量的集合公式　在等温等压和浓度不变的条件下,多组分系统中,任一广度性质 $X$ 等于各组分偏摩尔量与其物质的量的乘积之和。

3. 吉布斯-杜安公式　在等温等压下,当浓度改变时,一个组分的偏摩尔量增加时,其他组分的偏摩尔量必将减少,其变化是以此消彼长的方式进行。

### （三）化学势

1. 化学势的定义　吉布斯提出将偏摩尔吉布斯能称为化学势,符号为 $\mu_B$,化学势也是强度性质。

2. 广义化学势和组成可变的热力学基本公式　一定条件下,$U$、$F$、$H$、$G$ 在各自相应自变量不变的条件下对组分含量的偏微商都称作化学势,这也是化学势的广义定义。

由化学势的广义定义可推导得到组成可变系统的热力学基本公式。

3. 化学势判据及其应用　化学势是多组分系统过程方向及限度的判据。

多组分多相系统平衡的条件是除系统中各相温度、压力相等外,任意组分 B 在各相中的化学势必须相等。

化学平衡的条件是等温等压、非体积功为零,产物的化学势之和等于反应物的化学势之和。

### （四）稀溶液中的两个经验定律

1. 拉乌尔定律　一定温度下,稀溶液溶剂的蒸气压等于纯溶剂的蒸气压乘以溶液中溶剂的摩尔分数,这就是拉乌尔定律。

2. 亨利定律　在一定温度和平衡状态下,气体在液体中的溶解度和该气体的平衡分压成正比,这就是亨利定律。

### (五) 各种形态物质的化学势

化学势是某物质的偏摩尔吉布斯能,具有系统过程方向及限度的判据的作用。由于纯物质的吉布斯能的绝对值无法确定,实际应用时对应于不同状态的物质,必须选定一标准态作为相对起点,将化学势表示成标准态化学势与温度、压力和组成的关系式,进而解决化学势作为自发变化方向和限度的判据问题。

### (六) 各物质的标准态

1. 理想气体的标准态    指定温度 $T$,压力为 100kPa 时纯物质理想气体的状态。

2. 混合理想气体的标准态    组分 B 在指定温度 $T$,压力为 $p^{\ominus} = 100$kPa 时的理想气体的状态。

3. 真实气体的标准态    取温度 $T$,压力为 $p^{\ominus}$ 时仍能服从理想气体行为的假想态。真实气体对理想气体的偏差通过逸度 $f$ 对压力进行校正。

4. 液态混合物的标准态    任一组分 B,当其 $x_B = 1$,溶液的温度为 $T$,压力为 $p^{\ominus}$ 时的纯液体 B 的状态。液态混合物即为理想溶液,在一定温度和压力下,溶液中任一组分 B 在全部浓度范围内都遵守拉乌尔定律。

5. 理想稀溶液的标准态    溶剂的标准态与液态混合物相同,即指定温度 $T$ 和标准压力 $p^{\ominus}$ 下纯溶剂的状态。溶质的标准态为指定温度 $T$ 和标准压力 $p^{\ominus}$ 下,当其浓度为 $x_B = 1$(或 $m_B = 1$mol/kg,或 $c_B = 1$mol/L)仍遵从亨利定律的假想态。

6. 真实溶液的标准态    溶剂和溶质的标准态选取与稀溶液相同。真实溶液对理想溶液的偏差,通过活度对浓度进行校正。

### (七) 稀溶液的依数性

稀溶液的依数性包括蒸气压降低、沸点升高、凝固点降低、溶液与纯溶剂之间产生渗透压,其数值均只取决于溶液中溶质的质点数,与溶质的本性无关,故称为依数性。

1. 凝固点降低    凝固点降低值 $\Delta T_f$ 与溶质的质量摩尔浓度 $m_B$ 成正比,比例系数为凝固点降低常数 $k_f$。

2. 沸点升高    沸点升高值 $\Delta T_f$ 与溶质的质量摩尔浓度 $m_B$ 成正比,比例系数为沸点升高常数 $k_b$。

3. 渗透压    如果用半透膜(只允许溶剂通过、溶质不能通过的膜)将溶液与纯溶剂分开,溶剂分子会透过半透膜向溶液扩散,这种现象称为渗透,渗透会引起溶液一侧液面上升,平衡时两边液面间的静压差称为渗透压。渗透压的大小取决于溶质的浓度,其定量关系符合范托夫公式。

### (八) 分配定律

如果溶质同时可溶解在两种互不相溶的溶剂中,该溶质在两相中的浓度比有定值,这就是分配定律,比值 $K$ 为分配系数。如果用相同体积的溶剂进行萃取,多次萃取的效率比一次萃取的效率高。

## 二、主要公式

| | |
|---|---|
| $w_B = \dfrac{m(B)}{\sum\limits_A m_A}$ | 质量分数 |

$$x_B = \frac{n_B}{\sum\limits_A n_A}$$

摩尔分数(量分数)

$$c_B = \frac{n_B}{V}$$

物质的量浓度

$$m_B = \frac{n_B}{m(A)}$$

质量摩尔浓度，$c_B \approx m_B$

$$X_{B,m} = \left(\frac{\partial X}{\partial n_B}\right)_{T,p,n_j \neq B}$$

偏摩尔量的定义式，$X$ 为系统的广度性质，适用于等温等压及其他组分物质的量都保持不变的系统

$$X = \sum_{B=1}^{i} n_B X_{B,m}$$

偏摩尔量的集合公式，适用于等温等压、浓度不变的条件下

$$\sum_B n_B dX_{B,m} = 0$$

吉布斯-杜安公式，适用于等温等压、浓度改变的条件下

$$\mu_B = G_{B,m} = \left(\frac{\partial G}{\partial n_B}\right)_{T,p,n_j \neq B}$$

化学势的定义

$$\mu_B = \left(\frac{\partial U}{\partial n_B}\right)_{S,V,n_j \neq B} = \left(\frac{\partial H}{\partial n_B}\right)_{S,p,n_j \neq B}$$
$$= \left(\frac{\partial F}{\partial n_B}\right)_{T,V,n_j \neq B} = \left(\frac{\partial G}{\partial n_B}\right)_{T,p,n_j \neq B}$$

广义化学势，满足对应的下角条件

$$dU = TdS - pdV + \sum_B \mu_B dn_B$$

$$dH = TdS + Vdp + \sum_B \mu_B dn_B$$

$$dF = -SdT - pdV + \sum_B \mu_B dn_B$$

$$dG = -SdT + Vdp + \sum_B \mu_B dn_B$$

组成可变系统的热力学基本公式

$$\left(\frac{\partial \mu_B}{\partial p}\right)_{T,n_i} = V_{B,m}$$

压力对化学势的影响

$$\left(\frac{\partial \mu_B}{\partial T}\right)_{p,n_i} = -S_{B,m}$$

温度对化学势的影响

$$\sum_B \mu_B dn_B \leq 0$$

多组分系统过程方向及限度的判据，不等号是自发过程，等号是达到平衡

$$\mu_B^{\beta} = \mu_B^{\alpha} = \cdots = \mu_B^{\varphi}$$

多相平衡的条件

| | |
|---|---|
| $\sum(\nu_B\mu_B)_{产物}=\sum(-\nu_B\mu_B)_{反应物}$ | 化学平衡的条件 |
| $p_A=p_A^*x_A$ 或 $\dfrac{p_A^*-p_A}{p_A^*}=x_B$ | 拉乌尔定律,适用于稀溶液 |
| $p_B=k_{x,B}x_B,p_B=k_{m,B}m_B,p_B=k_{c,B}c_B$ | 亨利定律,适用于稀溶液 |
| $\mu=\mu^\ominus(T)+RT\ln\dfrac{p}{p^\ominus}$ | 纯态理想气体的化学势 |
| $\mu_B=\mu_B^\ominus(T)+RT\ln\dfrac{p_B}{p^\ominus}$ | 理想气体混合物中组分 B 的化学势 |
| $\mu=\mu^\ominus(T)+RT\ln\dfrac{f}{p^\ominus}$ | 纯态真实气体的化学势 |
| $\mu_B=\mu_B^\ominus(T)+RT\ln\dfrac{f_B}{p^\ominus}$ | 真实气体混合物中组分的化学势 |
| $\mu_B=\mu_B^*(T,p)+RT\ln x_B$ | 液态混合物中组分的化学势 |
| $\mu_A=\mu_A^*(T,p)+RT\ln x_A$ | 理想稀溶液溶剂的化学势,稀溶液中溶剂 A 服从拉乌尔定律 |
| $\mu_B=\mu_{B,x}^*(T,p)+RT\ln x_B$<br>$\mu_B=\mu_{B,m}^*(T,p)+RT\ln\dfrac{m_B}{m^\ominus}$<br>$\mu_B=\mu_{B,c}^*(T,p)+RT\ln\dfrac{c_B}{c^\ominus}$ | 稀溶液中溶质的化学势,稀溶液中溶质 B 服从亨利定律 |
| $\mu_A=\mu_A^*(T,p)+RT\ln a_{A,x}$<br>$\mu_B=\mu_{B,x}^*(T,p)+RT\ln a_{B,x}$<br>$\mu_B=\mu_{B,m}^*(T,p)+RT\ln a_{B,m}$<br>$\mu_B=\mu_{B,c}^*(T,p)+RT\ln a_{B,c}$ | 真实溶液中组分的化学势 |
| $\Delta T_f=k_fm_B$<br>$k_f=\dfrac{R(T_f^*)^2}{\Delta_{fus}H_{m,A}^*}M_A$ | 凝固点降低和凝固点降低系数,适用于稀溶液 |
| $\Delta T_b=k_bm_B$<br>$k_b=\dfrac{R(T_b^*)^2}{\Delta_{vap}H_{m,A}^*}M_A$ | 沸点升高和沸点升高系数,适用于溶质不挥发的稀溶液 |
| $\Pi=c_BRT$ | 范托夫渗透压公式 |
| $\dfrac{m_B(\alpha)}{m_B(\beta)}=K$ 或 $\dfrac{c_B(\alpha)}{c_B(\beta)}=K$ | 分配定律 |

# 三、例题解析

**例1**　将 23g 乙醇($M_B=46.07\text{g/mol}$)溶解在 500g 水($M_A=18.02\text{g/mol}$)中,溶液的密度为 992g/L,试计算溶液中乙醇的质量分数、摩尔分数、物质的量浓度和质量摩尔浓度。

**解:**$w_B=\dfrac{m(B)}{m(B)+m(A)}=\dfrac{23}{23+500}=0.044$

$$x_B=\frac{m(B)/M_B}{m(B)/M_B+m(A)/M_A}=\frac{23/46.07}{23/46.07+500/18.02}=0.0177$$

$$c_B=\frac{n_B}{V}=\frac{m(B)/M_B}{[m(B)+m(A)]/\rho}=\frac{23/46.07}{(23+500)/992}=0.947\text{mol/L}$$

质量摩尔浓度 $m_B$:$m_B=\dfrac{n_B}{m(A)}=\dfrac{m(B)/M_B}{m(A)}=\dfrac{23/46.07}{0.5}=0.998\text{mol/kg}$

**例2**　在 298K 和 101.325kPa 条件下,配制 1L 的甲醇(B)水(A)溶液,溶液浓度为 $x_B=0.3$。已知该浓度时偏摩尔体积 $V_{B,m}=38.632\text{ml/mol}$,$V_{A,m}=17.765\text{ml/mol}$,纯态时摩尔体积 $V_B=40.772\text{ml/mol}$,$V_A=18.062\text{ml/mol}$。

(1)需要纯水和纯甲醇各多少?

(2)混合过程体积变化多少?

**解:**(1)由偏摩尔量集合公式 $V=n_A V_{A,m}+n_B V_{B,m}$ 和溶液浓度计算公式,列联立方程(A)和(B):

$$(A)\ 1000=n_A\times17.765+n_B\times38.632$$

$$(B)\ 0.3=\frac{n_B}{n_B+n_A}$$

解方程,可得　　　　　$n_A=29.136\text{mol}$,$n_B=12.487\text{mol}$

需水体积　　　　$V(A)=n_A V_A=29.136\times18.062=526.26\text{ml}$

需甲醇体积　　　$V(B)=n_B V_B=12.487\times40.772=509.11\text{ml}$

(2)混合过程体积变化

$$\Delta V=V(混合后)-V(混合前)=1000-(526.26+509.11)=-35.37\text{ml}$$

**例3**　298K 条件下,液体 A 的蒸气压为 $p_A^*=106.7\text{kPa}$,液体 B 的蒸气压为 $p_B^*=80.00\text{kPa}$,两者相互溶解度很小,混合后形成部分互溶的两个稀溶液。已知该温度时溶液的蒸气压为 182.1kPa,B 溶于 A 中的亨利常数 $k_{x,B}=5133\text{kPa}$,求:

(1)B 溶于 A 中构成稀溶液($\alpha$ 相)的组成 $x_B$。

(2)A 溶于 B 中构成稀溶液($\beta$ 相)的亨利常数 $k_{x,A}$。

**解:**(1)在稀溶液中,溶剂遵循拉乌尔定律,溶质遵循亨利定律。在 $\alpha$ 相中

$$p=p_A+p_A=p_A^* x_A+x_B k_{x,B}=p_A^*(1-x_B)+x_B k_{x,B}$$

$$182.1=106.7(1-x_B)+5133x_B$$

$$x_B=0.015$$

(2)对于平衡的两相,组分在两相中化学势相同,蒸气压也相同。

在 $\alpha$ 相,溶剂 A 遵循拉乌尔定律,计算 A 的蒸气压 $p_A$,再由总压计算 $p_B$:

$$p_A = p_A^* x_A = p_A^*(1-x_B)$$
$$= 106.7(1-x_B) = 106.7(1-0.015) = 105.1\text{kPa}$$
$$p_B = p - p_A = 182.1 - 105.1 = 77.0\text{kPa}$$

在 β 相,溶剂 B 遵循拉乌尔定律,可计算 β 相中的 B 的组成 $x_B$:

$$p_B = p_B^* x_B$$
$$77.0 = 80.0 x_B$$
$$x_B = 0.9625$$

溶质 A 遵循亨利定律,计算 A 的亨利常数 $k_{x,A}$:

$$p_A = x_A k_{x,A}$$
$$105.1 = k_{x,A}(1-0.9625)$$
$$k_{x,A} = 2803\text{kPa}$$

**例 4**　在 101.325kPa 下,1kg 水中溶有不挥发的 0.2mol B 和 0.3mol C 物质形成稀溶液,已知水($M = 18.02\text{g/mol}$)的沸点升高常数 $k_b = 0.52\text{K}\cdot\text{kg/mol}$。

(1)求该溶液的沸点。

(2)水的摩尔汽化热。

**解**:(1)$\Delta T_b = k_b m_B = 0.52\times(0.2+0.3) = 0.26\text{K}$

$$T_b = T_b^* + \Delta T_b = 373.15 + 0.26 = 373.41\text{K}$$

(2)$k_b = \dfrac{R(T_b^*)^2}{\Delta_{vap}H_{A,m}^*}M_A$

$$0.52 = \frac{R(373.15)^2}{\Delta_{vap}H_{A,m}^*}\times18.02\times10^{-2}$$

$$\Delta_{vap}H_m^* = 40.117\text{kJ/mol}$$

**例 5**　在 101.325kPa 下,水中溶有不挥发的某物质形成稀溶液后,凝固点降低到 271.70K,已知水的凝固点降低常数 $k_f = 1.86\text{K}\cdot\text{kg/mol}$,沸点升高常数 $k_b = 0.52\text{K}\cdot\text{kg/mol}$。求:

(1)该溶液的沸点。

(2)298K 时溶剂的蒸气压(已知该温度时纯水的蒸气压为 3.167kPa)。

(3)298K 时溶液的渗透压。

**解**:(1)根据凝固点降低数据先求出溶质的浓度,再求溶液沸点:

$$\Delta T_f = k_f m_B$$
$$273.15 - 271.70 = 1.86\times m_B$$
$$m_B = 0.78\text{mol/kg}$$

$$T_b = T_b^* + \Delta T_b = T_b^* + k_b m_B = 373.15 + 0.52\times0.78 = 373.56\text{K}$$

(2)将质量摩尔浓度 $m_B$ 转化成摩尔分数 $x_B$,再按拉乌尔定律求溶剂的蒸气压。设在 1kg 水中,有

$$x_B = \frac{n_B}{n_B+n_A} = \frac{n_B}{n_B+1000/18.02} = 0.01386$$

$$p_A = p_A^* x_A = p_A^* x_A(1-x_B) = 3.167\times(1-0.01386) = 1.123\text{kPa}$$

(3)稀溶液中,$c_B \approx m_B$　$c_B = 0.78\text{mol/L} = 780\text{mol/m}^3$

$$\varPi = c_B RT = 780\times8.314\times298 = 1933\text{kPa}$$

**例6** 在 1L 水中含有某物质 100g,在 298K 时用 1L 乙醚一次萃取,可得该物质 66.7g,试求:

(1)该物质在水和乙醚之间的分配系数。

(2)若用 1L 乙醚分 10 次萃取,该物质在水中剩下多少?

**解:**(1)$K = \dfrac{C_{水}}{C_{醚}} = \dfrac{(100-66.7)/1}{66.7/1} = 0.5$

(2)$W_n = W\left(\dfrac{KV_1}{KV_1+V_2}\right)^{10} = 100 \times \left(\dfrac{0.5 \times 1}{0.5 \times 1 + 1/10}\right)^{10} = 16.15\text{g}$

**例7** 树身内部树汁的上升是由渗透压力差造成的。若树汁为 0.20mol/L 糖溶液,树汁小管外部溶液的渗透浓度为 0.010mol/L。已知 10.2cm 水柱的压力为 1kPa,试估算 293K 时树汁上升的高度。

**解:**渗透压力差为

$$\Delta \Pi = \Delta cRT = (0.20-0.01) \times 10^3 \times 8.314 \times 293 = 4.63 \times 10^5 \text{Pa}$$

293.15K 时树汁上升的高度为

$$h = \frac{4.63 \times 10^5}{1\,000} \times 10.2 = 4.72 \times 10^3 \text{cm} = 4.72\text{m}$$

**例8** 某大分子物质的平均摩尔质量约为 50.00kg/mol,通过计算说明测定浓度为 31.04kg/m³ 的该物质水溶液的渗透压和该溶液凝固点降低值两种方法哪种更适合测定该大分子物质的平均分子量? 已知水的 $k_f = 0.51\text{K} \cdot \text{kg/mol}$,测定渗透压时的温度为 298K。

**解:**根据渗透压公式

$$\Pi = c_B RT = \frac{m(B)/M_B}{V}RT = \frac{31.04/50.00}{1} \times 8.314 \times 298 = 1\,538\text{Pa}$$

按凝固点降低公式,并作近似 1L 溶液 ≈ 1kg 溶剂

$$\Delta T_f = k_f m_b = k_f\frac{m(B)/M_A}{m(A)} = 0.51 \times \frac{31.04 \times 10^{-3}/50.00}{1} = 3.17 \times 10^{-4}\text{K}$$

显然,大分子物质溶液的渗透压可准确测定,而凝固点值降低值较小,难以准确测定。渗透压更适合测定该大分子物质的平均分子量。

# 四、习题详解（主干教材）

1. 20℃时,5.00%(质量分数)的硫酸溶液,密度为 1.032g/ml,计算硫酸的摩尔分数、物质的量浓度和质量摩尔浓度($M_水 = 18.02\text{g/mol}$,$M_{硫酸} = 98.06\text{g/mol}$)。

**解:**设有 100g 溶液

$$n_B = \frac{5}{98.06} = 0.051\text{mol} \qquad n_A = \frac{95}{18.02} = 5.272\text{mol}$$

$$x_B = \frac{n_B}{n_B+n_A} = \frac{0.051}{0.051+5.272} = 0.009\,58$$

$$c_B = \frac{n_B}{V} = \frac{0.051}{100/1.032} = 5.263 \times 10^{-4}\text{mol/ml} = 0.526\,3\text{mol/L}$$

$$m_B = \frac{n_B}{m(A)} = \frac{0.051}{95} = 5.37 \times 10^{-4} \text{mol/g} = 0.537 \text{mol/kg}$$

2. 指出下列式子中哪个是偏摩尔量,哪个是化学势?

$$\left(\frac{\partial F}{\partial n_i}\right)_{T,p,n_j}; \left(\frac{\partial G}{\partial n_i}\right)_{T,V,n_j}; \left(\frac{\partial H}{\partial n_i}\right)_{T,p,n_j}; \left(\frac{\partial U}{\partial n_i}\right)_{S,V,n_j}; \left(\frac{\partial H}{\partial n_i}\right)_{S,p,n_j}; \left(\frac{\partial V}{\partial n_i}\right)_{T,p,n_j}; \left(\frac{\partial F}{\partial n_i}\right)_{T,V,n_j}$$

**解:**偏摩尔量:$\left(\dfrac{\partial F}{\partial n_i}\right)_{T,p,n_j}, \left(\dfrac{\partial H}{\partial n_i}\right)_{T,p,n_j}, \left(\dfrac{\partial V}{\partial n_i}\right)_{T,p,n_j}$

化学势:$\left(\dfrac{\partial U}{\partial n_i}\right)_{S,V,n_j}, \left(\dfrac{\partial H}{\partial n_i}\right)_{S,p,n_j}, \left(\dfrac{\partial F}{\partial n_i}\right)_{T,V,n_j}$

3. 有一个水和乙醇形成的溶液,水的摩尔分数为 0.4,乙醇的偏摩尔体积为 57.5cm³/mol,溶液的密度为 0.849 4kg/L,求此溶液中水的偏摩尔体积。

**解:**由集合公式:$V = n_水 V_{m,水} + n_{乙醇} V_{m,乙醇}$,设总物质量为 1mol

$$V = 0.4 V_{m,水} + 0.6 \times 57.5$$

$$\rho = \frac{W}{V} = \frac{0.4 \times 18 + 0.6 \times 46}{V} = 0.849\ 4$$

联立求解可得:$V = 40.97 \text{ml}$,$V_{m,水} = 16.175 \text{ml/mol}$

4. 298K 时,$n$ 摩尔 NaCl 溶于 1 000g 水中,形成溶液体积 $V$ 与 $n$ 之间关系可表示如下:$V(\text{cm}^3) = 1\ 001.38 + 16.625n + 1.773\ 8n^{3/2} + 0.119\ 4n^2$,试计算 1mol/kg NaCl 溶液中 $H_2O$ 及 NaCl 的偏摩尔体积。

**解:**

$$V = 1\ 001.38 + 16.625n + 1.773\ 8n^{3/2} + 0.119\ 4n^2$$

$$\left(\frac{\partial V}{\partial n}\right)_{n_水} = 16.625 + \frac{3}{2} \times 1.773\ 8n^{0.5} + 2 \times 0.119\ 4n$$

当 $n = 1$ 时,$V_{m,盐} = \left(\dfrac{\partial V}{\partial n}\right)_{n_水} = 19.52 \text{ml/mol}$

$$V = 1\ 019.9 \text{ml}, \quad n_水 = \frac{1\ 000}{18.02} = 55.49 \text{mol}$$

代入集合公式:$V = n_水 V_{m,水} + n_盐 V_{m,盐}$

$$1\ 019.9 = 55.49 V_{m,水} + 1 \times 19.52$$

$$V_{m,水} = 18.03 \text{ml/mol}$$

5. 若把 200g 蔗糖($M = 342 \text{g/mol}$)溶解在 2 000g 水中,100℃时,水的蒸气压下降多少?

**解:**100℃时水的饱和蒸气压为 101 325Pa

$$\Delta p = p_A^* x_B = 101\ 325 \times \frac{200/342}{200/342 + 2\ 000/18} = 530 \text{Pa}$$

6. 0℃时,101.325kPa 的氧气在 100g 水($M = 18.02 \text{g/mol}$)中溶解 4.490ml,求氧气溶解在水中的亨利常数 $k_x$、$k_m$。

**解:**$n_氧 = \dfrac{pV}{RT} = \dfrac{101\ 325 \times 4.490 \times 10^{-6}}{8.314 \times 273.2} = 2.003 \times 10^{-4} \text{mol}$

$$x_氧 = \frac{n_氧}{n_氧 + n_水} \approx \frac{n_氧}{n_水} = \frac{2.003 \times 10^{-4}}{\dfrac{100}{18.02}} = 3.609 \times 10^{-5}$$

$$p_氧 = k_x x_氧$$

$$101\ 325 = k_x \times 3.609 \times 10^{-5}$$

$$k_x = 2.807 \times 10^9 \text{Pa}$$

$$m_氧 = \frac{n_氧}{0.1} = 2.003 \times 10^{-3} \text{mol/kg}$$

$$p_氧 = k_m m_氧$$

$$101\ 325 = k_m \times 2.003 \times 10^{-3}$$

$$k_m = 5.059 \times 10^7 \text{Pa} \cdot \text{kg/mol}$$

7. 已知 370K 时,3%(质量分数)的乙醇($M = 46\text{g/mol}$)溶液的蒸气总压为 101.325kPa,纯水($M = 18\text{g/mol}$)的蒸气压为 91.29kPa。试计算该温度时对于乙醇摩尔分数为 0.02 的溶液,水和乙醇的蒸气分压各为多少?(溶液浓度很低,溶剂服从拉乌尔定律,溶质服从亨利定律)

**解:**先利用 3% 溶液的数据求 $p_醇^*$

$$x_醇 = \frac{n_醇}{n_醇 + n_水} = \frac{3/46}{3/46 + 97/18} = 0.012\ 0$$

$$p_总 = p_水 + p_醇 = p_水^* x_水 + p_醇^* x_醇$$

$$101.325 = 91.29 \times (1 - 0.012\ 0) + p_醇^* \times 0.012\ 0$$

$$p_醇^* = 927.5 \text{kPa}$$

再求 $x_醇 = 0.02$ 的溶液的蒸气分压:

$$p_水 = p_水^* x_水 = 91.29 \times (1 - 0.02) = 89.46 \text{kPa}$$

$$p_醇 = p_醇^* x_醇 = 927.50 \times 0.02 = 18.55 \text{kPa}$$

8. 比较下列六种状态水的化学势:

(a)373K,101.3kPa,液态;(b)373K,101.3kPa,气态。

(c)373K,202.6kPa,液态;(d)373K,202.6kPa,气态。

(e)374K,101.3kPa,液态;(f)374K,101.3kPa,气态。

试问:(1)$\mu_a$ 与 $\mu_b$ 谁大?

(2)$\mu_c$ 与 $\mu_a$ 相差多少?

(3)$\mu_d$ 与 $\mu_b$ 谁大?

(4)$\mu_c$ 与 $\mu_d$ 谁大?

(5)$\mu_e$ 与 $\mu_f$ 谁大?

**解:**纯物质,化学势 $\mu_B = G_m$

(1)相平衡 $\mu_a = \mu_b$

(2)液相压力增加 $\mu_c > \mu_a$。因为

$$\mu_c - \mu_a = \Delta G_m(l)$$

$$= \int V_l \, dp = V_m (2p_{大气压} - p_{大气压})$$

$$= 18 \times 10^{-6} \times 101\ 325 = 1.82 \text{J}$$

(3)气相压力增加 $\mu_d > \mu_b$。因为

$$\mu_d - \mu_b = \Delta G_m(g) = \int V_g \, dp = RT \ln \frac{p_2}{p_1} = 2\ 150 \text{J}$$

(4)由(1)(2)(3)得 $\mu_d > \mu_c$。

$$(5)\, a \to e: \mu_e - \mu_a = \int_{100}^{101} (-S_1 dT) \qquad \mu_a = \mu_b$$

$$b \to f: \mu_f - \mu_b = \int_{100}^{101} (-S_g dT) \qquad \mu_e - \mu_f = \int_{100}^{101} (S_g - S_1) dT$$

$$S_g > S_1 \qquad \therefore \mu_e > \mu_f$$

9. 293K 时,溶液(1)的组成为 $1NH_3 : 2H_2O$,其中 $NH_3$ 的蒸气分压为 10.67kPa。溶液(2)的组成为 $1NH_3 : 8H_2O$,其中 $NH_3$ 的蒸气分压为 3.60kPa。试求:

(1)从大量溶液(1)中转移 1mol $NH_3$ 至大量溶液(2)中,$\Delta G = ?$

(2)将压力为 101.325kPa 的 1mol $NH_3(g)$ 溶解在大量溶液(2)中,$\Delta G = ?$

**解:**(1)溶液(1)中 $NH_3$ 的化学势:$\mu_1 = \mu^{\ominus}(T) + RT\ln \dfrac{p_1}{p^{\ominus}}$ $p_1 = 10.67\text{kPa}$,溶液(2)中

$NH_3$ 的化学势:$\mu_2 = \mu^{\ominus}(T) + RT\ln \dfrac{p_2}{p^{\ominus}}$ $p_2 = 3.60\text{kPa}$。转移过程

$$\Delta G = \Delta\mu = \mu_2 - \mu_1 = RT\ln \frac{p_2}{p_1} = 293 \times 8.314 \times \ln \frac{3.60}{10.67} = -2\,624\text{J}$$

(2)纯 $NH_3$ 的化学势:$\mu_3 = \mu^{\ominus}(T) + RT\ln \dfrac{p_3}{p^{\ominus}}$ $p_3 = 101.325\text{kPa}$。溶解过程

$$\Delta G = \Delta\mu = \mu_2 - \mu_3 = RT\ln \frac{p_2}{p_3} = 293 \times 8.314 \times \ln \frac{3.60}{101.325} = -8\,130\text{J}$$

10. 在 293K 时,乙醚($M = 74\text{g/mol}$)的蒸气压为 58.96kPa,将 10g 某非挥发性有机物溶解在 100g 乙醚中,乙醚的蒸气压下降到 56.80kPa,求该有机物的摩尔质量。

**解:**根据拉乌尔定律,$x_B = \dfrac{p_A^* - p_A}{p_A^*} = \dfrac{58.96 - 56.80}{58.96} = 0.036\,64$

$$x_B = \frac{n_B}{n_B + n_A} = \frac{10/M_B}{10/M_B + 100/74} = 0.036\,64$$

解得 $\qquad\qquad\qquad M_B = 195\text{g/mol}$

11. $CCl_4$ 的沸点为 76.75℃,在 33.70g $CCl_4$ 中溶入 0.600g 的非挥发性某物质后沸点为 78.26℃,已知 $CCl_4$ 的沸点升高常数 $k_b = 5.16\text{K} \cdot \text{kg/mol}$,求该物质的摩尔质量。

**解:**$\Delta T_b = k_b m_b = k_b \dfrac{m(B)/M_B}{m(A)}$

$$78.26 - 76.75 = 5.16 \times \frac{0.600/M_B}{33.70}$$

解得 $\qquad\qquad\qquad M_B = 0.060\,8\text{kg/mol}$

12. 铅($M = 0.207\,2\text{kg/mol}$)的熔点为 600.5K,摩尔熔化热 $\Delta_{fus}H_m^* = 5\,121\text{J/mol}$,100g 铅中含有 1.08g 银时,凝固点为 588.2K,求:(1)铅的凝固点降低常数 $k_f$;(2)银在铅中的摩尔质量,判断银是否以单原子形式存在?

**解:**(1)$k_f = \dfrac{R(T_f^*)^2}{\Delta_{fus}H_{A,m}^*} M_A = \dfrac{8.314 \times 600.5^2}{5\,121} \times 0.207\,2 = 121.3\text{kg/mol}$

(2)$\Delta T_f = k_f m_B = k_f \dfrac{1.08/M_B}{100}$

解得 $$M_B = 0.107kg/mol$$

计算结果表明与银的摩尔质量一致,银在铅中是以单原子形式存在的。

13. 测得浓度为 $20kg/m^3$ 血红蛋白水溶液在 298K 时的渗透压为 763Pa,求血红蛋白的摩尔质量。

**解:**
$$\Pi = c_B RT = \frac{m(B)/M_B}{V}RT$$

$$763 = \frac{20/M_B}{1} \times 8.314 \times 298$$

解得 $$M_B = 64.94kg/mol$$

14. 293K 温度时,某有机物在水和乙醚中的分配系数为 0.4,将 5g 有机物溶解在 100ml 水中,用 40ml 乙醚(已事先被水饱和)萃取,试比较用一次萃取和分两次萃取有机物在水中的剩余量。

**解:**
$$W_n = W\left(\frac{KV_1}{KV_1 + V_2}\right)^n$$

一次萃取 $$W_1 = W\left(\frac{KV_1}{KV_1 + V_2}\right) = 5 \times \left(\frac{0.4 \times 100}{0.4 \times 100 + 40}\right) = 2.5g$$

两次萃取 $$W_2 = W\left(\frac{KV_1}{KV_1 + V_2}\right)^2 = 5 \times \left(\frac{0.4 \times 100}{0.4 \times 100 + 40}\right)^2 = 1.25g$$

# 五、本章自测题及参考答案

## 自 测 题

**(一)选择题**

1. 298.15K 时,某大分子物质水溶液(浓度为 15.52g/L)的渗透压为 1 539Pa,其平均摩尔质量约为(　　)

　　A. 3 006g/mol 　　　　B. 2 096g/mol 　　　　C. 25 000kg/mol 　　　D. 25kg/mol

2. 定义某物质偏摩尔量,指定的条件是(　　)

　　A. 等温等压 　　　　　　　　　　　　B. 等温等容

　　C. 等温、其他物质浓度不变 　　　　　D. 等温等压、其他物质浓度不变

3. 下列各式中为偏摩尔量的是(　　)

　　A. $\left(\frac{\partial U}{\partial n_B}\right)_{T,p,n_j \neq n_B}$ 　　　　　　　　　　B. $\left(\frac{\partial U}{\partial n_B}\right)_{T,V,n_j \neq n_B}$

　　C. $\left(\frac{\partial H}{\partial n_B}\right)_{S,p,n_j \neq n_B}$ 　　　　　　　　　　D. $\left(\frac{\partial U_B}{\partial n_B}\right)_{T,p,n_j \neq n_B}$

4. 理想液态混合物中任一组分 B,其偏摩尔量和摩尔量的关系是(　　)

　　A. $H_B = H_{B,m}^*$ 　　　B. $V_B \neq V_{B,m}^*$ 　　　C. $G_B = G_{B,m}^*$ 　　　D. $S_B = S_{B,m}^*$

5. 下列关于化学势的表达式,不正确的是(　　)

　　A. $\mu_B = \left(\frac{\partial G}{\partial n_B}\right)_{T,p,n_j \neq B}$ 　　　　　　　B. $\left(\frac{\partial \mu_B}{\partial T}\right)_{p,n_i} = -S_{B,m}$

C. $\left(\dfrac{\partial \mu_{\mathrm{B}}}{\partial p}\right)_{T,n_i} = V_{\mathrm{B,m}}$　　　　　　　　D. $\mu_{\mathrm{B}} = \left(\dfrac{\partial F}{\partial n_{\mathrm{B}}}\right)_{T,p,n_j \neq \mathrm{B}}$

6. 在等温等压且非体积功为零的条件下,组分 A 和 B 溶解于 $\alpha$,$\beta$ 两相中,当达到平衡时,下列正确的是(　　　)

　　A. $\mu_{\mathrm{A}}^{\alpha} = \mu_{\mathrm{B}}^{\beta}$　　　　B. $\mu_{\mathrm{A}}^{\alpha} = \mu_{\mathrm{A}}^{\beta}$　　　　C. $\mu_{\mathrm{A}}^{\alpha} = \mu_{\mathrm{B}}^{\beta}$　　　　D. $\mu_{\mathrm{A}}^{\beta} = \mu_{\mathrm{B}}^{\beta}$

7. 在等温等压且非体积功为零的条件下,组分 B 可自发地从 $\alpha$ 相向 $\beta$ 相转移,下列正确的是(　　　)

　　A. $\mu_{\mathrm{B}}^{\alpha} = \mu_{\mathrm{B}}^{\beta}$　　　　B. $\mu_{\mathrm{B}}^{\alpha} > \mu_{\mathrm{B}}^{\beta}$　　　　C. $\mu_{\mathrm{B}}^{\alpha} < \mu_{\mathrm{B}}^{\beta}$　　　　D. 不确定

8. 263K、$p^{\ominus}$ 时冰的化学势 $\mu_{\mathrm{H_2O}}(\mathrm{s})$ 和过冷水的化学势 $\mu_{\mathrm{H_2O}}(\mathrm{l})$ 关系为(　　　)

　　A. $\mu_{\mathrm{H_2O}}(\mathrm{s}) = \mu_{\mathrm{H_2O}}(\mathrm{l})$　　　　　　　B. $\mu_{\mathrm{H_2O}}(\mathrm{s}) > \mu_{\mathrm{H_2O}}(\mathrm{l})$

　　C. $\mu_{\mathrm{H_2O}}(\mathrm{s}) < \mu_{\mathrm{H_2O}}(\mathrm{l})$　　　　　　　D. 无法判断

9. 糖可顺利溶解在水中这说明固体糖的化学势比糖水中糖的化学势(　　　)

　　A. 高　　　　　　　　　　　　　　　　B. 低

　　C. 相等　　　　　　　　　　　　　　　D. 两者不能比较大小

10. 重结晶制取盐时析出的 NaCl 固体的化学势与溶液中 NaCl 的化学势比较,前者的化学势(　　　)

　　A. 高　　　　　　　　　　　　　　　　B. 低

　　C. 相等　　　　　　　　　　　　　　　D. 与后者不能比较大小

11. 根据溶液的性质,下列说法中不正确的是(　　　)

　　A. 在溶剂中加入非挥发性溶质后,溶剂的蒸气压会降低

　　B. 理想液态混合物溶剂遵循拉乌尔定律

　　C. 溶剂遵循拉乌尔定律,其蒸气不一定是理想气体

　　D. 拉乌尔定律对稀溶液中的溶剂不适用

12. 常温下,组分 A、B 混合形成理想液态混合物,如果 $p_{\mathrm{A}}^* > p_{\mathrm{B}}^*$,则液相组成 $x$ 与气相组成 $y$ 的关系(　　　)

　　A. $x_{\mathrm{A}} < y_{\mathrm{A}}$　　　　B. $x_{\mathrm{B}} < y_{\mathrm{B}}$　　　　C. $x_{\mathrm{A}} > y_{\mathrm{A}}$　　　　D. $y_{\mathrm{B}} > y_{\mathrm{A}}$

13. 25℃时,组分 A、B 混合形成理想液态混合物,如果 $p_{\mathrm{A}}^* = 3p_{\mathrm{B}}^*$,在液相中 $x_{\mathrm{A}} = 3x_{\mathrm{B}}$,则在气相中 B 组分的摩尔分数 $y_{\mathrm{B}}$ 为(　　　)

　　A. 0.15　　　　B. 0.10　　　　C. 0.20　　　　D. 0.33

14. 25℃时,如果 B 物质在水中和乙醇中的亨利常数分别为 $k_1$ 和 $k_2$,且 $k_1 > k_2$,则在相同的平衡气相分压 $p_{\mathrm{B}}$ 下,B 物质在水中和在乙醇中的平衡组成(　　　)

　　A. $x_1 > x_2$　　　　B. $x_1 < x_2$　　　　C. $x_1 = x_2$　　　　D. 无法判断

15. 理想气体混合物中 B 组分的化学势,对其标准化学势描述正确的是(　　　)

　　A. 标准化学势是温度和压力的函数

　　B. 标准化学势是温度的函数

　　C. 标准化学势是压力的函数

　　D. 无法判断

16. 混合理想气体中组分 B 的标准态与混合非理想气体中组分 B 的标准态相比较(　　　)

　　A. 相同　　　　B. 前者大　　　　C. 后者大　　　　D. 无关系

17. 在溶剂中加入非挥发性溶质后,关于稀溶液的依数性错误描述是(　　　)

A. 凝固点降低　　　　B. 沸点升高　　　　C. 产生渗透压　　　　D. 蒸气压升高

18. 在一定温度下,少量非挥发性物质 B 与纯溶剂 A 混合形成稀溶液,下列说法中正确的是(　　　)

A. 该稀溶液的饱和蒸气压一定高于纯溶剂 A 的饱和蒸气压

B. 该稀溶液的沸点一定低于纯溶剂 A 的沸点

C. 该稀溶液的凝固点一定低于纯溶剂 A 的凝固点

D. 该稀溶液的渗透压为负值

19. 现有 KCl、$CaCl_2$、蔗糖和醋酸四种水溶液,其物质的质量摩尔浓度都是 0. 10mol/kg,沸点最高的溶液是(　　　)

A. 蔗糖溶液　　　　B. KCl 溶液　　　　C. $CaCl_2$ 溶液　　　　D. 醋酸溶液

20. 常温常压下,下列四种水溶液,凝固点最低的是(　　　)

A. 0. 05mol/L NaCl 溶液　　　　　　　B. 0. 10mol/L 蔗糖溶液

C. 0. 10mol/L 葡萄糖溶液　　　　　　　D. 0. 05mol/L $Ca(NO_3)_2$ 溶液

**（二）判断题**

1. 偏摩尔量只与系统的温度和压力有关。(　　　)

2. 系统的性质都有偏摩尔量。(　　　)

3. 单组分系统的偏摩尔量与其摩尔量相等。(　　　)

4. 单组分系统的偏摩尔量是强度性质,而多组分系统的偏摩尔量是广度性质。(　　　)

5. 单组分系统的化学势与其摩尔吉布斯能相等。(　　　)

6. 常温时,如果 $I_2$ 在水和 $CCl_4$ 混合溶液中处于平衡时,则说明 $I_2$ 在水和 $CCl_4$ 中的化学势相等。(　　　)

7. 常温下,少量 NaCl 固体可以在水中完全溶解,说明 NaCl 固体的化学势大于溶液中 NaCl 的化学势。(　　　)

8. 在 273. 15K、$p^{\ominus}$ 时,液态水的化学势 $\mu_{H_2O}(l)$ 与冰的化学势 $\mu_{H_2O}(s)$ 相等。(　　　)

9. 在水中加入少量蔗糖后,水的蒸气压会降低。(　　　)

10. 少量氯化氢气体溶于水中,溶液中的氯化氢遵循亨利定律。(　　　)

11. 理想气体的化学势只是温度的函数。(　　　)

12. 在温度一定时,如果压力无限小,那么真实气体的逸度就近似等于压力。(　　　)

13. 稀溶液中溶剂和溶质都遵循拉乌尔定律。(　　　)

14. 当真实溶液无限稀释时,溶质的活度系数 $\gamma$ 趋于 1。(　　　)

15. 在水溶液中加入非挥发性溶质,该溶液的凝固点一定低于 0℃。(　　　)

**（三）填空题**

1. 有偏导式为: $\left(\dfrac{\partial F}{\partial n_i}\right)_{T,p,n_j}$ ; $\left(\dfrac{\partial F}{\partial n_i}\right)_{T,V,n_j}$ ; $\left(\dfrac{\partial V_m}{\partial n_i}\right)_{T,p,n_j}$ ; $\left(\dfrac{\partial V}{\partial n_i}\right)_{T,p,n_j}$ ,其中表示偏摩尔量的是_____。

2. 在理想液态混合物中,溶质 B 的偏摩尔体积 $V_B$ _____纯态摩尔体积 $V_{m,B}^{*}$ 。（填>、<或 =）

3. 有偏导式为: $\left(\dfrac{\partial F}{\partial n_i}\right)_{T,p,n_j}$ ; $\left(\dfrac{\partial G}{\partial n_i}\right)_{T,V,n_j}$ ; $\left(\dfrac{\partial H}{\partial n_i}\right)_{T,p,n_j}$ ; $\left(\dfrac{\partial U}{\partial n_i}\right)_{S,V,n_j}$ ; $\left(\dfrac{\partial H}{\partial n_i}\right)_{S,p,n_j}$ ; $\left(\dfrac{\partial V}{\partial n_i}\right)_{T,p,n_j}$ ;

$\left(\dfrac{\partial F}{\partial n_i}\right)_{T,V,n_j}$，其中表示化学势的是_____。

4. 在 1 100K、100kPa 下，化学反应 $CO(g)+H_2O(g)\rightleftharpoons CO_2(g)+H_2(g)$ 达到平衡时，产物的化学势之和_____反应物化学势之和。（填<、>或=）

5. 在 110℃、100kPa 时，液态水的化学势 $\mu_{H_2O}(l)$_____水蒸气的化学势 $\mu_{H_2O}(g)$。（填<、>或=）

6. 在一密闭容器中放置一杯清水和一杯糖水，静置足够长的时间，清水的体积将_____。（填增加、减少或不变）

7. 25℃ 时，A 气体和 B 气体溶于水中的亨利常数分别是 $5\times10^5 Pa\cdot kg/mol$ 和 $3\times10^6 Pa\cdot kg/mol$，则在相同的平衡气相分压下，_____在水中的摩尔分数大于_____在水中的摩尔分数。

8. 几种纯组分混合形成理想液态混合物的过程中，热力学函数变化关系为：$\Delta V$ _____ 0，$\Delta S$ _____ 0，$\Delta G$ _____ 0。（填>、<或=）

9. 在溶剂中加入非挥发性溶质后，溶剂的蒸气压会降低，溶液的_____会升高，_____会降低，产生了_____。

10. （1）0.05mol/L 果糖溶液          （2）0.05mol/L KCl 溶液

（3）0.05mol/L $CaCl_2$ 溶液          （4）0.05mol/L NaAc 溶液

从大到小写出上述溶液的渗透压力关系：_____。

**（四）问答题**

1. 简述偏摩尔量的物理意义。

2. 把一小块冰放在 0℃ 的水中，另一小块冰放在 0℃ 的盐水中，各有什么现象发生？为什么？

3. 在溶剂中加入溶质后溶质的化学势与未加入前溶质的化学势比较会发生什么变化？为什么？

4. 用半透膜做的海洋球（球中装淡水）置于海水中，长时间放置后，海洋球会发生什么变化，为什么？

5. 10g 葡萄糖溶于 1 000g 水中，10g 蔗糖（双糖）溶于另一 1 000g 水中，两者使水的蒸气压下降一样吗？

6. 温度、压力有偏摩尔量吗？

7. 溶液的化学势等于各组分化学势之和，对吗？

8. 从大到小写出下列四种状态水的化学势关系：

（a）373K，101.3kPa，液态；（b）373K，101.3kPa，气态。

（c）373K，202.6kPa，液态；（d）373K，202.6kPa，气态。

**（五）计算题**

1. 已知温度为 370.2K 时水的蒸气压为 91 293.8Pa，摩尔分数为 0.03 的乙醇水溶液的蒸气压为 101 325Pa。现有 370.2K，$x_{乙醇}$ 为 0.02 的水溶液，计算（1）水蒸气的分压；（2）乙醇的蒸气分压。

2. 液体 A 与 B 可形成理想溶液，现有 A 的摩尔分数为 0.4 的蒸气相，放在带活塞的气缸里恒温慢慢压缩，已知 $p_A^*$ 和 $p_B^*$ 分别为 $0.4p^\ominus$ 和 $1.2p^\ominus$，请计算液体开始凝聚时的蒸气总压 $p_总$。

3. 苯的熔点为 5.53℃,将 10.0g 环己烷加入 100g 苯中,则苯的凝固点降低多少? 苯的摩尔熔化焓为 $\Delta_{fus}H_{A,m}=9.836kJ/mol$。

4. 在 55.5mol 水中含有 0.6mol 蔗糖,试求 30℃时蔗糖溶液的渗透压。

5. 已知水的沸点为 100℃,摩尔气化焓为 $\Delta_{vap}H_{A,m}=40\,670kJ/mol$,请计算水的沸点升高系数 $k_b$。

## 参 考 答 案

**(一) 选择题**

1. D。由公式 $\Pi=c_BRT=\dfrac{m(B)/M_B}{V}RT$ 计算得到。

2. D。偏摩尔量的定义式为 $X_{B,m}=\left(\dfrac{\partial X}{\partial n_B}\right)_{T,p,n_j\neq B}$。

3. A。偏摩尔量是等温等压,其他组分不变时,广度性质的热力学函数对物质量的偏导。

4. A。形成理想液态混合物过程中,$\Delta H=0,\Delta V=0,\Delta S>0,\Delta G<0$。

5. D。$\mu_B=\left(\dfrac{\partial F}{\partial n_B}\right)_{T,p,n_j\neq B}$ 下脚标有误。

6. B。如果 A 组分在两相中分配达到平衡时,则 A 组分在 $\alpha$ 相和 $\beta$ 相中化学势相等。

7. B。物质自发地从化学势高处向低处转移。

8. C。263K、$p^\ominus$时冰是稳定态,化学势小于液态。

9. A。物质自发地从化学势高处向低处转移。

10. C。固体 NaCl 与饱和 NaCl 溶液处于相平衡,化学势相等。

11. D。对于稀溶液,少量溶质分子对大量溶剂分子而言,其对溶剂分子的作用可以忽略不计,因而溶剂遵循拉乌尔定律。

12. A。根据拉乌尔定律:$p_A=p_A^*x_A=py_A$,因为 $p_A^*>p$,所以 $x_A<y_A$。

13. B。根据拉乌尔定律计算得到。

14. B。根据亨利定律计算:$p_B=k_1x_1=k_2x_2$。

15. B。因为理想气体的化学势是温度和压力的函数,因标准态的压力已给定,所以 $\mu^\ominus$ 只是温度的函数。

16. A。标准态相同,只是非理想气体的标准态是个假想态。

17. D。在溶剂中加入非挥发性溶质后,蒸气压下降。

18. C。根据稀溶液的依数性,在溶剂中加入难挥发性溶质后,溶液的沸点会升高,凝固点会降低,产生了渗透压力。

19. C。根据沸点升高公式:$\Delta T_b=k_bm_B$ 可以看出,四种水溶液中 $m_{CaCl_2}$最大,沸点最高。

20. D。解释:根据稀溶液凝固点降低公式:$\Delta T_f=k_fm_B$,四种水溶液中 $m_{Ca(NO_3)_2}$最大,所以凝固点最低。

**(二) 是非题**

1. 错。在多组分系统中,偏摩尔量不仅与系统的温度和压力有关,还与各组成的物质的量有关。

2. 错。根据偏摩尔量的定义,只有广度性质才有偏摩尔量。

3. 对。根据偏摩尔量的定义：$X_{B,m} = \left(\dfrac{\partial X}{\partial n_B}\right)_{T,p} = X_m$

4. 错。单组分系统的偏摩尔量与多组分系统的偏摩尔量一样，都是强度性质。

5. 对。根据化学势的定义：$\mu_B = G_{B,m} = \left(\dfrac{\partial G}{\partial n_B}\right)_{T,p,n_j \neq B} = G_m$。

6. 对。在一定温度和压力下，如果 B 组分在两相中达到分配平衡，则 B 组分在 α 相和 β 相中化学势相等。

7. 对。物质自发地从化学势高处向低处转移。

8. 对。两相平衡，化学势相等。

9. 对。在溶剂中加入非挥发性溶质后，溶剂的蒸气压会降低。

10. 错。因为氯化氢溶解在水里，在气相中是 HCl 分子，在液相中则为 $H^+$ 和 $Cl^-$，分子状态不相同，所以不适用亨利定律。

11. 错。理想气体的化学势是温度和压力的函数。

12. 对。在温度一定时，若压力趋近于零，这时真实气体的行为就趋于理想气体行为，逸度就趋近于压力，即 $\gamma$ 趋近于 1：$\lim\limits_{p \to 0} \dfrac{f}{p} = 1$。

13. 错。稀溶液中溶剂遵循拉乌尔定律，溶质遵循亨利定律。

14. 对。当真实溶液无限稀释时，溶质的 $x$、$m$、$c$ 趋于零时，对应的活度系数 $\gamma$ 趋于 1。

15. 对。稀溶液的依数性质。

**（三）填空题**

1. $\left(\dfrac{\partial F}{\partial n_i}\right)_{T,p,n_j}$；$\left(\dfrac{\partial V}{\partial n_i}\right)_{T,p,n_j}$

2. $=$。

3. $\left(\dfrac{\partial U}{\partial n_i}\right)_{S,V,n_j}$；$\left(\dfrac{\partial H}{\partial n_i}\right)_{S,p,n_j}$；$\left(\dfrac{\partial F}{\partial n_i}\right)_{T,V,n_j}$。

4. $=$。

5. $>$。

6. 减少。

7. A 气体；B 气体。

8. $=$；$>$；$<$。

9. 沸点；凝固点；渗透压力。

10. $\Pi_{CaCl_2} > \Pi_{KCl} > \Pi_{NaAc} > \Pi_{果糖}$。

**（四）问答题**

1. 答：偏摩尔量的物理意义可理解为在等温等压条件下，在一定浓度的有限量溶液中，加入 $dn_B$ 的 B 物质（此时系统的浓度几乎保持不变）所引起系统广度性质 $X$ 随该组分的量的变化率，即为组分 B 的偏摩尔量；或可理解为在等温等压条件下，往一定浓度的大量溶液中加入 1mol B 物质（此时系统的浓度仍可看作不变）所引起系统广度性质 $X$ 的变化量，即为组分 B 的偏摩尔量。

2. 答：在 0℃ 时，冰和水的化学势相等，两者可以平衡共存。而在 0℃ 时，由于冰的化学势大于盐水中水的化学势，所以当把一小块冰放在盐水中时，冰将融化成水。

3. 答:会减小。根据公式 $\mu_{溶质}=\mu_{溶质}^{\ominus}+RT\ln x_{溶质}$,因为 $x_{溶质}$ 减小,所以溶剂中溶质的化学势 $\mu_{溶质}$ 会减小。

4. 答:海洋球会变小。因为水分子可以通过半透膜,由于淡水中水的化学势大于海水中水的化学势,所以海洋球中的淡水会自发的流向海水,海洋球会变小。

5. 答:不一样。蒸气压下降是依数性的,只与分子数量有关,与分子大小无关(大分子化合物除外)。因为 $M_{葡萄糖}<M_{蔗糖}$,即 $n_{葡萄糖}>n_{蔗糖}$,所以蒸气压下降不一样。

6. 答:没有。根据偏摩尔量的定义,只有系统的广度性质才有偏摩尔量。因为温度、压力是强度性质,所以没有偏摩尔量。

7. 答:不对。溶液中可以分为溶质的化学势和溶剂的化学势,而没有整个溶液的化学势。

8. 答:纯物质的化学势:$\mu_B=G_m$

(a)与(b)状态:相平衡 $\mu_a=\mu_b$

(a)与(c)状态:因为 $\mu_c-\mu_a=\Delta G_m(l)=\int V_1 dp=V_m(2p_{大气压}-p_{大气压})$
$$=18\times10^{-6}\times101\ 325=1.82J,$$

液相压力增加,所以 $\mu_c=\mu_a+1.82$。

(d)与(b)状态:因为 $\mu_d-\mu_b=\Delta G_m(g)=\int V_g dp=RT\ln\dfrac{p_2}{p_1}=2\ 150J$

气相压力增加,所以 $\mu_d=\mu_b+2\ 150$。

由上述分析得:$\mu_d>\mu_c>\mu_a=\mu_b$。

**(五)计算题**

1. 解:设纯水蒸气压为 $p_A^*$,纯乙醇的蒸气压为 $p_B^*$

根据总压 $p_{总}=p_A+p_B=p_A^* x_A+p_B^* x_B$,可得
$$101\ 325=91\ 293.8\times0.97+p_B^*\times0.03$$
$$p_B^*=425\ 667Pa=425.667kPa$$

水蒸气的分压为:$p_A=p_A^* x_A=91\ 293.8\times0.97=88\ 555Pa$

乙醇蒸气的分压为:$p_B=p_B^* x_B=425\ 667\times0.03=12\ 770Pa$

2. 解:液体开始凝聚时气-液达到平衡,由总压 $p_{总}$ 与液相组成的关系可得
$$p_{总}=p_A+p_B=p_A^* x_A+p_B^* x_B$$
$$=0.4p^{\ominus}x_A+1.2p^{\ominus}(1-x_A)=1.2p^{\ominus}-0.8p^{\ominus}x_A$$
$$y_A=\frac{p_A}{p_{总}}=\frac{p_A^* x_A}{p_{总}}$$
$$0.4=\frac{p_A}{p_{总}}=\frac{0.4p^{\ominus}x_A}{1.2p^{\ominus}-0.8p^{\ominus}x_A}$$
$$x_A=0.666\ 7$$

代入上述公式,可求得 $p_{总}=6.755\times10^4Pa$。

3. 解:取 10.0g 环己烷加入 100g 苯中,得
$$k_f=\frac{R(T_f^*)^2 M_A}{\Delta_{fus}H_{m,A}}=\frac{8.314\times278.68^2\times78.11\times10^{-3}}{9\ 836}=5.13K\cdot kg/mol$$

$$m_B = \frac{10}{84.16 \times 100 \times 10^{-3}} = 1.19 \text{mol/kg}$$

$$\Delta T_f = k_f m_B = 5.13 \times 1.19 = 6.10 \text{K}$$

4. 解:30℃时 1mol 水的体积为 $18.08 \times 10^{-6} \text{m}^3$,55.5mol 水的体积为

$$V = 18.08 \times 10^{-6} \times 55.5 = 1\,003.44 \times 10^{-6} \text{m}^3$$

$$\Pi = c_B RT = \frac{n_B}{V} RT = \frac{0.6}{1\,003.44 \times 10^{-6}} \times 8.314 \times 303 = 1.51 \times 10^6 \text{Pa}$$

5. 解:水的摩尔质量 $M_A = 18.02 \times 10^{-3} \text{kg/mol}$

$$k_b = \frac{R(T_b^*)^2 M_A}{\Delta_{vap} H_{A,m}} = \frac{8.314 \times 373.15^2 \times 18.02 \times 10^{-3}}{40\,670} = 0.513 \text{K} \cdot \text{kg/mol}$$

# 一、要 点 概 览

## （一）化学平衡及平衡条件

1. 化学平衡　指在一定条件下的可逆反应中,化学反应正、逆反应速率相等,反应物和生成物各组分浓度不再随时间改变。

2. 化学反应的平衡条件　由于混合吉布斯能的存在,大多数化学反应都不能进行到底。对于等温等压、非体积功为零的化学反应

$$(\Delta_r G_m) = \left(\frac{\partial G}{\partial \xi}\right)_{T,p} = \sum_B \nu_B \mu_B \begin{cases} <0 & 反应正向自发进行 \\ =0 & 反应已达平衡 \\ >0 & 反应逆向自发 \end{cases}$$

## （二）化学反应等温方程式

在等温等压、非体积功为零的条件下,可用化学反应等温方程式判断化学反应的自发方向和限度。

$$\Delta_r G_m = \Delta_r G_m^{\ominus} + RT \ln Q_p$$

$\Delta_r G_m < 0$,反应自发进行;$\Delta_r G_m > 0$,反应逆向自发进行;$\Delta_r G_m = 0$,反应达平衡。

## （三）平衡常数

1. 标准平衡常数 $K^{\ominus}$　对于理想气体反应:$aA + dD \rightleftharpoons gG + hH$

$$K^{\ominus} = \frac{\left(\dfrac{p_{G,eq}}{p^{\ominus}}\right)^g \left(\dfrac{p_{H,eq}}{p^{\ominus}}\right)^h}{\left(\dfrac{p_{A,eq}}{p^{\ominus}}\right)^a \left(\dfrac{p_{D,eq}}{p^{\ominus}}\right)^d}$$

标准平衡常数 $K^{\ominus}$ 值可通过实验测得,也可以由 $\Delta_r G_m^{\ominus}$ 计算。这里 $K^{\ominus}$ 是无量纲的纯数,其值不但与计量方程式的书写有关,而且与标准态的选择有关。对于理想溶液或极稀溶液反应,各平衡组分的浓度项下除相应的标准浓度。

2. 经验平衡常数　分别表示平衡时反应物和产物的压力、摩尔分数、浓度或物质的量的关系:

$$K_p = \frac{p_G^g p_H^h}{p_A^a p_D^d} \qquad K_x = \frac{x_G^g x_H^h}{x_A^a x_D^d} \qquad K_c = \frac{c_G^g c_H^h}{c_A^a c_D^d} \qquad K_n = \frac{n_G^g n_H^h}{n_A^a n_D^d}$$

经验平衡常数是有量纲的,它们在实际工作中经常使用。

3. 复相反应的平衡常数　复相反应的热力学平衡常数只与气态物质有关。

### （四）化合物标准生成吉布斯能

标准压力 $p^\ominus$ 下,由稳定单质生成 1mol 某化合物时反应的标准吉布斯能变化为化合物的标准生成吉布斯能,用 $\Delta_f G_m^\ominus$ 表示。

### （五）标准反应吉布斯能变化的计算方法

1. 热化学方法　由 $\Delta_r G_m^\ominus = \Delta_r H_m^\ominus - T\Delta_r S_m^\ominus$ 计算。

2. 实验测定　通过实验测定反应的平衡常数,计算反应的 $\Delta_r G_m^\ominus$,或者测定相关反应的平衡常数求其 $\Delta_r G_m^\ominus$,再经计算,求得目标反应的 $\Delta_r G_m^\ominus$。

3. 利用标准生成吉布斯能计算　由化合物的标准生成吉布斯能计算反应的标准反应吉布斯能变化。

4. 电化学方法　对可以设计成可逆电池的化学反应,使反应在电池中进行,根据 $\Delta_r G_m^\ominus = -zFE^\ominus$ 计算 $\Delta_r G_m^\ominus$。

### （六）化学平衡的影响因素

1. 温度　由化学反应等压方程式可知,对于吸热反应,升高温度,标准平衡常数 $K^\ominus$ 增大,平衡向产物方向移动。

对于放热反应,升高温度,标准平衡常数 $K^\ominus$ 降低,平衡向反应物方向移动。

2. 压力　增加压力对气体分子数减小的反应有利;减小压力,对气体分子数增加的反应有利。

3. 惰性气体　当总压一定时,惰性气体的存在实际上是对原平衡系统起到了稀释作用,它和减少反应系统总压的效果相同。

## 二、关 键 公 式

$$\Delta_r G_m = \Delta_r G_m^\ominus + RT \ln Q_p$$

$$\Delta_r G_m^\ominus = -RT \ln K^\ominus \qquad\qquad 化学反应等温方程式$$

$$\Delta_r G_m = -RT \ln K^\ominus + RT \ln Q_p$$

$$K^\ominus = K_p (p^\ominus)^{-\sum_B \nu_B}$$

$$K_x = K^\ominus \left(\frac{p}{p^\ominus}\right)^{-\sum_B \nu_B}$$

$$K_c = K^\ominus \left(\frac{RT}{p^\ominus}\right)^{-\sum_B \nu_B} \qquad\qquad 经验平衡常数与标准平衡常数的关系$$

$$K_n = K^\ominus \left(\frac{p}{p^\ominus \sum_B \nu_B}\right)^{-\sum_B \nu_B}$$

$$\frac{\partial \ln K^{\ominus}}{\partial T} = \frac{\Delta_r H_m^{\ominus}}{RT^2}$$

$$\ln \frac{K_{T_2}^{\ominus}}{K_{T_1}^{\ominus}} = \frac{\Delta_r H_m^{\ominus}}{R}\left(\frac{1}{T_1} - \frac{1}{T_2}\right)$$

化学反应等压方程式,积分式满足的条件:$\Delta_r H_m^{\ominus}$ 为常数

$$\ln K^{\ominus} = -\frac{\Delta_r H_m^{\ominus}}{RT} + C$$

# 三、例 题 解 析

**例 1**  在 288K 将适量 $CO_2$ 引入某容器测得 $CO_2$ 压力为 $0.025\,9p^{\ominus}$,若加入过量 $NH_4COONH_2(s)$,平衡后测得系统总压力为 $0.063\,9p^{\ominus}$。求 288K 时反应 $NH_4COONH_2(s) \Longrightarrow 2NH_3(g) + CO_2(g)$ 的 $K^{\ominus}$。

**解**:$NH_4COONH_2(s) \Longrightarrow 2NH_3(g) + CO_2(g)$

开始 $\qquad\qquad\qquad\qquad\qquad 0.025\,9p^{\ominus}$

平衡 $\qquad\qquad\qquad 2p \qquad 0.025\,9p^{\ominus}+p$

平衡时总压力:$0.025\,9p^{\ominus} + 3p = 0.063\,9p^{\ominus}$

$$p = 0.012\,67p^{\ominus}$$

$$K^{\ominus} = \frac{p_{CO_2}(p_{NH_3})^2}{(p^{\ominus})^3} = \frac{(0.025\,9 + 0.012\,67)\times100\times(2\times0.012\,67)^2\times100^2}{100^3}$$
$$= 2.48\times10^{-5}$$

注:已知平衡时各物质的浓度(或分压)求平衡常数是从实验中获得平衡常数的常规方法。由于实验中直接测定的物理量不同,如测定体系的总压 $p$、密度 $\rho$、平衡摩尔质量 $\overline{M}$、离解度 $\alpha$ 等,需对测定的物理量进行转换,求平衡时反应物和产物的浓度(或分压),再计算平衡常数,因此,平衡时各物质量的正确表示是问题的关键。

**例 2**  773.15K 时,$2SO_2(g) + O_2(g) \Longrightarrow 2SO_3(g)$ 的平衡常数为 $8.39\times10^{-4}\,Pa^{-1}$。当 $SO_2 = 7.8\%$,$O_2 = 10.8\%$,$N_2 = 81.4\%$(体积分数)的气体由硫铁烧炉进入转化器时,一部分 $SO_2$ 变为 $SO_3$ 达到平衡而导出。若此时转化器内保持 101.325kPa、773.15K,试求导出的气体组成。

**解**:这是一个有惰性气体存在的反应系统。设导入气体的总量为 1mol,则 $SO_2$、$O_2$、$N_2$ 的量分别为 0.078mol、0.108mol 和 0.814mol。

又设导出气体中生成了 $2x$mol 的 $SO_3$,则导出气体中各气体组分的量分别为:$SO_2$,$(0.078-2x)$mol;$O_2$,$(0.108-x)$mol;$SO_3$,$2x$mol;$N_2$,0.814mol;总摩尔数为 $(1-x)$mol。而

$$K_p = \frac{p_{SO_3}^2}{p_{SO_2}^2 p_{O_2}} = \frac{\left(\dfrac{2x}{1-x}p_{总}\right)^2}{\left(\dfrac{0.078-2x}{1-x}p_{总}\right)^2\left(\dfrac{0.108-x}{1-x}p_{总}\right)}$$

$$= \frac{4x^2(1-x)}{(0.078-2x)^2(0.108-x)}\times\frac{1}{p_{总}} = 8.39\times10^{-4}\,Pa^{-1}$$

整理上式得：
$$336x^3 - 59.24x^2 + 3.38x - 0.055\,85 = 0$$

用迭代法解上述方程得：
$$x = 0.028$$

故导出气体组成为：$SO_2$，2.3%；$SO_3$，5.8%；$O_2$，8.2%；$N_2$，83.7%。

**例 3**　Ag 受到 $H_2S$ 的腐蚀而可能发生下面的反应：
$$H_2S(g) + 2Ag(s) \Longleftrightarrow Ag_2S(s) + H_2(g)$$

今在 298K、100kPa 下，将 Ag 放在由等体积的 $H_2$ 和 $H_2S$ 组成的混合气中，试问：（1）是否可能发生腐蚀而生成 $Ag_2S$；（2）在混合气体中，$H_2S$ 的百分数低于多少，才不致发生腐蚀。已知 298K 时，$Ag_2S$ 和 $H_2S$ 的标准摩尔生成吉布斯函数分别为：$-40.25kJ/mol$ 和 $-32.93kJ/mol$。

**解：**（1）对反应 $H_2S(g) + 2Ag(s) \Longleftrightarrow Ag_2S(s) + H_2(g)$

因为：$p_{H_2} = p_{H_2S}$，所以有

$$\Delta_r G_m = \Delta_r G_m^{\ominus} + RT \ln \frac{p_{H_2}/p^{\ominus}}{p_{H_2S}/p^{\ominus}}$$

$$= \sum_B \nu_B \Delta_f G_{m,B}^{\ominus} = \Delta_f G_{m,Ag_2S}^{\ominus} - \Delta_f G_{m,H_2S}^{\ominus}$$

$$= -40.25 - (-32.93) = -7.32kJ/mol < 0$$

故可能发生腐蚀而生成 $Ag_2S$。

（2）设 $H_2S$ 的百分数低于 $\alpha$ 才不致发生腐蚀，即

$$\Delta_r G_m = \Delta_r G_m^{\ominus} + RT \ln \frac{1-\alpha}{\alpha} \geqslant 0$$

$$-7.32 \times 1\,000 + 8.31 \times 298 \ln \frac{1-\alpha}{\alpha} \geqslant 0$$

$$\alpha \leqslant 0.05 = 5\%$$

**例 4**　已知 298.15K 时，$CO(g)$ 和 $CH_3OH(g)$ 标准摩尔生成焓 $\Delta_f H_m^{\ominus}$ 分别为 $-110.525$ 和 $-200.66kJ/mol$。$CO(g)$、$H_2(g)$、$CH_3OH(l)$ 的标准摩尔熵 $S_m^{\ominus}(298.15K)$ 分别为 197.674J/(mol·K)、130.684J/(mol·K) 及 126.8J/(mol·K)。又知 298.15K 时甲醇的饱和蒸气压 16.59kPa，摩尔气化热 $\Delta_{vap}H_m^{\ominus} = 38.0kJ/mol$，蒸气可视为理想气体。利用上述数据，求 298.15K 时，反应 $CO(g) + 2H_2(g) \Longleftrightarrow CH_3OH(g)$ 的 $\Delta_r G_m^{\ominus}$ 及 $K^{\ominus}$。

**解：**本题关键是利用 $CH_3OH(l)$ 的 $S_m^{\ominus}$ 求 $CH_3OH(g)$ 的 $S_m^{\ominus}$，设计过程如下：

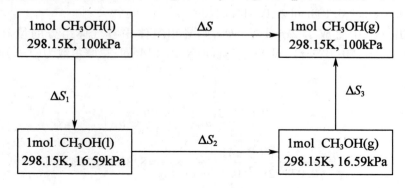

$$\Delta S_1 = 0$$

$$\Delta S_2 = \frac{\Delta_{vap} H_m^\ominus}{T} = \frac{38\ 000}{298.15} = 127.45 J/(K \cdot mol)$$

$$\Delta S_3 = -nR \ln \frac{p_2}{p_1} = -8.314 \ln \frac{100}{16.59} = -14.93 J/(K \cdot mol)$$

$$\Delta S^\ominus = \Delta S_1 + \Delta S_2 + \Delta S_3 = 127.45 - 14.93 = 112.52 J/(K \cdot mol)$$

$$S_m^\ominus [CH_3OH(g)] = S_m^\ominus [CH_3OH(l)] + \Delta S^\ominus = 126.8 + 112.52 = 239.32 J/(K \cdot mol)$$

对反应 $CO(g) + 2H_2(g) \rightleftharpoons CH_3OH(g)$

$$\Delta_r H_m^\ominus = \sum \nu_B \Delta_f H_{m,B}^\ominus$$

$$= [-200.66 - (-110.525) - 0] = -90.135 kJ/mol$$

$$\Delta_r S_m^\ominus = \sum \nu_B S_{m,B}^\ominus = [239.32 - 197.674 - 2 \times 130.684]$$

$$= -219.722 J/(K \cdot mol)$$

$$\Delta_r G_m^\ominus = \Delta_r H_m^\ominus - T\Delta_r S_m^\ominus = -90.135 - 298.15 \times (-219.722 \times 10^{-3}) = -24.6249 kJ/mol$$

$$K^\ominus = e^{-\Delta_r G_m^\ominus/(RT)} = e^{24\ 624.9/(8.314 \times 298.15)} = 2.062 \times 10^4$$

**例5** 已知下列数据：

| | C（石墨） | $H_2$ | $N_2$ | $O_2$ | $CO(NH_2)_2$ |
|---|---|---|---|---|---|
| $S_m^\ominus/[J/(K \cdot mol)]$ | 5.740 | 130.684 | 191.61 | 205.138 | 104.60 |
| $\Delta_c H_m^\ominus/(kJ/mol)$ | -393.509 | -285.830 | | | -634.3 |

$\Delta_f G_m^\ominus (kJ/mol): NH_3(g), -16.45; CO_2(g), -394.359; H_2O(g), -228.572。$

试求，298.15K 时：

（1）$CO(NH_2)_2(s)$ 的 $\Delta_f G_m^\ominus$。

（2）反应 $CO_2(g) + 2NH_3(g) \rightleftharpoons H_2O(g) + CO(NH_2)_2(s)$ 的平衡常数。

**解：**（1）$CO(NH_2)_2(s)$ 的生成反应方程如下：

$$N_2(g) + 2H_2(g) + C(石墨) + \frac{1}{2}O_2(g) \rightleftharpoons CO(NH_2)_2(s)$$

上述反应的 $\Delta_r G_m^\ominus$ 即为 $CO(NH_2)_2(s)$ 的 $\Delta_f G_m^\ominus$。由题目所给数据可求上述反应：

$$\Delta_r H_m^\ominus = -\sum \nu_B \Delta_c H_{m,B}^\ominus$$

$$= -2 \times 285.830 - 393.509 - (-634.3) = -330.869 kJ/mol$$

$$\Delta_r S_m^\ominus = \sum \nu_B S_{m,B}^\ominus$$

$$= 104.60 - 191.61 - 2 \times 130.684 - 5.740 - 205.138/2$$

$$= -456.687 J/(K \cdot mol)$$

$$\Delta_r G_m^\ominus = \Delta_r H_m^\ominus - T\Delta_r S_m^\ominus$$

$$= -330.869 - 298.15 \times 10^{-3} \times (-456.687)$$

$$= -194.71 kJ/mol$$

所以，$CO(NH_2)_2(s)$ 的 $\Delta_f G_m^\ominus = -194.71 kJ/mol$。

（2）对于反应 $CO_2(g) + 2NH_3(g) \rightleftharpoons H_2O(g) + CO(NH_2)_2(s)$

$$\Delta_r G_m^{\ominus} = \sum \nu_B \Delta_f G_{m,B}^{\ominus} = -194.71 - 228.572 + 2 \times 16.45 + 394.359$$
$$= -3.979 \times 10^3 \text{ J/mol}$$
$$K^{\ominus} = e^{-\Delta_r G_m^{\ominus}/RT} = e^{-3957/(8.314 \times 298.15)} = 0.2008$$

**例6** 在 1 500K，$p^{\ominus}$时，反应（1）$H_2O(g) \rightleftharpoons H_2(g) + \frac{1}{2}O_2(g)$，水蒸气的解离度为 $2.21 \times 10^{-4}$；反应（2）$CO_2(g) \rightleftharpoons CO(g) + \frac{1}{2}O_2(g)$ 的解离度为 $4.8 \times 10^{-4}$。求反应（3）$CO(g) + H_2O(g) \rightleftharpoons CO_2(g) + H_2(g)$ 在该温度下的平衡常数。

**解：** 设 $\alpha$ 为解离度，则平衡时各物质的量可表示如下。

$$H_2O(g) \rightleftharpoons H_2(g) + \frac{1}{2}O_2(g) \tag{1}$$

|  |  |  |  |
|---|---|---|---|
| 开始 | 1 | 0 | 0 |
| 平衡 | $1-\alpha$ | $\alpha$ | $\frac{1}{2}\alpha$ |

设开始时 $H_2O(g)$ 为 1mol，则平衡时总物质的量为 $\left(1 + \frac{1}{2}\alpha\right)$ mol。

$$K_1^{\ominus} = \left(\frac{p}{p^{\ominus}}\right)^{\frac{1}{2}} \frac{\left(\frac{1}{2}\alpha\right)^{\frac{1}{2}} \cdot \alpha}{\left(1 + \frac{1}{2}\alpha\right)^{\frac{1}{2}}(1-\alpha)} = \left(\frac{1}{2}\alpha\right)^{\frac{1}{2}} \cdot \alpha$$
$$= (1.105 \times 10^{-4})^{\frac{1}{2}} \times 2.21 \times 10^{-4}$$
$$= 2.323 \times 10^{-6}$$

同理，反应（2）$CO_2(g) \rightleftharpoons CO(g) + \frac{1}{2}O_2(g)$ 的 $K_2^{\ominus} = 7.436 \times 10^{-6}$。

反应（3）= 反应（1）- 反应（2），则

$$K_3^{\ominus} = \frac{K_1^{\ominus}}{K_2^{\ominus}} = \frac{2.323 \times 10^{-6}}{7.436 \times 10^{-6}} = 0.312$$

**例7** 在 288K 将适量 $CO_2$ 引入某容器，测得 $CO_2$ 压力为 $0.025\,9p^{\ominus}$，若加入过量 $NH_2COONH_4(s)$，平衡后测得系统总压力为 $0.063\,9p^{\ominus}$。求 288K 时反应：$NH_2COONH_4(s) \rightleftharpoons 2NH_3(g) + CO_2(g)$ 的 $K^{\ominus}$。

**解：**

$$NH_2COONH_4(s) \rightleftharpoons 2NH_3(g) + CO_2(g)$$

|  |  |  |
|---|---|---|
| 开始 |  | $0.025\,9p^{\ominus}$ |
| 平衡 | $2p$ | $0.025\,9p^{\ominus} + p$ |

平衡时总压力：

$$0.025\,9p^{\ominus} + 3p = 0.063\,9p^{\ominus}$$
$$p = 0.012\,67p^{\ominus}$$
$$K^{\ominus} = \frac{p_{CO_2} \cdot p_{NH_3}^2}{(p^{\ominus})^3}$$
$$= (0.025\,9 + 0.012\,67)(2 \times 0.012\,67)^2$$
$$= 2.48 \times 10^{-5}$$

**例 8** 将 $N_2(g)$ 和 $H_2(g)$ 按 1 : 3 混合生成 $NH_3(g)$,证明 $x \ll 1$ 时,平衡 $NH_3(g)$ 的摩尔分数 $x$ 与总压 $p$ 成正比(设气体为理想气体)。

**解:** 合成氨反应由于反应前后物质的量不相等,总压对平衡浓度有影响,只要正确写出 $K^\ominus$ 和平衡浓度的关系式,在此关系式中必然反映出总压 $p$ 和平衡浓度的关系。

反应平衡时各物质浓度表示如下:

$$N_2(g) + 3H_2(g) \Longrightarrow 2NH_3(g)$$

开始         1/4      3/4

平衡         $\dfrac{1-x}{4}$    $\dfrac{3(1-x)}{4}$        $x$

$x$ 为平衡时 $NH_3(g)$ 的摩尔分数,设总压为 $p$。

$$K^\ominus = \frac{p_{NH_3}^2 (p^\ominus)^2}{p_{H_2}^3 p_{N_2}} = \frac{p^2 x^2 (p^\ominus)^2}{p^4 \left[\dfrac{3(1-x)}{4}\right]^3 \left(\dfrac{1-x}{4}\right)}$$

$$= \frac{256 x^2 (p^\ominus)^2}{27(1-x)^4 p^2}$$

当 $x \ll 1$ 时,$1-x \approx 1$,则

$$K^\ominus = \frac{256 x^2 (p^\ominus)^2}{27 p^2}$$

又理想气体 $K^\ominus$ 只是温度的函数,在此为常数,即 $x = $ 常数 $\times p$,$x$ 与 $p$ 成正比。

**例 9** 已知反应 $C(s) + CO_2(g) \Longrightarrow 2CO(g)$ 的 $\Delta_r G_m^\ominus / (J/mol) = 170\,255 - 55.19(T/K)\lg(T/K) + 26.15 \times 10^{-3}(T/K)^2 - 2.43 \times 10^{-6}(T/K)^3 - 34.27(T/K)$。

(1)求 $T = 1\,200K$ 及总压为 $p^\ominus$ 时,$CO_2(g)$ 的转化率。

(2)另分析 $T = 873K$ 及总压为 $p^\ominus$ 时,反应开始及反应后析出碳的可能性。已知反应开始时气相中 $CO_2(g)$ 及 $CO(g)$ 的分压为 $0.048 p^\ominus$ 及 $0.378 p^\ominus$,而反应后气体中 $CO_2(g)$ 及 $CO(g)$ 的分压为 $0.228 p^\ominus$ 及 $0.198 p^\ominus$。

**解:**(1)将 $T = 1\,200K$ 时,代入上述方程得

$$\Delta_r G_m^\ominus = -41\,340 J/mol$$

$$\Delta_r G_m^\ominus = -RT \ln K^\ominus$$

$$-41\,340 = -8.314 \times 1\,200 \times \ln K^\ominus$$

$$K^\ominus = 63.0$$

设 $\alpha$ 为 $CO_2(g)$ 的转化率,则有

$$C(s) + CO_2(g) \Longrightarrow 2CO(g)$$

平衡                $1-\alpha$       $2\alpha$

$$K^\ominus = \frac{4\alpha^2}{1-\alpha} = 63.0, \quad \alpha = 0.943$$

(2)同理,当 $T = 873K$ 时,$\Delta_r G_m^\ominus(873K) = 16\,949.6 J/mol$。反应开始时

$$\Delta_r G_m = \Delta_r G_m^\ominus + RT \ln Q_p$$

$$= 16\,949.6 + 8.314 \times 873 \times \ln \frac{(0.378 p^\ominus)^2}{(0.048 p^\ominus) p^\ominus} > 0$$

反应后

$$\Delta_r G_m = 16\ 949.6 + 8.314 \times 873 \times \ln \frac{(0.198p^\ominus)^2}{(0.228p^\ominus)p^\ominus} > 0$$

$\Delta_r G_m > 0$ 说明正向反应不能进行,而逆向反应能进行,故两种情况均有碳析出。

**例10** 已知反应(1):$4Na(g)+O_2(g) \Longrightarrow 2Na_2O(s)$ 的 $\Delta_r G_m^\ominus/(J/mol) = -1\ 276\ 222 + 890.6(T/K) - 32.34(T/K)\ln(T/K)$;而反应(2):$4Cr(s)+3O_2(g) \Longrightarrow 2Cr_2O_3(s)$ 的 $\Delta_r H_m^\ominus(298K) = -2\ 256.85kJ/(mol)$,$\Delta_r S_m^\ominus(298K) = -547.77J/(mol \cdot K)$,$\Delta C_{p,m}^\ominus = 56J/(mol \cdot K)$。

(1)写出反应(2)的 $\Delta_r G_m^\ominus$ 与 $T$ 的关系式。

(2)证明在 $p^\ominus$ 时,温度在 1 062K 以下 $Cr_2O_3(s)$ 才能被 $Na(g)$ 还原。

**解:**(1)对反应(2)

$$\Delta_r S_m^\ominus(T) = \Delta_r S_m^\ominus(298K) + \int_{298K}^{T} \frac{\Delta C_{p,m}^\ominus}{T} dT$$

$$= \Delta_r S_m^\ominus(298K) + \Delta C_{p,m}^\ominus \ln \frac{T}{298K}$$

$$= -866.81 + 56 \times \ln T$$

$$\Delta_r H_m^\ominus(T) = \Delta_r H_m^\ominus(298K) + \int_{298K}^{T} \Delta C_{p,m}^\ominus dT$$

$$= -2\ 273\ 538 + 56 \times T$$

$$\Delta_r G_{m,2}^\ominus = \Delta_r H_m^\ominus(T) - T\Delta_r S_m^\ominus(T)$$

$$= -2\ 273\ 538 + 866.81T - 56T \ln T$$

(2) $$4Na(g)+O_2(g) \Longrightarrow 2Na_2O(s) \tag{1}$$

$$4Cr(s)+3O_2(g) \Longrightarrow 2Cr_2O_3(s) \tag{2}$$

$3 \times (1) - (2)$ 得

$$2Cr_2O_3(s)+12Na(g) \Longrightarrow 4Cr(s)+6Na_2O(s) \tag{3}$$

$$\Delta_r G_{m,3}^\ominus = 3\Delta_r G_{m,1}^\ominus - \Delta_r G_{m,2}^\ominus$$

$$= -1\ 555\ 128 + 1\ 804.99T - 41.02T \ln T$$

当 $T = 1\ 062.9K$ 时,$\Delta_r G_{m,3}^\ominus = 0$。

$$\left(\frac{\partial \Delta_r G_{m,3}^\ominus}{\partial T}\right)_p = 1\ 763.97 - 41.02 \ln T$$

若 $T < 1\ 062.9K$,$\left(\frac{\partial \Delta_r G_{m,3}^\ominus}{\partial T}\right)_p > 0$,即在 1 062.9K 时,温度下降,$\Delta_r G_{m,3}^\ominus < 0$ 应正向进行,此时 $Cr_2O_3(s)$ 才能被 $Na(g)$ 还原。而温度上升,则 $\Delta_r G_{m,3}^\ominus > 0$,正反应不能进行。

此例可见,$\Delta_r G_m$ 可由化学反应等温式求得,也可用公式 $\Delta_r G_m = \Delta_r H_m - T\Delta_r S_m$ 求得,可用 $\Delta_r G_m$ 来判别反应方向。在这里之所以用 $\Delta_r G_m^\ominus$ 来判别反应方向是因为反应在 $p^\ominus$ 下进行,各物均处于标准态,此时 $\Delta_r G_m = \Delta_r G_m^\ominus$。

# 四、习题详解(主干教材)

1. 已知 298.15K 时,反应 $H_2(g)+\frac{1}{2}O_2(g) \Longrightarrow H_2O(g)$ 的 $\Delta_r G_m^\ominus$ 为 $-228.57kJ/mol$。

298.15K 时水的饱和蒸气压为 3.166 3kPa，水的密度为 997kg/m³。求 298.15K 反应 $H_2(g)+\frac{1}{2}O_2(g)\Longrightarrow H_2O(l)$ 的 $\Delta_r G_m^{\ominus}$。

**解:** 设计过程如下：

$$
\begin{array}{lll}
100\text{kPa} & H_2(g)+\frac{1}{2}O_2(g) \xrightarrow{\ \Delta G\ } & H_2O(l) \\
& \big\downarrow \Delta G_1 & \big\uparrow \Delta G_4 \\
100\text{kPa} & H_2O(g) & \\
& \big\downarrow \Delta G_2 & \\
3.166\,3\text{kPa} & H_2O(g) \xrightarrow{\ \Delta G_3\ } & H_2O(l)
\end{array}
$$

$$\Delta G_1 = \Delta_r G_m^{\ominus} = -228.57\text{kJ}$$

$$\Delta G_2 = nRT\ln\frac{p_2}{p_1}$$

$$= 1\times8.314\times298.15\ln\frac{3.166\,3}{100}$$

$$= -8\,558\text{J/mol}$$

$$\Delta G_3 = 0 \quad （可逆相变过程）$$

$$\Delta G_4 = 0 \quad （等温凝聚过程）$$

$$\Delta_r G = \Delta G_1 + \Delta G_2 + \Delta G_3 + \Delta G_4$$

$$= -228.57 + (-8.56)$$

$$= -237.13\text{kJ/mol}$$

2. 1 000K 时反应 $C(s)+2H_2(g)\Longrightarrow CH_4(g)$ 的 $\Delta_r G_m^{\ominus} = 19\,290\text{J/mol}$。现有与碳反应的混合气体，其中含有 $CH_4(g)10\%$，$H_2(g)80\%$，$N_2(g)10\%$（体积百分数）。试问：

（1）$T=1\,000\text{K}$、$p=100\text{kPa}$ 时，甲烷能否形成？

（2）在（1）的条件下，压力需增加到多少，上述合成甲烷的反应才可能进行？

**解:**（1）

$$Q_P = \frac{\dfrac{p_{CH_4}}{p^{\ominus}}}{\left(\dfrac{p_{H_2}}{p^{\ominus}}\right)^2} = \frac{\dfrac{100\times10\%}{100}}{\left(\dfrac{100\times80\%}{100}\right)^2} = 0.156$$

$$\Delta G = \Delta_r G_m^{\ominus} + RT\ln Q_p = 19\,290 + 8.314\times1\,000\times\ln 0.156 = 3\,843.4\text{J/mol}$$

$\Delta G > 0$，则甲烷不能形成

（2）若合成甲烷的反应能进行，则须 $K^{\ominus} > Q_p$。

$$\Delta_r G_m^{\ominus} = -RT\ln K^{\ominus}$$

$$19\,290 = -8.314\times1\,000\ln K^{\ominus}$$

$$K^{\ominus} = 0.098\,25$$

$$Q_p = \frac{\dfrac{p\times10\%}{100}}{\left(\dfrac{p\times80\%}{100}\right)^2}$$

若 $K^{\ominus}>Q_p$,有

$$\frac{\dfrac{p\times10\%}{100}}{\left(\dfrac{p\times80\%}{100}\right)^2}<0.098\ 25$$

算得:$p>159.03\text{kPa}$

3. 在一个抽空的容器中引入氯和二氧化硫,若它们之间没有发生反应,则在 375.3K 时的分压应分别为 47.836kPa 和 44.786kPa。将容器保持在 375.3K,经一定时间后,压力变为常数,且等于 86.096kPa。求反应 $SO_2Cl_2(g)\Longrightarrow SO_2(g)+Cl_2(g)$ 的 $K^{\ominus}$。

**解:**

$$SO_2(g)\ +\ Cl_2(g)\Longrightarrow SO_2Cl_2(g)$$

开始　　　　44.786　　47.836　　　　0

平衡　　(44.786−$x$) (47.836−$x$)　　$x$

$$p_{\text{总}}=(44.786-x)+(47.836-x)+x=92.622-x=86.096\text{kPa}$$

$$x=6.526\text{kPa}$$

平衡时

$$p_{SO_2}=44.786-6.526=38.26\text{kPa}$$

$$p_{Cl_2}=47.836-6.526=41.31\text{kPa}$$

$$K^{\ominus\prime}=\frac{\dfrac{p_{SO_2Cl_2}}{p^{\ominus}}}{\dfrac{p_{SO_2}p_{Cl_2}}{p^{\ominus}p^{\ominus}}}=\frac{\dfrac{6.526}{100}}{\dfrac{38.26\times41.31}{100\times100}}=0.413$$

$$K^{\ominus}=\frac{1}{K^{\ominus\prime}}=\frac{1}{0.413}=2.42$$

4. 718.2K 时,反应 $H_2(g)+I_2(g)\Longrightarrow2HI(g)$ 的标准平衡常数为 50.1。取 5.3mol $I_2$ 与 7.94mol $H_2$,使之发生反应,计算平衡时生成的 HI 的量。

**解:**

$$H_2(g)\ +\ I_2(g)\Longrightarrow2HI(g)$$

开始(mol)　　7.94　　　5.3　　　　0

平衡(mol)　7.94−$n$　　5.3−$n$　　2$n$

$$\sum_{B}n_{B}=(7.94-n)+(5.3-n)+2n=13.24\text{mol}$$

$$\sum_{B}\nu_{B}=0$$

$$K^{\ominus}=K_n=\frac{(2n)^2}{(7.94-n)(5.3-n)}=50.1$$

解得:$n=4.74\text{mol}$

平衡时:$n_{HI}=2n=2\times4.74=9.48\text{mol}$

5. 300K 时,反应 $A(g)+B(g)\Longrightarrow AB(g)$ 的 $\Delta_rG_m^{\ominus}=-8\ 368\text{J/mol}$,欲使等摩尔的 A 和 B 有 40% 变成 AB,需多大总压力?

**解：** $\quad$ A(g) +B(g) $\Longrightarrow$ AB(g)

开始(mol) $\quad\quad$ 1.0 $\quad$ 1.0 $\quad\quad\quad$ 0

反应(mol) $\quad\quad$ 0.4 $\quad$ 0.4 $\quad\quad$ 0.4

平衡时(mol) $\quad$ 0.6 $\quad$ 0.6 $\quad\quad$ 0.4

$$\sum_{B} n_B = 0.6+0.6+0.4 = 1.6\,mol$$

$$\Delta_r G_m^{\ominus} = -RT \ln K^{\ominus}$$

$$-8\,368 = -8.314 \times 300 \ln K^{\ominus}$$

$$K^{\ominus} = 28.645$$

$$K^{\ominus} = K_n \left( \frac{p}{p^{\ominus} \sum_{B} n_B} \right)^{\sum_{B} \nu_B}$$

$$K^{\ominus} = \frac{0.4}{0.6 \times 0.6} \left( \frac{p}{100 \times 1.6} \right)^{-1} = 28.645$$

解得：$p = 6.206\,kPa = 6\,206\,Pa$

6. 298.15K 时，反应 A(g) $\Longrightarrow$ B(g)，在 A 和 B 的分压分别为 $1.0 \times 10^6\,Pa$ 和 $1.0 \times 10^5\,Pa$ 时达到平衡，计算 $K^{\ominus}$ 和 $\Delta_r G_m^{\ominus}$。当 A 和 B 的分压分别为 $2.0 \times 10^5\,Pa$ 和 $1.0 \times 10^5\,Pa$ 及 A 和 B 分压分别为 $1.0 \times 10^7\,Pa$ 和 $5.0 \times 10^5\,Pa$ 时反应的 $\Delta_r G_m$，并指出反应能否自发进行？

**解：** $\quad\quad\quad$ A(g) $\quad \Longrightarrow \quad$ B(g)

平衡时 $\quad\quad\quad$ $1.0 \times 10^6\,Pa$ $\quad\quad$ $1.0 \times 10^5\,Pa$

$$K^{\ominus} = \frac{\dfrac{p_{B(g)}}{p^{\ominus}}}{\dfrac{p_{A(g)}}{p^{\ominus}}} = \frac{p_{B(g)}}{p_{A(g)}} = \frac{1.0 \times 10^5}{1.0 \times 10^6} = 0.1$$

$$\Delta_r G_m^{\ominus} = -RT \ln K^{\ominus} = -8.314 \times 298.15 \ln 0.1 = 5\,708\,J/mol$$

当 A 和 B 的分压分别为 $2.0 \times 10^5\,Pa$ 和 $1.0 \times 10^5\,Pa$ 时，有

$$Q_p = \frac{\dfrac{p_B}{p^{\ominus}}}{\dfrac{p_A}{p^{\ominus}}} = \frac{p_B}{p_A} = \frac{1.0 \times 10^5}{2.0 \times 10^5} = 0.5$$

$$\Delta_r G_m = \Delta_r G_m^{\ominus} + RT \ln Q_p$$

$$= 5\,708 + 8.314 \times 298.15 \ln 0.5$$

$$= 3\,990\,J/mol > 0$$

可见，反应不能自发向右进行。若 A 和 B 的分压分别为 $1.0 \times 10^7\,Pa$ 和 $5.0 \times 10^5\,Pa$，

$$Q_p = \frac{\dfrac{p_B}{p^{\ominus}}}{\dfrac{p_A}{p^{\ominus}}} = \frac{p_B}{p_A} = \frac{5.0 \times 10^5}{1.00 \times 10^7} = 0.05$$

$$\Delta_r G_m = \Delta_r G_m^{\ominus} + RT \ln Q_p$$

$$= 5\,708 + 8.314 \times 298.15 \ln 0.05$$

$$= -1\,718\,J/mol < 0$$

可见,反应可以自发向右进行。

7. 合成氨时所用的氢和氮的比例为 3:1,在 673K、1 000kPa 压力下,平衡混合物中氨的摩尔百分数为 3.85%。

(1)求 $N_2(g)+3H_2(g)\Longrightarrow 2NH_3(g)$ 的 $K^{\ominus}$。

(2)在此温度时,若要得到5%氨,总压力为多少?

**解:**(1) $\qquad\qquad\qquad N_2(g)+3H_2(g)\Longrightarrow 2NH_3(g)$

开始(mol) $\qquad\qquad\qquad$ 1 $\qquad$ 3 $\qquad\qquad$ 0

平衡 $\qquad\qquad\qquad\qquad$ $1-n$ $\quad$ $3-3n$ $\qquad$ $2n$

$$\sum_B n_B=(4-2n)\text{mol}$$

平衡混合物中 $NH_3$ 的摩尔百分数:$\dfrac{2n}{4-2n}=3.85\%$

解得:$n=0.074$

平衡时:$n_{N_2}=1-n=1-0.074=0.926\text{mol}$

$$n_{H_2}=3-3n=3-3\times0.074=2.778\text{mol}$$

$$n_{NH_3}=2n=2\times0.074=0.148\text{mol}$$

$$\sum_B n_B=4-2n=4-2\times0.074=3.852\text{mol}$$

$$K_n=\frac{n_{NH_3}^2}{n_{N_2}n_{H_2}^3}=\frac{0.148^2}{0.926\times2.778^3}=1.103\times10^{-3}$$

$$K^{\ominus}=K_n\left(\frac{p}{p^{\ominus}\sum\limits_B n_B}\right)^{\sum\limits_B \nu_B}=1.103\times10^{-3}\left(\frac{1\ 000}{100\times3.852}\right)^{-2}=1.64\times10^{-4}$$

(2) $\qquad\qquad\qquad\qquad N_2(g)+3H_2(g)\Longrightarrow 2NH_3(g)$

开始(mol) $\qquad\qquad\qquad$ 1 $\qquad$ 3 $\qquad\qquad$ 0

平衡(mol) $\qquad\qquad\qquad$ $1-n$ $\quad$ $3-3n$ $\qquad$ $2n$

$$\sum_B n_B=(4-2n)\text{mol}$$

平衡混合物中 $NH_3$ 的摩尔百分数:$\dfrac{2n}{4-2n}=5\%$

解得:$n=0.095$

平衡时:

$$n_{N_2}=1-n=1-0.095=0.905\text{mol}$$

$$n_{H_2}=3-3n=3-3\times0.095=2.715\text{mol}$$

$$n_{NH_3}=2n=2\times0.095=0.19\text{mol}$$

$$\sum_B n_B=4-2n=4-2\times0.095=3.81\text{mol}$$

$$K_n=\frac{n_{NH_3}^2}{n_{N_2}n_{H_2}^3}=\frac{0.19^2}{0.905\times2.715^3}=2.0\times10^{-3}$$

$$K^{\ominus}=K_n\left(\frac{p}{p^{\ominus}\sum\limits_B n_B}\right)^{\sum\limits_B \nu_B}$$

$$1.64\times10^{-4}=2.0\times10^{-3}\left(\frac{p}{100\times3.81}\right)^{-2}$$

解得:$p=1\ 331kPa$

8. 已知甲醇蒸气的标准生成吉布斯能 $\Delta_f G_m^\ominus$ 为 $-161.96kJ/mol$。试求甲醇(液)的标准生成吉布斯能(假定气体为理想气体,且已知 298.15K 的蒸气压为 16.59kPa)。

**解:**

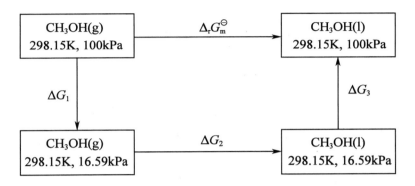

$$\Delta G_1=nRT\ \ln\frac{p_2}{p_1}=1\times8.314\times298.15\ \ln\frac{16.59}{100}=-4.452kJ$$

$$\Delta G_2=0(可逆相变过程)$$

$$\Delta G_3=0(凝聚相恒温过程)$$

$$\Delta_r G_m=\Delta G_1+\Delta G_2+\Delta G_3=-4.452kJ/mol$$

$$\Delta_f G_{C_2H_5OH(l)}^\ominus=\Delta_r G_m+\Delta_f G_{C_2H_5OH(g)}^\ominus$$

$$=-4.452-161.96=-166.412kJ/mol$$

9. 298.2K 时,丁二酸($C_4H_6O_4$)在水中的溶解度为 0.715mol/kg,从热力学数据表中得知,$C_4H_6O_4(s)$、$C_4H_5O_4^-(m=1)$ 和 $H^+(m=1)$ 的标准生成吉布斯能 $\Delta_f G_m^\ominus$ 分别为 $-748.099kJ/mol$、$-723.037kJ/mol$ 和 $0kJ/mol$。试求 298.2K 下丁二酸在水溶液中的第一电离平衡常数。

**解:** $C_4H_6O_4(s)\xrightarrow{\Delta G_1}C_4H_6O_4(c_1,饱和)\xrightarrow{\Delta G_2}C_4H_6O_4(c_2=1)$

$$\Delta G_1=0$$

$$\Delta G_2=RT\ \ln\frac{c_2}{c_1}=8.314\times298.2\ \ln\frac{1}{0.715}=831.7J/mol$$

$$\Delta G=\Delta_f G_{C_4H_6O_4,c=1}-\Delta_f G_{C_4H_6O_4,s}$$

$$\Delta_f G_{C_4H_6O_4,c=1}^\ominus=\Delta G+\Delta_f G_{C_4H_6O_4,s}^\ominus=-748\ 099+831.7=-747\ 267.3J/mol$$

$$C_4H_6O_4(c=1)=C_4H_5O_4^-(c=1)+H^+(c=1)$$

$$\Delta_r G^\ominus=\Delta_f G_{H^+}^\ominus+\Delta_f G_{C_4H_5O_4^-}^\ominus-\Delta_f G_{C_4H_6O_4}^\ominus$$

$$=-723\ 037+0+747\ 267.3$$

$$=24\ 230.3J/mol$$

$$\Delta_r G^\ominus=-RT\ \ln K^\ominus$$

$$K^\ominus=e^{\frac{-\Delta_r G^\ominus}{RT}}=e^{\frac{-24\ 230.3}{8.314\times298.2}}=5.695\ 2\times10^{-5}$$

10. 在一真空的容器中放入固体 $NH_4HS$,于 298.15K 下分解为 $NH_3(g)$ 与 $H_2S(g)$,平衡

时容器内的压力为 66.66kPa。(1)当放入 $NH_4HS(s)$ 时容器中已有 39.99kPa 的 $H_2S(g)$,求平衡时容器中的压力;(2)容器中原有 6.666kPa 的 $NH_3(g)$,问需加多大压力的 $H_2S(g)$,才能形成固体 $NH_4HS$?

**解:**(1)                    $NH_4HS(s) \rightleftharpoons NH_3(g) + H_2S(g)$

平衡分压为:                                66.66/2   66.66/2

$$K_p = p_{NH_3} p_{H_2S} = \left(\frac{66.66}{2}\right)\left(\frac{66.66}{2}\right) = 1\ 110.9 kPa^2$$

$$NH_4HS(s) \rightleftharpoons NH_3(g) + H_2S(g)$$

平衡                                        $p$        $p+39.99$

$$K_p = p_{NH_3} p_{H_2S} = p(p+39.99) = 1\ 110.9$$

$$p = 18.87 kPa$$

$$p_总 = p + (p+39.99) = 18.87 + (18.87+39.99) = 77.7 kPa$$

(2)若使反应向形成 $NH_4HS(s)$ 方向进行,则 $Q_p > K^{\ominus}$

$$Q_p = \frac{p_{NH_3}}{p^{\ominus}} \cdot \frac{p_{NH_3}}{p^{\ominus}}$$

$$K^{\ominus} = \frac{1\ 110.9}{100^2}$$

即:            $$\frac{6.666}{100} \times \frac{p_{H_2S}}{100} > \frac{1\ 110.9}{100^2}$$

$$p_{H_2S} > 166.7 Pa$$

11. 现有理想气体间反应 $A(g) + B(g) \rightleftharpoons C(g) + D(g)$ 开始时,A 与 B 均为 1mol,25℃下,反应达到平衡时,A 与 B 各为 0.333 3mol。

(1)求反应的 $K^{\ominus}$。

(2)开始时,A 为 1mol,B 为 2mol。

(3)开始时,A 为 1mol,B 为 1mol,C 为 0.5mol。

(4)开始时,C 为 1mol,D 为 2mol。

(2)(3)(4)分别求反应达平衡时 C 的物质的量。

**解:**(1)          $A(g)$   $+$   $B(g)$   $\rightleftharpoons$   $C(g)$   $+$   $D(g)$

开始(mol)        1            1                0            0

平衡(mol)        0.333 3     0.333 3          0.666 7     0.666 7

$$K_n = \frac{0.666\ 7 \times 0.666\ 7}{0.333\ 3 \times 0.333\ 3} = 4$$

$$\sum_B \nu_B = 0$$

$$K^{\ominus} = K_n = 4$$

(2)                    $A(g) + B(g) \rightleftharpoons C(g) + D(g)$

开始(mol)        1            2                0            0

平衡(mol)        $1-n$        $2-n$            $n$          $n$

$$\sum_B \nu_B = 0$$

$$K^{\ominus} = K_n = \frac{n^2}{(1-n)(2-n)} = 4$$

解得：$n = 0.845\text{mol}$

（3）　　　　　　　　A（g）＋ B（g）$\Longrightarrow$C（g）＋ D（g）

开始（mol）　　　　　1　　　1　　　0.5　　　0

平衡（mol）　　　　1－$n$　　1－$n$　　0.5＋$n$　　$n$

$$\sum_B n_B = 2.5\text{mol}$$

$$\sum_B \nu_B = 0$$

$$K^{\ominus} = K_n = \frac{(0.5+n)n}{(1-n)^2} = 4$$

解得：$n = 0.596\text{mol}$

平衡时 $n_c = 0.5+n = 0.5+0.596 = 1.096\text{mol}$

（4）　　　　　　　　C（g）＋ D（g）$\Longrightarrow$A（g）＋ B（g）

开始（mol）　　　　　1　　　2　　　0　　　0

平衡（mol）　　　　1－$n$　　2－$n$　　$n$　　$n$

$$\sum_B \nu_B = 0$$

$$K^{\ominus} = K_n = \frac{n^2}{(1-n)(2-n)} = \frac{1}{4}$$

$$n = 0.457$$

平衡时 $n_c = 1-n = 1-0.457 = 0.543\text{mol}$

12. 设在某一定的温度下，有一定量的 $PCl_5$（g）在标准压力 $p^{\ominus}$ 体积为 1L，在该情况下 $PCl_5$（g）的离解度设为 50%，用计算说明在下列几种情况中，$PCl_5$（g）的离解度是增大还是减小。

（1）使气体的总压力降低，直到体积增加到 2L。

（2）通入氮气，使体积增加到 2L，而压力仍为 101.325kPa。

（3）通入氮气，使压力增加到 202.65kPa，而体积仍为 1L。

（4）通入氯气，使压力增加到 202.65kPa，而体积仍为 1L。

**解：**（1）　　　　　　$PCl_5$（g）$\Longrightarrow$$PCl_3$（g）＋$Cl_2$（g）

　　　　　　　　　　1mol　　　0.5mol　　0.5mol

　　　　　　　　　　1－$\alpha$　　　$\alpha$　　　　$\alpha$

$$K_p = K_n \left(\frac{p}{n_{\text{总}}}\right)^{\sum_B \nu_B}$$

$$\frac{(0.5)^2}{0.5}\left(\frac{p_1}{n_1}\right)^1 = \frac{\alpha^2}{1-\alpha}\left(\frac{p_2}{n_2}\right)^1$$

$pV = nRT, \dfrac{p}{n} = \dfrac{RT}{V}$，即

$$0.5\left(\frac{RT}{V_1}\right) = \frac{\alpha^2}{1-\alpha}\left(\frac{RT}{V_2}\right)$$

已知 $V_1 = 1L, V_2 = 2L$ ,代入上式,得: $\alpha = 0.62 = 62\%$ ,即 $\alpha$ 增大。

（2）
$$K_p = K_n \left(\frac{p}{n_{\text{总}}}\right)^{\sum\limits_{B} \nu_B}$$

$$0.5\left(\frac{p_1}{n_1}\right)^1 = \frac{\alpha^2}{1-\alpha}\left(\frac{p_2}{n_2}\right)^1$$

$$0.5\left(\frac{RT}{V_1}\right) = \frac{\alpha^2}{1-\alpha}\left(\frac{RT}{V_2}\right)$$

将 $V_1 = 1L, V_2 = 2L$ ,代入上式,得: $\alpha = 0.62 = 62\%$ , $\alpha$ 增大。

（3）
$$K_p = K_n \left(\frac{p}{n_{\text{总}}}\right)^{\sum\limits_{B} \nu_B}$$

$$0.5\left(\frac{p_1}{n_1}\right) = \frac{\alpha^2}{1-\alpha}\left(\frac{p_2}{n_2}\right)$$

$$0.5\left(\frac{RT}{V_1}\right) = \frac{\alpha^2}{1-\alpha}\left(\frac{RT}{V_2}\right)$$

将 $V_1 = 1L, V_2 = 1L$ ,代入上式,得: $\alpha = 0.5 = 50\%$ , $\alpha$ 不变。

（4）　　　　$PCl_5 \rightleftharpoons PCl_3(g) + Cl_2(g)$

　　　　1mol　　　0　　　　　0

　　　　0.5mol　0.5mol　0.5mol　　$n_{\text{总}} = 1.5$mol

　　　　$1-\alpha$　　$\alpha$　　　$\alpha+n$　　$n'_{\text{总}} = 1+\alpha+n$

$$p_1 V_1 = n_{\text{总}} RT_1, \quad p_2 V_2 = n'_{\text{总}} RT_2$$

$$\frac{p_1 V_1}{p_2 V_2} = \frac{n_{\text{总}} RT_1}{n'_{\text{总}} RT_2} = \frac{n_{\text{总}}}{n'_{\text{总}}}$$

已知 $p_1 = 100$kPa, $p_2 = 200$kPa, $V_1 = 1L, V_2 = 1L, n_{\text{总}} = 1.5$mol,代入上式,得

$$\frac{1 \times 100}{1 \times 200} = \frac{1.5}{n'_{\text{总}}}$$

$$n'_{\text{总}} = 3\text{mol}$$

$T$ 不变, $K_p$ 不变

$$K_p = K_n \left(\frac{p}{n_{\text{总}}}\right)^{\sum\limits_{B} \nu_B}$$

$$\frac{(0.5)^2}{0.5}\left(\frac{p}{n}\right)^1 = \frac{a(a+n)}{1-\alpha}\left(\frac{p_2}{n_2}\right)^1$$

$$pV = nRT \quad \frac{p}{n} = \frac{RT}{V} \quad V_1 = V_2$$

$$\frac{a(a+n)}{1-\alpha} = 0.5$$

因为 $n'_{\text{总}} = 1+\alpha+n = 3$ ,则 $\alpha+n = 2$ ,代入上式,得:

$$\frac{2\alpha}{1-\alpha} = 0.5$$

解得: $\alpha = 0.2 = 20\%$ , $\alpha$ 下降。

13. 在 448~688K 的温度区间内,用分光光度法研究下面的气相反应:$I_2$+环戊烯 $\rightleftharpoons$ 2HI+环戊二烯,得到 $K^\ominus$ 与温度(K)的关系为:$\ln K^\ominus = 17.39 - \dfrac{51\ 034}{4.575T}$

(1)计算在 573K 时,反应的 $\Delta_r G_m^\ominus$、$\Delta_r H_m^\ominus$ 和 $\Delta_r S_m^\ominus$。

(2)若开始时用等量的 $I_2$ 和环戊烯混合,温度为 573K、起始总压为 100kPa,试求平衡后 $I_2$ 的分压。

(3)若起始压力为 1 000kPa,试求平衡后 $I_2$ 的分压。

**解:**(1)$\ln K^\ominus = 17.39 - \dfrac{51\ 034}{4.575T}$

$$\ln K^\ominus = 17.39 - \frac{51\ 034}{4.575 \times 573} = -2.078$$

解得:$K^\ominus = 0.125$。

$$\Delta_r G_m^\ominus = -RT\ln K^\ominus = -8.314 \times 573 \times (-2.073) = 9.88\text{kJ/mol}$$

$$\ln K^\ominus = -\frac{\Delta_r H_m^\ominus}{R} \cdot \frac{1}{T} + C$$

$$\frac{\Delta_r H_m^\ominus}{R} = \frac{51\ 034}{4.575}$$

解得:$\Delta_r H_m^\ominus = 92.74\text{kJ/mol}$

$$\Delta_r G_m^\ominus = \Delta_r H_m^\ominus - T\Delta_r S_m^\ominus$$

$$\Delta_r S_m^\ominus = \frac{\Delta_r H_m^\ominus - \Delta_r G_m^\ominus}{T} = \frac{(92.74 - 9.88) \times 10^3}{573} = 144.6\text{J/(K·mol)}$$

(2)             $I_2$ + 环戊烯 $\rightleftharpoons$ 2HI + 环戊二烯

开始            $p_0$     $p_0$       0       0

平衡            $p_0-x$    $p_0-x$    $2x$     $x$

$$p_0 = \frac{p_{\text{总}}}{2} = \frac{100}{2} = 50.0\text{kPa}$$

$$K^\ominus = \frac{\left(\dfrac{p_{HI}}{p^\ominus}\right)^2 \left(\dfrac{p_{\text{环戊二烯}}}{p^\ominus}\right)}{\left(\dfrac{p_{I_2}}{p^\ominus}\right)\left(\dfrac{p_{\text{环戊烯}}}{p^\ominus}\right)} = \frac{\left(\dfrac{2x}{100}\right)^2 \left(\dfrac{x}{100}\right)}{\left(\dfrac{50-x}{100}\right)^2} = \frac{x^3}{25 \times (50-x)^2}$$

$$0.125 = \frac{x^3}{25 \times (50-x)^2}$$

$$x = 15.51\text{kPa}$$

平衡时:$K_{p_{I_2}} = 50 - 15.51 = 34.49\text{kPa}$

(3)             $I_2$ + 环戊烯 $\rightleftharpoons$ 2HI + 环戊二烯

开始            $p_0$     $p_0$       0       0

平衡            $p_0-x$    $p_0-x$    $2x$     $x$

$$p_0 = \frac{p_{\text{总}}}{2} = \frac{1\ 000}{2} = 500\text{kPa}$$

$$K^{\ominus} = \frac{\left(\dfrac{2x}{100}\right)^2 \left(\dfrac{x}{100}\right)}{\left(\dfrac{500-x}{100}\right)^2}$$

即:$0.125 = \dfrac{x^3}{25 \times (500-x)^2}$

$$x = 81.7\text{kPa}$$

平衡时:$K_{p,\text{I}_2} = 500 - 81.7 = 418.3\text{kPa}$

14. $CO_2$ 与 $H_2S$ 在高温下有如下反应:$CO_2(g) + H_2S(g) \rightleftharpoons COS(g) + H_2O(g)$,今在 610K,将 $4.4 \times 10^{-3}$ kg 的 $CO_2$ 加入 2.5L 体积的空瓶中然后再充入 $H_2S$ 使总压为 1 000kPa。平衡后水的摩尔分数为 0.02。同上实验,在 620K,平衡后水的摩尔分数为 0.03(计算时可假定气体为理想气体)。

(1)计算 610K 时的 $K^{\ominus}$。
(2)求 610K 时的 $\Delta_r G_m^{\ominus}$。
(3)计算反应的热效应 $\Delta_r H_m^{\ominus}$。

**解**:(1)$n_{CO_2} = \dfrac{4.4 \times 10^{-3}}{44 \times 10^{-3}} = 0.1\text{mol}$

开始时 $\qquad p_{CO_2} = \dfrac{nRT}{V} = \dfrac{0.1 \times 8.314 \times 610}{2.5} = 202.86\text{kPa}$

$$CO_2(g) + H_2S(g) \rightleftharpoons COS(g) + H_2O(g)$$

开始      202.86    797.14       0        0

平衡      202.86$-p$   797.14$-p$    $p$        $p$

平衡后: $\qquad x_{H_2O} = \dfrac{p_{H_2O}}{p_{总}} = \dfrac{p_{H_2O}}{1\,000} = 0.02$

解得: $\qquad p_{H_2O(g)} = 20\text{kPa}$

$$K^{\ominus} = \frac{\dfrac{p_{COS}}{p^{\ominus}} \dfrac{p_{H_2O}}{p^{\ominus}}}{\dfrac{p_{CO_2}}{p^{\ominus}} \dfrac{p_{H_2S}}{p^{\ominus}}} = \frac{p_{COS} p_{H_2O}}{p_{CO_2} p_{H_2S}} = \frac{20 \times 20}{(202.86-20) \times (797.14-20)} = 2.815 \times 10^{-3}$$

(2)$\Delta_r G_m^{\ominus} = -RT \ln K^{\ominus} = -8.314 \times 610 \ln(2.768 \times 10^{-3}) = 29.78\text{kJ/mol}$

(3)620K 时平衡后 $x_{H_2O} = \dfrac{p_{H_2O}}{p_{总}} = \dfrac{p_{H_2O}}{1\,000} = 0.03$

解得:$p_{H_2O(g)} = 30\text{kPa}$

则平衡后

$$p_{CO_2} = 202.86 - 30 = 172.86\text{kPa}$$

$$p_{H_2O} = 797.14 - 30 = 767.14\text{kPa}$$

$$K^{\ominus} = \frac{\dfrac{p_{COS}}{p^{\ominus}} \dfrac{p_{H_2O}}{p^{\ominus}}}{\dfrac{p_{CO_2}}{p^{\ominus}} \dfrac{p_{H_2S}}{p^{\ominus}}} = \frac{p_{COS} p_{H_2O}}{p_{CO_2} p_{H_2S}} = \frac{30 \times 30}{172.86 \times 767.14} = 6.787 \times 10^{-3}$$

$$\ln \frac{K_2^{\ominus}}{K_1^{\ominus}} = -\frac{\Delta_r H_m^{\ominus}}{R}\left(\frac{1}{T_2} - \frac{1}{T_1}\right)$$

$$\ln \frac{6.787\times 10^{-3}}{2.815\times 10^{-3}} = -\frac{\Delta_r H_m^{\ominus}}{8.314}\left(\frac{1}{620} - \frac{1}{610}\right)$$

解得：$\Delta_r H_m^{\ominus} = 277.7\text{kJ}$

15. 在373K下，反应：$COCl_2(g) \Longrightarrow CO(g) + Cl_2(g)$ 的 $K_p = 8\times 10^{-9}$，$\Delta S_{373}^{\ominus} = 125.5\text{J/K}$。计算：

(1) 373K，总压为 202.6kPa 时 $COCl_2$ 的解离度。

(2) 373K 下上述反应的 $\Delta H^{\ominus}$。

(3) 总压为 202.6kPa，$COCl_2$ 的解离度为 0.1% 时的温度，设 $\Delta C_p = 0$。

**解：**(1) 设 $COCl_2$ 的解离度为 $\alpha$

$$COCl_2(g) \Longrightarrow CO(g) + Cl_2(g)$$
$$1-\alpha \qquad\qquad \alpha \qquad\qquad \alpha \qquad\qquad n_{总} = 1+\alpha$$

$$K_p = K_n\left(\frac{p}{n_{总}}\right)^{\sum_B \nu_B} = \frac{\alpha^2}{1-\alpha}\cdot\frac{2}{1+\alpha} = 8\times 10^{-9}$$

$$\alpha = \left(\frac{K_p}{2+K_p}\right)^{\frac{1}{2}} = \left(\frac{8\times 10^{-9}}{2+8\times 10^{-9}}\right)^{\frac{1}{2}} = 6.325\times 10^{-5}$$

(2) $\qquad\qquad \Delta G^{\ominus} = -RT\ln K_p = -8.314\times 373\ln 8\times 10^{-9} = 57\,817\text{J}$

$$\Delta H_{373}^{\ominus} = \Delta G^{\ominus} + T\Delta S^{\ominus} = 57.82 + 373\times 125.5\times 10^{-3} = 104.6\text{kJ}$$

(3) 设 $\alpha = 0.1\%$ 时平衡常数为 $K_{p,2}$，相应的温度为 $T_2$

$$K_{p,2} = \frac{\alpha^2}{1-\alpha^2}p_{总} \approx \alpha^2 p_{总} = 2\times 10^{-6}$$

$K_{p,1} = 8\times 10^{-9}$，$\Delta C_p = 0$，$\Delta H$ 为常数

$$\ln \frac{K_{p,2}}{K_{p,1}} = -\frac{\Delta H}{R}\left(\frac{1}{T_2} - \frac{1}{T_1}\right)$$

$$T_2 = \left(\frac{1}{T_1} - \frac{R}{\Delta H}\ln\frac{K_{p,2}}{K_{p,1}}\right)^{-1} = \left(\frac{1}{373} - \frac{8.314}{104\,700}\ln\frac{2\times 10^{-6}}{8\times 10^{-9}}\right)^{-1} = 446.0\text{K}$$

16. 某反应在 1 100K 附近，温度每升高 1K，$K_p$ 比原来增大 1%，求在此温度附近，该反应的 $\Delta H$。

**解：**因为 $\dfrac{dK_p}{dT} = K_p\times 1\%$，所以 $\dfrac{d\ln K_p}{dT} = 0.01$

上式与方程：$\dfrac{d\ln K_p}{dT} = \dfrac{\Delta H}{RT^2}$ 相比较可得：

$$\Delta H = 0.01RT^2 = 0.01\times 8.314\times 1\,100^2 = 100.6\text{kJ}$$

17. (1) 在 1 393K 下用 $H_2(g)$ 还原 $FeO(s)$，平衡时混合气体中 $H_2(g)$ 的摩尔分数为 0.54。求 $FeO(s)$ 的分解压。已知同温度下，反应 $2H_2O(g) \Longrightarrow 2H_2(g) + O_2(g)$ 的 $K^{\ominus} = 3.4\times 10^{-13}$。

(2) 在炼铁炉中，氧化铁按如下反应还原：$FeO(s) + CO(g) \Longrightarrow Fe(s) + CO_2(g)$，求：1 393K 下，还原 1mol FeO 需要 CO 多少摩尔？已知同温度下 $2CO_2(g) \Longrightarrow 2CO(g) + O_2(g)$ 的 $K^{\ominus} = 1.4\times 10^{-12}$。

**解：**（1）　　　　　　　　　　$FeO(s)+H_2(g)\rightleftharpoons Fe(s)+H_2O(g)$　　　　　①

平衡气体中 $x_{H_2}=0.54$，$x_{H_2O}=1-0.54=0.46$，$\sum\limits_{B}\nu_B=0$，则有

$$K_{p,1}=K_x=\frac{x_{H_2O}}{x_{H_2}}=\frac{0.46}{0.54}=0.852$$

$$2H_2O(g)\rightleftharpoons 2H_2(g)+O_2(g)\qquad\qquad ②$$

$$K^{\ominus}=3.4\times10^{-13}$$

$$2FeO(s)\rightleftharpoons 2Fe(s)+O_2(g)\qquad\qquad ③$$

①×2+②=③，所以

$$K_3^{\ominus}=K_2^{\ominus}(K_1^{\ominus})^2=0.852^2\times3.4\times10^{-13}=2.47\times10^{-13}$$

$$K_3^{\ominus}=\frac{p_{O_2}}{p^{\ominus}}$$

$$p_{O_2}=K_3^{\ominus}p^{\ominus}=2.47\times10^{-13}\times100=2.47\times10^{-11}kPa$$

（2）　　　　　　　　　$2CO_2(g)\rightleftharpoons 2CO(g)+O_2(g)$　　　　　④

　　　　　　　　　$FeO(s)+CO(g)\rightleftharpoons Fe(s)+CO_2(g)$　　　　　⑤

（③-④）÷2=⑤，则有

$$K_5^{\ominus}=\left(\frac{K_3^{\ominus}}{K_4^{\ominus}}\right)^{\frac{1}{2}}=\left(\frac{2.47\times10^{-13}}{1.4\times10^{-12}}\right)^{\frac{1}{2}}=0.42$$

设 1 393K 下，还原 1mol FeO 需要 CO $n$mol

$$FeO(s)+CO(g)\rightleftharpoons Fe(s)+CO_2(g)$$

$$1mol\qquad n\qquad\qquad 0$$

$$n-1\qquad\quad 1mol$$

$$\sum\limits_{B}\nu_B=0$$

$$K_5^{\ominus}=K_n=\frac{1}{n-1}=0.42$$

解得：$n=3.38mol$

18．已知 298.15K，$CO(g)$ 和 $CH_3OH(g)$ 标准摩尔生成焓 $\Delta_f G_m^{\ominus}$ 分别为 $-110.525kJ/mol$ 和 $-200.67kJ/mol$；$CO(g)$、$H_2(g)$、$CH_3OH(l)$ 的标准摩尔熵 $S_m^{\ominus}$ 分别为 $197.674J/(mol\cdot K)$、$130.684J/(mol\cdot K)$ 及 $126.8J/(mol\cdot K)$。又知 298.15K 甲醇的饱和蒸气压为 16.59kPa，摩尔气化热 $\Delta H_m^{\ominus}=38.0kJ/mol$，蒸气可视为理想气体。利用上述数据，求 298.15K 时，反应 $CO(g)+2H_2(g)\xrightarrow{\hspace{1cm}}CH_3OH(g)$ 的 $\Delta_r G_m^{\ominus}$ 及 $K^{\ominus}$。

**解：**

| 100kPa | $CO(g)+2H_2(g)$ | $\xrightarrow{\hspace{2cm}}$ | $CH_3OH(g)$ |
|---|---|---|---|

$\Big\downarrow\Delta S_1$　　　　　　　　　　　　　$\Big\uparrow\Delta S_4$

| 100kPa | $CH_3OH(l)$ |

$\Big\downarrow\Delta S_2$

| 16.59kPa | $CH_3OH(l)$ | $\xrightarrow{\Delta S_3}$ | $CH_3OH(g)$ |

$$\Delta S_1 = S_{m,CH_3OH(l)}^{\ominus} - 2S_{m,H_2(g)}^{\ominus} - S_{m,CO(g)}^{\ominus}$$

$$126.8 - 2\times130.684 - 197.674 = -332.24 J/(mol \cdot K)$$

$$\Delta S_2 = 0(压力改变对凝聚态的容量性质影响可以忽略不计)$$

$$\Delta S_3 = \frac{\Delta H_m}{T} = \frac{38\times10^3}{298.15} = 127.45 J/(mol \cdot K)$$

$$\Delta S_4 = nR \ln\frac{p_1}{p_2} = 1\times8.314 \ln\frac{16.59}{100} = -14.935 J/(mol \cdot K)$$

$$\Delta_r S^{\ominus} = \Delta S_1 + \Delta S_2 + \Delta S_3 + \Delta S_4 = -332.24 + 0 + 127.45 - 14.935$$

$$= -219.725 J/(mol \cdot K)$$

$$\Delta_r H^{\ominus} = \Delta_f H_{m,CH_3OH(g)}^{\ominus} - 2\Delta_f H_{m,H_2(g)}^{\ominus} - \Delta_f H_{m,CO(g)}^{\ominus}$$

$$= -200.67 - (-110.525) = -90.145 kJ/mol$$

$$\Delta_r G_m^{\ominus} = \Delta_r H_m^{\ominus} - T\Delta_r S_m^{\ominus} = -90.145 - 298.15\times(-219.725)\times10^{-3}$$

$$= -24.634 kJ/mol$$

$$\Delta_r G_m^{\ominus} = -RT \ln K_p^{\ominus}$$

$$\ln K^{\ominus} = \frac{\Delta_r G_m^{\ominus}}{RT} = -\frac{-24.634\times10^3}{8.314\times298.15} = 9.93779$$

$$K^{\ominus} = 2.070\times10^4$$

19. 试求298.15K时,下述反应的 $K_a^{\ominus}$

$$CH_3COOH(l) + C_2H_5OH(l) \Longrightarrow CH_3COOC_2H_5(l) + H_2O(l)$$

已知各物质的标准生成自由能 $\Delta_f G_m^{\ominus}$。

| 物质 | $\Delta_f G_m^{\ominus}$ (kJ/mol) |
|---|---|
| $CH_3COOH(l)$ | -389.9 |
| $CH_3COOC_2H_5(l)$ | -332.55 |
| $H_2O(l)$ | -237.129 |
| $C_2H_5OH(l)$ | -168.49 |

**解:** $CH_3COOH(l) + C_2H_5OH(l) \Longrightarrow CH_3COOC_2H_5(l) + H_2O(l)$

$$\Delta_r G_m^{\ominus} = \sum_B (\nu_B \Delta_f G_m^{\ominus}) = \Delta_f G_{m,CH_3COOC_2H_5(l)}^{\ominus} + \Delta_f G_{m,H_2O(l)}^{\ominus} - \Delta_f G_{m,C_2H_5OH(l)}^{\ominus} - \Delta_f G_{m,CH_3COOH(l)}^{\ominus}$$

$$= (-332.55) + (-237.129) - (-168.49) - (-389.9) = -11.289 kJ/mol$$

$$\ln K_m^{\ominus} = -\frac{\Delta_r G_m^{\ominus}}{RT} = -\frac{-11.289\times10^3}{8.314\times298.15} = 4.5542$$

$$K_a^{\ominus} = 95.03$$

20. 反应 $2SO_2(g) + O_2(g) \Longrightarrow 2SO_3(g)$ 在1 000K时的 $K^{\ominus} = 3.4\times10^{-5}$,计算1 100K时的 $K^{\ominus}$。已知该反应的 $\Delta_r H_m^{\ominus} = -189 kJ/mol$,并设在此温度范围内 $\Delta_r H_m^{\ominus}$ 为常数。

**解:**

$$\ln\frac{K_2^{\ominus}}{K_1^{\ominus}} = -\frac{\Delta_r H_m^{\ominus}}{R}\left(\frac{1}{T_2} - \frac{1}{T_1}\right)$$

$$\ln\frac{K_2^{\ominus}}{3.4\times10^{-5}} = -\frac{-189\times10^3}{8.314}\left(\frac{1}{1\,100} - \frac{1}{1\,000}\right)$$

$$K_2^{\ominus} = 4.3\times10^{-6}$$

# 五、本章自测题及参考答案

## 自 测 题

### （一）选择题

1. 已知 445℃时，$Ag_2O(s)$ 的分解压力为 20 974kPa，则此时分解反应 $Ag_2O(s) \Longleftrightarrow 2Ag(s)+1/2O_2(g)$ 的 $\Delta_r G_m^\ominus$ 为（　　　）

    A. 14.387J/mol    B. 15.92kJ/mol    C. −15.92kJ/mol    D. −31.83kJ/mol

2. 在某一温度下，一密闭的刚性容器中的 $PCl_5$ 分解反应达到平衡，若往此容器中充入 $N_2(g)$ 使系统压力增大两倍，则 $PCl_5(g)$ 的解离度将（　　　）

    A. 增大    B. 减小    C. 不变    D. 视温度而定

3. 合成氨反应 $N_2(g)+3H_2(g) \Longleftrightarrow 2NH_3(g)$ 达平衡后。向反应系统中加入惰性气体，并保持体系温度和总压不变，气体视为理想气体，则 $n(H_2)$ 将（　　　）

    A. 增大    B. 减小    C. 不变    D. 先增大后减小

4. 设反应 $A(s) \Longleftrightarrow D(g)+G(g)$ 的 $\Delta_r G_m = -4\,500+11T$，$\Delta_r G_m$ 单位为 J/mol，要防止反应发生，温度需（　　　）

    A. 高于 409K           B. 低于 136K

    C. 高于 136K 而低于 409K    D. 低于 409K

5. 1 000K 时，理想气体反应 $2SO_3(g) \Longleftrightarrow 2SO_2(g)+O_2(g)$ 的平衡常数 $K_p^\ominus = 29.0$kPa，则该反应的 $\Delta_r G_m^\ominus$ 为（　　　）

    A. −10.3kJ/mol    B. 10.3kJ/mol    C. −28kJ/mol    D. 28kJ/mol

6. 等温等压条件下，某化学反应 $aA(g)+bB(g) \Longleftrightarrow hH(g)$，若 A 与 B 投料比不同，则反应的平衡转化率不同，其中 A 与 B 投料比为 a：b 时，下列叙述正确的是（　　　）

    A. A 的转化率最大           B. H 在平衡混合物中的含量最大

    C. H 的平衡产率最大          D. A 在平衡混合物中浓度最小

7. 298K 时，反应 $H_2(g)+1/2O_2(g) \Longleftrightarrow H_2O(g)$ 的 $\Delta_r G_m^\ominus$ 为 −228.6kJ/mol，则同温下反应 $2H_2O(g) \Longleftrightarrow 2H_2(g)+O_2(g)$ 的 $K_p$ 等于（　　　）

    A. $7.11×10^{-86}$Pa    B. $7.2×10^{-81}$Pa    C. $7.30×10^{-76}$Pa    D. $8.6×10^2$Pa

8. 已知：$\Delta_f G_m^\ominus(NO) = 87$kJ/mol，$\Delta_f G_m^\ominus(NO_2) = 52$kJ/mol，$\Delta_f G_m^\ominus(N_2O) = 104$kJ/mol，$\Delta_f G_m^\ominus(N_2O_5) = 118$kJ/mol，则在这些氧化物中，热分解稳定性最强的是（　　　）

    A. NO    B. $NO_2$    C. $N_2O$    D. $N_2O_5$

9. 在合成氨生产时 $N_2(g)+3H_2(g) \Longleftrightarrow 2NH_3(g)$，为了提高产率，可采取不断将产物 $NH_3(g)$ 取走的方法，其主要目的是（　　　）

    A. 减少 $NH_3(g)$ 含量，减小 $Q_p$，有利于反应向合成 $NH_3$ 的方向移动

    B. 改变标准平衡常数，有利于合成 $NH_3$

    C. 调整 $N_2$、$H_2$ 的比例，以提高 $NH_3$ 的产率

    D. 减少反应放热的热量积累，以降低温度

10. 关于平衡常数，下列说法不正确的是（　　　）

    A. 标准平衡常数仅是温度的函数

    B. 平衡常数发生变化，化学平衡必定发生移动，达到新的平衡

C. 催化剂不能改变平衡常数的大小

D. 化学平衡发生新的移动,平衡常数一定发生变化

11. 设气相反应 $aA+bB \rightleftharpoons gG+hH$,在 $p^{\ominus}$ 下,300K 时的转化率是 600K 的 2 倍;在 300K 下,总压力为 $p^{\ominus}$ 时的转化率是总压力为 $2p^{\ominus}$ 的 2 倍,可推测该反应(　　　)

A. 平衡常数与温度、压力成正比

B. 平衡常数与温度成正比,与压力成反比

C. 该反应是一个体积增加的放热反应

D. 该反应是一个体积增加的吸热反应

12. 已知 298K 下,反应 $CuCl_2(s)+H_2(g) \rightleftharpoons Cu(s)+2HCl(g)$ 的 $K_p=212.7Pa$。同温下反应 $1/2Cu(s)+HCl(g) \rightleftharpoons 1/2CuCl_2(s)+1/2H_2(g)$ 的 $K_c[(mol/L)^{-1/2}]$ 为(　　　)

A. $1.378 \times 10^{-3}$　　　B. $1.080 \times 10^{-1}$　　　C. $3.415$　　　D. $725.9$

13. 在 298K 条件下,$Ag_2O(s) \rightleftharpoons 2Ag(s)+1/2O_2(g)$,$K^{\ominus}=\alpha$,则 $Ag_2O(s)$ 的分解压力为(　　　)

A. $\alpha/p^{\ominus}$　　　　　B. $\alpha p^{\ominus}$　　　　　C. $\alpha^2 p^{\ominus}$　　　　　D. $\alpha^{1/2} p^{\ominus}$

14. 1 000K,气相反应 $2SO_3(g) \rightleftharpoons 2SO_2(g)+O_2(g)$ 的 $K^{\ominus}=0.290$,则 $K_c$ 等于(　　　)

A. $0.003\ 54mol/L$　　B. $0.059\ 5mol/L$　　C. $0.290mol/L$　　D. $0.539mol/L$

15. 反应 $H_2O(g)+3NO_2(g) \rightleftharpoons 2HNO_3(g)+NO(g)$,已知 $H_2O(g)$、$NO_2(g)$、$NO(g)$ 的 $\Delta_f G_m^{\ominus}(kJ/mol)$ 分别为:$-228.6$、$51.84$、$86.69$,该反应的 $\Delta_r G_m^{\ominus}=16.255kJ/mol$,则 $HNO_3(g)$ 的标准生成吉布斯能 $\Delta_f G_m^{\ominus}$ 为(　　　)

A. $-247.2kJ/mol$　　B. $-143.52kJ/mol$　　C. $-71.76kJ/mol$　　D. $71.76kJ/mol$

16. 在 298K、$p^{\ominus}$ 条件下,有如下反应:

$$2Ag(s)+Br_2(g) \rightleftharpoons 2AgBr(s) \qquad \Delta_r G_m^{\ominus}=-95.84kJ/mol$$

$$2Ag(s)+Cl_2(g) \rightleftharpoons 2AgCl(s) \qquad \Delta_r G_m^{\ominus}=-109.72kJ/mol$$

$$2Ag(s)+I_2(g) \rightleftharpoons 2AgI(s) \qquad \Delta_r G_m^{\ominus}=-66.32kJ/mol$$

$$4Ag(s)+O_2(g) \rightleftharpoons 2Ag_2O(s) \qquad \Delta_r G_m^{\ominus}=-5.41kJ/mol$$

根据各反应的 $\Delta_r G_m^{\ominus}$ 数值,在相同条件下,银盐或银氧化物分解压力最大的是(　　　)

A. AgBr　　　　　B. AgCl　　　　　C. AgI　　　　　D. $Ag_2O$

17. 反应 $Ni(s)+4CO(g) \rightleftharpoons NiCO_4(g)$ 的 $\Delta_r H_m=-161kJ/mol$,今利用此反应在温度 $T_1$ 时,由粗 Ni 制成 $NiCO_4$,然后在另一温度 $T_2$ 使之分解生成纯 Ni,设 $\Delta_r H_m$ 不随温度而变,则在工业生产中 $T_1$ 与 $T_2$ 的选择是(　　　)

A. $T_1>T_2$　　　　　　　　　　　　B. $T_1<T_2$

C. $T_1=T_2$　　　　　　　　　　　　D. $T_1>T_2$ 且 $T_2$ 越低越好

18. 化学反应系统的 $\Delta_r G_m$ 是指(　　　)

A. 反应系统处于平衡状态下,系统吉布斯能的改变量

B. $\Delta_r G_m$ 是指定条件下反应自发进行趋势的量度,$\Delta_r G_m<0$ 表明正反应自发进行

C. 在一定量的系统中进行 1mol 的化学反应时产物与反应物之间的吉布斯能的差值

D. 总压为 101.325kPa 下,$\Delta\xi=1mol$ 的化学反应体系吉布斯能的改变量

19. 在 973K 时,反应 $CO(g)+H_2O(g) \rightleftharpoons CO_2(g)+H_2(g)$ 的标准平衡常数 $K^{\ominus}=0.71$。现将理想气体混合,气体分压分别为:$p_{CO}=100kPa$,$p_{H_2O}=50kPa$,$p_{H_2}=10kPa$,$p_{CO_2}=100kPa$,

那么在相同温度下,反应将(    )

  A. 向右进行   B. 向左进行   C. 处于平衡状态  D. 无法判断

20. 600K、$10^3$Pa 时由 $CH_3Cl$ 和 $H_2O$ 作用生成 $CH_3OH$ 后,$CH_3OH$ 可以继续分解为 $(CH_3)_2O$,即下列平衡同时存在:

(1) $CH_3Cl(g) + H_2O(g) \Longrightarrow CH_3OH(g) + HCl(g)$

(2) $2CH_3OH(g) \Longrightarrow (CH_3)_2O(g) + H_2O(g)$

已知在该温度下 $K_{p,1} = 0.001\,54$,$K_{p,2} = 10.6$,今以等物质的量的 $CH_3Cl$ 和 $H_2O$ 开始反应,则 $CH_3Cl$ 的平衡转化率为(    )

  A. 4.8%    B. 0.48%    C. 9.6%    D. 0.96%

**(二)判断题**

1. 反应 $2NO_2(g) \Longrightarrow N_2O_4(g)$ 达平衡后,向反应系统中加入惰性气体,并保持体系温度和总压不变,则 $K_p$ 将增大。(    )

2. $\Delta_r G_m$ 的大小表示了反应系统处于该反应进度时反应的趋势。(    )

3. $\Delta_r G_m^\ominus$ 是反应进度的函数。(    )

4. 已知 298K、$p^\ominus$ 下,下述反应的 $\Delta_r G_m$ 值如下:

$C_4H_{10}(g) \Longrightarrow C_4H_8(g) + H_2(g)$ 的 $\Delta_r G_m = -5.94$kJ/mol

$C_6H_{14}(g) \Longrightarrow C_6H_{12}(g) + H_2(g)$ 的 $\Delta_r G_m = -7.41$kJ/mol

$C_4H_{10}(g) \Longrightarrow C_3H_6(g) + CH_4(g)$ 的 $\Delta_r G_m = -68.99$kJ/mol

由以上数据可以看出,碳链短的比碳链长的脱氢更难,断链更难。(    )

5. 化学反应平衡常数是正反应和逆反应处于平衡时的常数,因此正反应和逆反应的平衡常数是相同的。(    )

6. 对于吸热反应,温度升高对生成产物有利。(    )

7. 已知某气相生成反应的平衡组成,进而可以求得反应的 $\Delta_r G_m^\ominus$。(    )

8. 对气体而言,标准化学势 $\mu_B^\ominus(T)$ 只是温度的函数,所以理想气体反应的 $K_p$ 也只与温度有关。(    )

9. 当反应物和产物的活度都等于 1 时,可以用 $\Delta_r G_m^\ominus$ 判断反应的方向。(    )

10. 一个化学反应,由反应物开始反应与由产物开始反应,达平衡时组成不同。(    )

11. 对于任意化学反应 $aA + eE \Longrightarrow gG + hH$,因为 $K^\ominus = (a_G^g \cdot a_H^h)/(a_A^a \cdot a_E^e)$,则所有化学反应的平衡状态随化学反应的计量系数而改变。(    )

12. 温度 $T$ 时,有一定量的 $PCl_5(g)$ 在标准压力 $p^\ominus$ 下的体积为 1L,等压下通入氮气,使体积增加到 2L,则 $PCl_5(g)$ 的解离度将增大。(    )

13. 反应的耦合可以用容易进行的反应带动不容易进行的反应。(    )

14. $CaCO_3(s) \Longrightarrow CaO(s) + O_2(g)$ 达平衡后,增加总压(气体为理想气体),则 $n(O_2)$ 将减少。(    )

15. 在等温等压、$W' = 0$ 的条件下,系统总是向着吉布斯能减小的方向进行,若某化学反应在给定的条件下 $\Delta_r G_m < 0$,则反应物将完全变成产物,反应将进行到底。(    )

16. 理想气体化学反应 $\Delta_r G_m^\ominus$ 只与温度有关,因此 $K^\ominus$,$K_c$,$K_x$ 也只与温度有关。(    )

17. 因为 $\Delta_r G_m^\ominus = -RT \ln K^\ominus$,所以 $K^\ominus$ 就是标准态下的平衡常数。(    )

18. 对于真实气体混合物的反应,反应的标准平衡常数 $K^\ominus$ 不仅仅是温度的函数。(    )

19. 等压下,反应 $2NO(g) + O_2(g) \Longrightarrow 2NO_2(g)$ 在常温下为非自发反应,高温下为自发

反应。则此反应为吸热反应。(　　)

20. $K^{\ominus}$是热力学标准平衡常数,无量纲,$K^{\ominus}$越大,反应就越完全。(　　)

**（三）填空题**

1. 在恒定 $T$ 和 $V$ 下,当反应 $SO_3(g) \Longrightarrow SO_2(g) + 1/2O_2(g)$ 达平衡后,向反应系统中加入一定量的惰性组分 $H_2(g)$。此反应的 $K^{\ominus}$ _____。(填"增大""减小"或"不变")

2. 将 $1mol\ SO_3(g)$ 引入一个 $1\ 000K$ 的真空容器中,反应为 $SO_3 \Longrightarrow SO_2 + 1/2O_2$,当总压为 $202.65kPa$ 时,$SO_3(g)$ 解离为 $SO_2(g)$ 及 $O_2(g)$ 并达到平衡。已知 $SO_3$ 的转化率为 $25\%$,则其标准平衡常数 $K^{\ominus}$ 值应为 _____。

3. 在 $900K$ 下,气相反应 $A(g) \Longrightarrow B(g) + 2C(g)$ 的 $K^{\ominus} = 1.51$,若反应压力为 $100kPa$,此时反应物 A 的平衡转化率为 _____。

4. 在 $2\ 000K$ 时,理想气体反应 $2H_2(g) + O_2(g) \Longrightarrow 2H_2O(g)$,$K^{\ominus} = 1.55 \times 10^7$,当 $H_2(g)$ 和 $O_2(g)$ 的分压分别为 $1 \times 10^4 Pa$ 时,若使反应不能正向自发进行,水蒸气的分压最少需要达到 _____。

5. 反应 $NH_4COONH_2(s) \Longrightarrow 2NH_3(g) + CO_2(g)$ 在 $30℃$ 时的 $K^{\ominus} = 6.55 \times 10^{-4}$,则 $NH_4COONH_2(s)$ 的分解压力等于 _____。

6. 温度为 $T$ 的某抽空容器中 $NH_4HCO_3(s)$ 发生下列分解反应:$NH_4HCO_3(s) \Longrightarrow NH_3(g) + CO_2(g) + H_2O(g)$。反应达到平衡时,气体总压为 $60kPa$,则此反应的标准平衡常数 $K^{\ominus} = $ _____。

7. 已知 $300 \sim 400K$ 范围内,某化学反应的标准平衡常数与温度的关系是 $\ln K^{\ominus} = 3\ 444.7/T - 26.365$。在此温度范围内,升高温度,$K^{\ominus}$ _____,$\Delta_r H_m^{\ominus}$ _____。

8. 气相反应 $CO + 2H_2 \Longrightarrow CH_3OH$ 的 $\Delta_r G_m^{\ominus} = -90.625 + 0.211T$,$\Delta_r G_m^{\ominus}$ 单位为:$kJ/mol$,若要使标准平衡常数 $K^{\ominus} > 1$,温度应控制在 _____。

9. 对理想气体反应,$K^{\ominus}$、$K_p$、$K_x$、$K_n$ 中,与压力和组成无关,只是温度的函数的有 _____。

**（四）问答题**

1. 请解释 $\Delta_r G_m$ 的意义。

2. 标准平衡常数与反应的标准吉布斯能变化的关系为 $\Delta_r G_m^{\ominus} = -RT \ln K^{\ominus}$,由此可知,反应的平衡态与标准态可以看作是相同的,这种说法对吗?为什么?

3. 当选取不同的标准态时,反应的标准吉布斯函数变量会改变,那么按照 $\Delta_r G_m = \Delta_r G_m^{\ominus} + RT \ln Q_a$ 计算出的 $\Delta_r G_m$ 值是否也会变?

4. 化学反应的标准平衡常数是一个确定不变的常数吗?它与什么因素有关?

5. $K^{\ominus}$ 的数值不但与温度、方程式写法有关,还与标准态的选择有关。这种说法是否正确?为什么?

6. $\Delta_r G_m$ 是化学反应中产物与反应物之间吉布斯能的差值,这种说法对吗?为什么?

7. 对理想气体的化学反应,当温度一定,$K^{\ominus}$ 有定值,因此其平衡组成不变。这种说法是否正确?为什么?

8. 当反应系统中的物质 B 选择不同的标准状态时,则 B 的标准化学势 $\mu_B^{\ominus}$ 不同,化学反应的标准吉布斯能 $\Delta_r G_m^{\ominus}$ 也不同,那么反应的吉布斯能 $\Delta_r G_m$ 是否也会不同?

9. 已知反应(1)$SO_2(g) + 1/2O_2(g) \Longrightarrow SO_3(g)$ 的标准平衡常数为 $K_1^{\ominus}$,平衡转化率为 $\alpha_1$,反应(2)$2SO_2(g) + O_2(g) \Longrightarrow 2SO_3(g)$ 的标准平衡常数为 $K_2^{\ominus}$,平衡转化率为 $\alpha_2$,试说明

$K_1^\ominus$、$K_2^\ominus$ 和 $\alpha_1$、$\alpha_2$ 之间的关系。

10. 因为理想气体反应的标准平衡常数 $K^\ominus$ 仅与温度有关,所以温度一定时,在任何压力下化学反应的平衡组成都不变,平衡分压都不变,这种说法对吗?为什么?

## (五)计算题

1. 298K、$10^5$Pa 时,有理想气体反应 $4HCl(g)+O_2(g)\Longrightarrow2Cl_2(g)+2H_2O(g)$ 求该反应的标准平衡常数 $K^\ominus$ 及平衡常数 $K_p$ 和 $K_x$。已知 298K 时 $\Delta_fG_m^\ominus(HCl,g)=-95.265kJ/mol$,$\Delta_fG_m^\ominus(H_2O,g)=228.597kJ/mol$。

2. 297K 时,在一个容积为 1.05L 的抽空容器中导入一氧化氮,使压力达到 24.14kPa,将一氧化氮在容器中冻结,然后再引入 0.704 0g 的溴,并使温度升高到 324K,当达到平衡时,压力为 30.82kPa,求在 324K 时反应 $2NOBr(g)\Longrightarrow2NO(g)+Br_2(g)$ 的平衡常数 $K_p$。

3. 27℃时,反应 $A(g)+B(g)\Longrightarrow AB(g)$ 的 $\Delta_rG_m^\ominus=-8\ 368J/mol$,欲使等摩尔的 A 和 B 有 40% 变成 AB,需多大总压力?

4. 某体积可变的容器中放入 1.564g $N_2O_4$ 气体,此化合物在 298K 时部分解离。实验测得,在标准压力下,容器的体积为 0.485L。求 $N_2O_4$ 的解离度 $\alpha$ 以及解离反应的 $K^\ominus$。

5. 已知 1 000K 时生成水煤气的反应 $C(s)+H_2O(g)\Longrightarrow H_2(g)+CO(g)$,在压力 $p^\ominus$ 下的平衡转化率 $\alpha=0.844$。求:

(1)标准平衡常数。

(2)在压力 $p=2p^\ominus$ 下的平衡转化率 $\alpha$。

6. 反应 $CO_2(g)+2NH_3(g)\Longrightarrow(NH_2)_2CO(s)+H_2O(l)$,已知 298K 下各物质的 $\Delta_fH_m^\ominus/$ $(kJ/mol)$ 为 $CO_2(g)$:$-393.51$;$NH_3(g)$:$-46.19$;$(NH_2)_2CO(s)$:$-333.17$;$H_2O(l)$:$-285.85$;$S_m^\ominus/[J/(K\cdot mol)]$ 为 $CO_2(g)$:213.64;$NH_3(g)$:192.51;$(NH_2)_2CO(s)$:104.60;$H_2O(l)$:69.96。问:

(1)在 298K、标准状态下,反应能否自发进行?

(2)设 $\Delta_rS_m^\ominus$ 与 $\Delta_rH_m^\ominus$ 均与温度无关,求算反应在标准状态下能自发进行的最高温度。

7. 在 448~688K 的温度区间内,用分光光度法研究了下面的气相反应:$I_2$+环戊烯$\Longrightarrow$ 2HI+环戊二烯,得到 $K^\ominus$ 与温度 $T$ 的关系为 $\ln K^\ominus=17.39-51\ 034/4.575T$,计算在 573.15K 时,反应的 $\Delta_rG_m^\ominus$、$\Delta_rS_m^\ominus$ 和 $\Delta_rH_m^\ominus$。

8. 445℃时,反应 $H_2(g)+I_2(g)\Longrightarrow2HI(g)$ 的标准平衡常数为 50.1。取 5.3mol $I_2$ 与 7.94mol $H_2$,使之发生反应,计算平衡时产生的 HI 的量。

9. 环己烷和甲基环戊烷之间有异构化作用:$C_6H_{12}(l)\Longrightarrow C_5H_9CH_3(l)$,异构化反应的平衡常数与温度有如下关系:$\ln K^\ominus=4.81-2\ 059/T$,求 25℃异构化反应的熵变。

10. $CO_2$ 与 $H_2S$ 在高温下有如下反应:$CO_2(g)+H_2S(g)\Longrightarrow COS(g)+H_2O(g)$,今在 610K 时,将 $4.4\times10^{-3}$ kg 的 $CO_2$ 加入 2.5L 体积的空瓶中,然后再充入 $H_2S$ 使总压为 1 013.25kPa。平衡后水的摩尔分数为 0.02。同上试验,在 620K,平衡后水的摩尔分数为 0.03(气体可视为理想气体)。

(1)计算 610K 的 $K^\ominus$。

(2)求 610K 时的 $\Delta_rG_m^\ominus$。

(3)计算 620K 的 $K^\ominus$。

11. 在 1 000K 时,理想气体反应 $2SO_2(g)+O_2(g)\Longrightarrow 2SO_3(g)$ 的 $K^{\ominus}=3.45$。试计算 $SO_2$、$O_2$ 和 $SO_3$ 的分压分别为 $2.03\times10^4$、$1.01\times10^4$ 和 $1.01\times10^5Pa$ 的混合气体中,发生上述反应的 $\Delta_r G_m$,并判断反应自发进行的方向。若 $SO_2$ 及 $O_2$ 的分压仍分别为 $2.03\times10^4Pa$ 及 $1.01\times10^4Pa$,为使反应正向进行,$SO_3$ 的分压最大不得超过多少?

12. 取 0.341mol $PCl_5(g)$ 与 0.233mol 惰性气体装入一个容积为 1L 的容器中,加热至 523K,测得平衡总压为 $2.933\times10^3kPa$,求此温度下反应 $PCl_5(g)\Longrightarrow PCl_3(g)+Cl_2(g)$ 的标准平衡常数 $K^{\ominus}$。设气体均为理想气体。

13. 298.15K 时,气体反应 $A(g)\Longrightarrow B(g)$,在 A 和 B 的分压分别为 1 013 250Pa 和 101 325Pa 时,反应达到平衡,计算 $K^{\ominus}$ 和 $\Delta_r G_m^{\ominus}$。当 A 和 B 的分压分别为 202 650Pa 和 101 325Pa,计算反应的 $\Delta_r G_m$ 并判断反应能否自发进行?

14. 1 000K 下,在 1L 容器内含过量碳和通入 4.25g $CO_2$ 后发生下列反应: $C(s)+CO_2(g)\Longrightarrow 2CO(g)$。反应平衡时气体的密度相当于平均摩尔质量为 36g/mol 的气体密度,$M(CO_2)=44g/mol$。

(1)计算平衡总压以及 $K_p$。

(2)若加入惰性气体 He,使总压加倍,则 CO 的平衡量是增加、减少还是不变?若加入 He,使容器体积加倍,而总压维持不变,则 CO 的平衡量发生怎样变化?

15. 在 55℃ 、$p^{\ominus}$ 下,部分解离的 $N_2O_4$ 的平均分子量为 61.2g/mol,试计算:

(1)解离度 $\alpha$。

(2)反应 $N_2O_4(g)\Longrightarrow 2NO(g)$ 的 $K_p$。

(3)总压降至 10kPa 时的解离度 $\alpha$。

## 参 考 答 案

### (一) 选择题

1. C。根据标准吉布斯能 $\Delta_r G_m^{\ominus}$ 计算公式 $\Delta_r G_m^{\ominus}=-RT\ln K^{\ominus}$,求得该反应 $\Delta_r G_m^{\ominus}$ 为 $-15.92kJ/mol$。

2. C。根据 $PCl_5(g)\Longrightarrow PCl_3(g)+Cl_2(g)$,充入惰性气体后体系体积不变,尽管压力增加两倍但是参与反应各组分分压不变,因此平衡不移动,$PCl_5(g)$ 解离度不变。

3. A。该反应达到平衡后,充入惰性气体后总压不变,体积增大起到稀释作用,因此反应平衡逆移,$n(H_2)$ 将增大。

4. A。根据 $\Delta_r G_m=-RT\ln K^{\ominus}+RT\ln Q_p$ 计算公式,若防止反应发生则应令 $\Delta_r G_m$ 大于 0,代入计算得温度最低为 409K。

5. B。根据 $\Delta_r G_m^{\ominus}=-RT\ln K^{\ominus}$,求得该反应 $\Delta_r G_m^{\ominus}$ 为 10.3kJ/mol。

6. C。在等温等压条件下按照反应系数比投料,则平衡时产率最高。

7. C。根据 $\Delta_r G_m^{\ominus}$ 和 $K_p$ 的计算公式,可以求得同温下反应 $2H_2O(g)\Longrightarrow 2H_2(g)+O_2(g)$ 的 $K_p$ 为 $7.30\times10^{-76}Pa$。

8. A。根据标准生成吉布斯自由能 $\Delta_f G_m^{\ominus}$ 的定义可以判断出,NO 和 $NO_2$ 的热分解稳定性高于 $N_2O$ 和 $N_2O_5$,但由于 $NO_2$ 在加热条件下可以分解成为 NO,因此 NO 的稳定性最高。

9. A。该反应体积减少,因此在反应中及时取走 $NH_3(g)$ 是为了降低反应压力,从而使反应向生成气体的一方移动,从而提高产量。

10. D。化学平衡发生新的移动,标准平衡常数不一定发生变化,因为标准平衡常数只与反应温度有关。

11. C。在等压条件下,温度增高平衡左移,说明反应为放热反应;等温条件下,压力增大平衡左移,说明反应为体积增加的反应。

12. C。根据 $\Delta_r G_m^{\ominus}$ 和 $K_p$ 计算公式可以求得,在等温条件下该反应的 $K_c \left[ (\text{mol/L})^{-1/2} \right]$ 为 3.415。

13. C。根据 $K^{\ominus}$ 计算公式可以求得 $Ag_2O(s)$ 分解压力为 $\alpha^2 p^{\ominus}$。

14. A。根据 $K^{\ominus}$ 计算公式以及反应前后化学计量数关系,可以求得 $K_c$ 为 0.003 54mol/L。

15. C。根据反应物已知的 $\Delta_f G_m^{\ominus}$ 及反应的 $\Delta_r G_m^{\ominus}$,可以求得 $HNO_3(g)$ 的标准生成吉布斯能 $\Delta_f G_m^{\ominus}$ 为 $-71.76$kJ/mol。

16. D。根据标准生成吉布斯自由能 $\Delta_f G_m^{\ominus}$ 的定义及 $\Delta_r G_m^{\ominus}$ 的计算公式可知,$Ag_2O$ 最易分解,分解时压力最大。

17. B。由于该反应的 $\Delta_r H_m$ 小于零,说明生成 $NiCO_4$ 反应放热,在较低温度 $T_1$ 时反应正移生成 $NiCO_4$,在较高温度 $T_2$ 时生成纯 Ni,因此 $T_1 < T_2$。

18. B。A:是在无穷大系统中所发生的单位反应;C:在恒温恒压条件下,在一大量的系统中进行 1mol 的化学反应时产物与反应物之间的吉布斯能的差值;D:等温等压条件下。

19. A。$K = 0.2 < K^{\ominus}$,因此向右进行。

20. A。可通过计算得到。

**(二)判断题**

1. 错。加入惰性气体,总压不变,体积增大,向左反应移动,则温度不变,$K_p$ 不变。

2. 对。$\Delta_r G_m$ 的大小表示了反应系统处于该反应进度时反应的趋势。

3. 错。$\Delta_r G_m^{\ominus}$ 为标准摩尔反应吉布斯能变化值,是在温度 $T$ 时,反应物和生成物均处于标准态,发生反应进度为 1mol 的化学反应吉布斯能的变化值,与反应进度无关。

4. 对。$\Delta_r G_m$ 越小,所需能量越多,反应越难。

5. 错。正反应和逆反应的平衡常数乘积为 1。

6. 对。对于吸热反应,温度升高对生成产物有利;放热反应则相反。

7. 对。$\Delta_r G_m^{\ominus} = -nRT \ln K^{\ominus}$,可由某气相生成反应的平衡组成计算。

8. 对。理想气体反应的 $K_p$ 可转化成标准化学势 $\mu_B^{\ominus}(T)$ 函数,因此也只与温度有关。

9. 对。若 $\Delta_r G < 0$,则反应正向进行。

10. 错。一个化学反应,由反应物开始反应与由产物开始反应,达平衡时组成相同,达平衡时的组成由平衡常数决定而与反应初始反应物无关。

11. 错。不是所有化学反应的平衡状态随化学反应的计量系数而改变,部分反应若上下计量系数发生抵消,则化学反应的平衡状态不随化学反应的计量系数而改变。

12. 对。$PCl_5(g) \Longrightarrow PCl_3(g) + Cl_2(g)$,等压下体积增加,向气体体积增加的方向移动,因此 $PCl_5$ 解离度将增大。

13. 对。反应耦合是指同时发生两个反应,一个反应的产物是另一个反应中的反应物之一,其可以利用容易进行的反应来带动不宜进行的反应发生,因此正确。

14. 错。根据平衡移动原理,增加压力向体积减小的方向移动;但是如果加入惰性气体使压力变大对氧气没有影响,故 $n(O_2)$ 不变。

15. 错。$\Delta_r G_m < 0$ 只是在给定反应进度那一时刻的判定条件,当反应进行后,$\Delta_r G_m$ 会发生变化,到 $\Delta_r G_m = 0$ 时达到平衡,一般情况下,反应物不可能都变成产物。

16. 错。$K_x$ 与温度和压力有关。

17. 错。$K^{\ominus}$ 不是标准态下的平衡常数,是平衡状态时的压力商,因为它与标准化学势有关,故称为标准平衡常数。

18. 错。对于真实气体混合物,$K^{\ominus}$ 是温度的函数。

19. 对。等压下,吸热反应在高温下为自发反应。

20. 对。$K^{\ominus}$ 是热力学标准平衡常数,无量纲,$K^{\ominus}$ 越大,达到化学反应平衡状态时,反应物的转化率越大,反应越完全。

### (三) 填空题

1. 不变。

2. 0.158。

3. 77.56%。

4. $1.24\times10^7\text{Pa}$。

5. $1.64\times10^4\text{Pa}$。

6. $8.0\times10^{-3}$。

7. 变小;不变。

8. 小于 429.5K。

9. $K^{\ominus}$;$K_p$。

### (四) 问答题

1. $\Delta_r G_m$ 是摩尔反应吉布斯能。其意义是等温、等压、非体积功为零的条件下,反应系统的吉布斯能随反应进度的变化率,即 1mol 反应引起的系统吉布斯能的改变量。

2. 不对。在一定条件下,平衡态只有一个,而标准态可以任选。公式只说明两者之间的关系,并不能说明平衡态就是标准态。

3. 当选取不同的标准态时,化学势并不受影响。只要反应的始、终态确定,各物质的化学势并不会因为标准态的选择不同而有所改变,因而按等温方程计算出的 $\Delta_r G_m$ 值仍然是一定的,不受标准态选择的影响。在 $\Delta_r G_m = \Delta_r G_m^{\ominus} + RT \ln Q_a$ 式中,$\Delta_r G_m^{\ominus}$ 与 $Q_a$ 都因为标准态的选择不同而有所改变,但这两项之和却是一定的,$\Delta_r G_m$ 值不会改变。

4. 化学反应的标准平衡常数不是一个确定不变的常数,如果反应确定了,它随反应的温度的变化而变化。正确的表述是"在温度一定的条件下,某一反应的标准平衡常数是一个确定不变的常数"。

5. 这种说法是正确的。标准态选择不同,$\Delta_r G_m^{\ominus}$ 不同,$K^{\ominus}$ 不同。

6. 不对。$\Delta_r G_m$ 是反应进行到特定进度时,系统按反应方程式计算的产物与反应物之间化学势的差值。也可以将 $\Delta_r G_m$ 理解为反应物在某一反应进度时,系统吉布斯能随反应进度的变化率:$\Delta_r G_m = (\partial G / \partial \xi)_{T,p}$。因此 $\Delta_r G_m$ 代表了某反应进度时,系统进行反应的趋势。当 $\xi$ 不同时,$\Delta_r G_m$ 的值不相同。

7. 这种说法不正确。当温度一定时,$K^{\ominus}$ 有定值。但当 $K^{\ominus}$ 一定时,平衡组成可以发生变化。即一个达平衡的体系对应一个平衡常数,但一个平衡常数可以对应不同的平衡组成。

8. $\Delta_r G_m$ 是化学反应中体系状态函数吉布斯能的改变量,只和始终态有关。当选择不同标准状态时,$\Delta_r G_m^{\ominus}$ 不同,但 $\Delta_r G_m$ 不变。

9. $K_2^{\ominus} = (K_1^{\ominus})^2$,两个反应达平衡时,转化率相同,即 $\alpha_1 = \alpha_2$,因为这个反应方程式是同一

反应的不同表示形式。

10. 不对。除了温度之外的其他条件也可以改变平衡转化率,虽然标准平衡常数不变,但是平衡组成和分压均可以发生改变。

### （五）计算题

1. 解:$\Delta_r G_m^{\ominus} = \sum \nu_B \Delta_f G_m^{\ominus} = 2 \times (-228.597) - 4 \times (-95.265) = -76.134 \text{kJ/mol}$

$$K^{\ominus} = e^{\left(-\frac{\Delta_r G_m^{\ominus}}{RT}\right)} = e^{\left(\frac{76.134 \times 10^3}{8.314 \times 298}\right)} = 2.216 \times 10^{13}$$

该反应的 $\Delta \nu = (2+2) - (4+1) = -1$,所以

$$K_p = K^{\ominus}(p^{\ominus})^{\Delta \nu} = 2.216 \times 10^8 \text{Pa}^{-1}$$

$$K_x = K_p p^{-\Delta \nu} = 2.216 \times 10^{13}$$

2. 解:

$$n_{NO} = \frac{24.14 \times 1.05}{8.314 \times 297} = 0.010\ 3 \text{mol}$$

$$n_{总} = \frac{30.82 \times 1.05}{8.314 \times 324} = 0.012 \text{mol}$$

$$n_{Br_2} = \frac{0.704\ 0}{159.8} = 4.4 \times 10^{-3} \text{mol}$$

$$2NO(g) \quad + \quad Br_2(g) =\!\!=\!\!= 2NOBr(g)$$

平衡时　　　　　0.010 3−2x　　0.004 4−x　　　　2x

$$n_{总} = 0.010\ 3 - 2x + 0.004\ 4 - x + 2x = 0.014\ 7 - x$$

$$x = 2.7 \times 10^{-3} \text{mol}$$

$$K_p = K_x p = \frac{(4.4 - 2.7) \times 10^{-3} \times [(10.3 - 2 \times 2.7) \times 10^{-3}]^2 \times 30.82}{0.012 \times (5.4 \times 10^{-3})^2} = 3.595 \text{kPa}$$

3. 解:　　$A(g) \quad + \quad B(g) =\!\!=\!\!= AB(g)$

开始　　　1mol　　　　1mol　　　　0

反应　　　0.4mol　　　0.4mol　　　0.4mol

平衡　　　0.6mol　　　0.6mol　　　0.4mol

$$\sum_B n_B = 0.6 + 0.6 + 0.4 = 1.6 \text{mol}$$

$$\Delta_r G_m^{\ominus} = -RT \ln K^{\ominus}$$

$$-8\ 368 = -8.314 \times (273 + 27) \times \ln K^{\ominus}$$

$$K^{\ominus} = 28.645$$

$$K^{\ominus} = K_n \left[ \frac{p}{(p^{\ominus} \cdot \sum_B n_B)} \right]^{\Delta \nu}$$

$$K^{\ominus} = \frac{0.4}{0.6 \times 0.6} \times \left( \frac{p}{101.325 \times 1.6} \right)^{-1}$$

$$= 28.645$$

$$p = 6.288 \text{kPa}$$

4. 解:$N_2O_4$ 解离反应为

$$N_2O_4 \Longrightarrow 2NO_2$$

开始 　　　$n$　　　　$0$

平衡时 　$n(1-\alpha)$　　$2n\alpha$

$N_2O_4$ 的摩尔质量 $M=92.0\text{g/mol}$。所以反应前 $N_2O_4$ 的物质的量

$$n=\frac{1.564}{92.0}=0.017\text{mol}$$

解离平衡时系统内总的物质的量为

$$n_总=n(1-\alpha)+2n\alpha=n(1+\alpha)$$

设系统内均为理想气体,由其状态方程 $pV=n_总 RT=n(1+\alpha)RT$

所以,$N_2O_4$ 的解离度为

$$\alpha=\frac{pV}{nRT}-1=\frac{100\,000\times0.485\times10^{-3}}{0.017\times8.314\times298}-1=0.152$$

$$K_n=\frac{n_{NO_2}^2}{n_{N_2O_4}}=\frac{(2n\alpha)^2}{n(1-\alpha)}=\frac{4n\alpha^2}{1-\alpha}$$

$$K^\ominus=K_n\left(\frac{p}{n_总 p^\ominus}\right)^{\Delta v}=\frac{4n\alpha^2}{1-\alpha}\cdot\frac{1}{n(1+\alpha)}$$

$$=\frac{4\times0.152^2}{1-0.152^2}=0.095$$

5. 解:(1)设起始 $H_2O(g)$ 为 1mol

$$C(s)+H_2O(g)\Longrightarrow H_2(g)+CO(g)$$

平衡时 　　　　$1-0.844$　　$0.844$　$0.844$

$$K^\ominus=\frac{\left(\frac{0.844}{1.844}\cdot\frac{p^\ominus}{p^\ominus}\right)^2}{\left(\frac{0.156}{1.844}\cdot\frac{p^\ominus}{p^\ominus}\right)}=2.48$$

(2) 　　　　　$C(s)+H_2O(g)\Longrightarrow H_2(g)+CO(g)$

平衡时 　　　　$1-\alpha$　　　　$\alpha$　　　$\alpha$　　　$n_总=1+\alpha$

$$K^\ominus=\frac{\left(\frac{\alpha}{1+\alpha}\times\frac{2p^\ominus}{p^\ominus}\right)^2}{\left(\frac{1-\alpha}{1+\alpha}\times\frac{2p^\ominus}{p^\ominus}\right)}=2.48$$

$$\alpha=74.4\%$$

6. 解:(1)由已知数据可得:

$$\Delta_r H_m^\ominus=\sum_B \nu_B \Delta_f H_{m,B}^\ominus$$

$$=-333.17-285.85+393.51+2\times46.19$$

$$=-133.13\text{kJ/mol}$$

$$\Delta_r S_m^\ominus=\sum_B \nu_B S_{m,B}^\ominus$$

$$=104.60+69.96-213.64-2\times192.51$$

$$=-0.424\ 1\text{kJ/mol}$$

$$\Delta_r G_m^{\ominus}(298K) = \Delta_r H_m^{\ominus} - T\Delta_r S_m^{\ominus}$$
$$= -133.13 - 298 \times (-0.424\ 1)$$
$$= -6.75 kJ/mol < 0$$

所以在 298K 和标准状态下,反应可以自发进行。

(2)在 298K、标准状态下,若 $\Delta_r G_m^{\ominus} < 0$,反应可以自发进行。所以

$$T < \frac{\Delta_r H_m^{\ominus}}{\Delta_r S_m^{\ominus}} = \frac{-133.13}{-0.424\ 1} = 313.91K$$

即在标准状态下反应能自发进行的最高温度为 313.91K。

7. 解:将 $T = 573.15K$ 代入 $\ln K^{\ominus} = 17.39 - 51\ 034/4.575T$,得

$$\ln K^{\ominus} = -2.073$$
$$K^{\ominus} = 0.125$$

$$\Delta_r G_m^{\ominus} = -RT \ln K^{\ominus}$$
$$= -8.314 \times 573.15 \times (-2.073) = 9.88 kJ/mol$$

$$\ln K^{\ominus} = -\frac{\Delta_r H_m^{\ominus}}{R} \cdot \frac{1}{T} + C$$

$$\frac{51\ 034}{4.575} = \frac{\Delta_r H_m^{\ominus}}{R}$$

$$\Delta_r H_m^{\ominus} = 92.74 kJ/mol$$

$$\Delta_r G_m^{\ominus} = \Delta_r H_m^{\ominus} - T\Delta_r S_m^{\ominus}$$

$$9.88 = 92.74 - 573.15\Delta_v S_m^{\ominus}$$

$$\Delta_r S_m^{\ominus} = 144.6 J/(K \cdot mol)$$

8. 解:
|  | $H_2(g) + I_2(g) \rightleftharpoons 2HI(g)$ | | |
|---|---|---|---|
| 开始 | 7.94mol | 5.3mol | 0 |
| 平衡 | 7.94$-n$ | 5.3$-n$ | $2n$ |

$$\sum_B n_B = (7.94-n) + (5.3-n) + 2n = 13.24$$

$$\Delta v = 0$$

$$K^{\ominus} = K_n = \frac{(2n)^2}{(7.94-n) \cdot (5.3-n)} = 50.1$$

$$n = 4.74 mol$$

平衡时,$n_{HI} = 2n = 2 \times 4.74 = 9.48 mol$

9. 解:

$$\ln K^{\ominus} = 4.81 - \frac{2\ 059}{298.2} = -2.095$$

$$\Delta_r G_m^{\ominus} = -RT \ln K^{\ominus}$$
$$= -8.314 \times 298.2 \times (-2.095) = 5\ 194 J/mol$$

将 $\ln K^{\ominus} = \frac{-\Delta_r H_m^{\ominus}}{RT} + C$ 与 $\ln K^{\ominus} = 4.81 - \frac{2\ 059}{T}$ 相比较,得

$$\Delta_r H_m^{\ominus} = 2\ 059 \times 8.314 = 17\ 118.5 J/mol$$

$$\Delta_r S_m^\ominus = \frac{\Delta_r H_m^\ominus - \Delta_r G_m^\ominus}{T} = \frac{17\ 118.5 - 5\ 194}{298.2} = 40\text{J/(K} \cdot \text{mol)}$$

10. 解:(1)

$$n_{CO_2} = \frac{4.4 \times 10^{-3}}{44 \times 10^{-3}} = 0.1\text{mol}$$

$$p_{CO_2} = \frac{nRT}{V}$$

$$= \frac{0.1 \times 8.314 \times 610}{2.5} = 202.86\text{kPa}$$

$$CO_2(g) + H_2S(g) \rule[0.5ex]{2em}{0.4pt}\!\!=\!\!\rule[0.5ex]{2em}{0.4pt} COS(g) + H_2O(g)$$

| 开始 | 202.86 | 810.39 | 0 | 0 |
| 平衡 | 202.86-p | 810.39-p | p | p |

平衡后
$$x_{H_2O} = \frac{p_{H_2O}}{p_总} = \frac{p_{H_2O}}{1\ 013.25} = 0.02$$

$$p_{H_2O} = 20.27\text{kPa}$$

$$K^\ominus = \frac{\dfrac{p_{cos}}{p^\ominus} \cdot \dfrac{p_{H_2O}}{p^\ominus}}{\dfrac{p_{CO_2}}{p^\ominus} \cdot \dfrac{p_{H_2S}}{p^\ominus} \cdot} = 2.848 \times 10^{-3}$$

(2) $\Delta_r G_m^\ominus = -RT \ln K^\ominus$

$$= -8.314 \times 610 \times \ln(2.849 \times 10^{-3}) = 29.73\text{kJ/mol}$$

(3) 620K 时平衡后

$$x_{H_2O} = \frac{p_{H_2O}}{p_总} = \frac{p_{H_2O}}{1\ 013.25} = 0.03$$

$$p_{H_2O} = 30.40\text{kPa}$$

则平衡后:

$$p_{CO_2} = 202.86 - 30.40 = 172.46\text{kPa}$$

$$p_{H_2O} = 810.39 - 30.40 = 779.99\text{kPa}$$

$$K^\ominus = \frac{\dfrac{p_{H_2O}}{p^\ominus} \cdot \dfrac{p_{CO_2}}{p^\ominus}}{\dfrac{p_{H_2S}}{p^\ominus} \cdot \dfrac{p_{CO_2}}{p^\ominus}} = \frac{30.40 \times 30.40}{172.46 \times 779.99} = 6.870 \times 10^{-3}$$

11. 解:

$$Q_p = \frac{[p_{SO_3}/p^\ominus]^2}{[p_{SO_2}/p^\ominus]^2 [p_{O_2}/p^\ominus]} = 248.3$$

$$\Delta_r G_m = RT \ln \frac{Q_p}{K^\ominus} = 3.56 \times 10^4 \text{J/mol}$$

由于 $\Delta_r G_m > 0$,故反应逆向进行。欲使反应正向进行必须 $Q_p < K^\ominus$,即

$$p_{SO_3} < \left[ \frac{K^{\ominus} p_{SO_2}^2 p_{O_2}}{p^{\ominus}} \right]^{\frac{1}{2}} = 1.19 \times 10^4 Pa$$

12. 解：先求出 0.233mol 惰性气体的平衡分压

$$p = \frac{nRT}{V} = \frac{0.233 \times 8.314 \times 523}{1 \times 10^{-3}} = 1.013 \times 10^3 kPa$$

反应 $PCl_5(g) \rightleftharpoons PCl_3(g) + Cl_2(g)$ 中各气体的平衡总压为

$$2.933 \times 10^3 - 1.013 \times 10^3 = 1.92 \times 10^3 kPa$$

设 $PCl_5$ 转化的摩尔数为 $x$ mol

$$PCl_5(g) \rightleftharpoons PCl_3(g) + Cl_2(g)$$

$t = 0$ 时：　　　　　　0.341　　　　　0　　　　　0

平衡时：　　　　　　0.341$-x$　　　　　$x$　　　　　$x$

平衡时物质总量为 $0.341 - x + 2x = 0.341 + x$

由 $pV = nRT$，代入数据可求出 $x = 0.100\,6$ mol，则反应的标准平衡常数为

$$K^{\ominus} = \left( \frac{p}{p^{\ominus} \sum n_B} \right)^{\Delta \nu} \cdot K_n = \frac{1.92 \times 10^3}{100 \times (0.341 + 0.100\,6)} \times \frac{0.100\,6^2}{0.341 - 0.100\,6} = 1.83$$

13. 解：

$$A(g) \rightleftharpoons B(g)$$

平衡时　　　　1 013 250Pa　　　101 325Pa

$$K^{\ominus} = \left( \frac{p_B}{p^{\ominus}} \right) \Big/ \left( \frac{p_A}{p^{\ominus}} \right) = \left( \frac{101\,325}{101\,325} \right) \Big/ \left( \frac{1\,013\,250}{101\,325} \right) = 0.1$$

$$\Delta_r G_m^{\ominus} = -RT \ln K^{\ominus} = -8.314 \times 298.15 \times \ln 0.1 = 5\,708 J/mol$$

$$Q_p = \frac{p_B}{p^{\ominus}} \Big/ \frac{p_A}{p^{\ominus}} = \left( \frac{101\,325}{101\,325} \right) \Big/ \left( \frac{202\,650}{101\,325} \right) = 0.5$$

$$\Delta_r G_m = -RT \ln K^{\ominus} + RT \ln Q_p$$

$$= 5\,708 + 8.314 \times 298.15 \times \ln 0.5 = 5\,708 - 1\,718 = 3\,990 J/mol > 0$$

所以，反应不能自发向右进行

14. 解：(1) 设平衡转换率为 $\alpha$

开始时：$n(CO_2) = \dfrac{4.25}{44} = 0.097$ mol

$$C(s) + CO_2(g) \rightleftharpoons 2CO(g)$$

开始(mol)　　　　　　0.097　　　　　0

平衡时(mol)　　　　0.097$(1-\alpha)$　　2×0.097$\alpha$

则：$n_{总} = 0.097(1 + \alpha)$

$$\overline{M} = x_{CO_2} M_{CO_2} + x_{CO} M_{CO} = \left( \frac{1-\alpha}{1+\alpha} \right) \times 44 + \left( \frac{2\alpha}{1+\alpha} \right) \times 28 = 36$$

解得：$\alpha = 0.333$，所以 $x_{CO} = x_{CO_2} = 0.5$

$$p_{总} = \frac{n_{总} RT}{V} = 1.333 \times 0.097 \times 8.314 \times \frac{1\,000}{10^{-3}} = 1\,075 kPa$$

$$K_p = K_x \times p_{总} = \frac{p_{总} x_{CO}^2}{x_{CO_2}} = \frac{1\,075 \times 0.5^2}{0.5} = 537.5 kPa$$

（2）根据 $K_p = K^{\ominus}(p^{\ominus})^{\Delta\nu} = K_n \left(\dfrac{RT}{V}\right)^{\Delta\nu} = \dfrac{(n_{CO})^2}{n_{CO_2}} \cdot \left(\dfrac{RT}{V}\right)^{\Delta\nu}$，在恒温恒容条件下，加入惰性气体 He，使总压加倍，则 CO 的平衡量不变。但若加入 He，使容器体积加倍，而总压维持不变，则 CO 的平衡量增加。

15. 解：（1）设 $NO_2$ 的摩尔分数为 $x$，$N_2O_4$ 的为 $(1-x)$

$$xM(NO_2) + (1-x)M(N_2O_4) = 61.2$$

$$46x + (1-x) \times 92 = 61.2$$

求得：$x = 0.67$

设初始时 $N_2O_4$ 的摩尔数为 $n\,mol$，则：

$$N_2O_4(g) \Longrightarrow 2NO_2(g)$$

平衡时　　　　　　　　　$n(1-\alpha)$　　　$2n\alpha$　　　　$\sum n_B = n(1+\alpha)$

$$x = 2n\alpha / n(1+\alpha) = 0.67$$

解得：$\alpha = 0.50$

（2）$K_p = \dfrac{p^2(NO_2)}{p(N_2O_4)} = \dfrac{4\alpha^2}{1-\alpha^2}p = 133.33kPa$

（3）当 $p = 10kPa$ 时

$$K_p = 133.33 = [4\alpha^2 / (1-\alpha^2)] \times 10$$

求得：$\alpha = 0.877$

# 一、要点概览

## （一）基本概念

1. 相　系统中物理性质和化学性质完全均一的部分称为相。相与相之间有明显的物理界面。相的数目用符号 $\Phi$ 表示。

2. 物种数　平衡系统中所含的化学物质数为物种数,用符号 $S$ 表示。

3. 独立组分数　独立组分数简称组分数,为足以表示系统中所有各相组成所需的最少物种数,用符号 $K$ 表示。独立组分数与物种之间存在关系:$K=S-R-R'$,其中 $R$ 表示独立的化学平衡数,$R'$ 表示同一相内独立的浓度限制条件。

4. 自由度　平衡系统中,在不发生旧相消失或新相产生的条件下,在一定范围内可以任意改变的强度性质的最多数目为自由度,用符号 $f$ 表示。

5. 相律　相律为平衡系统中相数、独立组分数与自由度(温度、压力、组成⋯⋯)等变量之间遵守的关系。相律只能计算相数、自由度数,但是不能指出平衡共存的相是哪几个。

6. 相图　根据实验数据绘制的系统中相的状态与温度、压力、组成间相互关系的图形为相图。相图不能由相律绘制,只能根据一定的实验数据绘制。

## （二）单组分系统

单组分系统的相律为:$f=1-\Phi+2=3-\Phi$。单组分系统可用温度和压力两个变量描述,绘制 $p$-$T$ 相图。

1. 水的相图　图 5-1 是水的相图,有三个相区(气相、液相、固相,$f=2$)、三条两相平衡线(气-液、气-固和固-液两相平衡,$f=1$)和一个三相点(气-液-固三相共存,$f=0$)。

水的三相点温度为 273.16K,压力为 0.610 6kPa。

对于单组分系统,如果在一定温度与压力下固态只出现一种晶形,则都具有相似于水相图的基本图形,可能出现的差异是固-液平衡线的斜率一般为正值。

2. 克劳修斯-克拉珀龙方程　单组分系统两相平衡共存时 $T$ 与 $p$ 的定量关系式可由克拉珀龙方程式描述。对于有气相参与的纯物质气-液两相或气-固两相平衡,可用克劳修斯-克拉珀龙方程描述。

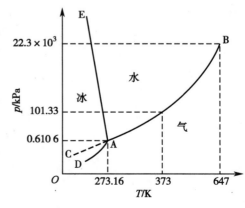

图 5-1　水的相图

## （三）二组分双液系统

对于二组分系统，$f = 2 - \Phi + 2 = 4 - \Phi$。系统最多有四个相，三个独立变量，（温度、压力和组成）。若保持一个变量恒定，可得到 $p$-$x$ 图、$T$-$x$ 图或 $p$-$T$ 图，常用 $p$-$x$ 图或 $T$-$x$ 图表示。

1. 完全互溶系统的气-液平衡　这类系统的相图如图 5-2 所示。图中实线为液相线，虚

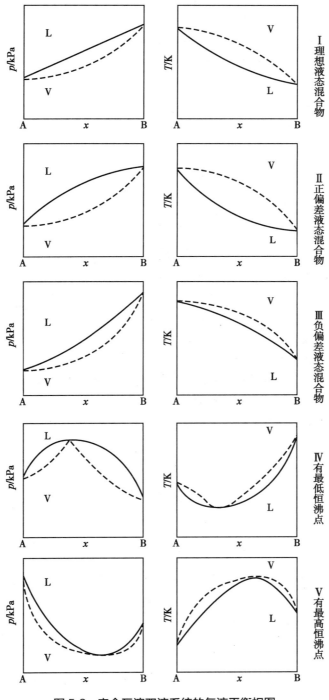

图 5-2　完全互溶双液系统的气液平衡相图

线为气相线,气相线与液相线之间为气液两相共存区。靠近气相线一侧为气相区,靠近液相线一侧为液相区。其中Ⅰ为理想液态混合物系统;Ⅱ、Ⅲ分别为较小正、负偏差系统;Ⅳ、Ⅴ分别是较大正、负偏差系统。Ⅰ~Ⅲ类系统中易挥发组分在气相中的组成大于其在液相中的组成,一般精馏可同时得到两个纯组分。Ⅳ、Ⅴ类相图中极值点处的气相组成与液相组成相同,该系统进行一般精馏时可得到一个纯组分和恒沸混合物。可以用杠杆规则计算二组分系统两相共存区平衡两相的相对数量。

2. 部分互溶的二组分系统　这类系统的相图有三种,如图 5-3 所示。常见的是具有最高临界溶解温度的类型,图 5-3(a)。帽形区内为 2 共轭液层共存,帽形区外为单相区,o 点是最高临界溶解点。

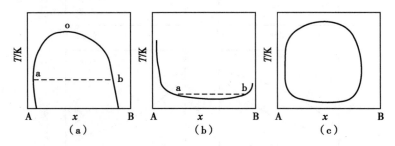

图 5-3　部分互溶的二组分系统相图

3. 完全不互溶的双液系统　系统中任意液体在某一温度下的蒸气压与该液体同温度下单独存在时的蒸气压相同,与两种液体存在的量无关。总蒸气压等于两纯组分蒸气压之和,因此系统的沸点低于任意纯组分的沸点,这是水蒸气蒸馏的基础。

### （四）二组分固液系统

二组分固液系统相图常用热分析法或溶解度法绘制。由于压力对相平衡的影响很小,常用 $T$-$x$ 图表示。固-液平衡的相图类型很多,主要有简单低共熔相图、生成化合物的相图,如图 5-4 所示。图 5-4(a)为简单低共熔相图,图 5-4(b)为水-盐系统相图,图 5-4(c)为生成稳定化合物 C 的相图,图 5-4(d)为生成不稳定化合物 C 的相图。各区域的相态如图中所标示。

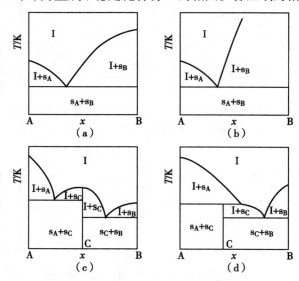

图 5-4　二组分固-液平衡相图

### （五）三组分系统

当温度和压力同时固定时,在平面上用等边三角形可表示三组分凝聚系统中各平衡系统的状态。其中三个顶点分别表示三个纯物质,三条边分别表示两个端点对应物质构成的二组分系统,三角形内任意一点表示三组分系统,二组分及三组分系统的组成可利用相图得到。

三液体间可以是一对(图5-5 I)、两对甚至是三对部分互溶的,这类系统的相图在液-液萃取过程中有重要作用。除三液系统外,还有水盐系统(图5-5 II~IV),其相图对于粗盐提纯、分离具有指导作用。

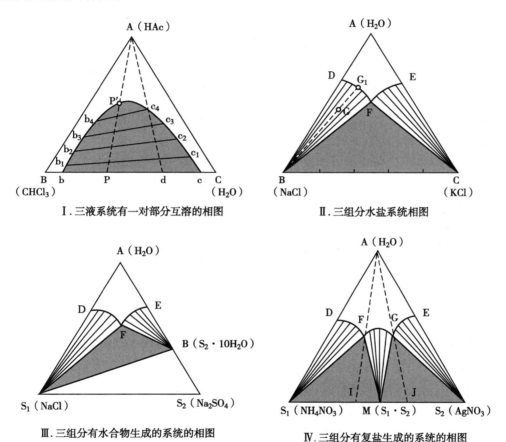

I.三液系统有一对部分互溶的相图

II.三组分水盐系统相图

III.三组分有水合物生成的系统的相图

IV.三组分有复盐生成的系统的相图

图 5-5　三组分系统相图

# 二、主 要 公 式

| | |
|---|---|
| $f=K-\Phi+2$ | 相律,适用于相平衡系统,不考虑其他外界因素（如电场、磁场、重力场等）对相平衡的影响 |
| $\dfrac{\mathrm{d}p}{\mathrm{d}T}=\dfrac{\Delta H_{\mathrm{m}}}{T\Delta V_{\mathrm{m}}}$ | 克拉珀龙方程,单组分系统的任意两相平衡 |

| | |
|---|---|
| $\dfrac{\mathrm{d}\ln p}{\mathrm{d}T}=\dfrac{\Delta_{\mathrm{vap}}H_{\mathrm{m}}}{RT^{2}}$ | 克劳修斯-克拉珀龙方程微分式,单组分系统两相平衡,且一相为气体,气体可视为理想气体 |
| $\ln\dfrac{p_{2}}{p_{1}}=\dfrac{\Delta_{\mathrm{vap}}H_{\mathrm{m}}}{R}\left(\dfrac{1}{T_{1}}-\dfrac{1}{T_{2}}\right)$ | 克劳修斯-克拉珀龙方程积分式。适用于单组分系统两相平衡,且一相为气体,气体可视为理想气体,$\Delta_{\mathrm{vap}}H_{\mathrm{m}}$ 可视为常数 |
| $n_{1}(x_{1}-x)=n_{2}(x-x_{2})$ | 杠杆规则。适用于相图中任意两相平衡区 |

# 三、例题解析

**例1** 水的蒸气压方程为:$\ln p=A-\dfrac{4\,885}{T}$,式中 $A$ 为常数,$p$ 的单位为 Pa。将 10g 水引入体积为 10L 的真空容器中,问在 323K 达到平衡后,容器中还剩多少水?

**解:**将 $T=373.2\mathrm{K}$,$p=101\,325\mathrm{Pa}$ 代入所给方程中,则

$$\ln 101\,325=A-\dfrac{4\,885}{373.2},\text{得}A=24.62$$

于是蒸气压方程为:$\ln p=24.62-\dfrac{4\,885}{T}$

将 $T=323\mathrm{K}$ 代入上式,得:$p=13.31\mathrm{kPa}$

因为 $V_{1}+V_{\mathrm{g}}=10\mathrm{L}$,$V_{1}\ll V_{\mathrm{g}}$,故 $V_{\mathrm{g}}\approx10\mathrm{L}$。设蒸气为理想气体

$$n_{\mathrm{g}}=\dfrac{pV_{\mathrm{g}}}{RT}=0.049\,6,W_{\mathrm{g}}=0.892\mathrm{g}$$

故还剩水为: $10-0.892=9.108\mathrm{g}$

**例2** 已知 298K 时气相异构反应:正戊烷 $\Longleftrightarrow$ 异戊烷的 $K_{p}=13.24$,液态正戊烷和异戊烷的蒸气压(kPa)与温度(K)的关系式可分别用下列两式表示:

正戊烷:$\ln p=9.145-\dfrac{2\,453}{T+200}$

异戊烷:$\ln p=9.002-\dfrac{2\,346.6}{T+225}$

假定两者形成的溶液为理想液态混合物,计算 298K 时液相异构反应的 $K_{x}$。

**解:**$K_{p}=\dfrac{p_{\text{异}}}{p_{\text{正}}}=\dfrac{p_{\text{异}}^{*}}{p_{\text{正}}^{*}}K_{x}$

$$K_{x}=\dfrac{p_{\text{正}}^{*}}{p_{\text{异}}^{*}}K_{p}$$

由已知条件可知 298K 时,

$$\ln p=9.145-\dfrac{2\,453}{T+200},p_{\text{正}}^{*}=67.99\mathrm{kPa}$$

同理可求得 $p_{\text{异}}^{*}=91.40\mathrm{kPa}$,则:

$$K_x = \frac{p_{正}^*}{p_{异}^*} K_p = \frac{67.99}{91.40} \times 13.24 = 9.85$$

**例 3** 邻硝基氯苯(A)与对硝基氯苯(B)的温度-组成图如图 5-6,

(1)指出图中点、线、区的意义。

(2)某厂对硝基氯苯车间的结晶器每次处理氯苯硝化料液 $7.8 \times 10^3 kg$,料液的组成为 $w_B = 66\%$, $w_A = 33\%$($w_{间} = 1\%$,可忽略不计),温度约为 327K,若将此料液冷却到 290K(此时溶液中含 B 35%,如 R 点所示),问:

1)每次所得对硝基氯苯的产量为多少千克?

2)平衡产率如何?

3)冷母液的组成如何?冷母液中尚含对硝基氯苯及邻硝基氯苯各多少 kg?

(3)画出图中 f、g、h 三物系的冷却曲线。

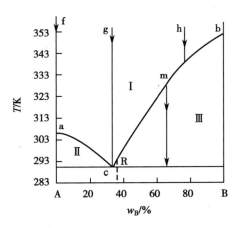

图 5-6　邻硝基氯苯(A)与对硝基氯苯(B)的 *T-x* 图

**解:**(1)Ⅰ区为邻硝基氯苯与对硝基氯苯二异构体所组成的溶液,为单相区。Ⅱ区为邻硝基氯苯固相与溶液两相平衡共存区。Ⅲ区为对硝基氯苯固相与溶液两相平衡共存区。Ⅳ区为对硝基氯苯固相与邻硝基氯苯固相两相共存区。

ac 线为邻硝基氯苯凝固点降低曲线。bc 线为对硝基氯苯凝固点降低曲线。过 c 点的水平线(与温度坐标的两个交点除外)为三相线,线上任意一点都表示邻硝基氯苯固相、对硝基氯苯固相及对应 c 点组成溶液的三相平衡共存。a 点为纯邻硝基氯苯的凝固点,b 点为纯对硝基氯苯的凝固点,c 点为最低共熔点,该点对应的温度称为最低共熔温度。

(2)将 $w_A = 33\%$,$w_B = 66\%$,温度为 327K(m 点的系统)冷却到 290K,此时有大量对硝基氯苯固态析出,冷母液的组成为 R 点所示,含对硝基氯苯 $w_B = 35\%$。此时析出的对硝基氯苯固体与溶液的质量比,可由杠杆规则确定,即:

$$\frac{m_B}{m_{溶液}} = \frac{0.66 - 0.35}{1.00 - 0.66}$$

又:$m_B + m_{溶液} = 7.8 \times 10^3 kg$

1)联立以上两式解得:$m_B = 3.72 \times 10^3 kg$

2)平衡产率 $= \dfrac{3.72 \times 10^3}{7.8 \times 10^3 \times 0.66} = 72.3\%$

3)冷母液的组成为含对硝基氯苯 $w_B = 35\%$,含对硝基氯苯的量为:

$(7.8 \times 10^3 - 3.72 \times 10^3) \times 35\% = 1.428 \times 10^3 kg$

冷母液中含邻硝基氯苯的量为:

$(7.8 \times 10^3 - 3.72 \times 10^3) - 1.428 \times 10^3 = 2.652 \times 10^3 kg$

(3)三系统的冷却曲线见图 5-7。

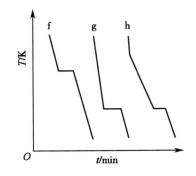

图 5-7　f、g、h 三物系的冷却曲线图

**例 4** 101.325kPa 下,苯和甲苯的沸点分别为 353.4K 和 383.8K,摩尔蒸发焓分别为 30 696J/mol 和 31 967J/mol(设摩尔蒸发焓与温度无关)。已知苯和甲苯可构成理想液态混合物,问:若使该溶液在 101.325kPa,373.2K 条件下沸腾,其组成应如何?

**解:**首先计算苯在 373.2K 的蒸气压,根据公式

$$\ln \frac{p_2}{p_1} = \frac{\Delta_{vap}H_m}{R}\left(\frac{1}{T_1} - \frac{1}{T_2}\right)$$

$$\ln \frac{p_2}{101\ 325} = \frac{30\ 696}{8.314}\left(\frac{1}{353.4} - \frac{1}{373.2}\right)$$

$$p_2 = 176.38\text{kPa}$$

然后计算同温度下甲苯的蒸气压:

$$\ln \frac{p_2}{101\ 325} = \frac{31\ 967}{8.314}\left(\frac{1}{383.8} - \frac{1}{373.2}\right)$$

$$p_2 = 76.23\text{kPa}$$

$$p = p_{苯}^* x_{苯} + p_{甲苯}^* x_{甲苯}$$

$$176.38x_{苯} + 76.23x_{甲苯} = 101.325$$

根据 $x_{苯} + x_{甲苯} = 1$,可得

$$x_{苯} = 0.251, x_{甲苯} = 0.749$$

**例5**　在温度 $T$ 时,纯 A(l)和纯 B(l)的饱和蒸气压分别为 40kPa 和 120kPa,已知 A、B 两组分可形成理想液态混合物。

(1)在温度 $T$ 下,将 $y_B = 0.60$ 的 A、B 混合气体于气缸中进行恒温缓慢压缩。求第一滴微小液滴(不改变气相组成)出现时系统的总压力及小液滴的组成 $x_B$ 各为若干?

(2)若 A、B 液态混合物恰好在温度 $T$、100kPa 下沸腾,此混合物的组成 $x_B$ 及沸腾时蒸气的组成 $y_B$ 各为若干?

**解:**(1)设与 $y_B = 0.60$ 的气相成平衡的液相组成为 $x_B$ 时,总压为 $p$,根据公式:$y_B = \dfrac{p_B^* x_B}{p_A^*(1-x_B) + p_B^* x_B}$,代入已知数据得

$$x_B = 0.333\ 3$$

$$p = p_A + p_B = p_A^*(1-x_B) + p_B^* x_B$$
$$= 40 \times (1-0.333\ 3) + 120 \times 0.333\ 3$$
$$= 66.67\text{kPa}$$

(2)由题意知:

$$100 = p_A^*(1-x_B) + p_B^* x_B$$

将 $p_A^* = 40\text{kPa}, p_B^* = 120\text{kPa}$,代入上式得

$$x_B = 0.75$$

对应的气相组成:

$$y_B = \frac{p_B^* x_B}{100} = 0.900$$

**例6**　在 101.325kPa 下,将 9.0kg 的水(A)与 30.0kg 的醋酸(B)形成的液态混合物加热到 378K,达到气液两相平衡时,气相组成 $y_B = 0.417$,液相中 $x_B = 0.544$。求气液两相的质量各为多少千克?

**解:**由 $M_A = 18 \times 10^{-3}\text{kg/mol}, M_B = 60 \times 10^{-3}\text{kg/mol}$ 得

$$n_A = \frac{m_A}{M_A} = 500\text{mol}, n_B = \frac{m_B}{M_B} = 500\text{mol}$$

$$n_{总} = n_A + n_B = 1\ 000\text{mol}$$

系统的总组成：
$$n_{0,B} = \frac{n_B}{n_{\text{总}}} = 0.500$$

在 $T = 378K$、$p = 101.325kPa$ 达到气液平衡时，根据杠杆规则，可列出下列关系：
$$\frac{n_g}{n_{\text{总}} - n_g} = \frac{0.544 - 0.500}{0.500 - 0.417} = 0.346\ 5$$
$$n_g = 0.346\ 5\ n_{\text{总}} = 0.346\ 5 \times 1\ 000 = 346.5mol$$
$$n_1 = n_{\text{总}} - n_g = 1\ 000 - 346.5 = 653.5mol$$

气、液相的平均摩尔质量分别为：
$$M_g = \sum y_i M_i = (0.583 \times 18 + 0.417 \times 60) \times 10^{-3}$$
$$= 3.551\ 4 \times 10^{-2} kg/mol$$
$$M_1 = \sum x_i M_i = (0.456 \times 18 + 0.544 \times 60) \times 10^{-3}$$
$$= 4.084\ 8 \times 10^{-2} kg/mol$$

气相的质量：
$$m_g = n_g M_g = 346.5 \times 3.551\ 4 \times 10^{-2} = 12.3kg$$

液相的质量：
$$m_1 = n_1 M_1 = 653.5 \times 4.084\ 8 \times 10^{-2} = 26.7kg$$

**例 7** 异丁醇-水是液相部分互溶系统，已知其共沸数据如下：共沸点为 362.7K，共沸组成（含异丁醇的质量分数）是：气相 70.0%，液相中异丁醇层为 85.0%，水层为 8.7%。今有异丁醇-水液态混合物 0.5kg，其中含异丁醇 30.0%，将此混合物在 101.325kPa 压力下加热。

（1）作沸点-组成示意图。

（2）温度接近 362.7K 时，此平衡系统中存在哪些相？各相重多少千克？

（3）当温度由 362.7K 刚有上升趋势时，平衡系统中存在哪些相？各相重多少千克？

**解：**（1）根据共沸数据画出相图如图 5-8。

（2）温度接近 362.7K 时，平衡系统中存在两个共轭液层，即异丁醇层和水层，设水层重为 $x$kg，则异丁醇层重为 $(0.5 - x)$kg。

由图 5-8 可知
$$x(30 - 8.7) = (0.5 - x)(85 - 30)$$

解得：$x = 0.36kg$

异丁醇层重为：$0.5 - 0.36 = 0.14kg$

（3）刚有上升趋势时，系统中亦存在两相，即气相和水层相。设水层重 $y$kg，则气相重为 $(0.5 - y)$kg

于是有
$$y(30 - 8.7) = (0.5 - y)(70 - 30)$$
$$y = 0.326kg$$

气相重为：$0.5 - 0.326 = 0.174kg$

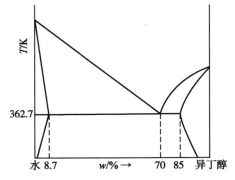

图 5-8　水-异丁醇沸点-组成图

# 四、习题详解（主干教材）

1. 指出下列平衡系统的组分数、自由度各为多少？

（1）$NH_4Cl(s)$ 部分分解为 $NH_3(g)$ 和 $HCl(g)$。

(2)若在上述系统中额外加入少量的 $NH_3(g)$。

(3)$NH_4HS(s)$ 和任意量的 $NH_3(g)$ 及 $H_2S(g)$ 平衡。

(4)$C(s)$、$CO(g)$、$CO_2(g)$、$O_2(g)$ 在 100℃ 时达平衡。

**解：**

(1)$K=3-1-1=1$，$f=1-2+2=1$

(2)$K=3-1-0=2$，$f=2-2+2=2$

(3)$K=3-1-0=2$，$f=2-2+2=2$

(4)$K=4-2-0=2$，$f=2-2+1=1$

2. 在水、苯和苯甲酸的系统中，若指定了下列事项，试问系统中最多可能有几个相，并各举一例。

(1)指定温度。

(2)指定温度和水中苯甲酸的浓度。

(3)指定温度、压力和水中苯甲酸的浓度。

**解：**(1)$f=3-\Phi+1=4-\Phi$，$f=0$ 时，$\Phi=4$，即最多可有 4 相共存，如气相、苯甲酸固体、苯甲酸的饱和水溶液及其饱和苯溶液。

(2)$f=2-\Phi+1=3-\Phi$，$f=0$ 时，$\Phi=3$，故最多可有三相共存，如苯甲酸的饱和水溶液相、苯甲酸的饱和苯溶液相和气相。

(3)$f=2-\Phi+0=2-\Phi$，即系统最多可有两相共存，如苯甲酸苯溶液及苯甲酸水溶液。

3. 求下述系统的自由度数，若 $f\neq0$，则指出变量是什么。

(1)在标准压力 $p^{\ominus}$ 下，水与水蒸气平衡。

(2)水与水蒸气平衡。

(3)在标准压力 $p^{\ominus}$ 下，$I_2$ 在水中和 $CCl_4$ 分配已达到平衡，无 $I_2(s)$ 存在。

(4)$NH_3(g)$、$H_2(g)$、$N_2(g)$ 已达化学平衡。

(5)在标准压力 $p^{\ominus}$ 下，$NaOH$ 水溶液与 $H_3PO_4$ 水溶液混合后。

(6)在标准压力 $p^{\ominus}$ 下，$H_2SO_4$ 水溶液与 $H_2SO_4 \cdot 2H_2O$(固)已达平衡。

**解：**

(1)$f=1-2+1=0$，即无变量系统

(2)$f=1-2+2=1$，即 $T$ 或 $p$

(3)$f=3-2+1=2$，即 $T$ 和 $x$

(4)$f=2-1+2=3$，即 $T$、$p$ 和 $x$

(5)$f=3-1+1=3$，即 $T$、$x_1$ 和 $x_2$

(6)$f=2-2+1=1$，即 $T$

4. 硫的相图如图 5-9 所示。

(1)写出图中各线和点代表哪些相的平衡。

(2)叙述系统的状态由 X 在恒压下加热至 Y 所发生的变化。

**解：**

(1)AB：正交与气相；BC：单斜与气相；CD：气相与液相；CE：单斜与液相；BE：过热正交硫的蒸气压曲线；BG：正交与气相；CG：液态与气态；GE：正交与液态；

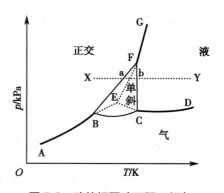

图 5-9　硫的相图（习题 4 解）

EF:过热正交硫的熔化曲线;B:正交、单斜与气相;C:单斜、液相与气相;E:正交、气相与液相;F:液相、单斜与正交。

(2)如图:X→a 为正交硫的恒压升温过程,a 点为正交硫与单斜硫两相平衡共存,a→b 为单斜硫的恒压升温过程,b 点为单斜硫与液态两相平衡共存,b→Y 为液态硫的恒压升温过程。

5. 三氯甲烷的正常沸点为 334.65K(外压为 101.325kPa),试求三氯甲烷的摩尔气化焓及 313.15K 时的饱和蒸气压。

**解:**

由特鲁顿规则知:

$$\Delta_{vap}H_m = 88T_b = 88 \times 334.15 = 29.405 \text{kJ/mol}$$

将已知数据代入克劳修斯-克拉珀龙方程:$\ln \dfrac{p_2}{p_1} = \dfrac{\Delta_{vap}H_m}{R} \left( \dfrac{1}{T_1} - \dfrac{1}{T_2} \right)$

$$\ln \frac{p_2}{101.325} = \frac{29\,405}{8.314} \left( \frac{1}{334.65} - \frac{1}{313.15} \right)$$

解得:$p_2 = 49.0$kPa,即 313.15K 时三氯甲烷的饱和蒸气压为 49.0kPa。

6. 今把一批装有注射液的安瓿瓶放入高压消毒锅内加热消毒,若用 151.99kPa 的水蒸气进行加热,问锅内的温度有多少度?(已知 $\Delta_{vap}H_m = 40.67$kJ/mol)

**解:**

根据公式:$\ln \dfrac{p_2}{p_1} = \dfrac{\Delta_{vap}H_m}{R} \left( \dfrac{1}{T_1} - \dfrac{1}{T_2} \right)$

$$\ln \frac{151.99}{101.325} = \frac{40\,670}{8.314} \left( \frac{1}{373.15} - \frac{1}{T} \right)$$

$$T = 385K$$

7. 氢醌的蒸气压实验数据如下:

| | 固-气 | | 液-气 | |
|---|---|---|---|---|
| 温度/K | 405.55 | 436.65 | 465.15 | 489.65 |
| 压力/kPa | 0.133 3 | 1.333 4 | 5.332 7 | 13.334 |

求:(1)氢醌的升华焓、蒸发焓、熔化焓(设它们均不随温度变化)。

(2)气、液、固三相共存时的温度与压力。

(3)如果在 500K 时沸腾,求此时的外压。

**解:**(1)$\ln \dfrac{p_2}{p_1} = \dfrac{\Delta H_m}{R} \left( \dfrac{1}{T_1} - \dfrac{1}{T_2} \right)$

$$\ln \frac{1.333\,4}{0.133\,3} = \frac{\Delta_{sub}H_m}{8.314} \left( \frac{1}{405.55} - \frac{1}{436.65} \right)$$

$$\Delta_{sub}H_m = 109.018 \text{kJ/mol}$$

$$\ln \frac{13.334}{5.332\,7} = \frac{\Delta_{vap}H_m}{8.314} \left( \frac{1}{465.15} - \frac{1}{489.65} \right)$$

$$\Delta_{vap}H_m = 70.833 \text{kJ/mol}$$

$$\Delta_{fus}H_m = \Delta_{sub}H_m - \Delta_{vap}H_m = 38.167kJ/mol$$

（2）设三相平衡共存时的温度为 $T$，压力为 $p$，则有

$$\ln \frac{p}{0.1333} = \frac{\Delta_{sub}H_m}{R}\left(\frac{1}{405.55} - \frac{1}{T}\right)$$

$$\ln \frac{p}{5.3327} = \frac{\Delta_{vap}H_m}{8.314}\left(\frac{1}{465.15} - \frac{1}{T}\right)$$

两式联立得：$T = 444.9K$，$p = 2.316kPa$

（3）沸腾时蒸气压等于外压，即有

$$\ln \frac{p}{5.3327} = \frac{70833}{8.314}\left(\frac{1}{465.15} - \frac{1}{500}\right)$$

$$p = 19.1kPa$$

8. 为了降低空气的湿度，让压力为 101.325kPa 的潮湿空气通过一管道冷却至 248.15K，试用下列数据，估计在管道出口处空气中水蒸气的分压。水在 283.15K 和 273.15K 时的蒸气压分别为 1.228kPa 和 0.6106kPa，273.15K 时冰的熔化热为 333.5kJ/kg（假设所涉及的焓变都不随温度而变）。当此空气的温度回升到 293.15K 时（压力仍为 101.325kPa），问这时的空气相对湿度为多少？

**解：** $\ln \frac{p_2}{p_1} = \frac{\Delta H_m}{R}\left(\frac{1}{T_1} - \frac{1}{T_2}\right)$

$$\ln \frac{1.228}{0.6106} = \frac{\Delta_{vap}H_m}{8.314}\left(\frac{1}{273.15} - \frac{1}{283.15}\right)$$

$$\Delta_{vap}H_m = 44.93kJ/mol$$

$$\Delta_{sub}H_m = \Delta_{vap}H_m + \Delta_{fus}H_m$$
$$= 44.93 + 333.5 \times 18 \times 10^{-3}$$
$$= 50.93kJ/mol$$

设 248.15K 时冰的饱和蒸气压为 $p$，293.15K 时水的饱和蒸气压为 $p_1$，则有

$$\ln \frac{p}{0.6106} = \frac{50930}{8.314}\left(\frac{1}{273.15} - \frac{1}{248.15}\right)$$

$$p = 0.064kPa$$

$$\ln \frac{p_1}{0.6106} = \frac{44930}{8.314}\left(\frac{1}{273.15} - \frac{1}{293.15}\right)$$

$$p_1 = 2.35kPa$$

相对湿度为

$$\frac{0.064}{2.35} \times 100\% = 2.72\%$$

9. 两个挥发性液体 A 和 B 构成一理想液态混合物，在某温度时液态混合物的蒸气压为 54.1kPa，在气相中 A 的摩尔分数为 0.45，液相中为 0.65，求此温度下纯 A 和纯 B 的蒸气压。

**解：**

由题意知：$p_A^* x_A + p_B^*(1-x_A) = p$

$$y_A = \frac{p_A^* x_A}{p}$$

将 $p=54.1\text{kPa}, x_A=0.65, y_A=0.45$ 代入以上二式,得

$$p_A^*=37.45\text{kPa}, p_B^*=85.01\text{kPa}$$

10. 由甲苯和苯组成理想的液态混合物含 30%($w/\%$)的甲苯,在 303.15K 时纯甲苯和纯苯的蒸气压分别为 4.87kPa 和 15.76kPa,问 303.15K 时液态混合物上方的总蒸气压和各组分的分压各为多少?

**解:**

$$x_{甲苯}=\dfrac{\dfrac{30}{92}}{\dfrac{30}{92}+\dfrac{70}{78}}=0.267$$

$$p_{甲苯}=p_{甲苯}^* \cdot x_{甲苯}=4.87\times0.267=1.300\text{kPa}$$

$$p_{苯}=p_{苯}^* \cdot x_{苯}=15.76\times(1-0.267)=11.55\text{kPa}$$

$$p_{总}=p_{甲苯}+p_{苯}=12.85\text{kPa}$$

11. 在 101.325kPa 下,测得 $HNO_3$、$H_2O$ 系统的温度-组成为:

| $T/K$ | 373 | 383 | 393 | 395 | 393 | 388 | 383 | 373 | 358.5 |
|---|---|---|---|---|---|---|---|---|---|
| $x(HNO_3)_液$ | 0.00 | 0.11 | 0.27 | 0.38 | 0.45 | 0.52 | 0.60 | 0.75 | 1.00 |
| $y(HNO_3)_气$ | 0.00 | 0.01 | 0.17 | 0.38 | 0.70 | 0.90 | 0.96 | 0.98 | 1.00 |

(1)画出此系统的恒压相图($T\text{-}x$ 图)。

(2)将 3mol $HNO_3$ 和 2mol $H_2O$ 的混合气冷却到 387K,求互相平衡的两相组成和两相的相对量为多少?

(3)将 3mol $HNO_3$ 和 2mol $H_2O$ 的混合物蒸馏,若从最初的馏出物开始,收集沸程为 4K 时,整个馏出物的组成为多少?

(4)将 3mol $HNO_3$ 和 2mol $H_2O$ 的混合物进行精馏,能得到什么纯物质?

**解:**

(1)系统的 $T\text{-}x$ 如图 5-10 所示。

(2)由图可得:系统点组成、气相组成及液相组成分别为 0.6、0.92 及 0.54,则有:

$$n_g(0.92-0.60)=n_1(0.60-0.54)$$

$$\dfrac{n_g}{n_1}=\dfrac{60-54}{92-60}=0.19$$

(3)0.93

(4)纯 $HNO_3$

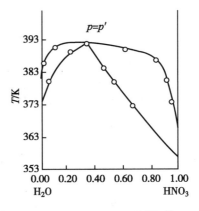

图 5-10 $HNO_3\text{-}H_2O$ 系统的
沸点-组成图(习题 11 解)

12. 水和异丁醇的恒压相图如图 5-11 所示。

(1)指出各个相区存在的相态及自由度。

(2)组成为 $w_1$ 的稀溶液精馏后,在塔顶和塔釜分别得到什么?

(3)能根据此相图设计合理的工业分馏过程,完全分离水和异丁醇吗? 如果能,请写出大致的分离流程。

**解：**

（1）各区域的相态及自由度分别如下：

a 区：气相(g)，$f=2$。

b 区：液相($l_1$)与气相(g)两相共存，$f=1$。

c 区：液相($l_2$)与气相(g)两相共存，$f=1$。

d 区：液相($l_1$)与液相($l_2$)两相共存，$f=1$。

e 区：液相($l_1$)，$f=2$。

f 区：液相($l_2$)，$f=2$。

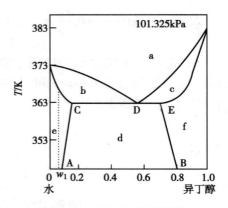

图 5-11　水-异丁醇系统的
恒压相图（习题 12）

（2）组成为 $w_1$ 的稀溶液精馏后，在塔顶和塔釜分别得到恒沸混合物和水。

（3）先将此混合液精馏，在塔釜中得到纯水后，将塔顶得到的恒沸物冷却使其进入液-液两相区，利用分液漏斗将两个液相分离得到水层及异丁醇层，再分别进行精馏，于是在塔釜分别得到纯水及异丁醇。如此进行下去，则可完全分离水和异丁醇。

13. 已知液体 A 与液体 B 可形成理想液态混合物，液体 A 的正常沸点为 338.15K，其气化焓为 35kJ/mol。由 2mol A 和 8mol B 形成的液态混合物在标准压力下的沸点为 318.15K。将 $x_B=0.60$ 的液态混合物置于带活塞的气缸中，开始时活塞紧紧压在液面上，在 318.15K 下逐渐减小活塞上的压力。求：

（1）出现第一个气泡时系统的总压和气泡的组成。

（2）当溶液几乎全部气化，最后仅有一小滴液体时液相的组成和系统的总压。

**解：**（1）设 318.15K 时 A 和 B 的饱和蒸气压分别为 $p_A^*$ 和 $p_B^*$，则有：

$$\ln\frac{p_A^*}{101.325}=\frac{35\,000}{8.314}\left(\frac{1}{338.15}-\frac{1}{318.15}\right)$$

$$p_A^*=46.33\text{kPa}$$

由 $p_A^*x_A+p_B^*x_B=101.325$，得 $p_B^*=115.07\text{kPa}$

出现第一个气泡时，液相的组成近似为原溶液的组成，即 $x_B=0.6$，$x_A=0.4$，则：

$$y_A=\frac{p_A}{p}=\frac{46.33\times0.4}{46.33\times0.4+115.07\times0.6}=0.211\,6$$

$$y_B=1-0.211\,6=0.788\,4$$

$$p=p_A^*x_A+p_B^*x_B=87.57\text{kPa}$$

（2）当溶液几乎全部气化，最后仅有一小滴液体时，气相的组成与原溶液的组成相同，即：$y_A=0.4$，$y_B=0.6$

则有：

$$\frac{y_A}{y_B}=\frac{\dfrac{p_A^*x_A}{p}}{\dfrac{p_B^*x_B}{p}}$$

解得：

$$x_A=0.623\,0,\quad x_B=0.377\,0$$

$$p=\frac{46.33\times0.623\,0}{0.4}=72.16\text{kPa}$$

14. 水和乙酸乙酯是部分互溶的,设在 310.75K,两相互呈平衡,其中一相含有 6.75% 酯,而另一相含水 3.79%(质量百分浓度)。设拉乌尔定律适用于液态混合物的各相,在此温度时,纯乙酸乙酯的蒸气压为 22.13kPa,纯水的蒸气压是 6.40kPa。试计算:(1)酯的分压;(2)水蒸气分压;(3)总蒸气压。

**解:**酯相

$$x_水 = \frac{\dfrac{3.79}{18}}{\dfrac{3.79}{18} + \dfrac{100-3.79}{88}} = 0.161$$

$$x_酯 = 1 - 0.161 = 0.839$$

$$p_酯 = 22.13 \times 0.839 = 18.56\text{kPa}$$

水相

$$x_酯 = \frac{\dfrac{6.75}{88}}{\dfrac{6.75}{88} + \dfrac{100-6.75}{18}} = 0.0146$$

$$x_水 = 1 - 0.0146 = 0.985$$

$$p_水 = 6.40 \times 0.985 = 6.31\text{kPa}$$

$$p = p_酯 + p_水 = 24.87\text{kPa}$$

15. 若在合成某有机化合物之后进行水蒸气蒸馏,混合物的沸腾温度为 368.15K。实验时的大气压为 99.20kPa,368.15K 的水饱和蒸气压为 84.53kPa。馏出物经分离、称重,已知水的质量分数为 45.0%。试估计此化合物的分子量。

**解:**由 $\dfrac{n_{H_2O}}{n_B} = \dfrac{W_{H_2O}/M_{H_2O}}{W_B/M_B} = \dfrac{p^*_{H_2O}}{p^*_B}$

$$\frac{W_{H_2O}}{W_B} = \frac{p^*_{H_2O}M_{H_2O}}{p^*_B M_B} = \frac{0.45}{0.55}$$

$$M_B = \frac{p^*_{H_2O}M_{H_2O}W_B}{p^*_B W_{H_2O}}$$

$$p^*_B = p - p^*_{H_2O} = 99.20 - 84.53 = 14.67\text{kPa}$$

$$M_B = \frac{84.53 \times 18 \times 0.55}{14.67 \times 0.45} = 127\text{g/mol}$$

16. 某二元固-液系统的相图如图 5-12。

(1)表示出各相区存在的相态。

(2)试绘出分别从 a、b、c、d 各点开始冷却的冷却曲线。

(3)说明混合物 d 和 e 在冷却过程中的相变化。

**解:**(1)$a_1 c_1 f_2$ 线以上为液态单相区;$a_1 t_1 c_1 a_1$ 为固态 A 与溶液两相区;$d_1 t_2 f_2 d_1$ 为固态 B 与溶液的两相区;$c_1 f_1 e_2 m c_1$ 为固态 E 与溶液的两相区;$e_2 t_2 BEe_2$ 为固态 E 和 B 的两相区;线 $mt_2$ 为固态 B、固态 E 和溶液三相共存线(不包含 $t_2$ 点);线 $t_1 f_1$ 为固态 A、固态 E 和溶液三相共存线(不包含两端点)。

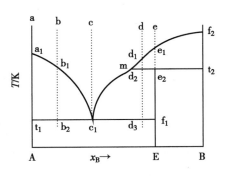

图 5-12 某二元固-液系统相图
(习题 16 解)

（2）a、b、c、d、e 各点对应系统的步冷曲线分别见图 5-13。

（3）d→$d_1$ 为液态混合物的恒压降温过程，$d_1$ 点开始析出固态 B，$d_1$→$d_2$ 为固态 B 与溶液两相共存，$d_2$ 点为固态 B、固态 E 和溶液三相共存，$d_2$→$d_3$ 为固态 E 与溶液两相共存，$d_3$ 以后为固态 A 与固态 E 两相共存。

e→$e_1$ 为液态混合物的恒压降温过程，$e_1$ 点开始析出固态 B，$e_1$→$e_2$ 为固态 B 与溶液两相共存，$e_2$ 点为固态 B、固态 E 和溶液三相共存，$e_2$ 点以后为固态 E 的恒压降温过程。

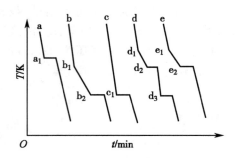

图 5-13　各点对应系统的
步冷曲线（习题 16 解）

17. 下表列出邻-二硝基苯和对-二硝基苯的混合物在不同组成时的熔点数据。

| 对-二硝基苯/（$w$/%） | 完全熔化温度/K | 对-二硝基苯/（$w$/%） | 完全熔化温度/K |
|---|---|---|---|
| 100 | 446.5 | 40 | 398.2 |
| 90 | 440.7 | 30 | 384.7 |
| 80 | 434.2 | 20 | 377.0 |
| 70 | 427.5 | 10 | 383.6 |
| 60 | 419.1 | 0 | 389.9 |
| 50 | 409.6 | | |

（1）绘制 $T$-$x$ 图，并求最低共熔点混合物的组成。

（2）如果系统的原始组成分别为含对-二硝基苯 75% 和 45%，问用结晶法能从上述混合物中回收得到纯对-二硝基苯的最大百分数为多少？

**解：**（1）$T$-$x$ 图如图 5-14。由图可知最低共熔混合物的组成为含对位化合物 22.5%。

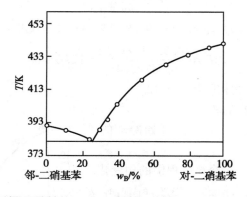

图 5-14　邻-二硝基苯和对-二硝基苯系统的 $T$-$x$ 图（习题 17 解）

（2）设含对位化合物 75% 和 45% 的系统，冷却结晶可得到纯对位化合物的最大百分数分别为 $x$、$y$，则：

$$x = \frac{75-22.5}{100-22.5} = 67.7\%$$

$$y = \frac{45-22.5}{100-22.5} = 29.0\%$$

18. 图 5-15 是 $FeO_n$-$Al_2O_3$ 相图。请指出各相区相态。

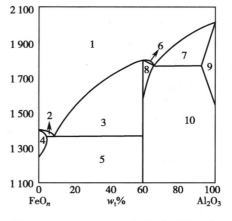

图 5-15　$FeO_n$-$Al_2O_3$ 相图（习题 18）

**解：**

1 区：液相区。

2 区：浮士体+液相。

3 区：尖晶石+液相。

4 区：浮士体。

5 区：浮士体+尖晶石。

6 区：尖晶石+液相。

7 区：刚玉+液相。

8 区：尖晶石。

9 区：刚玉。

10 区：尖晶石+刚玉。

19. 图 5-16 是三组分系统 $KNO_3$-$NaNO_3$-$H_2O$ 的相图，实线是 298K 时的相图，虚线是 373K 时的相图。一机械混合物含 70% 的 $KNO_3$ 及 30% 的 $NaNO_3$，请根据相图拟定分离步骤。

**解：** 设含 70% $KNO_3$、30% $NaNO_3$ 的系统点在 BC 线上的 D 点。在 298K 时向该系统中加水使其沿 DA 线向 A 点移动，直至进入 $KNO_3$ 固体与 $KNO_3$、$NaNO_3$ 水溶液二相共存区，此时 $NaNO_3$ 全部溶解，剩余的固体是 $KNO_3$，但其中可能混有不溶性杂质，这时加热至 373K，在该温度时，系统点位于液相区，在高温下过滤除去杂质，再将滤液冷却至 298K，即有 $KNO_3$ 的晶体析出。

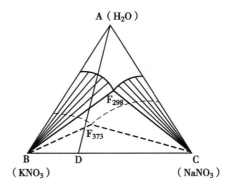

图 5-16　$KNO_3$-$NaNO_3$-$H_2O$ 的相图（习题 19 解）

20. $KNO_3$-$NaNO_3$-$H_2O$ 系统在 278K 时有一个三相点，在这一点无水 $KNO_3$ 和无水 $NaNO_3$ 同时与一饱和溶液达平衡。已知此饱和溶液含 $KNO_3$ 为 9.04%（质量分数），含 $NaNO_3$ 为 41.01%（质量分数）。如果有一 70g $KNO_3$ 和 30g $NaNO_3$ 的混合物，欲用重结晶方法回收 $KNO_3$，试计算在 278K 时最多能回收 $KNO_3$ 多少克？

**解：**

最多可回收 $KNO_3$ 为：

$$70 - \frac{30}{0.4101} \times 0.0904 = 63.4g$$

21. 某温度时在水、乙醚和甲醇的各种三元混合物中二液层的组成如下：

| 甲醇/%（质量分数） | | 0 | 10 | 20 | 30 |
|---|---|---|---|---|---|
| 水/%（质量分数） | 液层（1） | 93 | 82 | 70 | 45 |
| | 液层（2） | 1 | 6 | 15 | 40 |

根据以上数据绘制三组分系统相图,并指出图中各区相态。

**解**:由已知数据绘制的三组分系统的相图及各区相态见图5-17。

22. 如图5-18是二对和三对部分互溶的三组分系统相图,请指出各相区物质存在状态。

**解**:图中三角形空白区域均为A、B、C三液完全互溶区为单相区;1、3、4图中阴影部分为相应边上两种物质的不互溶区;2图中阴影部分为A、B、C三液不互溶区。

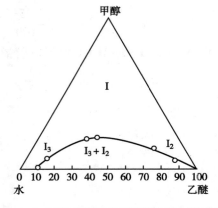

图5-17　水-乙醚-甲醇三组分系统相图（习题21）

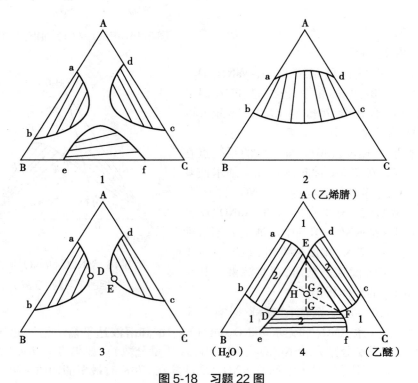

图5-18　习题22图

# 五、本章自测题及参考答案

## 自　测　题

### （一）选择题

1. 确定两个部分是同一相还是不同的相,主要根据(　　)

　A. 化学性质是否相同　　　　　　　B. 物理性质是否相同

　C. 物质组成是否相同　　　　　　　D. 物理性质和化学性质是否相同

2. 下列系统中,属于单相的是(　　)

　　A. 单斜硫细粉和正交硫细粉均匀混合

　　B. 大小不一的单斜硫碎粒

　　C. 右旋和左旋酒石酸固体混合物

　　D. 墨汁

3. 通常条件下,$N_2$、$H_2$、$NH_3$ 三种气体不发生反应。在一容器中任意充入这三种气体,则该体系的物种数 $S$ 及组分数 $K$ 是(　　)

　　A. $S=3,K=1$　　　　B. $S=3,K=2$　　　　C. $S=3,K=3$　　　　D. $S=2,K=3$

4. 通常情况下,二组分系统中平衡共存的最多相数为(　　)

　　A. 1　　　　　　　B. 2　　　　　　　C. 3　　　　　　　D. 4

5. $Na_2CO_3$ 可形成三种水合物:$Na_2CO_3 \cdot H_2O$,$Na_2CO_3 \cdot 7H_2O$,$Na_2CO_3 \cdot 10H_2O$,则在 30℃时,与水蒸气平衡共存的含水盐的种数为(　　)

　　A. 0　　　　　　　B. 1　　　　　　　C. 2　　　　　　　D. 3

6. 抽真空密闭容器中加热 $NH_4Cl(s)$,有 $NH_3(g)$ 和 $HCl(g)$ 产生,当反应平衡时,其组分数 $K$ 和自由度 $f$ 分别是(　　)

　　A. $K=1,f=1$　　B. $K=2,f=2$　　C. $K=2,f=1$　　D. $K=3,f=3$

7. 系统中存在 $Ca(OH)_2(s)$,$CaO(s)$ 和 $H_2O(g)$ 三种物质的平衡,则该系统中组分数 $K$ 及自由度 $f$ 为(　　)

　　A. $K=1,f=2$　　B. $K=2,f=1$　　C. $K=3,f=0$　　D. $K=2,f=2$

8. 相图中的下列各点中,物系只存在一个相的是(　　)

　　A. 恒沸点　　　　B. 熔点　　　　　C. 临界点　　　　D. 低共熔点

9. 关于三相点,下面说法正确的是(　　)

　　A. 只有单组分系统才有三相点

　　B. 三相点一定是气液固的平衡点

　　C. 三相点的自由度为零,也可为 1

　　D. 三相点只有一个

10. 当水在正常沸点下沸腾时,下面各量中其值增加的是(　　)

　　A. 蒸气压　　　　B. 摩尔气化热　　　C. 摩尔吉布斯能　　D. 摩尔熵

11. 组分 A、B 的沸点关系为 $T_A>T_B$,两者可构成最低共沸物,组成为 E,现有任意比例 A、B 混合,置于精馏塔中蒸馏,则塔顶馏出物为(　　)

　　A. 纯 A　　　　　B. 纯 B　　　　　C. 低共沸物 E　　D. 任意比例 A 和 B

12. A、B 两种液体混合物,在 $T\text{-}x$ 图上出现最高点,则混合物对拉乌尔定律产生(　　)

　　A. 正偏差　　　　B. 负偏差　　　　C. 无偏差　　　　D. 无规则

13. A 和 B 部分互溶,某温度下,上层液组成为 30% B,下层液组成为 60% B。现将 A 和 B 各 50g 混合,分层后上层液体的质量为(　　)

　　A. 30g　　　　　B. 50g　　　　　C. 66g　　　　　D. 33g

14. 进行水蒸气蒸馏的必要条件是(　　)

　　A. 两种液体基本不溶　　　　　　　B. 两种液体的蒸气压都较大

　　C. 外压应小于 101.3kPa　　　　　　D. 两种液体的沸点相近

15. 硫酸与水可形成三种水合物:$H_2SO_4 \cdot H_2O$,$H_2SO_4 \cdot 2H_2O$,$H_2SO_4 \cdot 4H_2O$。常压下,

$H_2SO_4(s)$ 与水溶液及水合物三相平衡,则该水合物是(　　)

    A. $H_2SO_4 \cdot H_2O$　　B. $H_2SO_4 \cdot 2H_2O$　　C. $H_2SO_4 \cdot 4H_2O$　　D. 无法确定

**（二）判断题**

1. 石墨细粉和金刚石细粉混合后是一个相。(　　)

2. 水的三相点的温度就是冰的正常熔点。(　　)

3. 对单组分系统而言,物质的沸点仅是其压力的函数。(　　)

4. 单组分系统的固液平衡线的斜率 $dp/dT$ 都小于零。(　　)

5. 二组分完全互溶双液系统的沸点,有一恒定的值。(　　)

6. 二组分双液系统中,恒沸混合物的组成随外压不同而改变。(　　)

7. 若组分 A 和 B 形成溶液时,两者分子间作用力减弱,则产生正偏差。(　　)

8. 杠杆规则只适用于 $T$-$x$ 图的两相平衡区。(　　)

9. 简单低共熔相图中,物系点为三相平衡线上的任何一点时,其液相组成都相同。(　　)

10. 用等边三角形坐标系表示的三组分系统的相图中,不可能出现四相共存的状态。(　　)

**（三）填空题**

1. 在一个抽空的容器中,放入过量的 $NH_4I(s)$ 并发生下列反应:

$$NH_4I(s) \Longrightarrow NH_3(g) + HI(g)$$
$$2HI(g) \Longrightarrow H_2(g) + I_2(g)$$

系统的相数 $\Phi =$ _____,组分数 $K =$ _____,自由度 $f =$ _____。

2. 在一个抽空的容器中,放入过量的 $NH_4HCO_3(s)$ 发生下列反应并达平衡: $NH_4HCO_3(s) \Longrightarrow NH_3(g) + H_2O(g) + CO_2(g)$,系统的相数 $\Phi =$ _____,组分数 $K =$ _____,自由度 $f =$ _____。

3. 在一个抽空容器中,放入足量的 $H_2O(l)$,$CCl_4(l)$ 及 $I_2(g)$。$H_2O(l)$ 和 $CCl_4(l)$ 完全不互溶,$I_2(g)$ 可同时溶于 $H_2O(l)$ 和 $CCl_4(l)$ 中,容器上部的气相中同时含有 $I_2(g)$、$H_2O(g)$ 及 $CCl_4(g)$。该平衡系统的相数 $\Phi =$ _____,组分数 $K =$ _____,自由度 $f =$ _____。

4. 含 $KNO_3$ 和 $NaCl$ 的水溶液与纯水达渗透平衡,系统的相数 $\Phi =$ _____,组分数 $K =$ _____,自由度 $f =$ _____。

5. 填写测定下面系统相图的合适方法。Au-Ag 体系 _____;K-Na 体系 _____;$H_2O$-$(NH_4)_2SO_4$ _____;$H_2O$-$NaCl$ _____。

6. 完全互溶双液系统的相图有 _____ 种,其中非理想的完全互溶双液系统 $p$-$x$ 相图具有较大正偏差的相图,在 $T$-$x$ 相图上有最 _____ 恒沸点;具有较大负偏差的相图在 $T$-$x$ 相图上有最 _____ 恒沸点。

7. 图 5-19 中,e 和 g 是两个平衡共存的液相,互称为 _____;ac 线为 _____ 的溶解度曲线,bc 线为 _____ 的溶解度曲线;c 点所对应的温度为 _____ 温度。

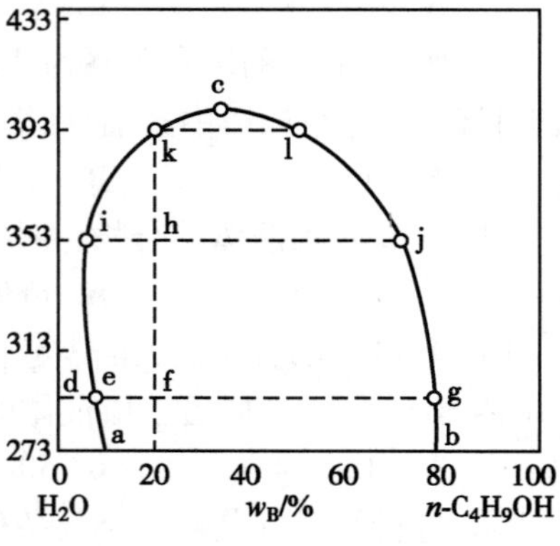

8. 重量百分比为 98% 的硫酸在 373K 左右凝固,冬季运输或贮存时会发生冻结,可能引起事故;

图 5-19　$n$-$C_4H_9OH$-$H_2O$
二元相图（自测题）

如果将浓度改为 93%,则形成_____低共溶混合物,凝固点降至 238K 左右,从而可避免事故。

### （四）问答题

1. 当 A 和 B 两种液态物质形成理想液态混合物时,从微观角度考虑需满足什么条件?

2. 水的三相点与正常冰点有何不同?

3. 液体的饱和蒸气压越高,沸点就越低;而由克劳修斯-克拉珀龙方程知,温度越高,液体的饱和蒸气压愈大。两者是否矛盾? 为什么?

4. 对于具有最大正、负偏差的液-气平衡系统,易挥发组分在气相中的组成大于其在液相中的组成的说法是否正确? 为什么?

5. 在一定压力下,若 A、B 二组分系统的温度-组成图中出现最高恒沸点,则其蒸气压对拉乌尔定律产生正偏差吗?

6. 导出杠杆规则的基本依据是什么? 它能解决什么问题? 如果相图中横坐标为质量分数,物质的数量应取什么单位? 若横坐标为摩尔分数,物质的数量又应取什么单位?

7. 什么是步冷曲线? 步冷曲线上的拐点提示什么信息? 它有什么用途?

8. 恒沸混合物的组成是否随外压的改变而改变?

9. 物系点与相点在什么情况下是统一的?

10. 简述水蒸气蒸馏的原理?

### （五）计算题

1. 在下列不同情况下,反应:$2NH_3(g) \rightleftharpoons N_2(g)+3H_2(g)$ 达平衡时,系统的自由度各为多少?

（1）反应在抽空的容器中进行。

（2）反应在有 $N_2$ 的容器中进行。

（3）反应于一定的温度下,在抽空的容器中进行。

2. 水煤气发生炉中共有 $C(s)$、$H_2O(g)$、$CO(g)$、$CO_2(g)$ 及 $H_2(g)$ 五种物质,其间能发生的反应有:

（1）$CO_2(g)+C(s) \rightleftharpoons 2CO(g)$

（2）$H_2O(g)+C(s) \rightleftharpoons H_2(g)+CO(g)$

（3）$CO_2(g)+H_2(g) \rightleftharpoons H_2O(g)+CO(g)$

在这样的平衡物系中,组分数为多少?

3. $Na_2CO_3$ 可形成三种水合物:$Na_2CO_3 \cdot H_2O$,$Na_2CO_3 \cdot 7H_2O$,$Na_2CO_3 \cdot 10H_2O$,在压力为 101.325kPa 时,该物系中共存的最多相数为多少?

4. $I_2$ 在液态水和 $CCl_4$ 中分配达到平衡（无固体 $I_2$ 存在）,此时系统的组分数 $K$ 和自由度 $f$ 是多少?

5. 已知 373K 时,斜方硫标准熵为 36.65J/mol,单斜硫标准熵为 37.78J/mol,当斜方硫→单斜硫时,$\Delta V_m = 4.5 \times 10^{-7} m^3$,则相变温度随压力的变化率（K/Pa）为多少?

6. 水的饱和蒸气压 $p(kPa)$ 与温度 $T(K)$ 的关系为:$\ln p = 17.71 - \dfrac{4\,885}{T}$,则在压力为 60kPa 的高原地区,水的沸点为多少?

7. 特鲁顿规则可估计液体的气化热。若某液体当其温度为正常沸点的 0.9 倍时,其蒸气压约为多少?

8. 8mol 液体 A 与 12mol 液体 B 混合成部分互溶体系,此时上层浓度 $x_B=0.1$,下层浓度 $x_A=0.1$,计算下层中 B 的摩尔数是多少?

9. 水蒸气蒸馏时,若总的蒸气压为 100kPa,水蒸气压为 70kPa,馏出物中 $H_2O$ 与有机物的质量比为 0.4,由此估计有机物摩尔质量为多少?

10. 某有机物的正常沸点为 503K(外压为 101.325kPa),从文献上查得:压力减为 0.267kPa 时,它的沸点为 363K,问在 1.33kPa 时的沸点为多少?(假定 363~503K 范围内温度对气化熵的影响可以忽略)。

## 参 考 答 案

### (一)选择题

1. D。构成一个相,除了化学性质相同外,相内部物理性质(如密度等)也必须是均一的。

2. B。其他为多相。

3. C。物种数 $S=3$,无化学平衡存在,$R=0$,$R'=0$,$K=S-R-R'=3$

4. D。$K=2$,当 $f=0$ 时,平衡共存的相最多,按相律 $f=K-\Phi+2$,$\Phi=4$。

5. C。$Na_2CO_3$ 和 $H_2O$ 虽形成三种水合物,但必须有三个独立的化学平衡存在,因此组分数 $K=2$ 不变。当自由度 $f=0$ 时,相数最多,考虑到温度 $T=30℃$ 已定,按相律 $f=K-\Phi+1$,$\Phi=3$,因此除了水蒸气以外,最多还有两个相,即最多有两种含水盐存在。

6. A。$S=3$,有一个化学平衡存在 $R=1$,有一浓度限定条件 $NH_3(g):HCl(g)=1:1$,$R'=1$,因此,$K=S-R-R'=1$,$f=K-\Phi+2=1-2+2=1$。

7. B。物种数 $S=3$,$R=1$,由于 $CaO(s)$ 和 $H_2O(g)$ 不为同一相内,不存在浓度限制条件,$R'=0$,因此,$K=S-R-R'=3-1=2$,$f=K-\Phi+2=2-3+2=1$。

8. C。物质处于临界点,两相差异消失,成为一相。其他几个选项都为多相。

9. A。只有单组分系统,三相共存在相图中表现为一个点。二组分则表现为三相平衡线(平面相图),三组分为三相平衡区(平面图)。三相点可以有多个,都是三条二相平衡线的交点,但不一定是气液固三相,三相点自由度为零。

10. D。水可逆气化时,蒸气压不变,摩尔气化热不变,吉布斯自由能不变,摩尔熵增大。

11. C。精馏结果,塔顶总是低沸物,塔底为高沸物 A 或 B,视最初 A、B 比例而不同。

12. B。在 $T\text{-}x$ 图上出现最高点,相应在 $p\text{-}x$ 图上出现最低点,即对拉乌尔定律产生负偏差。

13. D。物质总组成为 50%,设上层液为 $x$g,按杠杆规则:$x(50-30)=(100-x)(60-50)$,$x=33$g。

14. A。

15. A。$H_2SO_4\text{-}H_2O$ 系统的相图中,有 4 条三相平衡线,其中与 $H_2SO_4(s)$ 平衡的是:$H_2SO_4 \cdot H_2O$。

### (二)判断题

1. 错。石墨和金刚石虽为同一化学物质,但为不同晶形,属于不同的相。

2. 错。纯水三相点的温度为 273.16K,冰的正常熔点为 273.15K。

3. 对。沸点和压力之间符合克劳修斯-克拉珀龙方程。

4. 错。除水的相图外,其他大多数相图中固液平衡线的斜率大于零。

5. 错。二组分互溶体系的沸点随组分不同和浓度不同而变化。

6. 对。恒沸物为混合物,不是化合物,其沸点随外压而变。

7. 对。

8. 错。适用于任何相图的两相平衡区。

9. 对。三相平衡线上任何一点,液相组成均为低共熔点对应的组成。

10. 对。$T$、$p$ 变量固定,$f^{**}=K-\Phi+0$,$f^{**}_{\min}=K-\Phi_{\max}=0$,$\Phi=K=3$,因此,不可能出现四相共存。

### (三)填空题

1. 2;1;1。

2. 2;1;1。

3. 3;3;2。

4. 2;3;4。

5. 热分析法;热分析法;溶解度法;溶解度法。

6. 5;低;高。

7. 共轭相;正丁醇在水中;水在正丁醇中;临界溶解。

8. $H_2SO_4$-$H_2SO_4 \cdot H_2O$

### (四)问答题

1. A 和 B 两种液体分子的大小和结构十分接近,使得 A-A 分子之间、B-B 分子之间及 A-B 分子之间作用力近似相等时,可构成理想溶液。

2. 三相点是严格的单组分系统,水呈气、液、固三相共存时对应的温度为 273.16K,压力为 0.610kPa。而冰点是在水中溶有空气和外压为 101.325kPa 时测得的温度数据。首先,由于水中溶有空气,形成了稀溶液,冰点较三相点下降了 0.002 42K;其次,三相点时系统的蒸气压低于冰点时的外压,由于压力的不同冰点又下降了 0.007 47K,故冰点时的温度为 273.15K。

3. 两者并不矛盾。因为沸点是指液体的饱和蒸气压等于外压时对应的温度。在相同温度下,不同液体的饱和蒸气压一般不同,饱和蒸气压高的液体,使其饱和蒸气压等于外压时,所需的温度较低,故沸点较低;克劳修斯-克拉珀龙方程是用于计算同一液体在不同温度下的饱和蒸气压的,温度越高,液体越易蒸发,故饱和蒸气压越大。

4. 不正确。因为具有最大正、负偏差系统的相图中有极值点,在极值点处液相组成与气相组成相同,用一般精馏不能将恒沸混合物分离。对于具有最大正、负偏差系统,题中的叙述应修正为适于理想或非理想液态混合物系统的柯诺瓦洛夫规则,即:在二组分溶液中,如果加入某一组分使溶液的总蒸气压增加(即在一定压力下使溶液的沸点下降),则这个组分在气相中的组成将大于它在液相中的组成。

5. 产生负偏差。因为温度-组成图上有最高极值点,压力-组成图上必有最低极值点,故题中所给系统对拉乌尔定律产生最大负偏差。

6. 导出杠杆规则的基本依据是质量守恒定律,该规则具有普遍意义。可用于计算任意平衡两相的相对数量。相图中横坐标以质量分数表示时,物质的数量以质量为单位。横坐标以摩尔分数表示时,物质的数量以摩尔为单位。

7. 热分析法绘制固-液相图的过程中,通常的做法是先将样品加热呈液态,然后令其缓慢而均匀地冷却,记录冷却过程中系统在不同时刻的温度,再以温度为纵坐标,时间为横坐标,绘制成温度-时间曲线,即步冷曲线或冷却曲线;步冷曲线上的拐点提示系统中有相变化发生;根据一系列不同组成系统的步冷曲线上拐点对应的温度与组成数据,可绘制相图。

8. 具有最大正、负偏差系统的温度-组成图上,会出现极值点,在此点气相线与液相线相切,气液两相组成相同,因而恒压下沸腾时溶液组成不变,沸点也不变,此时的混合物称为恒沸混合物。在一定压力下,恒沸混合物的组成一定,若外压改变,恒沸混合物的组成也随之改变。可见恒沸混合物并非化合物,只是气液两相具有相同组成的混合物。

9. 在相图中,表示系统总组成的点称为状态点或物系点,它能告诉我们系统在相图中的位置;表示某一相组成的点称为相点,当系统处于多相平衡时,相点能告诉我们各相的温度、压力及组成。在单相区,物系点与相点重合,在两相区,物系点与相点不重合,一个物系点对应两个相点。

10. 将不溶于水的高沸点的液体与水一起蒸馏,两液体在低于水的沸点下共沸,以保证高沸点液体不至于因温度过高而分解。馏出物经冷却得到该液体和水,由于两者不互溶,所以很容易分开,达到提纯的目的。这种方法称为水蒸气蒸馏。

水蒸气蒸馏的原理是:水与与其不互溶的液体共存时,各组分的蒸气压与单独存在时一样,混合溶液液面上总的蒸气压等于两纯组分蒸气压之和,不管液态混合物的组成如何,系统总的蒸气压总是高于任一纯组分的蒸气压,而沸点总是低于任意纯组分的沸点,从而使液体在低于 100℃ 下得到分离与纯化。

**（五）计算题**

1. 解:(1)$f=(3-1-1)-1+2=2$;(2)$f=(3-1)-1+2=3$;(3)$f=(3-1-1)-1+1=1$。

2. 解:该体系的物种数 $S=5$。虽然存在三个化学平衡,但独立的化学平衡为 2,即反应(1)-反应(2)=反应(3),所以 $R=2$。体系中无浓度限制条件,$R'=0$,所以,$K=S-R-R'=5-2-0=3$。即组分数为 3。

3. 解:$Na_2CO_3$ 可形成三种水合物,但必有三个独立的化学平衡存在,因此独立组分数并不增加,$K=2$。当自由度 $f=0$ 时,相数最多,考虑到压力 $p=101.325kPa$ 已定,按相律 $f=K-\Phi+1=0,0=2-\Phi+1,\Phi=3$,即最多共存的相为 3。

4. 解:系统的物种数为 3($I_2$、$CCl_4$、$H_2O$),但无化学平衡存在,所以 $K=S=3$,体系存在两液相平衡,$\Phi=2$,所以,$f=K-\Phi+2=3-2+2=3$。

5. 解:$\dfrac{\mathrm{d}p}{\mathrm{d}T}=\dfrac{\Delta H_\mathrm{m}}{T\Delta V_\mathrm{m}}=\dfrac{\Delta S_\mathrm{m}}{\Delta V_\mathrm{m}}=\dfrac{37.78-36.65}{4.5\times10^{-7}}=2.51\times10^6\mathrm{Pa/K}$

$$\dfrac{\mathrm{d}T}{\mathrm{d}p}=3.982\times10^{-7}\mathrm{K/Pa}$$

6. 解:

将 $p=60kPa$ 代入:$\ln p=17.71-\dfrac{4\,885}{T}$,算得 $T=358.8K$

7. 解:

按特鲁顿规则:$\dfrac{\Delta_\mathrm{vap}H_\mathrm{m}}{T_\mathrm{b}}=88J/(K\cdot mol)$,代入克劳修斯-克拉珀龙方程:

$$\ln\dfrac{p}{101.325}=-\dfrac{\Delta H_\mathrm{m}}{R}\left(\dfrac{1}{T}-\dfrac{1}{T_\mathrm{b}}\right)=-\dfrac{88T_\mathrm{b}}{8.314}\left(\dfrac{1}{0.9T_\mathrm{b}}-\dfrac{1}{T_\mathrm{b}}\right)$$
$$p=31.26kPa$$

8. 解：物系总组成 $x_B = \dfrac{12}{12+8} = 0.6$，设下层总摩尔数为 $m$

$$(0.6-0.1)(20-m) = (0.9-0.6)m$$
$$m = 12.5\text{mol}$$

下层中 B 摩尔数 $= 12.5 \times 0.9 = 11.25\text{mol}$

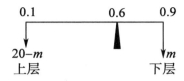

9. 解：按水蒸气蒸馏关系式

$$\frac{W_{水}}{W_{有机物}} = \frac{p_{水} \cdot M_{水}}{p_{有机物} \cdot M_{有机物}}$$

$$0.4 = \frac{70 \times 18}{30 \times M_{有机物}} \qquad M_{有机物} = 105\text{g/mol}$$

10. 解：

$$\ln \frac{p_2}{p_1} = \frac{\Delta_{vap}H_m}{R}\left(\frac{1}{T_1} - \frac{1}{T_2}\right)$$

$$\ln \frac{0.267}{101.325} = \frac{\Delta_{vap}H_m}{8.314}\left(\frac{1}{503} - \frac{1}{363}\right)$$

$$\Delta_{vap}H_m = 64.40\text{kJ/mol}$$

$$\ln \frac{1.33}{101.325} = \frac{64.40}{8.314}\left(\frac{1}{503} - \frac{1}{T}\right)$$

$$T = 393\text{K} \qquad M_{有机物} = 105$$

# 一、要点概览

## （一）电化学基本概念

1. **导体**　能够导电的物体称为导体。通常导体可分为电子导体和离子导体两种。电子导体包括金属和石墨等,通过自由电子的定向迁移来导电。导电过程中不发生任何化学变化,导电能力随温度升高而降低。离子导体包括电解质溶液、固体电解质（如 $AgBr$、$PbI_2$）和熔融盐等,通过正、负离子的定向迁移来实现导电的目的。导电过程中有化学反应发生,导电能力随温度升高而增大。

2. **电解池和原电池**　将电能转化为化学能的装置叫电解池,将化学能转化为电能的装置叫原电池。两种电池中,阳极发生氧化反应,阴极发生还原反应;电势高者为正极,电势低者为负极。原电池中的正极为阴极,负极为阳极;电解池中的阳极为正极,阴极为负极。

3. **电解质溶液导电原理**　电池中,两电极上氧化、还原反应的彼此独立进行,同时溶液内部离子的定向迁移,实现了化学能和电能之间的相互转化。

4. **法拉第电解定律**　法拉第电解定律可以表述为:电解时,在任一电极上发生化学反应的物质的量与通入的电量成正比;在几个串联的电解池中通入一定的电量后,各个电极上发生化学反应的物质的量相同。

5. **离子的电迁移现象**　电解质溶液中通入电流以后,溶液中的正、负离子将分别向阴极和阳极作定向移动,离子的这种在外电场作用下发生的定向运动称为离子的电迁移。

每一种离子迁移的电量和通入电解质溶液的总电量之比称为该离子的迁移数,用 $t_i$ 表示。而离子迁移的电量与其迁移速率 $r_i$ 成正比,因此,离子的迁移数与离子的迁移速率亦成正比。

## （二）电解质溶液的电导

1. **电导、电导率和摩尔电导率**　电导是电阻的倒数,符号为 $G$,单位为 S;电导率是指相距 1m,截面积为 $1m^2$ 的两平行电极间放置 $1m^3$ 电解质溶液时所具有的电导,符号为 $\kappa$,单位为 S/m;摩尔电导率是指相距为 1m 的两平行电极间放置含有 1mol 电解质的溶液时所具有的电导,用 $\Lambda_m$ 表示,$S \cdot m^2/mol$。

电导、电导率和摩尔电导率都可以表征电解质溶液的导电能力。

2. **电导率和摩尔电导率与浓度的关系**　随着浓度的增加,强电解质溶液的电导率呈先增后减的变化趋势;而弱电解质的电导率随浓度的改变并不显著。

强、弱电解质的摩尔电导率均随浓度降低而增大。强电解质溶液的无限稀释摩尔电导率可根据科尔劳施经验式,用作图法求得;而弱电解质的无限稀释摩尔电导率则由离子独立运动定律计算求得。

3. 离子独立运动定律 在无限稀释的溶液中,所有电解质全部解离,离子间彼此独立运动,互不影响。因此,电解质的摩尔电导率等于正负离子的摩尔电导率之和。

4. 电导测定的应用 水的纯度检验、弱电解质解离度和解离常数的测定、难溶盐溶解度的测定、电导滴定等。

### (三) 电解质溶液理论

1. 强电解质溶液的平均活度及平均活度系数 强电解质在水溶液中几乎全部解离成离子。由于离子之间存在相互作用,使得电解质溶液的行为偏离理想溶液。因此,溶液中强电解质 B 的化学势表示中的浓度需用活度代替。由于溶液中不存在单独的正离子或负离子,目前也没有任何严格的实验方法可以直接测得单个离子的活度,因此引入电解质的离子平均活度 $a_\pm$、离子平均活度系数 $\gamma_\pm$ 和离子平均质量摩尔浓度 $m_\pm$ 的概念。

2. 离子强度 一定温度下,在稀溶液范围内,影响离子平均活度系数的主要因素是离子浓度和离子价数,因此,路易斯提出了离子强度 $I$ 的概念,用以度量由溶液中的离子电荷所形成的静电场之强度。

3. 德拜-休克尔极限定律 德拜-休克尔将电解质溶液对理想溶液的偏差归因于离子之间的静电吸引力,每个中心离子周围都被电荷符号相反的离子所包围,形成离子氛,并基于离子氛模型,导出了稀溶液中单个离子活度系数与离子强度的关系式,称为德拜-休克尔极限定律。

### (四) 可逆电池

1. 可逆电池 可逆电池以热力学上可逆的方式实现化学能向电能的转化,它必须同时满足以下条件:①电池在充、放电时进行的反应互为可逆;②能量的转换必须可逆,即无论放电或充电,通过电池的电流都十分微小;③电池中所进行的其他过程(如离子的迁移等)也必须可逆。

2. 可逆电极 可逆电池由可逆电极构成。可逆电极一般分为三类,第一类电极:金属电极、气体电极和汞齐电极等;第二类电极:金属-难溶盐电极和金属-难溶氧化物电极;第三类电极,也称氧化还原电极,由两种不同氧化态离子的溶液组成。

3. 电池的书写方式 发生氧化反应的负极写在左边,发生还原反应的正极写在右边。用单垂线"│"表示两相界面,用逗号","表示可混溶的液相之间的接界,双垂线表示盐桥"‖"。并在电池中标明各物质所处的物态(气、液、固),注明压力或活度。此外,还应注明电池工作的温度和压力。若不写明,则通常为 298K、100kPa。

### (五) 电池电动势和电极电势

1. 电池电动势的构成 电池电动势主要包括:①电极与溶液界面的电势差,$\varepsilon_+$ 和 $\varepsilon_-$;②两种不同的金属接触时,在界面处形成的接触电势,$\varepsilon_{接触}$;③两种不同的电解质溶液,或相同电解质的不同浓度的溶液相互接触时,在界面上形成的液体接界电势,$\varepsilon_{液接}$。一般接触电势可忽略不计,而液体接界电势可用盐桥基本消除,所以电池电动势的主要组成为:$E = \varepsilon_+ + \varepsilon_-$。

2. 电池电动势的测定 可逆电池的电动势采用波根多夫补偿法进行测定。

3. 标准氢电极 单个电极的电极电势无法测量,故选定一个相对标准,通过比较的方法得到单个电极的电极电势相对值。选用氢离子活度为 1、氢气压力为 100kPa 的标准氢电极作为标准电极。任何温度下,标准氢电极的电极电势 $\varphi_{H^+/H_2}^{\ominus}=0V$。

4. 电极电势 根据以下规定组成电池:

$$(-)Pt\mid H_2(p)\mid H^+(a_{H^+}=1)\parallel 待测电极(+)$$

该电池的电动势就是待测电极的电极电势,又称还原电势。由还原电势计算电池电动势的规定为 $E=\varphi_+-\varphi_-$。

5. 电池电动势和电极电势的计算 电池电动势和电极电势都能用能斯特方程计算。

6. 电池电动势的应用

(1)判断化学反应的方向:若 $E>0$,电池反应正向进行;若 $E<0$,则反应逆向进行。

(2)计算热力学函数的变化值:$\Delta_rG_m$、$\Delta_rG_m^{\ominus}$、$\Delta_rS_m$、$\Delta_rH_m$ 和可逆电池热效应 $Q_r$。

(3)求化学反应的标准平衡常数和难溶盐的活度积:将化学反应或难溶盐溶解过程设计成电池,根据电池的标准电动势,可计算得到反应的平衡常数或难溶盐的活度积。

(4)测定电池的标准电动势及离子平均活度系数。

(5)测定溶液的 pH。

(6)电势滴定。

### (六) 浓差电池

电池中物质变化的净作用仅仅是由高浓度向低浓度的扩散的一类电池则称为浓差电池。浓差电池有单液浓差和双液浓差两种。

### (七) 分解电压和超电势

1. 分解电压 使电解质溶液连续不断发生电解所需要的最小外加电压为分解电压。由于电极的极化,实际分解电压大于理论分解电压。分解电压的大小只与电极反应的产物有关,与电解液的性质无关。

2. 电极极化和超电势 当电解池或原电池中有电流通过时,电极电势偏离热力学平衡值的现象称为电极的极化。电极极化程度的大小通常用超电势 $\eta$ 表示,其值总是为正。

一般来说,极化可分为浓差极化与电化学极化。极化的结果,使得阴极的电极电势小于可逆值。电解时消耗较多的电能,而作为电源时,所能做的电功将减少。

## 二、主 要 公 式

| | |
|---|---|
| $Q=nzF$ | 法拉第电解定律 |
| $t_+=\dfrac{Q_+}{Q_++Q_-}=\dfrac{r_+}{r_++r_-},t_-=\dfrac{Q_-}{Q_++Q_-}=\dfrac{r_-}{r_++r_-}$ | 离子迁移数定义式 |
| $G=1/R=\kappa(A/l)$ | 电解质溶液的电导和电导率 |
| $\Lambda_m=\kappa V_m=\dfrac{\kappa}{c}$ | 摩尔电导率的定义式,$c$ 的单位:$mol/m^3$ |
| $\Lambda_m=\Lambda_m^{\infty}(1-\beta\sqrt{c})$ | 科尔劳施经验式,适用于浓度小于 $0.001mol/L$ 的强电解质溶液 |
| $\Lambda_m^{\infty}=\lambda_{m,+}^{\infty}+\lambda_{m,-}^{\infty}$ | 离子独立运动定律,适用于稀溶液 |

$$a_\pm = (a_+^{\nu_+} a_-^{\nu_-})^{1/\nu}$$

$$\gamma_\pm = (\gamma_+^{\nu_+} \gamma_-^{\nu_-})^{1/\nu}$$

$$a = a_\pm^\nu = a_+^{\nu_+} a_-^{\nu_-} = \left(\gamma_\pm \frac{m_\pm}{m^\ominus}\right)^\nu m$$

平均活度、平均活度系数定义,以及电解质活度与平均值间的关系,适用于强电解质溶液

$$I = \frac{1}{2}\sum_B m_B z_B^2$$

离子强度定义式

$$\ln \gamma_\pm = -AZ_+ |Z_-| \sqrt{I}$$

德拜-休克尔极限公式,适用于 $I<0.01\mathrm{mol/kg}$ 的极稀溶液

$$(\Delta_r G_m)_{T,p} = -zEF$$

电化学基本公式之一,适用于等温等压的可逆过程

$$E = E^\ominus - \frac{RT}{zF}\ln \frac{a_G^g \cdot a_H^h}{a_A^a \cdot a_D^d}$$

电池电动势的能斯特方程

$$\varphi = \varphi^\ominus - \frac{RT}{zF}\ln \frac{a_{还原态}^n}{a_{氧化态}^m}$$

电极电势的能斯特方程

$$E^\ominus = \frac{RT}{zF}\ln K_a^\ominus$$

标准电池电动势和平衡常数的关系

$$\Delta_r S_m = zF\left(\frac{\partial E}{\partial T}\right)_p$$

$$\Delta_r H_m = -zEF + zFT\left(\frac{\partial E}{\partial T}\right)_p$$

$$Q_r = zFT\left(\frac{\partial E}{\partial T}\right)_p$$

电池电动势与电池反应 $\Delta_r S_m$、$\Delta_r H_m$ 和可逆热 $Q_r$ 的关系。

# 三、例 题 解 析

**例 1**　某含有 0.01mol/L KCl 及 0.02mol/L XCl(强电解质)的水溶液的电导率为 0.382S/m。已知 $K^+$ 及 $Cl^-$ 离子的摩尔电导率分别为 $7.35\times10^{-3}S\cdot m^2/mol$ 和 $7.63\times10^{-3}S\cdot m^2/mol$,试问离子 $X^+$ 的摩尔电导率为多少?

**解:**由于溶液浓度较小,可将此溶液近似认为稀溶液,则应用离子独立运动定律:

$$\Lambda_m(KCl) = \lambda_m(K^+) + \lambda_m(Cl^-)$$

$$= 7.35\times10^{-3} + 7.63\times10^{-3} = 1.50\times10^{-2}S\cdot m^2/mol$$

根据 $\Lambda_m = \kappa/c$,得

$$\kappa(KCl) = \Lambda_m \cdot c$$

$$= 1.50\times10^{-2}\times0.01\times10^3 = 0.150S/m$$

$$\kappa(XCl) = \kappa(溶液) - \kappa(KCl) = 0.382 - 0.150 = 0.232S/m$$

$$\Lambda_m(XCl) = \kappa(XCl)/c$$

$$= 0.232/0.02 \times 10^3 = 0.011\ 6S \cdot m^2/mol$$

$$\lambda_m(X^+) = \Lambda_m(KCl) - \lambda_m(Cl^-)$$

$$= 1.16 \times 10^{-2} - 7.63 \times 10^{-3} = 3.97 \times 10^{-3}S \cdot m^2/mol$$

这道题的关键是要知道溶液的电导率是两种电解质电导率的共同贡献,其次是对离子独立运动定律的熟练运用。

**例2** 298K 时,某一电导池充满 0.01mol/L 的 KCl 溶液(电导率为 0.141 1S/m)时,测得其电阻为 163Ω。若用同一电导池充满 0.01mol/L 的 $NH_3 \cdot H_2O$ 时,测得溶液的电阻为 2 017Ω。试求该 $NH_3 \cdot H_2O$ 溶液的电离度和电离平衡常数。(已知该温度下,$NH_4^+$ 和 $OH^-$ 的无限稀释摩尔电导率分别为 $73.4 \times 10^{-4}S \cdot m^2/mol$ 和 $1.98 \times 10^{-2}S \cdot m^2/mol$。)

**解:** 首先由 KCl 溶液的相关数据计算电导池常数:

$$K_{cell} = \frac{l}{A} = \kappa R = 0.141\ 1 \times 163 = 23.0\ m^{-1}$$

则 $NH_3 \cdot H_2O$ 的电导率为

$$\kappa = \frac{K_{cell}}{R} = \frac{23.0}{2\ 017} = 1.14 \times 10^{-2}S/m$$

$NH_3 \cdot H_2O$ 的摩尔电导率为

$$\Lambda_m = \frac{\kappa}{c} = \frac{1.14 \times 10^{-2}}{0.01 \times 1\ 000} = 1.14 \times 10^{-3}S \cdot m^2/mol$$

$NH_3 \cdot H_2O$ 的无限稀释摩尔电导率为

$$\Lambda_m^\infty = \lambda_m^\infty(NH_4^+) + \lambda_m^\infty(OH^-)$$

$$= 7.34 \times 10^{-3} + 1.98 \times 10^{-2}$$

$$= 2.71 \times 10^{-2}S \cdot m^2/mol$$

则

$$\alpha = \frac{\Lambda_m}{\Lambda_m^\infty} = \frac{1.14 \times 10^{-3}}{2.71 \times 10^{-2}} = 0.042\ 1$$

对 1-1 型的弱电解质,有

$$K^\ominus = \frac{\alpha^2 \cdot \dfrac{c}{c^\ominus}}{1-\alpha} = \frac{(0.042\ 1)^2 \times \dfrac{0.010}{1}}{1-0.042\ 1} = 1.85 \times 10^{-5}$$

**例3** 298K 时,一蒸馏水与含有 0.05% 的 $CO_2$(体积百分数)、压力为 100kPa 的空气成平衡,试计算该蒸馏水的电导率。已知该温度下,$H^+$ 与 $HCO_3^-$ 的无限稀释摩尔电导率分别为 $349.8 \times 10^{-4}S \cdot m^2/mol$ 和 $44.5 \times 10^{-4}S \cdot m^2/mol$;$CO_2$ 的分压为 100kPa 时,$1m^3$ 水中可溶解 $0.826\ 6m^3$ $CO_2$;$H_2CO_3$ 的一级电离平衡常数为 $4.7 \times 10^{-7}$。(计算时只考虑 $H^+$ 与 $HCO_3^-$ 的导电作用,且可用物质的量浓度代替活度)

**解:** 298K、$p_{CO_2} = 100kPa$ 时,$CO_2$ 在水中的浓度为

$$c_{CO_2} = \frac{pV}{RT} = \frac{100 \times 10^3 \times 0.826\ 6}{8.314 \times 298} = 33.36mol/m^3$$

由亨利定律 $p_{CO_2} = Kc_{CO_2}$ 求亨利常数,得

$$K = \frac{p_{CO_2}}{c_{CO_2}} = \frac{100 \times 10^3}{33.36} = 3.00 \times 10^3 \, Pa \cdot m^3/mol$$

空气中含有 0.05% 的 $CO_2$ 时，$CO_2$ 的分压为

$$p_{CO_2} = 100 \times 10^3 \times 0.000\ 5 = 50.0 \, Pa$$

与此空气平衡的水中 $CO_2$ 的浓度为

$$c_{CO_2} = \frac{p_{CO_2}}{K} = \frac{50.0}{3.00 \times 10^3}$$

$$= 16.7 \times 10^{-3} \, mol/m^3 = 1.67 \times 10^{-5} \, mol/L$$

设 $H_2CO_3$ 的电离度为 $\alpha$，则

$$H_2CO_3 \Longleftrightarrow H^+ + HCO_3^-$$
$$c(1-\alpha) \qquad c\alpha \quad c\alpha$$

$$K_c = \frac{(c\alpha)^2}{c(1-\alpha)} = \frac{c\alpha^2}{1-\alpha}$$

$$= \frac{1.67 \times 10^{-5} \times \alpha^2}{1-\alpha} = 4.7 \times 10^{-7}$$

解得：$\alpha = 0.15$。因为 $\alpha = \dfrac{\Lambda_m}{\Lambda_m^\infty}$，故有

$$\Lambda_m = \alpha \cdot \Lambda_m^\infty = 0.15 \times (349.8 + 44.5) \times 10^{-4}$$

$$= 5.9 \times 10^{-3} \, S \cdot m^2/mol$$

根据 $\Lambda_m = \kappa/c$，得

$$\kappa = \Lambda_m \cdot c = 5.9 \times 10^{-3} \times 1.67 \times 10^{-5} \times 10^3$$

$$= 9.9 \times 10^{-5} \, S/m$$

**例 4** 某溶液中 $NaCl$ 和 $Na_2SO_4$ 的质量摩尔浓度分别为 0.001mol/kg 和 0.003mol/kg，试计算 298K 时该溶液的（1）离子强度；（2）各离子的活度系数；（3）各化合物的离子平均活度。

**解**：（1）该溶液的离子强度为

$$I = \frac{1}{2} \sum_B m_B z_B^2$$

$$= \frac{1}{2} \left[ (0.001 + 2 \times 0.003) \times 1 + 0.001 \times (-1)^2 + 0.003 \times (-2)^2 \right]$$

$$= 0.01 \, mol/kg$$

（2）根据德拜-休克尔极限公式 $\ln \gamma_B = -Az_B^2 \sqrt{I}$，各离子的活度系数为

$$\ln \gamma_{Na^+} = -1.172 \times 1^2 \times \sqrt{0.01} = -0.117\ 2$$

$$\gamma_{Na^+} = 0.889\ 4$$

$$\ln \gamma_{Cl^-} = -1.172 \times 1^2 \times \sqrt{0.01} = -0.117\ 2$$

$$\gamma_{Cl^-} = 0.889\ 4$$

$$\ln \gamma_{SO_4^{2-}} = -1.172 \times 2^2 \times \sqrt{0.01} = -0.468\ 8$$

$$\gamma_{SO_4^{2-}} = 0.625\ 8$$

由此可见,在离子强度相同的情况下,活度系数的差异主要是由离子价数引起的。

(3)各化合物的离子平均活度为

$$\gamma_{\pm,\text{NaCl}} = (\gamma_{\text{Na}^+}\gamma_{\text{Cl}^-})^{1/2}$$
$$= (0.889\,4 \times 0.889\,4)^{1/2} = 0.889\,4$$
$$m_{\pm,\text{NaCl}} = [m_{\text{Na}^+}m_{\text{Cl}^-}]^{1/2}$$
$$= [(0.001+2\times0.003)\times0.001]^{1/2}$$
$$= 2.646\times10^{-3}\text{mol/kg}$$
$$a_{\pm,\text{NaCl}} = \gamma_\pm m_\pm$$
$$= 0.889\,4 \times 2.646\times10^{-3} = 2.353\times10^{-3}$$
$$\gamma_{\pm,\text{Na}_2\text{SO}_4} = (\gamma_{\text{Na}^+}^2\gamma_{\text{SO}_4^{2-}})^{1/3}$$
$$= (0.889\,4^2 \times 0.625\,8)^{1/3} = 0.791\,1$$
$$m_{\pm,\text{Na}_2\text{SO}_4} = (m_{\text{Na}^+}^2 m_{\text{SO}_4^{2-}})^{1/3}$$
$$= [(0.001+2\times0.003)^2 \times 0.003]^{1/3}$$
$$= 5.278\times10^{-3}\text{mol/kg}$$
$$a_{\pm(\text{Na}_2\text{SO}_4)} = \gamma_\pm \cdot m_\pm$$
$$= 0.791\,1 \times 5.278\times10^{-3} = 4.175\times10^{-3}$$

也可以直接由德拜-休克尔极限公式计算离子的平均活度系数 $\gamma_\pm$。

**例5** 试用电化学方法判断,298K 时,将金属银浸入碱性溶液中,银是否会在空气中被氧化。若在溶液中加入大量的 $CN^-$,结论又是什么?已知空气中氧气的分压为 $0.21p^\ominus$。

**解:** 根据题意,设计电池为

$$\text{Ag(s)} \mid \text{Ag}_2\text{O(s)} \mid \text{OH}^-(a) \mid \text{O}_2(p) \mid \text{Pt}$$

负极(氧化反应) $2\text{Ag(s)}+2\text{OH}^-(a) \longrightarrow \text{Ag}_2\text{O(s)}+\text{H}_2\text{O(l)}+2e^-$

正极(还原反应) $1/2\text{O}_2(p)+\text{H}_2\text{O(l)}+2e^- \longrightarrow 2\text{OH}^-(a)$

电池反应 $2\text{Ag(s)}+1/2\text{O}_2(p) \longrightarrow \text{Ag}_2\text{O(s)}$

查表得 $\varphi_{\text{O}_2/\text{OH}^-}^\ominus = 0.401\text{V}$,$\varphi_{\text{Ag}_2\text{O}/\text{Ag},\text{OH}^-}^\ominus = 0.344\text{V}$,则

$$E = E^\ominus - \frac{RT}{zF}\ln\frac{1}{a_{\text{O}_2}^{1/2}} = (\varphi_+^\ominus - \varphi_-^\ominus) - \frac{RT}{2F}\ln\left(\frac{p_{\text{O}_2}}{p^\ominus}\right)^{-1/2}$$

$$= (0.401-0.344) - \frac{8.314\times298}{2\times96\,500}\ln 0.21^{-1/2}$$

$$= 0.047\,0\text{V}$$

$E>0$,表明电池反应为热力学上的自发反应,即碱性溶液中的 Ag 会在空气中被氧化,只是自发趋势不大。而且开始生成的 $\text{Ag}_2\text{O}$ 覆盖在 Ag 的表面,将阻止 Ag 的进一步氧化。

当加入大量 $CN^-$ 后,负极反应为

$$2\text{Ag(s)}+4\text{CN}^- \longrightarrow 2[\text{Ag(CN)}_2]^- + 2e^-$$

该电极反应的 $\varphi^\ominus = -0.31\text{V}$。由于负极电极电势的大大降低,使得电池电动势较原来有较大的增加,导致反应的自发倾向增大,同时 Ag 的氧化产物改变为 $[\text{Ag(CN)}_2]^-$。

**例6** 298K 时电池 $\text{Ag(s)} \mid \text{AgI(s)} \mid \text{I}^-(0.010\,0\text{mol/kg}) \parallel \text{Ag}^+(0.100\text{mol/kg}) \mid \text{Ag(s)}$ 的电动势为 $E=0.753\text{V}$,假定离子活度系数等于1,求 AgI 的活度积。

**解:**方法一

负极 $\qquad$ $I^-(0.010\ 0mol/kg)+Ag(s)\longrightarrow AgI(s)+e^-$

正极 $\qquad$ $Ag^+(0.100mol/kg)+e^-\longrightarrow Ag(s)$

电池反应 $\qquad$ $Ag^+(0.100mol/kg)+I^-(0.010\ 0mol/kg)\longrightarrow AgI(s)$

$$E=E^{\ominus}-\frac{RT}{F}\ln\frac{1}{a_{Ag^+}a_{I^-}}$$

$$E^{\ominus}=E-\frac{RT}{F}\ln\ a_{Ag^+}a_{I^-}$$

$$=0.753-\frac{8.314\times298}{96\ 500}\ln(0.1\times0.01)=0.930V$$

由于该电池反应为 AgI 溶解平衡的逆过程,故有

$$\ln\frac{1}{K_{sp}}=\frac{zE^{\ominus}F}{RT}$$

$$=-\frac{0.930\times96\ 500}{8.314\times298}=-36.223$$

$$K_{sp}=1.86\times10^{-16}$$

方法二

将上述电池视作银离子活度分别为 $a_1=0.100$ 和 $a_2=x$ 的浓差电池,电池反应为

$$Ag^+(a_1)\longrightarrow Ag^+(a_2=x)$$

题中所给电池的电动势即为该浓差电池的电动势,并由此可算得 AgI 饱和溶液中 $Ag^+$ 的活度 $a_2$ 为

$$E=-\frac{RT}{F}\ln\frac{a_2}{a_1}=0.753=-\frac{8.314\times298}{96\ 500}\ln\frac{x}{0.100}$$

$$\ln\ x=-\frac{0.753-0.025\ 7\ln 0.1}{0.025\ 7}=-31.602$$

$$x=1.89\times10^{-14}mol/kg$$

故 AgI 的溶度积为

$$K_{sp}=a_{Ag^+}a_{I^-}=1.89\times10^{-14}\times0.01=1.89\times10^{-16}$$

**例7** 在 298K 时,使 $Ag^+$ 质量摩尔浓度为 $m_1=1mol/kg$ 和 $m_2=0.1mol/kg$ 的两个溶液相互接触,则发生过程:$Ag^+(m_1)\longrightarrow Ag^+(m_2)$。(1)为该过程设计电池;(2)若离子的活度系数为1,试计算此电池的 $E$;(3)计算此过程的 $\Delta_r G_m$、$\Delta_r S_m$ 和 $\Delta_r H_m$,并回答电池在可逆放电时是吸热还是放热? 设两种溶液的浓度不随温度而改变;(4)求此电池的 $\Delta_r G_m^{\ominus}$;(5)如此电池中两个半电池的溶液体积相等,将电池短路,直至无电流通过后,求这时两个半电池溶液中 $Ag^+$ 的浓度各为多少?

**解:**(1)设计电池为

$$Ag(s)\mid Ag^+(m_2)\parallel Ag^+(m_1)\mid Ag(s)$$

负极 $\qquad$ $Ag\longrightarrow Ag^+(m_2)+e^-$

正极 $\qquad$ $Ag^+(m_1)+e^-\longrightarrow Ag$

电池反应 $\qquad$ $Ag^+(m_1)\longrightarrow Ag^+(m_2)$

(2)该浓差电池的电动势为

$$E = \frac{RT}{zF}\ln\frac{a_{Ag^+,1}}{a_{Ag^+,2}} = \frac{RT}{F}\ln\frac{m_1}{m_2}$$

$$= \frac{8.314\times298}{96\,500}\ln\frac{1}{0.1} = 0.059\,1V$$

（3）　　　　　$\Delta_r G_m = -zEF = -96\,500\times0.059\,1 = -5\,703J/mol$

为求 $\Delta_r S_m$，需算得该电池电动势的温度系数。根据 $E = \frac{RT}{zF}\ln\frac{a_{Ag^+,1}}{a_{Ag^+,2}}$，在压力一定时，将此式对 $T$ 作偏微商，得

$$\left(\frac{\partial E}{\partial T}\right)_P = \frac{R}{F}\ln\frac{a_{Ag^+,1}}{a_{Ag^+,2}}$$

$$\Delta_r S_m = zF\left(\frac{\partial E}{\partial T}\right)_P = zR\ln\frac{a_{Ag^+,1}}{a_{Ag^+,2}}$$

$$= 8.314\times\ln\frac{1}{0.1} = 19.14J/(K\cdot mol)$$

$$\Delta_r H_m = \Delta_r G_m + T\Delta_r S_m$$

$$= 5\,703 + 298\times19.14 = 11.41kJ/mol$$

因为 $Q_r = T\Delta_r S_m > 0$，故可逆电池放电时，从环境吸收热量，转化为电能。

（4）$\because E^\ominus = 0,\therefore \Delta_r G_m^\ominus = 0$

（5）将电池短路至无电流通过为止，此时 $E = 0$，两个半电池中 $Ag^+$ 的浓度相等，为 $\frac{1}{2}\times$ $(1+0.1) = 0.55M$。

**例8**　现有电池 $Hg(1)\,|\,Hg_2Br_2(s)\,|\,KBr(0.1mol/L)\,\|\,KCl(0.1mol/L)\,|\,Hg_2Cl_2(s)\,|\,Hg(1)$。已知该电池电动势与温度的关系符合 $E = 0.183 - 1.88\times10^{-4}T$。（1）写出该电池的电极反应和电池反应；（2）计算 298K 时该电池反应的 $\Delta_r H_m$；（3）已知 298K 时，$\varphi^\ominus_{Hg_2^{2+}/Hg} = 0.799V$，$\varphi_{甘汞(0.1M)} = 0.334V$，0.1mol/L KBr 的平均活度系数为 0.772V，试计算该温度下 $Hg_2Cl_2$ 的溶度积。

**解：**（1）电极反应和电池反应分别为

负极　　　　$2Hg(1) + 2Br^-(0.1mol/L)\longrightarrow Hg_2Br_2(s) + 2e^-$

正极　　　　$Hg_2Cl_2(s) + 2e^-\longrightarrow 2Hg(1) + 2Cl^-(0.1mol/L)$

电池反应　　$Hg_2Cl_2(s) + 2Br^-(0.1mol/L)\longrightarrow Hg_2Br_2(s) + 2Cl^-(0.1mol/L)$

（2）$T = 298K$ 时，有

$$E = 0.183 - 1.88\times10^{-4}T$$

$$= 0.183 - 1.88\times10^{-4}\times298 = 0.127V$$

$$\Delta_r G_m = -zEF$$

$$= -2\times0.127\times96\,500 = -24\,511J/mol = -24.5kJ/mol$$

由题中所给的电池电动势与温度的关系，可知电池电动势的温度系数为

$$\left(\frac{\partial E}{\partial T}\right)_p = -1.88\times10^{-4}J/K$$

$$\Delta_r S_m = zF\left(\frac{\partial E}{\partial T}\right)_p$$

$$= 2\times96\,500\times(-1.88\times10^{-4}) = -36.3J/(K\cdot mol)$$

$$\Delta_r H_m = \Delta_r G_m + T\Delta_r S_m$$
$$= -24.5 + 298 \times (-36.3) \times 10^3 = -35.32 \text{kJ/mol}$$

（3）由电池电动势的能斯特方程计算 $\varphi^{\ominus}_{Br^-/Hg_2Br_2/Hg}$，可得

$$E = \varphi_{甘汞(0.1M)} - \left( \varphi^{\ominus}_{Br^-/Hg_2Br_2/Hg} - \frac{RT}{2F} \ln a^2_{Br^-} \right)$$

$$0.127 = 0.334 - \varphi^{\ominus}_{Br^-/Hg_2Br_2/Hg} + \frac{8.314 \times 298}{2 \times 96\,500} \ln (0.1 \times 0.772)^2$$

$$\varphi^{\ominus}_{Br^-,Hg_2Br_2/Hg} = 0.141 \text{V}$$

已知反应为

①$Hg_2^{2+}(aq) + 2e^- \longrightarrow Hg(l)$　　　　$\Delta_r G^{\ominus}_{m,1} = -z\varphi^{\ominus}_{Hg_2^{2+}/Hg}F$

②$Hg_2Br_2(s) + 2e^- \longrightarrow 2Hg(l) + 2Br^-(aq)$　　　$\Delta_r G^{\ominus}_{m,2} = -z\varphi^{\ominus}_{Br^-/Hg_2Br_2/Hg}F$

③$Hg_2Br_2(s) \longrightarrow Hg_2^{2+}(aq) + 2Br^-(aq)$　　　$\Delta_r G^{\ominus}_{m,3} = -RT \ln K_{sp}$

三个反应间的关系为：②-①=③，所以有

$$\Delta_r G^{\ominus}_{m,3} = \Delta_r G^{\ominus}_{m,2} - \Delta_r G^{\ominus}_{m,1}$$

$$-8.314 \times 298 \ln K_{sp} = -2 \times 96\,500 \times (0.141 - 0.799)$$

$$K_{sp} = 5.49 \times 10^{-23}$$

**例 9**　298K 时，有电池 $Pt | H_2(100kPa) | HI(m) | AuI(s) | Au(s)$

（1）写出各电极反应及电池反应。

（2）已知 $m = 1 \times 10^{-4} \text{mol/kg}$ 时，电动势 $E = 0.97\text{V}$；若 $m = 3.0\text{mol/kg}$ 时，$E = 0.41\text{V}$。求 $m = 3.0\text{mol/kg}$ 时，HI 的平均活度系数。

（3）已知 $Au^+(aq) + e^- \longrightarrow Au(s)$ 的 $\varphi^{\ominus} = 1.68\text{V}$，求 AuI 的溶度积。

**解**：（1）电极反应

负极　　　$\frac{1}{2}H_2(100kPa) \longrightarrow H^+(m) + e^-$

正极　　　$AuI(s) + e^- \longrightarrow Au(s) + I^-(m)$

电池反应　$\frac{1}{2}H_2(100kPa) + AuI(s) \longrightarrow Au(s) + H^+(m) + I^-(m)$

（2）对 1-1 型电解质，$a = a^2_{\pm} = (\gamma_{\pm} \cdot m_{\pm}/m^{\ominus})^2$，由于 $m = 1 \times 10^{-4} \text{mol/kg}$，数值很小，可以认为 $\gamma_{\pm} = 1$。所以，$a = a^2_{\pm} = (m/m^{\ominus})^2$。

$$E = E^{\ominus} - \frac{RT}{F} \ln a_{HI} = E^{\ominus} - \frac{RT}{F} \ln a^2_{\pm}$$

$$E^{\ominus} = \varphi^{\ominus}_{I^-/AuI/Au} = E + \frac{RT}{F} \ln a^2_{\pm} = E + \frac{RT}{F} \ln m^2$$

$$= 0.97 + \frac{8.314 \times 298}{96\,500} \ln (1 \times 10^{-4})^2 = 0.497 \text{V}$$

$m = 3$ 时，HI 的 $\gamma_{\pm}$ 可用下式求得

$$E = E^{\ominus} - \frac{RT}{F} \ln a^2_{\pm} = E^{\ominus} - \frac{RT}{F} \ln (m\gamma_{\pm})^2$$

$$0.41 = 0.497 - \frac{8.314 \times 298}{96\,500} \ln (3.0 \times \gamma_{\pm})^2$$

$$\gamma_{\pm} = 1.81$$

（3）AuI 的溶解过程：$AuI(s) \longrightarrow Au^+ + I^-$，设计电池为

$$Au(s) \mid Au^+(a_1) \parallel I^-(a_2) \mid AuI(s) \mid Au(s)$$

$$E^{\ominus} = \varphi^{\ominus}_{I^-/AuI/Au} - \varphi^{\ominus}_{Au^+/Au}$$

$$= 0.497 - 1.68 = -1.18V$$

$$\Delta G^{\ominus} = -zE^{\ominus}F = -RT \ln K_{sp}$$

$$\ln K_{sp} = \frac{zE^{\ominus}F}{RT}$$

$$= \frac{1 \times (-1.18) \times 96\,500}{8.314 \times 298} = -45.96$$

$$K_{sp} = 1.10 \times 10^{-20}$$

# 四、习题解答（主干教材）

1. 以铂为电极，当强度为 0.10A 的电流通过 $AgNO_3$ 溶液时，在阴极有银析出，同时阳极放出氧气。试计算通电 10 分钟后，（1）阴极析出银的质量；（2）温度为 298K，压力为 100kPa 时，放出氧气的体积。

**解：**（1）阴极的电极反应为 $Ag^+(a) + e^- \longrightarrow Ag(s)$，由法拉第电解定律可算得电极上参加反应的 $Ag^+$ 的物质的量 $n$，即

$$n = \frac{Q}{zF} = \frac{It}{zF}$$

$$= \frac{0.10 \times 10 \times 60}{96\,500} = 6.22 \times 10^{-4} mol$$

则阴极析出银的质量为

$$m = n \times M$$

$$= 6.22 \times 10^{-4} \times 107.9 = 0.067\,1g$$

（2）阳极的电极反应为 $\frac{1}{2}H_2O(1) \longrightarrow \frac{1}{4}O_2(g) + H^+ + e^-$，阳极析出氧气的物质的量也是 $6.22 \times 10^{-4} mol$，因此析出氧气的质量为

$$m = n \times \frac{1}{4} \times M$$

$$= 6.22 \times 10^{-4} \times \frac{1}{4} \times 32 = 0.004\,98g$$

则析出氧气体积为

$$V = \frac{mRT}{Mp} = \frac{0.004\,98 \times 8.314 \times 298}{32 \times 100} = 3.86 \times 10^{-3}L$$

2. 298K 时，测得不同浓度 $Er(NO_3)_3$ 在 DMF 溶剂中的摩尔电导率数据（见下表），根据表中数据计算 $\Lambda_m^{\infty}[Er(NO_3)_3]$。

| $c/$（mol/L） | 0.000 162 | 0.000 490 | 0.000 952 | 0.001 683 |
|---|---|---|---|---|
| $\Lambda_m \times 10^4/$（S·m²/mol） | 191.80 | 145.0 | 116.67 | 92.14 |

**解:** 已知强电解质的摩尔电导率与浓度之间符合科尔劳施经验式为

$$\Lambda_m = \Lambda_m^\infty(1-\beta\sqrt{c})$$

计算$\sqrt{c}$数值,列于下表,并以$\Lambda_m$对$\sqrt{c}$作图(见图6-1)。

| $\Lambda_m \times 10^4/(S \cdot m^2/mol)$ | 191.80 | 145.0 | 116.67 | 92.14 |
|---|---|---|---|---|
| $\sqrt{c}/(mol/L)^{1/2}$ | 0.012 7 | 0.022 1 | 0.030 9 | 0.041 0 |

以$\Lambda_m$对$\sqrt{c}$作图(图6-1),得到截距为229.3×10⁻⁴S·m²/mol。因此,$Er(NO_3)_3$的无限稀释摩尔电导率$\Lambda_m^\infty[Er(NO_3)_3]$为229.3×10⁻⁴S·m²/mol。

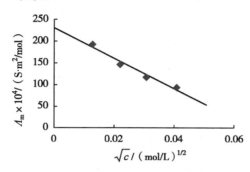

图6-1 摩尔电导率与浓度关系(习题2图)

3. 298K 时,已知 $NaOH$、$NaCl$ 和 $NH_4Cl$ 溶液无限稀释时的摩尔电导率分别为248.41× $10^{-4}$S·m²/mol、126.4×$10^{-4}$S·m²/mol 和 149.8×$10^{-4}$S·m²/mol,试计算该温度下 $NH_3$· $H_2O$ 溶液的无限稀释摩尔电导率。

**解:** 弱电解质的无限稀释摩尔电导率可由离子独立运动定律求得。

$$\Lambda_m^\infty(NH_3 \cdot H_2O) = \lambda_m^\infty(NH_4^+) + \lambda_m^\infty(OH^-) = \Lambda_m^\infty(NaOH) + \Lambda_m^\infty(NH_4Cl) - \Lambda_m^\infty(NaCl)$$

$$= 248.41 \times 10^{-4} + 149.8 \times 10^{-4} - 126.4 \times 10^{-4}$$

$$= 271.8 \times 10^{-4} S \cdot m^2/mol$$

4. 298K 时,实验测得不同浓度苯甲酸溶液的摩尔电导率数值如下:

| $\Lambda_m/(S \cdot m^2/mol)$ | 0.021 84 | 0.016 93 | 0.009 501 | 0.006 832 | 0.004 478 | 0.003 265 |
|---|---|---|---|---|---|---|
| $c \times 10^3/(mol/L)$ | 0.091 57 | 0.183 1 | 0.915 7 | 1.831 | 4.578 | 9.157 |

试根据奥斯特瓦尔德稀释定律,求算苯甲酸的解离常数和无限稀释摩尔电导率。

**解:** 按式$\dfrac{1}{\Lambda_m} = \dfrac{\Lambda_m \dfrac{c}{c^\ominus}}{K^\ominus(\Lambda_m^\infty)^2} + \dfrac{1}{\Lambda_m^\infty}$,求出各浓度下的$\dfrac{1}{\Lambda_m}$和$\Lambda_m(c/c^\ominus)$,相关数值列表如下:

| $\dfrac{1}{\Lambda_m}/[mol/(S \cdot m^2)]$ | 45.79 | 59.07 | 105.25 | 146.37 | 223.31 | 306.28 |
|---|---|---|---|---|---|---|
| $\Lambda_m(c/c^\ominus) \times 10^6/(S \cdot m^2/mol)$ | 2.00 | 3.10 | 8.70 | 12.51 | 20.50 | 29.90 |

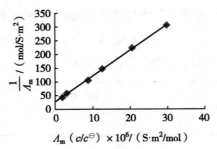

图6-2 $\frac{1}{\Lambda_m}$ 对 $\Lambda_m(c/c^\ominus)$ 的线性拟合图（习题4图）

以 $\frac{1}{\Lambda_m}$ 对 $\Lambda_m(c/c^\ominus)$ 作直线回归，得图 6-2。图中直线斜率为 $9.370\,7\times10^6\,\text{S}^{-2}\cdot\text{m}^{-4}\cdot\text{mol}^2$，截距为 $27.873\,\text{S}^{-1}\cdot\text{m}^{-2}\cdot\text{mol}$，即

$$\frac{1}{K^\ominus(\Lambda_m^\infty)^2}=9.370\,7\times10^6$$

$$\frac{1}{\Lambda_m^\infty}=27.873$$

联立两式，可得 $\Lambda_m^\infty=0.035\,88\,\text{S}\cdot\text{m}^2/\text{mol}$，$K^\ominus=8.289\times10^{-5}$。

5. 298K 时，水的离子积为 $1.008\times10^{-14}$，已知该温度下 $\lambda_m^\infty(\text{H}^+)=349.8\times10^{-4}\,\text{S}\cdot\text{m}^2/\text{mol}$，$\lambda_m^\infty(\text{OH}^-)=198.0\times10^{-4}\,\text{S}\cdot\text{m}^2/\text{mol}$，求纯水的理论电导率。

**解**：纯水的电离平衡为

$$\text{H}_2\text{O}\rightleftharpoons\text{H}^++\text{OH}^-$$

设电离产生的 $\text{H}^+$ 和 $\text{OH}^-$ 离子浓度为 $c$，则

$$K_W=\left(\frac{c_{\text{H}^+}}{c^\ominus}\right)\times\left(\frac{c_{\text{OH}^-}}{c^\ominus}\right)=\left(\frac{c}{c^\ominus}\right)^2$$

$$c=(K_W)^{1/2}\cdot c^\ominus$$

$$=(1.008\times10^{-14})^{1/2}=1.004\times10^{-7}\,\text{mol/L}$$

$$\Lambda_m^\infty(\text{H}_2\text{O})=\lambda_m^\infty(\text{H}^+)+\lambda_m^\infty(\text{OH}^-)$$

$$=349.8\times10^{-4}+198.0\times10^{-4}=547.8\times10^{-4}\,\text{S}\cdot\text{m}^2/\text{mol}$$

298K 时，纯水的理论电导率为

$$\kappa=c\cdot\Lambda_m^\infty$$

$$=1.004\times10^{-7}\times10^3\times547.8\times10^{-4}$$

$$=5.500\times10^{-6}\,\text{S/m}$$

6. 298K 时，测得 $\text{BaSO}_4$ 饱和水溶液电导率为 $4.58\times10^{-4}\,\text{S/m}$。已知该浓度时所用水的电导率为 $1.52\times10^{-4}\,\text{S/m}$，$\Lambda_m^\infty[1/2\text{Ba}(\text{NO}_3)_2]$ 为 $1.351\times10^{-2}\,\text{S}\cdot\text{m}^2/\text{mol}$，$\Lambda_m^\infty(1/2\text{H}_2\text{SO}_4)$ 为 $4.295\times10^{-2}\,\text{S}\cdot\text{m}^2/\text{mol}$，$\Lambda_m^\infty(\text{HNO}_3)$ 为 $4.211\times10^{-2}\,\text{S}\cdot\text{m}^2/\text{mol}$。计算该温度下 $\text{BaSO}_4$ 的标准溶度积常数和溶解度。

**解**：$\text{BaSO}_4$ 的无限稀释摩尔电导率为

$$\Lambda_m^\infty(\text{BaSO}_4)=2\Lambda_m^\infty\left[\frac{1}{2}\text{Ba}(\text{NO}_3)\right]+2\Lambda_m^\infty\left(\frac{1}{2}\text{H}_2\text{SO}_4\right)-2\Lambda_m^\infty(\text{HNO}_3)$$

$$=2\times(1.351\times10^{-2}+4.295\times10^{-2}-4.211\times10^{-2})$$

$$= 2.87 \times 10^{-2} \text{S} \cdot \text{m}^2/\text{mol}$$

由于 $BaSO_4$ 溶液的电导率很小,应考虑纯水的电导率,所以 $BaSO_4$ 的饱和溶液的浓度为

$$c(饱和) = \frac{\kappa(溶液) - \kappa(水)}{\Lambda_m^\infty(BaSO_4)} = \frac{4.58 \times 10^{-4} - 1.52 \times 10^{-4}}{2.87 \times 10^{-2}}$$

$$= 0.010\ 7 \text{mol/m}^3 = 1.07 \times 10^{-5} \text{mol/L}$$

溶解度的定义为每千克水中溶解的固体千克数,对于极稀溶液,1kg 溶液的体积近似等于 1L。则 $BaSO_4$ 的溶解度为

$$s(BaSO_4) = c(饱和) \cdot M(BaSO_4)$$

$$= 1.07 \times 10^{-5} \times 233.4 \times 10^{-3} = 2.50 \times 10^{-6} \text{kg/kg 水}$$

$BaSO_4$ 的溶解平衡为

$$BaSO_4 \rightleftharpoons Ba^{2+} + SO_4^{2-}$$

298K 时,$BaSO_4$ 的标准溶度积常数

$$K_{sp}^\ominus = c_{Ba^{2+}} \cdot c_{SO_4^{2-}} = (1.07 \times 10^{-5})^2 = 1.14 \times 10^{-10}$$

7. 试分析(1)弱碱 $NH_4OH$ 滴定弱酸 $HAc$;(2)$KCl$ 滴定 $AgNO_3$;(3)$MgSO_4$ 滴定 $Ba(OH)_2$ 时,溶液电导率的变化情况,并作出相应的滴定曲线示意图。

**解:**(1)$NH_4OH$ 滴定 $HAc$,滴定曲线如图 6-3 所示。滴定前,由于 $HAc$ 的电离度很小,故溶液的电导率很小。加入少量 $NH_4OH$ 后,生成少量的 $NH_4^+$ 和 $Ac^-$ 离子,而 $Ac^-$ 离子会抑制 $HAc$ 的电离,因此溶液的电导率稍呈下降趋势。再继续加入 $NH_4OH$,随着生成的 $NH_4^+$ 和 $Ac^-$ 离子增多,它们对电导率的贡献逐渐占主导地位,因而溶液的电导率增大。达到终点后,溶液中的大量 $NH_4^+$ 离子抑制了 $NH_4OH$ 的电离,溶液电导率不再增大,曲线成水平。作上升曲线与水平线段的切线,其交点即为滴定终点。由于终点时,弱酸弱碱盐的水解作用致使终点处的转折不够尖锐,但不影响滴定的准确性。

(2)$KCl$ 滴定 $AgNO_3$,滴定曲线如图 6-4 中的 a 线。$AgNO_3$ 和 $KCl$ 反应生成 $AgCl$ 沉淀,而 $Ag^+$ 和 $K^+$ 的电导率相差不大,所以当溶液中的 $Ag^+$ 被 $K^+$ 取代时对电导率没有什么影响。这样,滴定终点之前,溶液的电导率改变很小。终点后,继续加入 $KCl$ 溶液,溶液中的离子总数增多,电导率也随之增大。因此,在滴定终点处,曲线出现转折点。

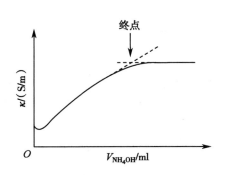

图 6-3　$NH_4OH$ 滴定 $HAc$ 的电导滴定
曲线(习题 7 图)

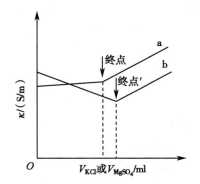

图 6-4　$KCl$ 滴定滴定 $AgNO_3$(a),
或 $MgSO_4$ 滴定 $Ba(OH)_2$(b)的
电导滴定曲线(习题 7 图)

（3）$MgSO_4$ 滴定 $Ba(OH)_2$，滴定曲线如图 6-4 中的 b 线。由于反应中生成的两种产物均为难溶化合物。所以开始时，由于溶液中离子数的减少，电导率也减小。终点后，由于 $MgSO_4$ 的增加，电导率又增大。

8. 分别计算浓度为 0.1mol/kg 的 $CuSO_4(\gamma_\pm=0.164)$ 和 $K_4Fe(CN)_6(\gamma_\pm=0.141)$ 的离子平均质量摩尔浓度、离子平均活度以及电解质的活度。

**解：**$CuSO_4$ 为 2-2 价型电解质，$\nu_+=\nu_-=1,\nu=2$

$$m_\pm=(m_+^{\nu_+}m_-^{\nu_-})^{1/\nu}=(\nu_+^{\nu_+}\nu_-^{\nu_-})^{1/\nu}m=(1\times1)^{1/2}\times0.1=0.1mol/kg$$

$$\alpha_\pm=\gamma_\pm\left(\frac{m_\pm}{m^\ominus}\right)=0.164\times\frac{0.1}{1}=0.0164$$

$$\alpha=\alpha_\pm^\nu=(0.0164)^2=2.69\times10^{-4}$$

$K_4Fe(CN)_6$ 为 1-4 价型电解质，$\nu_+=4,\nu_-=1,\nu=5$

$$m_\pm=(m_+^{\nu_+}m_-^{\nu_-})^{1/\nu}=(\nu_+^{\nu_+}\nu_-^{\nu_-})^{1/\nu}m$$

$$=(4^4\times1)^{1/5}\times0.1=0.303mol/kg$$

$$\alpha_\pm=\gamma_\pm\left(\frac{m_\pm}{m^\ominus}\right)=0.141\times\frac{0.303}{1}=0.0427$$

$$\alpha=\alpha_\pm^\nu=(0.0427)^5=1.42\times10^{-7}$$

9. 298K 时，在 0.01mol/kg 的水杨酸（HA）溶液中含有 0.01mol/kg 的 KCl 和 0.01mol/kg 的 $Na_2SO_4$。已知水杨酸在此温度下的 $K_c=1.06\times10^{-5}$，求此混合溶液的离子强度。

**解：**水杨酸解离平衡为

$$HA \Longrightarrow H^+ + A^-$$

$$0.01-x \qquad x \qquad x$$

$$K_c=\frac{x^2}{0.01-x}=1.06\times10^{-5}$$

$$x=3.20\times10^{-4}mol/kg$$

各离子的浓度和离子价数分别为

$$m(K^+)=0.01mol/kg,z(K^+)=1;m(Cl^-)=0.01mol/kg,z(Cl^-)=-1$$

$$m(Na^+)=0.02mol/kg,z(Na^+)=1;m(SO_4^{2-})=0.01mol/kg,z(SO_4^{2-})=-2$$

$$m(H^+)=3.20\times10^{-4}mol/kg,z(H^+)=1;m(A^-)=3.20\times10^{-4}mol/kg,z(A^-)=-1$$

混合溶液的离子强度

$$I=\frac{1}{2}\sum_B m_B z_B^2$$

$$=\frac{1}{2}(2\times0.01+0.02+0.01\times2^2+2\times3.20\times10^{-4})=0.0403mol/kg$$

10. 根据德拜-休克尔极限定律，计算 298K 时 0.005mol/kg 的 $CaCl_2$ 水溶液中 $Ca^{2+}$ 和 $Cl^-$ 的活度系数和离子平均活度系数。

**解：**$m(Ca^{2+})=0.005mol/kg,z(Ca^{2+})=2;m(Cl^-)=0.01mol/kg,z(Cl^-)=-1$。溶液的离子强度为

$$I=\frac{1}{2}\sum_B m_B z_B^2$$

$$=\frac{1}{2}[0.005\times2^2+0.01\times(-1)^2]=0.015mol/kg$$

$Ca^{2+}$离子的活度系数为

$$\ln \gamma_{Ca^{2+}} = -Az^2\sqrt{I}$$
$$= -1.172 \times 2^2 \times \sqrt{0.015} = -0.574$$
$$\gamma_{Ca^{2+}} = 0.563$$

$Cl^-$离子的活度系数为

$$\ln \gamma_{Cl^-} = -Az^2\sqrt{I}$$
$$= -1.172 \times (-1)^2 \times \sqrt{0.015} = -0.144$$
$$\gamma_{Cl^-} = 0.866$$

离子平均活度系数可由两种方法求得

$$\ln \gamma_{\pm} = -Az_+ |z_-| \sqrt{I}$$
$$= -1.172 \times 2 \times \sqrt{0.015} = -0.287$$
$$\gamma_{\pm} = 0.751$$

或者

$$\gamma_{\pm} = (\gamma_+^{\nu_+} \cdot \gamma_-^{\nu_-})^{1/\nu} = (0.563 \times 0.866^2)^{1/3} = 0.750$$

两种方法算得的 $\gamma_{\pm}$ 略有差别。

11. 试写出下列各电池的电极反应和电池反应：

(1) $Cu(s) | CuSO_4(a_1) \| AgNO_3(a_2) | Ag(s)$。

(2) $Pb(s) | PbSO_4(s) | K_2SO_4(a_1) \| HCl(a_2) | AgCl(s) | Ag(s)$。

(3) $Pt | H_2(p) | NaOH(a) | HgO(s) | Hg(l)$。

(4) $Pt | H_2(p_1) | H_2SO_4(m) | H_2(p_2) | Pt$。

(5) $K(Hg)(a_1) | K^+(a_2) \| Cl^-(a_3) | Hg_2Cl_2(s) | Hg(l)$。

**解：**(1) 电极反应

负极　　　　$Cu(s) \longrightarrow Cu^{2+}(a_1) + 2e^-$

正极　　　　$2Ag^+(a_2) + 2e \longrightarrow 2Ag(s)$

电池反应　　$Cu(s) + 2Ag^+(a_2) \longrightarrow Cu^{2+}(a_1) + 2Ag(s)$

(2) 电极反应和电池反应分别为

负极　　　　$Pb(s) + SO_4^{2-}(a_1) \longrightarrow PbSO_4(s) + 2e^-$

正极　　　　$2AgCl(s) + 2e^- \longrightarrow 2Ag(s) + 2Cl^-(a_2)$

电池反应　　$Pb(s) + SO_4^{2-}(a_1) + 2AgCl(s) \longrightarrow PbSO_4(s) + 2Ag(s) + 2Cl^-(a_2)$

(3) 电极反应和电池反应分别为

负极　　　　$H_2(p) + 2OH^-(a) \longrightarrow 2H_2O + 2e^-$

正极　　　　$HgO(s) + H_2O + 2e^- \longrightarrow Hg(l) + 2OH^-(a)$

电池反应　　$HgO(s) + H_2(p) \longrightarrow Hg(l) + H_2O(l)$

(4) 电极反应和电池反应分别为

负极　　　　$H_2(p_1) \longrightarrow 2H^+(m) + 2e^-$

正极　　　　$2H^+(m) + 2e^- \longrightarrow H_2(p_2)$

电池反应　　$H_2(p_1) \longrightarrow H_2(p_2)$

(5)电极反应和电池反应分别为

负极　　　　$2K(Hg)(a_1) \longrightarrow 2K^+(a_2) + 2Hg(l) + 2e^-$

正极　　　　$Hg_2Cl_2(s) + 2e^- \longrightarrow 2Hg(l) + 2Cl^-(a_3)$

电池反应　　$2K(Hg) + Hg_2Cl_2(s) \longrightarrow 2K^+(a_2) + 2Cl^-(a_3) + 4Hg(l)$

12. 将下列化学反应设计成原电池：

(1) $2Ag^+(a_1) + H_2(p) \longrightarrow 2Ag(s) + 2H^+(a_2)$。

(2) $AgCl(s) + I^-(a_1) \longrightarrow AgI(s) + Cl^-(a_2)$。

(3) $Pb(s) + Hg_2Cl_2(s) \longrightarrow PbCl_2(s) + 2Hg(l)$。

(4) $PbO(s) + H_2(p) \longrightarrow Pb(s) + H_2O(l)$。

(5) $AgBr(s) + H_2(p) \longrightarrow 2Ag(s) + 2HBr(a)$。

**解:**(1)电极反应和电池反应分别为

负极　　　　$H_2(p) \longrightarrow 2H^+(a_2) + 2e^-$

正极　　　　$2Ag^+(a_1) + 2e^- \longrightarrow 2Ag(s)$

电池反应　　$2Ag^+(a_1) + H_2(p) \longrightarrow 2Ag(s) + 2H^+(a_2)$

电池组成　　$Pt \mid H_2(p) \mid H^+(a_2) \parallel Ag^+(a_1) \mid Ag(s)$

(2)电极反应和电池反应分别为

负极　　　　$Ag(s) + I^-(a_1) \longrightarrow AgI(s) + e^-$

正极　　　　$AgCl(s) + e^- \longrightarrow Ag(s) + Cl^-(a_2)$

电池反应　　$AgCl(s) + I^-(a_1) \longrightarrow AgI(s) + Cl^-(a_2)$

电池组成　　$Ag(s) \mid AgI(s) \mid I^-(a_1) \parallel Cl^-(a_2) \mid AgCl(s) \mid Ag(s)$

(3)电极反应和电池反应分别为

负极　　　　$Pb(s) + 2Cl^-(a) \longrightarrow PbCl_2(s) + 2e^-$

正极　　　　$Hg_2Cl_2(s) + 2e^- \longrightarrow 2Hg(l) + 2Cl^-(a)$

电池反应　　$Pb(s) + Hg_2Cl_2(s) \longrightarrow PbCl_2(s) + 2Hg(l)$

电池组成　　$Pb(s) \mid PbCl_2(s) \mid Cl^-(a) \mid Hg_2Cl_2(s) \mid 2Hg(l)$

(4)电极反应和电池反应分别为

负极　　　　$H_2(p) + 2OH^-(a) \longrightarrow 2H_2O(l) + 2e^-$

正极　　　　$PbO(s) + H_2O(l) + 2e^- \longrightarrow Pb(s) + 2OH^-(a)$

电池反应　　$PbO(s) + H_2(p) \longrightarrow Pb(s) + H_2O(l)$

电池组成　　$Pt \mid H_2(p) \mid NaOH(a) \mid PbO(s) \mid Pb(s)$

(5)电极反应和电池反应分别为

负极　　　　$H_2(p) \longrightarrow 2H^+(a) + 2e^-$

正极　　　　$2AgBr(s) + 2e^- \longrightarrow 2Ag + 2Br^-(a)$

电池反应　　$AgBr(s) + H_2(p) \longrightarrow 2Ag(s) + 2HBr(a)$

电池组成　　$Pt \mid H_2(p) \mid HBr(a) \mid AgBr(s) \mid Ag(s)$

13. 写出下面电池的电极反应和电池反应,并计算 298K 时电池的电动势。已知电池的标准电动势为 0.440 2V。

$$Fe(s) \mid Fe^{2+}(a = 0.05) \parallel H^+(a = 0.1) \mid H_2(100kPa) \mid Pt$$

**解:** 电极反应和电池反应分别为

负极 $\qquad Fe(s) \longrightarrow Fe^{2+}(a=0.05)+2e^-$

正极 $\qquad 2H^+(a=0.1)+2e^- \longrightarrow H_2(100kPa)$

电池反应 $\quad Fe(s)+2H^+(a=0.1) \longrightarrow H_2(100kPa)+Fe^{2+}(a=0.05)$

根据电池电动势的能斯特方程式,可得

$$E = E^{\ominus} - \frac{RT}{zF}\ln\frac{(p_{H_2}/p^{\ominus})a_{Fe^{2+}}}{(a_{H^+})^2}$$

$$= 0.4402 - \frac{8.314\times298}{2\times96500}\ln\frac{1\times0.05}{0.1^2} = 0.4195V$$

14. 写出下列浓差电池的电池反应,并计算 298K 时的电池电动势。

(1) $Pt|H_2(p^{\ominus})|H^+(a_1=0.01)\|H^+(a_2=0.1)|H_2(p^{\ominus})|Pt$。

(2) $Pt|Cl_2(p^{\ominus})|Cl^-(a=1)|Cl_2(2p^{\ominus})|Pt$。

(3) $Ag(s)|AgCl(s)|Cl^-(a_1=0.01)\|Cl^-(a_1=0.002)|AgCl(s)|Ag(s)$。

(4) $Cu(s)|Cu^{2+}(a_1=0.004)\|Cu^{2+}(a_2=0.01)|Cu(s)$。

**解:** 浓差电池,$E^{\ominus}=0$。

(1) 电池反应:$H^+(a_1=0.1) \longrightarrow H^+(a_2=0.01)$

$$E_1 = -\frac{RT}{zF}\ln\frac{a_2}{a_1} = -\frac{8.314\times298}{1\times96500}\ln\frac{0.01}{0.1} = 0.0591V$$

(2) 电池反应:$Cl_2(2p^{\ominus}) \longrightarrow Cl_2(p^{\ominus})$

$$E_2 = -\frac{RT}{zF}\ln\left(\frac{p^{\ominus}}{2p^{\ominus}}\right)^{1/2} = -\frac{8.314\times298}{2\times96500}\ln\frac{1}{2} = 0.00890V$$

(3) $Cl^-(a_1=0.01) \longrightarrow Cl^-(a_1=0.002)$

$$E_3 = -\frac{RT}{zF}\ln\frac{a_1}{a_2} = -\frac{8.314\times298}{96500}\ln\frac{0.002}{0.01} = 0.0413V$$

(4) $Cu^{2+}(a_2=0.01) \longrightarrow Cu^{2+}(a_1=0.004)$

$$E_4 = -\frac{RT}{zF}\ln\frac{a_1}{a_2} = -\frac{8.314\times298}{2\times96500}\ln\frac{0.004}{0.01} = 0.0118V$$

15. 291K 和 $p^{\ominus}$ 下,白锡到灰锡的转变处于平衡,且相变热为 $-2.01kJ/mol$。计算在 273K 和 298K 时,以下电池的电动势。

$$Sn(s,白锡)|SnCl_2(aq)|Sn(s,灰锡)$$

**解:** 电池反应

$$Sn(s,白锡) \longrightarrow Sn(s,灰锡)$$

由于 291K 和 $p^{\ominus}$ 下,白锡到灰锡的转变处于平衡,因此

$$\Delta_r G_m = \Delta_r G_m^{\ominus} = 0$$

$$\Delta_r S_m^{\ominus} = (\Delta_r H_m^{\ominus} - \Delta_r G_m^{\ominus})/T = \Delta_r H_m^{\ominus}/T = -2010/291 = -6.91J/K$$

由于温度变化范围不大,在 273~298K 区间 $\Delta_r H_m$ 可视为常数。因此,273K 时

$$\Delta_r G_m^{\ominus} = \Delta_r H_m^{\ominus} - T\Delta_r S_m^{\ominus} = -2010 - 273\times(-6.91) = -123.6J$$

$$E^{\ominus} = -\frac{\Delta_r G_m^{\ominus}}{zF} = -\frac{-123.6}{2 \times 96\,500} = 6.40 \times 10^{-4} V$$

298K 时

$$\Delta_r G_m^{\ominus} = \Delta_r H_m^{\ominus} - T\Delta_r S_m^{\ominus} = -2\,010 - 298 \times (-6.91) = -49.2 J$$

$$E^{\ominus} = -\frac{\Delta_r G_m^{\ominus}}{zF} = -\frac{-49.2}{2 \times 96\,500} = 2.55 \times 10^{-4} V$$

**16.** 测得电池 $Zn(s) | ZnCl_2(a=0.05) | AgCl(s) | Ag(s)$ 的电动势在 298K 时为 1.015V,温度系数 $\left(\dfrac{\partial E}{\partial T}\right)_p$ 为 $-4.92 \times 10^{-4}$ V/K,试写出电池反应并计算当电池有 2mol 电子电量输出时,电池反应的 $\Delta_r G_m$、$\Delta_r S_m$、$\Delta_r H_m$ 及电池的可逆热 $Q_r$。

**解:** 电池反应为

$$Zn(s) + 2AgCl(s) \longrightarrow ZnCl_2(a=0.05) + 2Ag(s)$$

$$\Delta_r G_m = -zEF$$
$$= -2 \times 1.015 \times 96\,500 = -195.9 kJ/mol$$

$$\Delta_r S_m = zF\left(\frac{\partial E}{\partial T}\right)_p$$
$$= 2 \times 96\,500 \times (-4.92 \times 10^{-4}) = -94.96 J/(K \cdot mol)$$

$$\Delta_r H_m = \Delta_r G_m + T\Delta_r S_m$$
$$= -195.9 \times 10^3 - 94.96 \times 298 = -224.2 kJ/mol$$

电池放电时的可逆热为

$$Q_r = T\Delta_r S_m$$
$$= 298 \times (-94.96) = -28.30 kJ/mol$$

**17.** 298K 时,将某可逆电池短路使其放电 1mol 电子的电量,此时放电的热量恰好等于该电池可逆操作时所吸收热量的 40 倍,试计算此电池的电动势。已知此电池电动势的温度系数 $\left(\dfrac{\partial E}{\partial T}\right)_p$ 为 $1.40 \times 10^{-4}$ V/K。

**解:** 可逆电池短路,相当于化学反应直接进行,其热效应 $Q_p = \Delta_r H_m$,电池的可逆热 $Q_r = T\Delta_r S_m$。放电 1mol 电子电量,则 $z=1$。

$$Q_r = T\Delta_r S_m = TzF\left(\frac{\partial E}{\partial T}\right)_p$$

$$= 298 \times 96\,500 \times 1.40 \times 10^{-4} = 4.03 kJ/mol$$

$$\Delta_r H_m = -40Q_r$$
$$= -40 \times 4.03 \times 10^3 = -161 kJ/mol$$

$$\Delta_r G_m = \Delta_r H_m - T\Delta_r S_m$$
$$= -161 - 4.03 = -165 kJ/mol$$

根据 $\Delta_r G_m = -zEF$,得

$$E = -\frac{\Delta_r G_m}{F} = -\frac{-165 \times 10^3}{96\,500} = 1.71 V$$

18. 电池 $Ag(s)\,|\,AgCl(s)\,|\,KCl(m)\,|\,Hg_2Cl_2(s)\,|\,Hg(1)$ 的电池反应为

$$Ag(s)+\frac{1}{2}Hg_2Cl_2(s)\longrightarrow AgCl(s)+Hg(1)$$

已知 298K 时,此电池反应的焓变 $\Delta_r H_m$ 为 5 435J/mol,各物质的规定熵数据为

| 物质 | $Ag(s)$ | $AgCl(s)$ | $Hg(1)$ | $Hg_2Cl_2(s)$ |
|---|---|---|---|---|
| $S_m^{\ominus}/[\,J/(K\cdot mol)\,]$ | 42.7 | 96.2 | 77.4 | 195.6 |

试计算该温度下电池的电动势 $E$ 及电池电动势的温度系数 $\left(\dfrac{\partial E}{\partial T}\right)_p$。

**解**:电池反应为

$$Ag(s)+\frac{1}{2}Hg_2Cl_2(s)\longrightarrow AgCl(s)+Hg(1)$$

已知各物质的标准摩尔熵,则上述反应的熵变为

$$\Delta_r S_m=96.2+77.4-42.7-\frac{1}{2}\times195.6=33.1J/(K\cdot mol)$$

$$\Delta_r G_m=\Delta_r H_m-T\Delta_r S_m$$
$$=5\,435-298\times33.1=-4.43kJ/mol$$

根据 $\Delta_r G_m=-zEF$,得

$$E=-\frac{\Delta_r G_m}{F}=-\frac{-4.43\times10^3}{96\,500}=0.045\,9V$$

$$\left(\frac{\partial E}{\partial T}\right)_p=\frac{\Delta_r S_m}{zF}$$
$$=\frac{33.1}{96\,500}=3.43\times10^{-4}V/K$$

19. 写出下列电池的电池反应,并计算 298K 时,各电极的电极电势及电池电动势,根据计算结果指出此电池反应能否自发进行。

$$Cd(s)\,|\,Cd^{2+}(a=0.01)\,\|\,Cl^-(a=0.5)\,|\,Cl_2(100kPa)\,|\,Pt$$

**解**:电池反应为
$$Cd(s)+Cl_2(100kPa)\longrightarrow Cd^{2+}(a=0.01)+2Cl^-(a=0.5)$$

电极反应为

负极　　$Cd(s)\longrightarrow Cd^{2+}(a=0.01)+2e^-$

正极　　$Cl_2(100kPa)+2e^-\longrightarrow 2Cl^-(a=0.5)$

查表得:$\varphi_{Cl_2/Cl^-}^{\ominus}=1.359\,5V$,$\varphi_{Cd^{2+}/Cd}^{\ominus}=-0.402\,9V$。根据电极电势的能斯特方程可求得各电极的电极电势,即

$$\varphi_+=\varphi_{Cl_2/Cl^-}^{\ominus}-\frac{RT}{zF}\ln\frac{a_{Cl^-}^2}{p_{Cl_2}/p^{\ominus}}$$

$$=1.359\,5-\frac{8.314\times298}{2\times96\,500}\ln\frac{0.5^2}{1}=1.377\,3V$$

$$\varphi_- = \varphi_{Cd^{2+}/Cd}^{\ominus} - \frac{RT}{zF} \ln \frac{1}{a_{Cd^{2+}}}$$

$$= -0.402\ 9 - \frac{8.314 \times 298}{2 \times 96\ 500} \ln \frac{1}{0.01} = -0.462\ 0 V$$

电池电动势可直接根据电池反应由电池电动势的能斯特方程求得,或由正、负电极的电极电势之差求得。

方法一:

$$E = E^{\ominus} - \frac{RT}{zF} \ln \frac{a_{Cl^-}^2 \cdot a_{Cd^{2+}}}{p_{Cl_2}/p^{\ominus}}$$

$$= [1.359\ 5 - (-0.402\ 9)] - \frac{8.314 \times 298}{2 \times 96\ 500} \ln \frac{(0.5)^2 \times 0.01}{1}$$

$$= 1.839\ 3 V$$

方法二:

$$E = \varphi_+ - \varphi_- = 1.377\ 3 + 0.462\ 0 = 1.839\ 3 V$$

因为电池电动势 $E > 0$,故此电池反应能自发进行。

20. 298K 时,有如下三个电极:

①Pt｜Cl$_2$(100kPa)｜Cl$^-$($a = 1.5$)

②Ag(s)｜AgI(s)｜I$^-$($a = 0.000\ 1$)

③Pt｜Ce$^{3+}$,Ce$^{4+}$($a_{Ce^{3+}}/a_{Ce^{4+}} = 2$)

已知 $\varphi_1^{\ominus} = 1.51 V$,$\varphi_2^{\ominus} = -0.152\ 2 V$,$\varphi_3^{\ominus} = 1.359\ 5 V$。若按①-②、②-③、①-③方式组成电池,该如何组合? 并计算各电池的电动势。

**解:** 首先计算各电极的电极电势,然后按电势高者为正极,电势低者为负极组成电池。

①电极反应:Cl$_2$(100kPa) $+ 2e^- \longrightarrow 2Cl^-$($a = 1.5$)

$$\varphi_1 = \varphi_1^{\ominus} - \frac{RT}{zF} \ln \frac{a_{Cl^-}^2}{p_{Cl_2}/p^{\ominus}} = 1.51 - \frac{8.314 \times 298}{2 \times 96\ 500} \ln \frac{1.5^2}{1} = 1.50 V$$

②电极反应:AgI(s) $+ e^- \longrightarrow$ Ag(s) $+ I^-$($a = 0.000\ 1$)

$$\varphi_2 = \varphi_2^{\ominus} - \frac{RT}{zF} \ln a_{I^-} = -0.152\ 2 - \frac{8.314 \times 298}{96\ 500} \ln 0.000\ 1 = 0.084\ 27 V$$

③电极反应:Ce$^{4+} + e^- \longrightarrow$ Ce$^{3+}$

$$\varphi_3 = \varphi_3^{\ominus} - \frac{RT}{zF} \ln \frac{a_{Ce^{3+}}}{a_{Ce^{4+}}} = 1.359\ 5 - \frac{8.314 \times 298}{96\ 500} \ln 2 = 1.341\ 7 V$$

按①-②组成电池:

Ag(s)｜AgI(s)｜I$^-$($a = 0.000\ 1$) ‖ Cl$^-$($a = 1.5$)｜Cl$_2$(100kPa)｜Pt

电池电动势:$E = \varphi_1 - \varphi_2 = 1.50 - 0.084\ 27 = 1.42 V$

按②-③组成电池:

Ag(s)｜AgI(s)｜I$^-$($a = 0.000\ 1$) ‖ Ce$^{4+}$,Ce$^{3+}$($a_{Ce^{3+}}/a_{Ce^{4+}} = 2$)｜Pt

电池电动势:$E = \varphi_3 - \varphi_2 = 1.341\ 7 - 0.084\ 27 = 1.257\ 4 V$

按①-③组成电池:

Pt｜Ce$^{4+}$,Ce$^{3+}$($a_{Ce^{3+}}/a_{Ce^{4+}} = 2$) ‖ Cl$^-$($a = 1.5$)｜Cl$_2$(100kPa)｜Pt

电池电动势:$E = \varphi_1 - \varphi_3 = 1.50 - 1.341\ 7 = 0.16 V$

21. 298K 时,有反应 $Pb(s)+Cu^{2+}(a=0.5)\longrightarrow Pb^{2+}(a=0.1)+Cu(s)$,试为该反应设计电池,并计算(1)电池电动势;(2)电池反应的吉布斯能变化;(3)若将上述反应写成 $2Pb(s)+2Cu^{2+}(a=0.5)\longrightarrow 2Pb^{2+}(a=0.1)+2Cu(s)$,(1)(2)所得结果有何变化?

**解:**电极反应和电池反应分别为

负极 $\qquad Pb(s)\longrightarrow Pb^{2+}(a=0.1)+2e^-$

正极 $\qquad Cu^{2+}(a=0.5)+2e^-\longrightarrow Cu(s)$

电池组成 $\quad Pb(s)\mid Pb^{2+}(a=0.1)\parallel Cu^{2+}(a=0.5)\mid Cu(s)$

(1)查表得 $\varphi^{\ominus}_{Cu^{2+}/Cu}=0.337V,\varphi_{Pb^{2+}/Pb}=-0.126V$,则

$$E=E^{\ominus}-\frac{RT}{zF}\ln\frac{a_{Pb^{2+}}}{a_{Cu^{2+}}}$$

$$=[0.337-(-0.126)]-\frac{8.314\times298}{2\times96\,500}\ln\frac{0.1}{0.5}$$

$$=0.484V$$

(2)电池反应的吉布斯能变化为

$$\Delta_rG_m=-zEF$$

$$=-2\times0.484\times96\,500=-93.4kJ/mol$$

(3)由于电池电动势属强度性质,数值大小与电池中各电极上得失电子的计量系数无关,而吉布斯能变化 $\Delta_rG_m$ 为广度性质,当电池反应写成 $2Pb(s)+2Cu^{2+}(a=0.5)\longrightarrow 2Pb^{2+}(a=0.1)+2Cu(s)$,其值也要发生变化,故

$$E=0.484V$$

$$\Delta_rG_m=-zEF$$

$$=-4\times0.484\times96\,500=-187kJ/mol$$

22. 298K 时,已知 $\varphi^{\ominus}_{Ag^+/Ag}=0.799V,\varphi^{\ominus}_{Ag(NH_3)_2^+/Ag}=0.373V$,试计算 $Ag(NH_3)_2^+$ 的络合平衡常数 $K^{\ominus}_{络合}$。

**解:**$Ag(NH_3)_2^+$ 的络合反应:

$$Ag^++2NH_3\cdot H_2O\Longleftrightarrow Ag(NH_3)_2^++2H_2O$$

设计电池为

$$Ag(s)\mid Ag(NH_3)_2^+(a_1),NH_3\cdot H_2O(aq)\parallel Ag^+(a_2)\mid Ag(s)$$

电极反应和电池反应分别为

负极 $\qquad Ag(s)+2NH_3\cdot H_2O(aq)\longrightarrow Ag(NH_3)_2^+(a_1)+2H_2O(l)+e^-$

正极 $\qquad Ag^+(a_2)+e^-\longrightarrow Ag(s)$

电池反应 $\quad Ag^+(a_2)+2NH_3\cdot H_2O(aq)\longrightarrow Ag(NH_3)_2^+(a_1)+2H_2O(l)$

由此可见,该电池反应即为 $Ag(NH_3)_2^+$ 的络合反应。因此有

$$E^{\ominus}=\varphi^{\ominus}_+-\varphi^{\ominus}_-=0.799-0.373=0.426V$$

$$\Delta G^{\ominus}=-zE^{\ominus}F=-RT\ln K^{\ominus}_{络合}$$

$Ag(NH_3)_2^+$ 的络合平衡常数为

$$\ln K^{\ominus}_{络合}=\frac{zE^{\ominus}F}{RT}=\frac{0.426\times96\,500}{8.314\times298}=16.592$$

$$K^{\ominus}_{络合}=1.61\times10^7$$

23. 298K 时，已知 $\varphi^{\ominus}_{Hg_2^{2+}/Hg} = 0.788V$，$\varphi^{\ominus}_{Hg^{2+}/Hg} = 0.854V$，试计算（1）反应 $Hg^{2+} + e \longrightarrow 1/2Hg_2^{2+}$ 的标准电极电势。（2）为反应 $Hg + Hg^{2+} \longrightarrow Hg_2^{2+}$ 设计电池，并计算该反应的标准平衡常数。

**解:**（1）电极反应和相应的电极电势为

① $\quad 1/2Hg_2^{2+} + e^- \longrightarrow Hg \qquad \varphi^{\ominus}_{Hg_2^{2+}/Hg} = 0.788V$

② $\quad 1/2Hg^{2+} + e^- \longrightarrow 1/2Hg \qquad \varphi^{\ominus}_{Hg^{2+}/Hg} = 0.854V$

③ $\quad Hg^{2+} + e^- \longrightarrow 1/2Hg_2^{2+} \qquad \varphi^{\ominus}_{Hg^{2+}/Hg_2^{2+}} = ?$ V

反应③ = 2②-①，则

$$\Delta_r G^{\ominus}_m(3) = 2 \times \Delta_r G^{\ominus}_m(2) - \Delta_r G^{\ominus}_m(1)$$

已知 $\Delta_r G^{\ominus}_m = -z\varphi^{\ominus}F$，因此有

$$-\varphi^{\ominus}_{Hg^{2+}/Hg_2^{2+}} = -2 \times \varphi^{\ominus}_{Hg^{2+}/Hg} + \varphi^{\ominus}_{Hg_2^{2+}/Hg}$$
$$= -2 \times 0.854 + 0.788$$
$$= -0.920V$$

所以，$\varphi^{\ominus}_{Hg^{2+}/Hg_2^{2+}} = 0.920V$

（2）为反应 $Hg + Hg^{2+} \longrightarrow Hg_2^{2+}$ 设计电池为

$$Hg(l) \mid Hg_2^{2+}(a_1) \parallel Hg^{2+}(a_2) \mid Hg(l)$$

电池的标准电动势为

$$E^{\ominus} = \varphi^{\ominus}_{Hg^{2+}/Hg} - \varphi^{\ominus}_{Hg_2^{2+}/Hg} = 0.854 - 0.788 = 0.066V$$

$$\ln K^{\ominus} = \frac{zFE^{\ominus}}{RT} = \frac{2 \times 96\,500 \times 0.066}{8.314 \times 298} = 5.141$$

$$K^{\ominus} = 1.71 \times 10^2$$

24. 298K 时，测得电池

$$Pt \mid H_2(100kPa) \mid NaOH(aq) \mid HgO(s) \mid Hg(l)$$

的电动势为 0.926 5V，已知水的标准生成热 $\Delta_f H^{\ominus}_m = -285.81kJ/mol$，有关物质的标准摩尔熵数据如下：

| 物质 | HgO(s) | O₂(g) | H₂O(l) | Hg(l) | H₂(g) |
|---|---|---|---|---|---|
| $S^{\ominus}_m$/ [ J/（K·mol）] | 72.22 | 205.10 | 70.08 | 77.40 | 130.67 |

试求 HgO 在此温度下的分解压。

**解:**电极反应和电池反应分别为

负极 $\qquad H_2(100kPa) + 2OH^-(aq) \longrightarrow 2H_2O(l) + 2e^-$

正极 $\qquad HgO(s) + H_2O(l) + 2e^- \longrightarrow Hg(l) + 2OH^-(aq)$

电池反应 $\quad HgO(s) + H_2(100kPa) \longrightarrow Hg(l) + H_2O(l) \qquad$ ①

$$E = E^{\ominus}_1 = \varphi^{\ominus}_+ - \varphi^{\ominus}_- = 0.926\,5V$$

$$\Delta_r G^{\ominus}_{m,1} = -zE^{\ominus}F$$

$$= -2 \times 0.926\,5 \times 96\,500 = -178.8kJ/mol$$

水的生成反应为

$$H_2(g) + \frac{1}{2}O_2(g) \longrightarrow H_2O(l) \qquad ②$$

$$\Delta_r H_{m,2}^{\ominus} = \Delta_f H_{H_2O}^{\ominus} = -285.8 \text{kJ/mol}$$

$$\Delta_r S_{m,2}^{\ominus} = 70.08 - 130.67 - \frac{1}{2} \times 205.1 = -163.1 \text{J/(K·mol)}$$

$$\Delta_r G_{m,2}^{\ominus} = \Delta_r H_{m,2}^{\ominus} - T \Delta_r S_{m,2}^{\ominus}$$

$$= -285.8 \times 10^3 - 298 \times (-163.1) = -237.2 \text{kJ/mol}$$

将反应①与②相减,得:

$$HgO(s) \longrightarrow Hg(s) + \frac{1}{2}O_2(g) \qquad ③$$

$$\Delta_r G_{m,3}^{\ominus} = \Delta_r G_{m,1}^{\ominus} - \Delta_r G_{m,2}^{\ominus}$$

$$= -178.8 - (-237.2) = 58.4 \text{kJ/mol}$$

根据 $\Delta G_{m,3}^{\ominus} = -RT \ln K_3$,得

$$\ln K_3^{\ominus} = -\frac{\Delta_r G_{m,3}^{\ominus}}{RT}$$

$$= -\frac{58.4 \times 10^3}{8.314 \times 298} = -23.57$$

$$K_3^{\ominus} = 5.80 \times 10^{-11}$$

因为 $K_3^{\ominus} = (p_{O_2}/p^{\ominus})^{1/2}$,所以

$$p_{O_2} = (K_3^{\ominus})^2 \cdot p^{\ominus}$$

$$= (5.80 \times 10^{-11})^2 \times 100 \times 10^3 = 3.36 \times 10^{-16} \text{Pa}$$

25. 298K 时,测得电池 Pt│H$_2$(100kPa)│H$_2$SO$_4$(0.5mol/kg)│Hg$_2$SO$_4$(s)│Hg(1)的电动势为 0.696 0V,求 H$_2$SO$_4$ 在溶液中的离子平均活度系数。已知 $\varphi_{Hg_2SO_4/Hg}^{\ominus}$ 为 0.615 8V。

**解:** 电池反应为

$$Hg_2SO_4(s) + H_2(100\text{kPa}) \longrightarrow H_2SO_4(0.5\text{mol/kg}) + 2Hg(1)$$

先由电池电动势的能斯特方程求出 H$_2$SO$_4$ 的活度,即

$$E = E^{\ominus} - \frac{RT}{2F} \ln \frac{a_{H_2SO_4}}{p_{H_2}/p^{\ominus}}$$

$$0.696\,0 = (0.615\,8 - 0) - \frac{8.314 \times 298}{2 \times 96\,500} \ln a_{H_2SO_4}$$

$$a_{H_2SO_4} = 0.001\,935$$

再根据活度与平均活度以及离子平均活度系数和质量摩尔浓度之间的关系求得 H$_2$SO$_4$ 的平均活度系数。

$$a_{H_2SO_4} = a_{\pm}^3 = \gamma_{\pm}^3 \left(\frac{m_{\pm}}{m^{\ominus}}\right)^3 = 4\gamma_{\pm}^3 \left(\frac{m}{m^{\ominus}}\right)^3$$

$$0.001\,935 = 4\gamma_{\pm}^3 \times (0.5)^3$$

$$\gamma_{\pm} = 0.157\,1$$

注意,这里不能根据电池表达式中标注的 H$_2$SO$_4$ 的浓度,直接由德拜-休克尔极限公式来得到电解质的平均活度系数,必须注意公式的适用条件,极稀溶液才可用。

26. 在 298K,有电池 Sb(s)│Sb$_2$O$_3$(s)│某溶液‖KCl(饱和)│Hg$_2$Cl$_2$(s)│Hg(1)。当某溶液为 pH=3.98 的缓冲液时,测得电池的电动势为 0.228V,当它被换成待测 pH 的溶液时,

测得电池的电动势为 0.345V,试计算待测液的 pH。

**解:**利用公式可直接计算,即

$$pH_X = pH_S + \frac{(E_X - E_S)F}{2.303RT}$$

$$pH_X = 3.98 + \frac{(0.345 - 0.228) \times 96\,500}{2.303 \times 8.314 \times 298} = 5.96$$

27. 298K 时,电池 Pt│H$_2$(100kPa)│HCl($m$)│Hg$_2$Cl$_2$(s)│Hg(l) 在不同盐酸浓度时的电动势数值为:

| $m$/(mol/kg) | 0.075 08 | 0.037 69 | 0.018 87 | 0.005 04 |
|---|---|---|---|---|
| $E$/V | 0.411 9 | 0.445 2 | 0.478 7 | 0.543 7 |

试用作图法求出该电池的标准电动势,并计算盐酸浓度为 0.075 08mol/kg 时的离子平均活度系数。

**解:**该电池的电池反应为

$$\frac{1}{2}H_2(100kPa) + \frac{1}{2}Hg_2Cl_2(s) \longrightarrow Hg(l) + H^+(a_+) + Cl^-(a_-)$$

则利用公式,电池的电动势与盐酸浓度和活度系数之间的关系为

$$E + \frac{2RT}{F}\ln\left(\frac{m}{m^{\ominus}}\right) = E^{\ominus} - \frac{2RT}{F}\ln \gamma_{\pm}$$

由题中所给数据算出 $E + \frac{2RT}{F}\ln\left(\frac{m}{m^{\ominus}}\right)$ 和 $\sqrt{m}$ 的数值:

| $\sqrt{m}$/(mol/kg)$^{1/2}$ | 0.274 0 | 0.194 1 | 0.137 4 | 0.070 99 |
|---|---|---|---|---|
| $E + \frac{2RT}{F}\ln\left(\frac{m}{m^{\ominus}}\right)$/V | 0.278 9 | 0.276 9 | 0.274 8 | 0.272 0 |

以 $E + \frac{2RT}{F}\ln\left(\frac{m}{m^{\ominus}}\right)$ 为纵坐标,$\sqrt{m}$ 为横坐标作图,得图 6-5,将直线外推至 $\sqrt{m} \to 0$,得到截距 $E^{\ominus} = 0.268\,5V$。

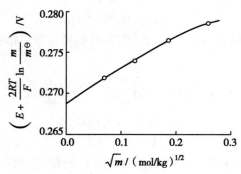

图 6-5 $E + \frac{2RT}{F}\ln\left(\frac{m}{m^{\ominus}}\right)$ 对 $\sqrt{m}$ 作图(习题 27 图)

为了计算 $m=0.075\,08\,mol/kg$ 时盐酸的活度系数,只需将相关数据代入上面的公式中,即得

$$E+\frac{2RT}{F}\ln\left(\frac{m}{m^{\ominus}}\right)=E^{\ominus}-\frac{2RT}{F}\ln\gamma_{\pm}$$

$$0.279\,0=0.268\,5-\frac{2\times8.314\times298}{96\,500}\ln\gamma_{\pm}$$

$$\ln\gamma_{\pm}=-0.204\,5$$

$$\gamma_{\pm}=0.815\,1$$

28. 298K,100kPa 时,用镀铂黑的铂电极在电流密度为 $50A/m^2$ 的条件下电解 $a_{H^+}=1$ 的酸性水溶液,求分解电压。已知 $\eta_{H_2}=0V$, $\eta_{O_2}=0.487V$。

**解:**酸性水溶液电解时,电极和电解反应为

阳极　　　　$H_2O(l)\longrightarrow2H^+(a_{H^+}=1)+1/2O_2(100kPa)+2e^-$

阴极　　　　$2H^+(a_{H^+}=1)+2e^-\longrightarrow H_2(100kPa)$

电解反应　　$H_2O(l)\longrightarrow H_2(100kPa)+1/2O_2(100kPa)$

同时,电解产物又组成原电池,电池反应为

$$H_2(100kPa)+1/2O_2(100kPa)\longrightarrow H_2O(l)$$

查表得 $\varphi^{\ominus}_{H^+,O_2/H_2O}=1.229V$。所以,可逆电池的电动势 $E_{可逆}=1.229V$,则

$$E_{分解}=E_{可逆}+(\eta_{阳}+\eta_{阴})=1.229+0.487=1.716V$$

29. 298K,100kPa 时,用 $Pb(s)$ 电极电解 $H_2SO_4$ 溶液($m=0.10\,mol/kg$, $\gamma_{\pm}=0.265$)。若在电解过程中,把 Pb 电极作为阴极,甘汞电极($c_{KCl}=1mol/L$)作为阳极组成原电池,测得其电动势 $E$ 为 1.068 5V。试求 $H_2(100kPa)$ 在铅电极上的超电势(只考虑 $H_2SO_4$ 一级解离)。已知 $\varphi^{\ominus}_{Hg_2Cl_2/Hg}=0.280\,2V$。

**解:**$a_{H^+}=\gamma_{\pm}\cdot m_{H^+}=0.265\times0.1=0.026\,5$

$$\varphi_{可逆,H^+/H_2}=\varphi^{\ominus}_{H^+/H_2}-\frac{RT}{zF}\ln\frac{p_{H_2}/p^{\ominus}}{a_{H^+}}$$

$$=0-\frac{8.314\times298}{2\times96\,500}\ln\frac{1}{(0.026\,5)^2}=-0.093\,21V$$

$$E=\varphi_{甘汞}-\varphi_{不可逆,H^+/H_2}$$

$$\varphi_{不可逆,H^+/H_2}=0.280\,2-1.068\,5=-0.788\,3V$$

$$\eta_{H^+/H_2}=\left|\varphi_{不可逆}-\varphi_{可逆}\right|$$

$$=\left|-0.788\,3+0.093\,21\right|=0.695\,1V$$

# 五、本章自测题及参考答案

## 自　测　题

**(一)选择题**

1. 下面对于离子导体的特点的描述,不正确的是(　　　)

　　A. 导电能力随温度的升高而减小

　　B. 导电能力随温度的升高而增大

C. 导电的原因是离子的存在

D. 导电过程中有化学反应发生

2. 下列化合物中,不能用 $\Lambda_m$ 对 $\sqrt{c}$ 作图外推至 $c \to 0$ 求得无限稀释摩尔电导率的是(　　)

　　A. NaCl　　　　　　　　　　　　　　B. $CH_3COOH$

　　C. $CH_3COONa$　　　　　　　　　　D. HCl

3. 相同浓度的 KCl、KOH 和 HCl 的稀溶液,其摩尔电导率大小依次为(　　)

　　A. HCl>KOH>KCl　　　　　　　　　B. KCl>KOH>HCl

　　C. HCl>KCl>KOH　　　　　　　　　D. KOH>HCl>KCl

4. 科尔劳施经验式表明,电解质溶液的摩尔电导率与浓度的平方根成线性关系,这一规律适用于(　　)

　　A. 弱电解质

　　B. 强电解质的稀溶液

　　C. 无限稀溶液

　　D. 物质的量浓度为 1 的溶液

5. 0.1mol/kg 的 $CaCl_2$ 水溶液的平均活度系数 $\gamma_\pm = 0.219$,则其离子平均活度 $a_\pm$ 为(　　)

　　A. $3.48 \times 10^{-4}$　　　　　　　　　B. $3.48 \times 10^{-2}$

　　C. $6.96 \times 10^{-2}$　　　　　　　　　D. $1.39 \times 10^{-2}$

6. 某电池在 100kPa 条件下的放电过程中,若 $Q_r = -100J$,则(　　)

　　A. $\Delta_r H_m = -100J$　　　　　　　　B. $\Delta_r H_m = 0J$

　　C. $\Delta_r H_m > -100J$　　　　　　　　D. $\Delta_r H_m < -100J$

7. 电池在恒温、恒压和可逆条件下放电,则其与环境间的热交换为(　　)

　　A. 一定为零　　　　　　　　　　　　B. 为 $\Delta H$

　　C. 为 $T\Delta S$　　　　　　　　　　　D. 与 $\Delta H$ 和 $T\Delta S$ 均无关

8. 当电池的电动势 $E = 0$ 时(　　)

　　A. 电池反应中,反应物的活度与产物的活度相等

　　B. 反应体系中各物质都处于标准态

　　C. 正、负极的电极电势相等

　　D. 正、负极的电极电势均为零

9. 有电池 $Zn(s) | Zn^{2+}(a_1) \| Cu^{2+}(a_2) | Cu(s)$,该电池的电动势 $E$(　　)

　　A. 当 $a_2 = $ 常数时,$a_1$ 增加,$E$ 也增加

　　B. 当 $a_1 = $ 常数时,$a_2$ 增加,$E$ 减小

　　C. 当 $a_2$ 增加,$a_1$ 减小时,$E$ 增加

　　D. 当 $a_2$ 增加,$a_1$ 减小时,$E$ 减小

10. 在温度为 $T$ 时,同一电池的电池反应用下面两式表示,反应(1)的电池电动势为 $E_1$,反应吉布斯能变为 $\Delta G_1$;反应(2)为 $E_2$,$\Delta G_2$。则有(　　)

$(1) \dfrac{1}{2}Cu + \dfrac{1}{2}Cl_2 =\!=\!= \dfrac{1}{2}Cu^{2+} + Cl^-$

$(2) Cu + Cl_2 =\!=\!= Cu^{2+} + 2Cl^-$

　　A. $E_1 = E_2, \Delta G_1 = \Delta G_2$　　　　　　B. $E_1 = E_2, 2\Delta G_1 = \Delta G_2$

　　C. $2E_1 = E_2, 2\Delta G_1 = \Delta G_2$　　　　　D. $2E_1 = E_2, \Delta G_1 = \Delta G_2$

**（二）判断题**

1. 电能和化学能之间相互转化的实现是因为离子的存在和电极上的化学反应。（    ）

2. 任何电解质的无限稀释摩尔电导率都有唯一确定的数值。（    ）

3. 随着电解质溶液的稀释,其摩尔电导率也随之下降。（    ）

4. 在稀溶液范围内,电解质溶液的浓度增大,离子强度增强,平均活度系数随之减小。（    ）

5. 只有自发反应才能设计成电池。（    ）

6. 相同电池反应的两电池,它们的电池电动势相同。（    ）

7. 盐桥可以减小液体扩散的不可逆性,并起到导通电流的作用。（    ）

8. 标准电极电势的数据就是每个电极双电层的电势差。（    ）

9. 氢电极可以在任何氢气压力、氢离子浓度和温度下应用。（    ）

10. 电解 $HNO_3$ 和 $NaOH$ 的理论分解电压相同,实际分解电压不同。（    ）

**（三）填空题**

1. $K_2SO_4$ 的摩尔电导率与其离子的摩尔电导率之间的关系为_____。

2. 现有电池 $Zn(s) | ZnCl_2(m) | AgCl(s) | Ag(s)$,在下面的空格内选择阴、阳、正、负填入。作为原电池时,Zn 电极是_____极(填阴或阳)、_____极(填正或负);作为电解池时,Zn 电极是_____极(填阴或阳)、_____极(填正或负)。

3. 已知下列电极反应的 $\varphi^{\ominus}$ 值:$Fe^{2+}+2e^-\rightarrow Fe$;$Fe^{3+}+e^-\rightarrow Fe^{2+}$。则电极反应 $Fe^{3+}+3e^-\rightarrow Fe$ 的 $\varphi^{\ominus}$ 值为_____。

4. 常用甘汞电极有三种,电极组成的通式为_____,其中所用 KCl 溶液的浓度分别为_____、_____、_____,电极电势的大小关系为_____。

5. 电池 $Ag(s) | AgCl(s) | Cl^-(a_1) \| Ag^+(a_2) | Ag(s)$ 应该用_____做盐桥。

6. 浓差极化的结果,使得阴极的电极电势比可逆值_____;阳极的电极电势比可逆值_____。

**（四）问答题**

1. 在表达溶液的导电能力方面,摩尔电导率和电导率有什么不同之处?

2. 在电极上发生反应的离子是否一定是溶液中主要迁移电量的那种离子?

3. 将下列反应设计为电池

(1) $Zn+Cl_2(p) \longrightarrow ZnCl_2(aq)$。

(2) $Zn(s)+Hg_2SO_4(s) \longrightarrow ZnSO_4(a)+2Hg(l)$。

(3) $AgCl(s)+1/2H_2(p) \longrightarrow HCl(a)+Ag(s)$。

(4) $H_2(p_1)+1/2O_2(p_2) \longrightarrow H_2O(l)$。

(5) $Ag_2O_2(s)+2H_2O(l)+2Zn(s) \longrightarrow 2Ag(s)+2Zn(OH)_2(s)$。

(6) $I_2(s)+I^-(a_1) \longrightarrow I_3^-(a_2)$。

4. 为什么盐桥可基本消除液体接界电势?

5. 一般认为,两个电极反应的标准电极电势的差值大于 0.2V 时,由此两电极组成的电池反应将是一个能自发进行的完全反应。为什么?

6. 为什么要提出标准氢电极?若标准氢电极的电极电势不规定为零,对电极电势和电池电动势有何影响?

7. 因为电池的标准电动势 $E^{\ominus}=\dfrac{RT}{nF}\ln K^{\ominus}$,所以 $E^{\ominus}$ 表示电池反应达到平衡时电池的电动

势,对吗?

### (五) 计算题

1. 已知 298K 时,$H^+$离子及 $OH^-$离子的无限稀释摩尔电导率分别为 $349.8×10^{-4}S·m^2/mol$ 及 $198.0×10^{-4}S·m^2/mol$,纯水的电导率 $\kappa=5.50×10^{-6}S/m$,纯水的密度 $\rho=997.1kg/m^3$,试求水的离子积。

2. 298K 时,下面电池 $Pt\,|\,H_2(p_1)\,|\,OH^-(aq)\,\|\,H^+(aq)\,|\,H_2(p_2)\,|\,Pt$ 的电动势 $E=0.828V$,其温度系数为 $0.834×10^{-3}V/K$,求酸碱中和生成一摩尔水过程的中和热和熵变。

3. 试计算当 $a_{Zn^{2+}}/a_{Cu^{2+}}$ 的比值为多大时,Cu-Zn 电池才停止工作? 已知 $\varphi^{\ominus}_{Zn^{2+}/Zn}=-0.763V$,$\varphi_{Cu^{2+}/Cu}=0.337V$。

4. 用电解沉积的办法分离 $Cd^{2+}$ 和 $Zn^{2+}$,已知 $H_2$ 在 Cd 上的超电势为 0.48V,在 Zn 上的超电势为 0.70V,溶液中的 $Cd^{2+}$ 离子和 $Zn^{2+}$ 离子浓度皆为 0.1mol/kg。(已知 $\varphi^{\ominus}_{Cd^{2+}/Cd}=-0.403V$,$\varphi_{Zn^{2+}/Zn}=-0.763V$,离子的活度系数均为 1,溶液的 pH 保持中性。)通过计算回答下面的问题:(1)那种金属首先在阴极上析出? (2)第二种金属开始析出时,前一种金属剩下的浓度为多少? (3)当 $H_2$ 开始析出时,溶液中残留的两种金属的浓度各为多少?

5. 电池 $Mo(s)\,|\,MoS_2(s)\,|\,H_2S(100kPa)\,|\,KCl(0.01mol/kg)\,|\,HCl(0.01mol/kg)\,|\,H_2$ $(100kPa)\,|\,Pt$,测得其在不同温度下的电池电动势数据为

| $T/K$ | 288 | 298 | 308 |
|---|---|---|---|
| $E/V$ | 0.414 8 | 0.411 9 | 0.408 7 |

(1)写出电极反应和电池反应。

(2)由题给数据推导出电池反应的平衡常数与温度的关系式,并计算 $\Delta_r H_m$。

(3)用电化学方法计算 298K 时电池反应的 $\Delta_r S_m$,将其与热力学方法计算所得结果相比较可得出什么结论? 298K 时,物质的规定熵数据为

| 物质 | H(g) | H₂S(g) | Mo(s) | MoS₂(s) |
|---|---|---|---|---|
| $S_m^{\ominus}/[\,J/K·mol\,]$ | 130.6 | 205.6 | 28.58 | 62.59 |

## 参 考 答 案

### (一) 选择题

1. A。对离子导体来说,温度升高,离子运动速度加快,导电能力加大。

2. B。无限稀释时,弱电解质的摩尔电导率变化幅度很大,很难外推至一定值。弱电解质的无限稀释摩尔电导率由离子独立运动定律求得。

3. A。在电场力的作用下,$H^+$和 $OH^-$并不是通过自身的定向移动来传导电流,而是在相邻水分子间通过链式传递实现电荷的快速转移,导电效率远远高于其他离子,故摩尔电导率也远远大于其他离子。而 $H^+$离子的摩尔电导率又大于 $OH^-$离子的摩尔电导率,$K^+$和 $Cl^-$有较相近的摩尔电导率,所以选 A。

4. B。这是强电解质稀溶液的实验规律。由该规律可以求无限稀强电解质溶液的摩尔电导率。

5. B。由 $a_{\pm}=\gamma_{\pm}·m_{\pm}=4^{1/3}m\gamma_{\pm}$ 计算得到。

6. D。根据公式 $\Delta_r H_m=-zEF+Q_r$,电池放电 $E>0$,现 $Q_r<0$,则等式右边两项之和小于

−100J,故选 D。

7. C。$Q_r = T\Delta S$。

8. C。$E = \varphi_+ - \varphi_-$,当正、负极的电极电势相等,电池电动势为零。

9. C。该电池的电池反应为:$Zn + Cu^{2+}(a_2) \longrightarrow Zn^{2+}(a_1) + Cu$,电池反应的能斯特方程为 $E = E^{\ominus} - \dfrac{RT}{2F}\ln\dfrac{a_1}{a_2}$,由此可以判断,当 $a_2$ 增加,$a_1$ 减小时,$E$ 增加,故选 C。

10. A。相同温度下,同一种电池反应的不同的化学方程式,$E$ 具有相同的数值。吉布斯能为广度性质,与方程式写法有关。

**（二）判断题**

1. 正确。

2. 不正确。需指明基本单元,如 $\Lambda_m^{\infty}(BaCl_2) = 2\Lambda_m^{\infty}\left(\dfrac{1}{2}BaCl_2\right)$。显然,两者数值不同。

3. 不正确。增加。

4. 正确。$I = (1/2)\sum m_B z_B^2$。

5. 不正确。非自发反应也可以设计成电池,只是电池电动势小于零,电池中实际发生的过程为其逆反应。

6. 不正确。如 $Cu(s)\,|\,Cu^+(a_1)\,\|\,Cu^+(a_1),Cu^{2+}(a_2)\,|\,Pt$ 和 $Cu(s)\,|\,Cu^{2+}(a_2)\,\|\,Cu^+(a_1),Cu^{2+}(a_2)\,|\,Pt$。正负极不同,电池电动势不同。

7. 正确。

8. 不正确。是相对值。

9. 正确;但是标准氢电极则规定了气相中氢气的压力和溶液中氢离子的活度。

10. 不正确。两者均相同,因电解产物均为 $H_2$ 和 $O_2$,分解电压数值只与电解产物有关。

**（三）填空题**

1. $\Lambda_m^{\infty}(K_2SO_4) = 2\lambda_m^{\infty}(K^+) + \lambda_m^{\infty}(SO_4^{2-})$。

2. 阳;负;阴;负。

3. $\varphi^{\ominus} = \dfrac{2\varphi_1^{\ominus} + \varphi_2^{\ominus}}{3}$。

4. $KCl(a)\,|\,Hg_2Cl_2(s)\,|\,Hg(l)$;0.1mol/L;1mol/L;饱和;$\varphi(0.1mol/L) > \varphi(1mol/L) > \varphi(饱和)$。

5. $KNO_3$。

6. 小;高。

**（四）问答题**

1. 前者强调的是参加导电的物质的量为 1mol,后者则限定了电解质溶液的体积为 $1m^3$。

2. 不一定。能否在电极上发生反应取决于离子析出电势的高低,而离子迁移电量的多少则主要取决于离子淌度、离子电荷及离子浓度。不能相提并论。

3. (1)负极(氧化反应)　$Zn(s) \longrightarrow Zn^{2+}(aq) + 2e^-$

正极(还原反应)　$Cl_2(p) + 2e^- \longrightarrow 2Cl^-(aq)$

电池反应　$Zn + Cl_2(p) \longrightarrow ZnCl_2(aq)$

电池组成　$Zn(s)\,|\,ZnCl_2(aq)\,|\,Cl_2(p)\,|\,Pt$

(2)负极(氧化反应)　$Zn(s) \longrightarrow Zn^{2+}(a) + 2e^-$

正极(还原反应) $Hg_2SO_4(s)+2e^- \longrightarrow 2Hg(l)+SO_4^{2-}(a)$

电池反应 $Zn(s)+Hg_2SO_4(s) \longrightarrow ZnSO_4(a)+2Hg(l)$

电池组成 $Zn(s) | ZnSO_4(a) | Hg_2SO_4(s) | Hg(l)$

(3)负极(氧化反应) $1/2H_2(p) \longrightarrow H^+(a)+e^-$

正极(还原反应) $AgCl(s)+e^- \longrightarrow Ag(s)+Cl^-(a)$

电池反应 $AgCl(s)+1/2H_2(p) \longrightarrow HCl(a)+Ag(s)$

电池组成 $Pt | H_2(p) | HCl(a) | AgCl(s) | Ag(s)$

(4)在酸性溶液中

负极(氧化反应) $H_2(p_1) \longrightarrow 2H^+(a)+2e^-$

正极(还原反应) $1/2O_2(p_2)+2H^+(a)+2e^- \longrightarrow H_2O(l)$

电池反应 $H_2(p_1)+1/2O_2(p_2) \longrightarrow H_2O(l)$

电池组成 $Pt | H_2(p_1) | H^+(a) | O_2(p_2) | Pt$

在碱性溶液中

负极(氧化反应) $H_2(p_1)+2OH^-(a) \longrightarrow 2H_2O(l)+2e^-$

正极(还原反应) $1/2O_2(p_2)+2H_2O(l)+2e^- \longrightarrow 2OH^-(a)$

电池反应 $H_2(p_1)+1/2O_2(p_2) \longrightarrow H_2O(l)$

电池组成 $Pt | H_2(p_1) | OH^-(a) | O_2(p_2) | Pt$

(5)负极(氧化反应) $2Zn(s)+4OH^-(a) \longrightarrow 2Zn(OH)_2(s)+4e^-$

正极(还原反应) $Ag_2O_2(s)+2H_2O(l)+4e^- \longrightarrow 2Ag(s)+4OH^-(a)$

电池反应 $Ag_2O_2(s)+2H_2O(l)+2Zn(s) \longrightarrow 2Ag(s)+2Zn(OH)_2(s)$

电池组成 $Zn(s) | Zn(OH)_2(s) | OH^-(aq) | Ag_2O_2(s) | Ag(s)$

(6)负极(氧化反应) $3I^-(a_1) \longrightarrow I_3^-(a_2)+2e^-$

正极(还原反应) $I_2(s)+2e^- \longrightarrow 2I^-(a_1)$

电池反应 $I_2(s)+I^-(a_1) \longrightarrow I_3^-(a_2)$

电池组成 $Pt | I^-(a_1),I_3^-(a_2) \| I^-(a_1) | I_2(s) | Pt$

4. 在电池中,当两个不同浓度或不同性质的电解质溶液直接接触时,由于正、负离子扩散速度不同将产生电势差,称为液体接界电势。盐桥是一 U 型管,其中装满用琼脂凝胶固定的正、负离子迁移速率相近的电解质溶液(一般为 KCl 或 $KNO_3$ 的饱和溶液),在常温下呈冻胶状。当盐桥与两个浓度不太大的溶液接触时,由于浓度差的缘故,KCl 将向两边电极溶液中扩散。而 $K^+$ 与 $Cl^-$ 的迁移速率非常接近,在单位时间内,通过 U 型管的两个端面向外扩散的 $K^+$ 与 $Cl^-$ 的数量几乎相等,在两个接触面上所产生的液体接界电势很小,且符号相反,其代数和一般约为 $1 \sim 2mV$ 左右,故基本上可消除液体接界电势。

5. 标准电极电势的差值为 0.2V,也即电池的标准电动势为 0.2V。设电极反应中电子的计量系数为 1,则由标准电池电动势与平衡常数 $K^\ominus$ 及标准吉布斯能变化 $\Delta_r G_m^\ominus$ 的关系作定量计算,可得

$$\ln K^\ominus = \frac{zE^\ominus F}{RT} = \frac{0.2 \times 96\ 500}{8.314 \times 298} = 7.79$$

$$K^\ominus = 2.41 \times 10^3$$

$$\Delta_r G_m^\ominus = -zE^\ominus F = -0.2 \times 96\ 500 = -19.30 kJ/mol$$

从 $K^\ominus$ 及 $\Delta_r G_m^\ominus$ 的数据可以看出,在 $z=1$ 的情况下,反应能自发且较完全地进行。若 $z>1$,则 $K^\ominus$ 的数值将更大,反应更完全。

6. 因为单个电极的电势无法直接测定,所以和标准氢电极组成电池,把该电池的电动势作为被测电极的电极电势。若标准氢电极的电极电势不规定为零,所有的电极电势都要加上标准氢电极的电极电势。但是电池电动势不发生变化,因为电池电动势是两个电极的电极电势之差。

7. 不对。$E^\ominus$ 和 $K^\ominus$ 只是在数值上存在题中公式的关系,实际两者对应的状态不同。

**（五）计算题**

1. 解:已知水的摩尔质量 $M_{H_2O}=18.01\times10^{-3}\,kg/mol$,则 298K 时纯水的物质的量浓度为

$$c=\rho/M$$
$$=997.1/18.01\times10^{-3}=55.36\times10^3\,mol/m^3$$

纯水的摩尔电导率为

$$\Lambda_m=\kappa/c=5.50\times10^{-6}/55.36\times10^3$$
$$=9.93\times10^{-11}\,S\cdot m^2/mol$$

298K 时纯水的解离度为

$$\alpha=\frac{\Lambda_m}{\Lambda_m^\infty}=\frac{9.93\times10^{-11}}{(349.8+198.0)\times10^{-4}}=1.81\times10^{-9}$$

$$H_2O(l)\Longrightarrow H^++OH^-$$
$$\qquad\qquad c\alpha\quad c\alpha$$

纯水中,$a_{H^+}=a_{OH^-}=\gamma_\pm\cdot\left(\dfrac{c}{c^\ominus}\right)$,水的解离度很小,故 $\gamma_\pm=1$。则水的离子积为

$$K_w=K_a=a_{H^+}\cdot a_{OH^-}=\left(\frac{c}{c^\ominus}\alpha\right)^2$$
$$=(1.81\times10^{-9}\times55.36)^2=1.00\times10^{-14}$$

2. 解:题中所给电池的电极反应为

负极 $\qquad \dfrac{1}{2}H_2+OH^-(aq)\longrightarrow H_2O(l)+e^-$

正极 $\qquad H^+(aq)+e^-\longrightarrow \dfrac{1}{2}H_2(p)$

电池反应 $\quad H^+(aq)+OH^-(aq)\longrightarrow H_2O(l)$

此电池反应即为酸碱中和反应,因此该反应在等温、等压和不做非体积功的情况下进行时的热效应 $\Delta_r H_m$ 就是中和热 $Q_{中和}$,即

$$Q_{中和}=\Delta_r H_m=-zFE+zFT\left(\frac{\partial E}{\partial T}\right)_p$$
$$=-1\times96\,500\times0.828+1\times96\,500\times298\times0.834\times10^{-3}$$
$$=-55\,919\,J/mol=-55.92\,kJ/mol$$

$$\Delta_r S_m=zF\left(\frac{\partial E}{\partial T}\right)_p$$
$$=1\times96\,500\times0.834\times10^{-3}=80.5\,J/(K\cdot mol)$$

3. 解：Cu-Zn 原电池为　　$Zn(s) \mid Zn^{2+}(a_{Zn^{2+}}) \parallel Cu^{2+}(a_{Cu^{2+}}) \mid Cu(s)$

电池反应　　$Zn(s) + Cu^{2+}(a_{Cu^{2+}}) \longrightarrow Cu(s) + Zn^{2+}(a_{Zn^{2+}})$

电池电动势　　$E = E^{\ominus} - \dfrac{RT}{2F} \ln \dfrac{a_{Zn^{2+}}}{a_{Cu^{2+}}}$

化学反应达到平衡时，电池停止工作，$E = 0$，即

$$E^{\ominus} = \frac{RT}{2F} \ln \frac{a_{Zn^{2+}}}{a_{Cu^{2+}}}$$

$$\ln \frac{a_{Zn^{2+}}}{a_{Cu^{2+}}} = \frac{2E^{\ominus}F}{RT}$$

$$= \frac{2 \times [0.337 - (-0.763)] \times 96\,500}{8.314 \times 298} = 85.7$$

$$\frac{a_{Zn^{2+}}}{a_{Cu^{2+}}} = 1.66 \times 10^{37}$$

4. 解：(1) Cd 和 Zn 在阴极的析出反应分别为

$$Zn^{2+}(0.1\,\text{mol/kg}) + 2e^{-} \longrightarrow Zn(s)$$

$$Cd^{2+}(0.1\,\text{mol/kg}) + 2e^{-} \longrightarrow Cd(s)$$

比较两金属的电极电势，数值大者首先析出。

$$\varphi_{Zn^{2+}/Zn} = \varphi^{\ominus}_{Zn^{2+}/Zn} - \frac{RT}{zF} \ln \frac{1}{a_{Zn^{2+}}} = \varphi^{\ominus}_{Zn^{2+}/Zn} - \frac{RT}{zF} \ln \frac{1}{m_{Zn^{2+}}}$$

$$= -0.763 + \frac{8.314 \times 298}{2 \times 96\,500} \ln 0.1 = -0.793\,\text{V}$$

$$\varphi_{Cd^{2+}/Cd} = \varphi^{\ominus}_{Cd^{2+}/Cd} - \frac{RT}{zF} \ln \frac{1}{a_{Cd^{2+}}} = \varphi^{\ominus}_{Cd^{2+}/Cd} - \frac{RT}{zF} \ln \frac{1}{m_{Cd^{2+}}}$$

$$= -0.403 + \frac{8.314 \times 298}{2 \times 96\,500} \ln 0.1 = -0.433\,\text{V}$$

由计算可知，$\varphi_{Cd^{2+}/Cd} > \varphi_{Zn^{2+}/Zn}$，故 Cd 首先在阴极上析出。

(2) 当 Zn 开始析出时，$\varphi_{Cd^{2+}/Cd} = \varphi_{Zn^{2+}/Zn} = -0.793\,\text{V}$，即

$$-0.403 + \frac{8.314 \times 298}{2 \times 96\,500} \ln m_{Cd^{2+}} = -0.793$$

$$\ln m_{Cd^{2+}} = (0.403 - 0.793) \times \frac{2 \times 96\,500}{8.314 \times 298} = -30.38$$

$$\therefore \qquad m_{Cd^{2+}} = 6.40 \times 10^{-14}\,\text{mol/kg}$$

即 $Cd^{2+}$ 剩下的浓度为 $6.40 \times 10^{-14}\,\text{mol/kg}$。

(3) $H_2$ 在 Cd 上的析出电势为

$$\varphi_{析出} = \varphi_{可逆} - \eta = \varphi^{\ominus}_{H^{+}/H_2} - \frac{RT}{F} \ln \frac{1}{a_{H^{+}}} - \eta$$

$$= \frac{8.314 \times 298}{96\,500} \ln 1 \times 10^{-7} - 0.48 = -0.894\,\text{V}$$

$H_2$ 在 Zn 上析出电势为

$$\varphi_{析出} = \varphi_{可逆} - \eta = \varphi_{H^+/H_2}^{\ominus} - \frac{RT}{F}\ln\frac{1}{a_{H^+}} - \eta$$

$$= \frac{8.314\times298}{96\,500}\ln 1\times10^{-7} - 0.70 = -1.114V$$

因此,当 $\varphi_{Cd^{2+}/Cd} = \varphi_{Zn^{2+}/Zn} = -0.894V$ 时,$H_2$ 开始析出,此时溶液中 Zn 和 Cd 的浓度分别为 $m_{Zn^{2+}}$ 和 $m_{Cd^{2+}}$,则

$$-0.894 = -0.763 + \frac{8.314\times298}{2\times96\,500}\ln m_{Zn^{2+}}$$

$$m_{Zn^{2+}} = 3.70\times10^{-5}mol/kg$$

$$-0.894 = -0.403 + \frac{8.314\times298}{2\times96\,500}\ln m_{Cd^{2+}}$$

$$m_{Cd^{2+}} = 2.45\times10^{-17}mol/kg$$

即当 $H_2$ 开始析出时,溶液中残留的 $Cd^{2+}$ 和 $Zn^{2+}$ 的浓度各为 $2.45\times10^{-17}mol/kg$ 和 $3.70\times10^{-5}mol/kg$。

5. 解:(1)电极反应和电池反应分别为

负极(氧化反应)　$1/2Mo + H_2S(100kPa) \longrightarrow 1/2MoS_2(s) + 2H^+(0.01mol/kg) + 2e^-$

正极(还原反应)　$2H^+(0.01mol \cdot kg^{-1}) + 2e^- \longrightarrow H_2(100kPa)$

电池反应　$1/2Mo + H_2S(100kPa) \longrightarrow 1/2MoS_2(s) + H_2(100kPa)$

(2)已知化学反应等温方程式为

$$\left(\frac{\partial\ln K^{\ominus}}{\partial T}\right)_p = \frac{\Delta_r H_m^{\ominus}}{RT^2}$$

对上式作不定积分,有

$$\ln K^{\ominus} = -\frac{\Delta_r H_m^{\ominus}}{RT} + C$$

将 $\ln K^{\ominus} = \dfrac{zE^{\ominus}F}{RT}$ 代入上式,可得

$$E^{\ominus} = -\frac{\Delta_r H_m^{\ominus}}{zF} + \frac{CRT}{zF}$$

由于 $p_{H_2S} = 100kPa$,$p_{H_2} = 100kPa$,故测得的电池电动势 $E = E^{\ominus}$,将 $T = 288K$ 和 $T = 308K$ 及这两个温度下的 $E$ 代入上式,可得

$$0.414\,8 = -\frac{\Delta_r H_m^{\ominus}}{2\times96\,500} + \frac{C\times8.314\times288}{2\times96\,500}$$

$$0.408\,7 = -\frac{\Delta_r H_m^{\ominus}}{2\times96\,500} + \frac{C\times8.314\times308}{2\times96\,500}$$

解方程,得　$\Delta_r H_m^{\ominus} = -97\,008.9J/mol$　　$C = -7.08$

因此,反应的平衡常数与温度的关系为

$$\ln K^{\ominus} = 1.17\times10^4/T - 7.08$$

(3)首先用电化学方法计算 $\Delta_r S_m$,即

$$\Delta_r G_m^{\ominus} = -zE^{\ominus}F$$
$$= -2 \times 0.411\,9 \times 96\,500 = -79\,496.7 \text{J/mol}$$

$$\Delta_r S_m^{\ominus} = \frac{\Delta_r H_m^{\ominus} - \Delta_r G_m^{\ominus}}{T}$$

$$= \frac{-97\,008.9 + 79\,496.7}{298} = -58.77 \text{J/(K} \cdot \text{mol)}$$

或由题中所给 $E$、$T$ 数据算得 $\left(\dfrac{\partial E}{\partial T}\right)_p$，再计算 $\Delta_r S_m$，即

$$\left(\frac{\partial E}{\partial T}\right)_p = -3.05 \times 10^{-4} V/K$$

$$\Delta_r S_m^{\ominus} = zF\left(\frac{\partial E}{\partial T}\right)_p$$

$$= 2 \times 96\,500 \times (-3.05 \times 10^{-4})$$

$$= -58.87 \text{J/(K} \cdot \text{mol)}$$

用热力学方法计算 $\Delta_r S_m$

反应　　　　$1/2\text{Mo(s)} + \text{H}_2\text{S}(100\text{kPa}) \longrightarrow 1/2\text{MoS}_2(s) + \text{H}_2(100\text{kPa})$

已知各物质的规定熵，则该反应的熵变为

$$\Delta_r S_m^{\ominus} = \frac{1}{2}\Delta_r S_m^{\ominus}(\text{MoS}_2) + \Delta_r S_m^{\ominus}(\text{H}_2) - \frac{1}{2}\Delta_r S_m^{\ominus}(\text{Mo}) - \Delta_r S_m^{\ominus}(\text{H}_2\text{S})$$

$$= \frac{1}{2} \times 62.59 + 130.6 - \frac{1}{2} \times 28.58 - 205.6$$

$$= -58.00 \text{J/(K} \cdot \text{mol)}$$

从以上的计算结果可以看出，热力学方法与电化学方法所得结果十分吻合。

# 一、要点概览

## （一）反应速率的表示方法和测定

1. 反应速率的表示方法　①对于体积不变的反应系统,可用组分浓度(或压力)变化率表示反应速率 $r$, $r_B = -\dfrac{dc_B}{dt}$。用不同组分表达的反应速率是不等的,与反应组分的计量系数有关。②反应速率也可用反应进度表示, $r = \dfrac{d\xi}{Vdt}$。对同一个反应,该速率具有单一的数值,与反应组分的计量系数无关。

2. 反应速率的测定　测定方法可分为化学法和物理法。化学法分析测定时必须使样品中的反应立即停止;物理法分析测定时不必中止反应,可连续测定,须首先找出所测定的物理量与反应物或产物浓度之间的关系。

## （二）基元反应与反应分子数

1. 基元反应　由反应物微粒一步直接生成产物的反应为基元反应。若反应由多个基元反应组成,则称为复杂反应或总反应。

2. 反应分子数　参加基元反应的分子数目称为反应分子数。目前已知的只有单分子、双分子和三分子反应。

## （三）速率方程和反应级数

1. 速率方程　速率方程表示反应速率和反应时间的关系。总包反应的速率方程需由实验确定,称为经验反应速率方程,其形式可以各不相同。有的具有反应物浓度幂乘积的形式,有的则完全没有这种幂乘积的形式。

2. 质量作用定律　在恒温下,基元反应的速率正比于各反应物浓度幂的乘积,各浓度幂中的指数等于基元反应方程中各相应反应物的计量系数。

总包反应只有分解为若干个基元反应后,才能逐个应用质量作用定律。

3. 反应级数　具有反应物浓度幂乘积形式的速率方程($r = kc_A^\alpha c_D^\beta c_E^\gamma \cdots$)中,浓度项的幂的代数和为反应级数 $n$($n = \alpha + \beta + \gamma + \cdots$),各反应物的浓度幂为各反应物的级数。

反应级数可以是任何实数,它是由实验确定的。反应级数与反应分子数是两个不同的概念。

4. 反应级数的确定　确定反应级数可知道各反应组分浓度对反应速率的影响程度,且有助于了解反应机制。

常用的确定速率常数和反应级数的方法有:①微分法;②积分法;③半衰期法;④孤立法。

## （四）简单级数反应

简单级数反应是指一级、二级和零级反应。各级反应的动力学规律及特征见表 7-1。

## （五）温度对反应速率的影响

速率常数 $k$ 与温度 $T$ 的关系遵从阿伦尼乌斯经验公式：$k=Ae^{-\frac{E_a}{RT}}$。$A$ 称为指前因子或频率因子；$E_a$ 为阿伦尼乌斯实验活化能或表观活化能，单位为 $J/mol$。对于大多数化学反应，温度升高，化学反应速率常数 $k$ 增大。

## （六）典型的复杂反应

典型的复杂反应是指对峙反应、平行反应和连续反应。典型复杂反应的动力学规律见表 7-2。

表 7-1    简单级数反应速率方程的比较

| $n$ | 微分速率方程 | 积分速率方程 | $t_{1/2}$ | 线性关系 | $k$ 的单位 |
|---|---|---|---|---|---|
| 0 | $\dfrac{-dc_A}{dt}=k_A$ | $c_{A,0}-c_A=k_A t$ | $\dfrac{c_{A,0}}{2k_A}$ | $c_A \sim t$ | $mol/(m^3 \cdot s)$ |
| 1 | $\dfrac{-dc_A}{dt}=k_A c_A$ | $\ln\dfrac{c_{A,0}}{c_A}=k_A t$ | $\dfrac{\ln 2}{k_A}$ | $\ln c_A \sim t$ | $s^{-1}$ |
| 2 | $\dfrac{-dc_A}{dt}=k_A c_A^2$ | $\dfrac{1}{c_A}-\dfrac{1}{c_{A,0}}=k_A t$ | $\dfrac{1}{k_A c_{A,0}}$ | $\dfrac{1}{c_A} \sim t$ | $m^3/(mol \cdot s)$ |
| 2 | $\dfrac{-dc_A}{dt}=k_A c_A c_D$ | $\dfrac{1}{c_{A,0}-c_{D,0}}\ln\dfrac{c_{D,0}c_A}{c_{A,0}c_D}=k_A t$ | 对 A 和 D 不同 | $\ln\dfrac{c_{D,0}c_A}{c_{A,0}c_D} \sim t$ | $m^3/(mol \cdot s)$ |
| $n^*$ | $\dfrac{-dc_A}{dt}=k_A c_A^n$ | $\dfrac{(1/c_A^{n-1}-1/c_{A,0}^{n-1})}{n-1}=k_A t$ | $\dfrac{2^{n-1}-1}{(n-1)k_A c_{A,0}^{n-1}}$ | $\dfrac{1}{c_A^{n-1}} \sim t$ | $(mol/m^3)^{1-n}/s$ |

注：$^*n \neq 1$。

表 7-2    典型的复杂反应速率方程比较

| 反应式 | 微分速率方程 | 积分速率方程 | 其他关系 |
|---|---|---|---|
| 1-1 级对峙反应 $A\underset{k_2}{\overset{k_1}{\rightleftharpoons}}G$ | $-\dfrac{dc_A}{dt}=k_1 c_A - k_2 c_G$ | $\ln\dfrac{c_{A,0}-c_{A,eq}}{c_A-c_{A,eq}}=(k_1+k_2)t$ | $K_c=\dfrac{k_1}{k_2}=(c_{A,0}-c_{A,eq})/c_{A,eq}$ |
| 一级平行反应 $A\overset{k_1}{\nearrow}G$ $\overset{k_2}{\searrow}H$ | $-\dfrac{dc_A}{dt}=(k_1+k_2)c_A$ $\dfrac{dc_G}{dt}=k_1 c_A$ $\dfrac{dc_H}{dt}=k_2 c_A$ | $c_A=c_{A,0}e^{-(k_1+k_2)t}$ $c_G=\dfrac{k_1}{k_1+k_2}c_{A,0}(1-e^{-(k_1+k_2)t})$ $c_H=\dfrac{k_2}{k_1+k_2}c_{A,0}(1-e^{-(k_1+k_2)t})$ | $\dfrac{c_G}{c_H}=\dfrac{k_1}{k_2}$ |
| 一级连续反应 $A\xrightarrow{k_1}G\xrightarrow{k_2}H$ | $-\dfrac{dc_A}{dt}=k_1 c_A$ $\dfrac{dc_G}{dt}=k_1 c_A-k_2 c_G$ $\dfrac{dc_H}{dt}=k_2 c_G$ | $c_A=c_{A,0}e^{-k_1 t}$ $c_G=\dfrac{k_1}{k_2-k_1}c_{A,0}(e^{-k_1 t}-e^{-k_2 t})$ $c_H=c_{A,0}\left[1-\dfrac{1}{k_2-k_1}(k_2 e^{-k_1 t}-k_1 e^{-k_2 t})\right]$ | $t_m=\dfrac{\ln(k_2/k_1)}{k_2-k_1}$ $c_{G,m}=c_{A,0}\left(\dfrac{k_1}{k_2}\right)^{[k_2/(k_2-k_1)]}$ |

1. 对峙反应　对峙反应的一个重要特征是反应达到平衡时,正、逆反应速率相等,总反应速率为零,反应物和产物的浓度分别趋于常数,$K = k_正 / k_逆$。

2. 平行反应　平行反应的特征是反应在任一时刻,产物浓度之比等于各支反应的速率常数之比,$\dfrac{c_G}{c_H} = \dfrac{k_1}{k_2}$。

3. 连续反应　连续反应的特征之一是中间产物的浓度开始时随时间增长而增大,经过某一极大值 $c_m$(相应的时间为 $t_m$)后随时间增长而减小。其总反应的速率取决于速率最慢的步骤,称为速控步骤,这是连续反应的又一特征。

### （七）复杂反应中常用的近似处理方法

在研究复杂反应时通常有三种简化处理方法:速控步骤近似法、稳态近似法和平衡态近似法。

1. 速控步骤近似法　对于有速控步骤的连续反应,其总速率取决于最慢一步的速率,这种处理方法,即为速控步骤近似法。

2. 稳态近似法　对于在反应过程中形成的活性较大的中间产物(如自由原子、自由基等),在反应系统中,它们的浓度较之反应物或产物的浓度是十分低的,而且当反应稳定进行时,可近似看成不随时间而变,这种近似处理方法即为稳态近似法。

3. 平衡态近似法　是根据反应机制中某一基元反应迅速达到平衡,这时中间产物在以后的反应中消耗速率很小不至于破坏第一步平衡,从而找出反应过程中形成的中间产物浓度与反应物浓度之间的关系,进而确立反应速率方程的近似方法。

### （八）链反应

链反应是由大量的、反复循环的连续反应组成,通常有自由原子或自由基参加。它分三个阶段进行:链引发、链传递和链终止。三个阶段各有其特征。通常,对链反应有:$E_a$(链引发)$> E_a$(链传递)$> E_a$(链终止)。

### （九）反应速率理论

1. 碰撞理论　碰撞理论将反应分子视为无内部结构的刚性球体,认为反应必须经过碰撞,但是只有碰撞分子的平动能超出某一临界值才是有效的。单位时间单位体积内发生的有效碰撞次数就是反应的速率。

碰撞理论是在阿仑尼乌斯提出活化状态和活化能概念的基础上,结合气体分子运动论而建立起来的,很好地解释了阿仑尼乌斯公式的活化能和指前因子的物理意义。

2. 过渡态理论　过渡态理论认为反应物经碰撞变成产物之前要经过一个过渡状态,形成活化配合物。活化配合物的能量很高,与反应物分子处于某种平衡状态,总反应速率取决于活化配合物的分解速率。

过渡态理论是在统计力学和量子力学发展的基础上提出来的,一定程度上克服了碰撞理论的某些不足,并在活化络合物的微观结构已知的条件下,利用热力学、量子力学和物质结构的数据计算出 $\Delta_r^{\neq} G_m^{\ominus}$、$\Delta_r^{\neq} H_m^{\ominus}$ 和 $\Delta_r^{\neq} S_m^{\ominus}$,据此计算速率常数 $k$。

### （十）溶液中的反应

影响溶液反应动力学的主要因素有溶剂效应,包括物理效应和化学效应。由于溶剂的存在,反应物分子在溶剂形成的笼中进行多次碰撞(或振动),这种碰撞或振动将一直持续到反应分子从笼中挤出,这种效应称为笼效应。

影响溶液中化学反应速率的因素主要有:

1. 溶剂的极性　如果产物的极性大于反应物的极性,则在极性溶剂中的反应速率比在非极性溶剂中大;反之,则在极性溶剂中的反应速率比在非极性溶剂中小。

2. 溶剂化　在反应物转化为产物之前先形成活化配合物。如果活化配合物的溶剂化程度比反应物大,则该溶剂能降低反应的活化能而使反应速率加快;反之,则能使反应的活化能升高而使反应速率减慢。

3. 溶剂的介电常数　对于离子或极性分子之间的反应,溶剂的介电常数越大,则同种电荷离子之间的反应速率常数越大,而异种电荷离子之间的反应或离子与极性分子之间的反应速率常数越小。

4. 溶液的离子强度(原盐效应)　在稀溶液中,同种电荷离子之间的反应,离子强度 $I$ 越大,反应速率常数 $k$ 也越大;对异种电荷离子之间的反应, $I$ 越大 $k$ 越小;对于中性分子之间的反应(或反应物之一是非电解质), $I$ 对 $k$ 无影响。

### (十一)　光化反应

1. 光化反应特点　由光照射引起的化学反应称为光化反应。光化反应的活化能来源于光量子,反应速率主要取决于光的照度而受温度影响较小。光化反应的活化过程完全不依赖于温度,温度对光化反应速率的影响发生在光化反应的次级过程中。光化反应通常有比热反应更高的选择性。

2. 光化学定律

(1)光化学第一定律:只有被体系吸收的光,才有可能引起光化反应。

(2)光化学第二定律:在光化反应初级过程中,被活化的分子或原子数等于被吸收的光量子数。此定律又称为光化当量定律。

### (十二)　催化反应

1. 催化反应的基本特征　①催化剂参与化学反应,但在反应前后的数量及化学性质不变;②催化剂只能改变反应速率,不能改变反应的方向和平衡状态。催化剂对正、逆反应有同样的加速作用;③催化剂具有选择性。

2. 催化反应的机制　催化剂与反应物分子形成不稳定的中间化合物或络合物,或发生了物理或化学的吸附作用,从而改变了反应途径,大幅度降低反应的活化能 $E_a$ 或增大了指前因子 $A$,使反应速率常数显著增大。

# 二、主 要 公 式

| | |
|---|---|
| $k = A e^{\frac{-E_a}{RT}}$ | |
| $\dfrac{\mathrm{d} \ln k}{\mathrm{d} T} = \dfrac{E_a}{RT^2}$ | |
| $\ln k = -\dfrac{E_a}{RT} + \ln A$ | 阿伦尼乌斯公式 |
| $\ln \dfrac{k_2}{k_1} = -\dfrac{E_a}{R} \left( \dfrac{1}{T_2} - \dfrac{1}{T_1} \right)$ | |
| $Q = E_{a1} - E_{a2}$ | 反应热与正、逆反应活化能的关系 |

| | |
|---|---|
| $k=k_A=Z^0_{AD}e^{\frac{-Ec}{RT}}$ | 碰撞理论速率常数计算公式,适用于异种双分子之间的反应 |
| $Z^o_{AD}=L(r_A+r_D)^2\sqrt{\dfrac{8\pi RT}{\mu}}$ | 碰撞理论频率因子的计算公式,适用于异种分子之间的反应 |
| $k=k_A=Z^o_{AA}e^{\frac{-Ec}{RT}}$ | 碰撞理论速率常数计算公式,适用于同种双分子之间的反应 |
| $Z^o_{AA}=16Lr_A^2\sqrt{\dfrac{\pi RT}{M_A}}$ | 碰撞理论频率因子的计算公式,适用于同种分子之间的反应 |
| $k=\dfrac{k_BT}{h}e^{-\frac{\Delta_r^{\neq}G^{\ominus}_m}{RT}}=\dfrac{k_BT}{h}e^{\frac{\Delta_r^{\neq}S^{\ominus}_m}{R}}e^{\frac{-\Delta_r^{\neq}H^{\ominus}_m}{RT}}$ | 过渡态理论速率常数计算公式 |
| $\Phi=\dfrac{\text{反应物消失的分子数}}{\text{吸收的光子数}}=\dfrac{\text{反应物消失的物质的量}}{\text{吸收光子物质的量}}$ | 光化学反应量子效率定义式 |

# 三、例题解析

**例 1**　乙烷裂解制取乙烯的反应如下：$C_2H_6\longrightarrow C_2H_4+H_2$,已知 1 073K 时的速率常数 $k=3.43s^{-1}$,问当乙烷的转化率为 50% 和 75% 时分别需要多长时间？

**解:**从速率常数 $k$ 的单位知该反应为一级反应。则乙烷转化 50% 所需的时间(即半衰期)为

$$t_{1/2}=\ln 2/k=\ln 2/3.43=0.202s$$

乙烷转化 75% 需时:

解法一　　　　　$t_{0.25}=\dfrac{1}{k}\ln\dfrac{c_{A,0}}{c_A}=\dfrac{1}{3.43}\ln\dfrac{c_{A,0}}{(1-75\%)c_{A,0}}=0.404s$

解法二　　转化 75% 也就是把转化了 50% 后余下的反应物再转化 50%。而对一级反应来说,反应物的转化率与开始浓度无关,达到相同转化率所需时间是相同的,因而

$$t_{0.25}=2t_{1/2}=2\times0.202=0.404s$$

**例 2**　氯化醇和碳酸氢钠反应制取乙二醇:

$$CH_2OHCH_2Cl(A)+NaHCO_3(B)\longrightarrow CH_2OHCH_2OH+NaCl+CO_2$$

已知该反应的微分速率方程为: $-dc_A/dt=kc_Ac_B$,且测得 355K 时反应的速率常数 $k=5.20L/(mol\cdot h)$。试计算在 355K 时:

(1)如果溶液中氯乙醇、碳酸氢钠的开始浓度相同, $c_{A,0}=c_{B,0}=1.20mol/L$,氯乙醇转化 95% 需要多少时间？

(2)在同样起始浓度的条件下,氯乙醇转化率达到 99.75% 需要多少时间？

(3)若溶液中氯乙醇和碳酸氢钠的起始浓度分别为 $c_{A,0}=1.20mol/L$, $c_{B,0}=1.50mol/L$。氯乙醇转化 99.75% 需要多少时间？

**解:**(1)由速率方程知反应为二级反应,且两反应物起始浓度相同,则

$$t_1=\dfrac{1}{k}\left(\dfrac{1}{c_A}-\dfrac{1}{c_{A,0}}\right)=\dfrac{1}{5.20}\left[\dfrac{1}{(1-95\%)\times1.20}-\dfrac{1}{1.20}\right]=3.04h$$

（2）同理　$t_2 = \dfrac{1}{k}\left(\dfrac{1}{c_A} - \dfrac{1}{c_{A,0}}\right) = \dfrac{1}{5.20}\left[\dfrac{1}{(1-99.75\%)\times 1.20} - \dfrac{1}{1.20}\right] = 63.9\text{h}$

（3）因为两反应物起始浓度不同,则

$$t_3 = \dfrac{1}{k(c_{A,0}-c_{B,0})}\ln\dfrac{c_{B,0}c_A}{c_{A,0}c_B} = \dfrac{1}{5.20\times(1.20-1.50)}\ln\dfrac{1.50\times(1-99.75\%)\times 1.20}{1.20\times(1.50-1.20\times 99.75\%)}$$

$$= 2.82\text{h}$$

【讨论】比较 $t_1$ 和 $t_2$ 的数值可以看出,多转化 4.75% 所需要的时间为 60.86 小时,为转化 95% 所需时间的 20 倍。这是由于浓度对二级反应速率的影响比对一级反应的影响大,转化同一百分数,起始浓度愈低则速率愈慢,所需时间愈长。而从 $t_3$ 的数值看到,增加另一反应物的浓度,达到与（2）相同的转化率所需时间大为减少。这同样是由于浓度对二级反应的速率影响较大的缘故。

**例 3**　研究丁二烯的气相二聚反应:$2C_4H_6 \longrightarrow (C_4H_6)_2$,实验在一定容积的反应器皿中进行,测得 599K 时物系的总压力 $p$ 和据此总压数值算得的丁二烯分压 $p_A$ 与时间 $t$ 的关系列于表 7-3 中,试根据该表的数据,建立上述反应的速率方程式。

表 7-3　丁二烯的气相二聚反应压力与时间的关系

| $t$/min | $p$/kPa | $p_A$/kPa | $\ln p_A$ | $-\dfrac{dp_A}{dt}/$ ( kPa/min ) | $\ln\left(-\dfrac{dp_A}{dt}\right)$ |
|---|---|---|---|---|---|
| 0 | 84.26 | 84.26 | 4.434 | 1.174 | 0.160 4 |
| 5 | 81.46 | 78.66 | 4.365 | 1.066 | 0.063 91 |
| 10 | 78.93 | 73.60 | 4.299 | 0.958 0 | −0.042 91 |
| 15 | 76.41 | 68.56 | 4.228 | 0.810 0 | −0.210 7 |
| 20 | 74.46 | 64.66 | 4.169 | 0.750 0 | −0.287 7 |
| 25 | 72.66 | 61.06 | 4.112 | 0.660 0 | −0.415 5 |
| 30 | 71.13 | 58.00 | 4.060 | 0.600 0 | −0.510 8 |
| 35 | 69.73 | 55.20 | 4.011 | 0.520 0 | −0.653 9 |
| 40 | 68.53 | 52.80 | 3.967 | 0.440 0 | −0.821 0 |
| 45 | 67.33 | 50.40 | 3.920 | 0.456 0 | −0.785 3 |
| 50 | 66.26 | 48.26 | 3.877 | 0.400 0 | −0.916 3 |
| 55 | 65.33 | 46.40 | 3.837 | 0.344 0 | −1.067 |
| 60 | 64.53 | 44.80 | 3.802 | 0.290 0 | −1.238 |
| 65 | 63.80 | 43.34 | 3.769 | 0.294 0 | −1.224 |
| 70 | 63.06 | 41.86 | 3.734 | 0.298 0 | −1.211 |

**解**:因为该反应为气相反应,设该反应的速率方程式为: $-\dfrac{dp_A}{dt}=k_{p,A}p_A^n$。需要确定 $n$ 的数值。

解法一 微分法:用表 7-3 中所列的数据,以 $p_A$ 为纵坐标,$t$ 为横坐标作图,从图中求得不同 $p_A$ 值时曲线的切线之斜率,即 $-dp_A/dt$,一并列于表 7-3 中。然后以 $\ln(-dp_A/dt)$ 对 $\ln p_A$ 作直线回归,得斜率 $=2.125$,截距 $=-9.193$,相关系数 $r=0.993$。可知反应级数 $n=2$,故该反应为二级反应。

解法二 积分法:假定该反应为二级反应,即 $-\dfrac{dp_A}{dt}=k_{p,A}p_A^2$,将之积分则得 $\dfrac{1}{p_A}-\dfrac{1}{p_{A,0}}=k_{p,A}t$。

分别选取 $t=5$ 分钟、$25$ 分钟、$45$ 分钟、$65$ 分钟时相应的 $p_A$ 值代入上式,求 $k_{p,A}$ 值,得

$$k_{p,A}(t=5\text{min})=\frac{1}{t}\left(\frac{1}{p_A}-\frac{1}{p_{A,0}}\right)=\frac{1}{5}\left(\frac{1}{78.66\times10^3}-\frac{1}{84.26\times10^3}\right)=1.690\times10^{-7}(\text{Pa}\cdot\text{min})^{-1}$$

同理算得
$$k_{p,A}(t=25\text{min})=1.804\times10^{-7}(\text{Pa}\cdot\text{min})^{-1}$$
$$k_{p,A}(t=45\text{min})=1.772\times10^{-7}(\text{Pa}\cdot\text{min})^{-1}$$
$$k_{p,A}(t=65\text{min})=1.724\times10^{-7}(\text{Pa}\cdot\text{min})^{-1}$$

计算结果表明 $k_{p,A}$ 近似为一常数,假设成立,故该反应为二级。

(1)实验直接测定的是反应过程中物系的总压 $p$ 随时间变化的数据,如何将 $p$ 换算成相应的 $p_A$ 值,方法如下:

$$2C_4H_6 \longrightarrow (C_4H_6)_2$$

$$t=0 \qquad p_{A,0} \qquad\qquad 0$$
$$t=t \qquad p_A \qquad\quad (p_{A,0}-p_A)/2$$

则时间 $t$ 时的总压 $p=p_A+(p_{A,0}-p_A)/2$,整理后得 $p_A=2p-p_{A,0}$,将表 7-3 中不同时刻的总压 $p$ 代入,即得相应时刻丁二烯的分压值 $p_A$。

(2)本题表 7-3 中 $-dp_A/dt$ 数值是应用三点微分法计算的。在作图用切线法求斜率时,首先画出曲线 $p_A=f(t)$;然后定出曲线上 $t$ 处的切线或法线;最后依下式计算切线的斜率

$$-dp_A/dt=(p_{A,2}-p_{A,1})/(t_2-t_1)$$

式中 $(t_1,p_{A,1})$ $(t_2,p_{A,2})$ 为切线上的两个点。

$-dp_A/dt$ 随曲线变化可能很大,因此必须严格按照作图规则去作曲线,所选切线上的两点相距应尽量远。关于切线的画法,最简单的方法为在切点用直尺慢慢旋转,直至与曲线相切为止。

除了作图法外,三点微分法也可以用来确定切线的斜率 $-dp_A/dt$,在横坐标以等间距 $\Delta t$ 相隔的三点处,曲线的斜率可以用纵坐标值表示之,即:

$$\left(-\frac{dp_A}{dt}\right)_0=-\frac{-3p_{A,0}+4p_{A,1}-p_{A,2}}{2\Delta t}$$

$$\left(-\frac{dp_A}{dt}\right)_1=-\frac{-p_{A,0}+p_{A,2}}{2\Delta t}$$

$$\left(-\frac{dp_A}{dt}\right)_2=-\frac{p_{A,0}-4p_{A,1}+3p_{A,2}}{2\Delta t}$$

表 7-3 中,$-dp_A/dt$ 即是采用此法计算的,取 $\Delta t=5$,计算第一组各点:

$$\left(-\frac{dp_A}{dt}\right)_0 = -\frac{-3\times84.26+4\times78.66-73.6}{2\times5} = 1.174\text{kPa/min}$$

$$\left(-\frac{dp_A}{dt}\right)_1 = -\frac{-84.26+73.60}{2\times5} = 1.066\text{kPa/min}$$

$$\left(-\frac{dp_A}{dt}\right)_2 = -\frac{84.26-4\times78.66+3\times73.60}{2\times5} = 0.9580\text{kPa/min}$$

以此类推。

（3）用单位时间内反应物（或产物）压力的变化表示反应速率时,要注意反应速率常数的单位。设某气相反应 $aA \longrightarrow G$ 为 $n$ 级反应,则 $-\frac{dc_A}{dt} = k_A c_A^n$ 或 $-\frac{dp_A}{dt} = k_{p,A} p_A^n$,式中 $k_A$ 为以浓度表示的速率常数,$k_{p,A}$ 为以压力表示的速率常数。又因为 $p_A = c_A RT$,所以 $k_A$ 与 $k_{p,A}$ 之间的关系为:$k_{p,A} = k_A (RT)^{1-n}$。例如对于本例中丁二烯的气相二聚是二级反应,如果在 599K 时的 $k_{p,A} = 1.748\times10^{-7}(\text{Pa}\cdot\text{min})^{-1}$,则 $k_A = 1.748\times10^{-7}\times(8.314\times599)^{2-1} = 8.705\times10^{-4}\text{m}^3/(\text{mol}\cdot\text{min})$。

**例4**    茵栀黄注射液的有效期预测。该注射液是茵陈、栀子和黄芩经提取后制成的复方静脉注射液。注射液中黄芩不稳定,所以以其主要成分黄芩苷的含量作为质量控制标准。用薄层色谱法结合紫外分光光度法测定含量。加速试验在 373.15K、363.15K、353.15K 和 343.15K 遮光进行。注射液降解至 10% 即失效,求该注射液在室温（298.15K）下的贮存期 $t_{0.9}$。实验结果如表 7-4 所示:

表 7-4    茵栀黄注射液在不同温度下时间 $t$ 与含量 $c$ 的关系

| 373.15K | | 363.15K | | 353.15K | | 343.15K | |
|---|---|---|---|---|---|---|---|
| $t/h$ | $c/\%$ | $t/h$ | $c/\%$ | $t/h$ | $c/\%$ | $t/h$ | $c/\%$ |
| 0 | 100.00 | 0 | 100.00 | 0 | 100.00 | 0 | 100.00 |
| 1 | 94.80 | 6 | 85.93 | 12 | 92.06 | 24 | 94.67 |
| 3 | 86.42 | 10 | 82.10 | 24 | 82.56 | 36 | 92.11 |
| 5 | 77.12 | 20 | 67.74 | 36 | 78.03 | 55 | 88.20 |
| 7 | 69.23 | 25 | 61.32 | 48 | 71.84 | 72 | 84.74 |
| 10 | 58.14 | | | 60 | 66.24 | 96 | 80.62 |

**解:**由表 7-4 的数据作 $\ln c \sim t$ 图得四条直线,表明该注射液的降解是表观一级反应。直线回归后由直线的斜率可得各温度下的速率常数 $k$,数据如下:

| $T/K$ | 373.15 | 363.15 | 353.15 | 343.15 |
|---|---|---|---|---|
| $1/T\times10^3/\text{K}^{-1}$ | 2.680 | 2.754 | 2.832 | 2.914 |
| $k/\text{h}^{-1}$ | $5.403\times10^{-2}$ | $1.901\times10^{-2}$ | $6.809\times10^{-3}$ | $2.256\times10^{-3}$ |
| $\ln k$ | -2.9182 | -3.9628 | -4.9895 | -6.0942 |

根据阿伦尼乌斯公式:$\ln k = \ln A - \dfrac{E_a}{RT}$,以 $\ln k \sim 1/T$ 作直线回归,得截距为 33.321,斜率

为$-13\,529$,相关系数$r=0.999$。则 298.15K 时

$$\ln k = 33.321 - \frac{13\,529}{298.15} = -12.055$$

$$k = 5.815 \times 10^{-6} h^{-1}$$

该注射液降解 10% 为失效,有

$$t_{0.9} = \frac{\ln(10/9)}{k} = \frac{\ln(10/9)}{5.815 \times 10^{-6}} = 1.812 \times 10^4 h = 2.07 y$$

即有效期 2.07 年。留样观察结果约为 2 年,两者较为接近。

**例 5**　反应 $A \underset{k_2}{\overset{k_1}{\rightleftharpoons}} G$,在 298K,$k_1 = 2.0 \times 10^{-2} min^{-1}$,$k_2 = 5.0 \times 10^{-3} min^{-1}$,温度增加到 310K 时,$k_1$ 增加为原来的 4 倍,$k_2$ 增加为原来的 2 倍,计算:

(1)298K 时平衡常数。

(2)若反应由纯 A 开始,问经过多长时间后,A 和 G 浓度相等?

(3)正、逆反应的活化能 $E_{a1}$、$E_{a2}$。

**解:**(1)298K 时平衡常数 $K_c$:$K_c = \dfrac{k_1}{k_2} = \dfrac{2.0 \times 10^{-2}}{5.0 \times 10^{-3}} = 4$

(2)先求出 $c_{A,eq}$,再求反应至 $c_G = c_A = \dfrac{c_{A,0}}{2}$ 时所需时间 $t$,因为

$$K_c = \frac{c_{G,eq}}{c_{A,eq}} = \frac{c_{A,0} - c_{A,eq}}{c_{A,eq}} = 4$$

解得

$$c_{A,eq} = \frac{c_{A,0}}{5}$$

根据 1-1 级对峙反应积分速率方程

$$\ln \frac{c_{A,0} - c_{A,eq}}{c_A - c_{A,eq}} = (k_1 + k_2)t$$

$$t = \frac{1}{k_1 + k_2} \ln \frac{c_{A,0} - c_{A,eq}}{c_A - c_{A,eq}} = \frac{1}{2.0 \times 10^{-2} + 5.0 \times 10^{-3}} \ln \frac{c_{A,0} - c_{A,0}/5}{c_{A,0}/2 - c_{A,0}/5} = 39.2 min$$

(3)对于正反应,根据阿伦尼乌斯方程 $\ln\left(\dfrac{k_1'}{k_1}\right) = -\dfrac{E_{a1}}{R}\left(\dfrac{1}{T'} - \dfrac{1}{T}\right)$,代入各已知值,得

$$\ln \frac{4k_1}{k_1} = -\frac{E_{a1}}{8.314}\left(\frac{1}{310} - \frac{1}{298}\right)$$

故正反应的活化能　　　　　$E_{a1} = 88.7 kJ/mol$

同理逆反应的活化能　　　　$E_{a2} = 44.4 kJ/mol$

【结论】对于正向吸热的对峙反应,$E_{a1} > E_{a2}$,升高反应温度,既可增大反应速率,又有利于反应向正向进行。

**例 6**　某连续反应 $A \xrightarrow{k_1} G \xrightarrow{k_2} H$,其中 $k_1 = 0.1 min^{-1}$,$k_2 = 0.2 min^{-1}$。在开始时 A 的浓度为 1mol/L,G 和 H 的浓度均为 0。

(1)试求当 G 的浓度达到最大时的时间 $t_m$。

(2)该时刻 A、G、H 的浓度各为多少?

**解:**(1)G 浓度达到极大时的时间

$$t_m = \frac{\ln(k_2/k_1)}{k_2-k_1} = \frac{\ln(0.2/0.1)}{0.2-0.1} = 6.93\text{min}$$

(2)$t_m$ 时刻各组分的浓度

$$c_A = c_{A,0} \times e^{-k_1 t_m} = 1 \times e^{-0.1 \times 6.93} = 0.5\text{mol/L}$$

$$c_{G,m} = c_{A,0}\left(\frac{k_1}{k_2}\right)^{[k_2/(k_2-k_1)]} = 1 \times \left(\frac{0.1}{0.2}\right)^{[0.2/(0.2-0.1)]} = 0.25\text{mol/L}$$

$$c_H = c_{A,0} - c_A - c_{G,m} = 1 - 0.5 - 0.25 = 0.25\text{mol/L}$$

**例 7**　氯乙酸在水溶液中进行分解,反应式如下:

$$ClCH_2COOH + H_2O \longrightarrow CH_2OHCOOH + HCl$$

今用 $\lambda = 253.7\text{nm}$ 的光照射浓度为 0.5mol/L 的氯乙酸样品 1L,照射时间为 $t$,样品吸收的能量 $\varepsilon$ 及 $c_{Cl^-}$ 的实验结果如下:

| $t/\text{min}$ | $\varepsilon/\text{J}$ | $c_{Cl^-} \times 10^5/(\text{mol/L})$ |
|---|---|---|
| 837 | 34.36 | 2.325 |

当用同样的样品在暗室中进行实验时,发现每分钟有 $3.5 \times 10^{-10}\text{mol/L}$ 的 $Cl^-$ 生成。试计算该反应的量子效率 $\Phi$。

**解:**根据量子效率 $\Phi$ 的定义: $\Phi = \dfrac{\text{光解反应产生的 } Cl^- \text{ 离子的物质的量}(n_1)}{\text{被吸收的光量子的物质的量}(n_2)}$

光解反应产生 $Cl^-$ 的物质的量应为 $Cl^-$ 的总物质的量减去非光化反应产生 $Cl^-$ 的物质的量,即

$$n_1 = 2.325 \times 10^{-5} - 837 \times 3.5 \times 10^{-10} = 2.296 \times 10^{-5}\text{mol}$$

$$n_2 = \frac{\varepsilon}{Einstein} = \frac{\varepsilon}{0.1196/\lambda} = \frac{34.36}{0.1196/(2537 \times 10^{-10})} = 7.289 \times 10^{-5}\text{mol}$$

故

$$\Phi = \frac{n_1}{n_2} = \frac{2.296 \times 10^{-5}}{7.289 \times 10^{-5}} = 0.315$$

**例 8**　某反应在催化剂存在时,反应的活化能降低了 41.840kJ/mol,反应温度为 625K 时,测得有催化剂存在时的反应速率常数为无催化剂时的 1 000 倍,结合催化作用的基本特征说明该反应中催化剂是怎样使反应速率常数增加的。

**解:**根据阿仑尼乌斯公式,设反应有催化剂存在时 $k' = A'e^{-\frac{E_a'}{RT}}$,无催化剂存在时 $k = Ae^{-\frac{E_a}{RT}}$,则

$$\frac{k'}{k} = \frac{A'e^{-\frac{E_a'}{RT}}}{Ae^{-\frac{E_a}{RT}}} = \frac{A'}{A}e^{\frac{E_a-E_a'}{RT}} = \frac{A'}{A}e^{\frac{41.840 \times 10^3}{8.314 \times 625}} = \frac{A'}{A} \times 3\ 140 = 1\ 000$$

$$\frac{A'}{A} = \frac{1}{3.14}$$

**【结论】**根据催化作用的基本特征,催化剂的加入为反应开辟了一条活化能较低的新途径,与原途径平行发生。由于活化能的降低,使活化分子的数目增加为无催化剂时的 3 140 倍。但由于有无催化剂存在时的反应机制不同,有催化剂存在时的频率因子是无催化剂时

的 1/3.14,故而总的结果是使反应的速率常数增加 1 000 倍。

**例9** 碘化氢分解反应:$2HI \longrightarrow H_2 + I_2$,已知临界能 $E_c = 183.92kJ/mol$,HI 的分子直径 $d = 3.5 \times 10^{-10}m$,摩尔质量为 127.9g/mol。试由碰撞理论计算在不同温度下 HI 分解的速率常数 $k$ 并和下列实验数据相比较。

| $T/K$ | 556 | 666 | 781 |
|---|---|---|---|
| $k/[m^3/(mol \cdot s)]$ | $3.52 \times 10^{-10}$ | $2.20 \times 10^{-7}$ | $3.95 \times 10^{-5}$ |

**解:**根据碰撞理论,对同种双分子之间反应速率常数

$$k = Z_{AA}^{\ominus} \cdot \exp\frac{-E_c}{RT} = 2Ld_A^2 \sqrt{\frac{\pi RT}{M_A}} \exp\frac{-E_c}{RT}$$

$$k = 2 \times 6.022 \times 10^{23} \times (3.5 \times 10^{-10})^2 \sqrt{\frac{3.142 \times 8.314T}{127.9 \times 10^{-3}}} \exp\left(-\frac{183.92 \times 10^3}{8.314T}\right)$$

$$k = 2.108 \times 10^6 \sqrt{T} \exp\left(-\frac{22\ 122}{T}\right)$$

分别将 $T = 556K$、666K、781K 代入,计算结果列入下表:

| $T/K$ | 556 | 666 | 781 |
|---|---|---|---|
| $K/[m^3/(mol \cdot s)]$ | $2.61 \times 10^{-10}$ | $2.04 \times 10^{-7}$ | $2.94 \times 10^{-5}$ |

计算结果与实验值相比,从数量级上来看,基本接近。

**例10** 请证明 $n$ 分子气相反应:$A + D + \cdots \longrightarrow G$,有 $E_a = \Delta_r^{\neq} H_m^{\ominus} + nRT$。

**证明:**由过渡态理论知速率常数

$$k = \frac{RT}{Lh}K^{\neq} = \frac{k_B T}{h}K^{\neq} \tag{式(7-1)}$$

上式两端取对数并对温度 $T$ 微分

$$\frac{d\ln k}{dT} = \frac{1}{T} + \frac{d\ln K^{\neq}}{dT} \tag{式(7-2)}$$

$K^{\neq}$ 是以浓度表示的平衡常数,据范霍夫等容方程有

$$\frac{d\ln K^{\neq}}{dT} = \frac{\Delta_r^{\neq} U_m^{\ominus}}{RT^2} \tag{式(7-3)}$$

将式(7-3)代入式(7-2),得

$$\frac{d\ln k}{dT} = \frac{1}{T} + \frac{\Delta_r^{\neq} U_m^{\ominus}}{RT^2} = \frac{RT + \Delta_r^{\neq} U_m^{\ominus}}{RT^2} \tag{式(7-4)}$$

上式与阿伦尼乌斯微分形式 $\dfrac{d\ln k}{dT} = \dfrac{E_a}{RT^2}$ 相比较,则

$$E_a = \Delta_r^{\neq} U_m^{\ominus} + RT \tag{式(7-5)}$$

又因为

$$\Delta_r^{\neq} H_m^{\ominus} = \Delta_r^{\neq} U_m^{\ominus} + (1-n)RT \quad \text{或} \quad \Delta_r^{\neq} U_m^{\ominus} = \Delta_r^{\neq} H_m^{\ominus} + (n-1)RT \tag{式(7-6)}$$

即有

$$E_a = \Delta_r^{\neq} H_m^{\ominus} + nRT$$

# 四、习题详解（主教材）

1. 在 100ml 水溶液中含有 0.03mol 蔗糖和 0.1mol HCl,用旋光计测得在 301K 经 20 分钟有 32% 的蔗糖发生了水解。已知其水解为一级反应,求:(1)反应速率常数;(2)反应开始时和反应至 20 分钟时的反应速率;(3)40 分钟时已水解的蔗糖百分数。

**解:**蔗糖水解为一级反应,则

(1)
$$k = \frac{1}{t} \ln \frac{c_0}{c}$$

$$k = \frac{1}{20} \ln \frac{0.03}{(1-0.32) \times 0.03} = 1.93 \times 10^{-2} \, \text{min}^{-1}$$

(2)
$$r_0 = -\frac{dc_0}{dt} = kc_0$$

$$r_0 = 1.93 \times 10^{-2} \times 0.03 = 5.79 \times 10^{-4} \, \text{mol}/(\text{L} \cdot \text{min})$$

$$r = -\frac{dc}{dt} = kc$$

$$r = 1.93 \times 10^{-2} \times (1-0.32) \times 0.03 = 3.94 \times 10^{-4} \, \text{mol}/(\text{L} \cdot \text{min})$$

(3)
$$k = \frac{1}{t} \ln \frac{c_0}{c}$$

设 40 分钟时转化率为 $x$

$$1.93 \times 10^{-2} = \frac{1}{40} \ln \frac{0.03}{(1-x) \times 0.03}$$

得 $x = 53.8\%$

2. $N_2O_5$ 分解反应 $N_2O_5 \longrightarrow 2NO_2 + 1/2O_2$ 是一级反应,已知其在某温度下的速率常数为 $4.8 \times 10^{-4} \, \text{s}^{-1}$。(1)求 $t_{1/2}$;(2)若反应在密闭容器中进行,反应开始时容器中只充有 $N_2O_5$,其压力为 66.66kPa,求反应开始后 10 秒和 10 分钟时的压力。

**解:**(1)
$$t_{1/2} = \frac{\ln 2}{k_A}$$

$$t_{1/2} = \frac{\ln 2}{4.8 \times 10^{-4}} = 1.44 \times 10^3 \, \text{s}$$

(2)
$$\begin{array}{cccc} & N_2O_5 \longrightarrow & 2NO_2 & + & 1/2O_2 \\ t=0 & p_0 & 0 & & 0 \\ t=t & p_t & 2(p_0-p_t) & & (p_0-p_t)/2 \end{array}$$

得:$p_{总} = p_t + 2(p_0-p_t) + (p_0-p_t)/2 = 2.5p_0 - 1.5p_t$

因为 $c_A = c_{A,0} e^{-k_A t}$,所以 $p_t = p_0 e^{-k_A t}$。

当 $t=10s$ 时,$p_{总} = 2.5 \times 66.66 - 1.5 \times 66.66 e^{-4.8 \times 10^{-4} \times 10} = 67.1 \text{kPa}$

当 $t=10\text{min}=600s$ 时,$p_{总} = 2.5 \times 66.66 - 1.5 \times 66.66 e^{-4.8 \times 10^{-4} \times 600} = 91.7 \text{kPa}$

3. ⟨HNNO₂苯环⟩ $\xrightarrow{H^+}$ ⟨H₂N, NO₂邻硝基苯胺⟩ 或 ⟨H₂N, NO₂对硝基苯胺⟩ 为一级反应,在某温度下的反应过程中定时取样,加入过量的碱使反应迅速停止,然后在某波长处用分光光度计测定溶液的吸收度,得如下结果,求反应速率常数。

| $t/s$ | 0 | 300 | 780 | 1500 | 2400 | 3600 | $\infty$ |
|---|---|---|---|---|---|---|---|
| $A$ | 0 | 0.036 | 0.074 | 0.120 | 0.162 | 0.199 | 0.249 |

**解:**由于$(A_\infty-A_0)$正比于反应物的初浓度,$(A_\infty-A_t)$正比于$t$时刻反应物浓度,则

$\ln(A_\infty-A_t)=-kt+\ln(A_\infty-A_0)$。以$\ln(A_\infty-A_t)$对$t$作直线回归,得:斜率$=-4.41\times10^{-4}$,截距$=-1.40$,相关系数$=0.999$。故$k=4.41\times10^{-4}\text{s}^{-1}$。

4. 某一级反应$A\longrightarrow G$,在某温度下初速率为$4\times10^{-3}\text{mol}/(\text{L}\cdot\text{min})$,2小时后的速率为$1\times10^{-3}\text{mol}/(\text{L}\cdot\text{min})$。求:(1)反应速率常数;(2)半衰期;(3)反应物初浓度。

**解:**(1)由一级反应的速率方程$r=-\dfrac{\mathrm{d}c}{\mathrm{d}t}=kc$,得$c=-\dfrac{\mathrm{d}c}{k\mathrm{d}t}$

又由一级反应积分速率方程$k=\dfrac{1}{t}\ln\dfrac{c_0}{c}$

得

$$k=\frac{1}{t}\ln\frac{-\mathrm{d}c_0/(k\mathrm{d}t)}{-\mathrm{d}c/(k\mathrm{d}t)}=\frac{1}{t}\ln\frac{-\mathrm{d}c_0/\mathrm{d}t}{-\mathrm{d}c/\mathrm{d}t}=\frac{1}{2\times60}\ln\frac{4\times10^{-3}}{1\times10^{-3}}=1.16\times10^{-2}\text{min}^{-1}$$

(2)
$$t_{1/2}=\frac{\ln 2}{k_A}$$

$$t_{1/2}=\frac{\ln 2}{1.16\times10^{-2}}=60\text{min}$$

(3)
$$c_0=-\frac{\mathrm{d}c_0}{k\mathrm{d}t}=\frac{4\times10^{-3}}{1.16\times10^{-2}}=0.345\text{mol/L}$$

5. 醋酸甲酯的皂化为二级反应,酯和碱的初浓度相等,在温度为298K时用标准酸溶液滴定体系中剩余的碱,得如下数据,求:(1)反应速率常数;(2)反应物初浓度;(3)反应完成95%所需的时间。

| $t/\text{min}$ | 3 | 5 | 7 | 10 | 15 | 21 | 25 |
|---|---|---|---|---|---|---|---|
| $c_{\text{碱}}\times10^3/(\text{mol/L})$ | 7.40 | 6.34 | 5.50 | 4.64 | 3.63 | 2.88 | 2.54 |

**解:**(1)以$1/c$对$t$作直线回归,得:$1/c=11.8t+99.2$,斜率$=11.8$,截距$=99.2$,相关系数$=0.999$。则$k=$斜率$=11.8\text{L}/(\text{mol}\cdot\text{min})$。

(2)$c_0=1/$截距$=1/99.2=1.01\times10^{-2}\text{mol/L}$

(3)二级反应积分速率方程为$\dfrac{1}{c}=kt+\dfrac{1}{c_0}$,则$t=\dfrac{1}{k}\left(\dfrac{1}{c}-\dfrac{1}{c_0}\right)$,将$c=(1-95\%)c_0$代入,则有

$$t=\frac{1}{11.8}\left(\frac{1}{(1-95\%)\times1.01\times10^{-2}}-\frac{1}{1.01\times10^{-2}}\right)=159\text{min}$$

6. 某物质A的分解是二级反应。恒温下反应进行到A消耗掉初浓度的1/3所需要的时间是2分钟,求A消耗掉初浓度的2/3所需要的时间。

**解:** 由二级反应积分速率方程 $\dfrac{1}{c_A} - \dfrac{1}{c_{A,0}} = k_A t$

得　　　　$k_A = \dfrac{1}{t}\left(\dfrac{1}{c_A} - \dfrac{1}{c_{A,0}}\right) = \dfrac{1}{t_{1/3}}\left(\dfrac{1}{2c_{A,0}/3} - \dfrac{1}{c_{A,0}}\right) = \dfrac{1}{2t_{1/3}c_{A,0}}$

故　　　　$t_{2/3} = \dfrac{1}{k_A}\left(\dfrac{1}{c_A} - \dfrac{1}{c_{A,0}}\right) = \dfrac{1}{k_A}\left(\dfrac{1}{c_{A,0}/3} - \dfrac{1}{c_{A,0}}\right) = \dfrac{2}{k_A c_{A,0}} = \dfrac{2}{\dfrac{1}{2c_{A,0}t_{1/3}}\times c_{A,0}} = 8\text{min}$

7. 对于一级反应,试证明转化率达到 87.5% 所需时间为转化率达到 50% 所需时间的 3 倍。对于二级反应又应为多少?

**解:** 转化率 $\alpha$ 定义为 $\alpha = \dfrac{c_{A,0} - c_A}{c_{A,0}}$,得到 $\dfrac{c_{A,0}}{c_A} = \dfrac{1}{1-\alpha}$

对于一级反应, $t = \dfrac{1}{k}\ln\dfrac{c_{A,0}}{c_A} = -\dfrac{1}{k}\ln(1-\alpha)$

$$\dfrac{t_2}{t_1} = \dfrac{\ln(1-\alpha_2)}{\ln(1-\alpha_1)} = \dfrac{\ln(1-0.875)}{\ln(1-0.5)} = 3$$

对于二级反应, $t = \dfrac{1}{k_A}\left(\dfrac{1}{c_A} - \dfrac{1}{c_{A,0}}\right) = \dfrac{\alpha}{kc_A} = \dfrac{\alpha}{kc_{A,0}(1-\alpha)}$

$$\dfrac{t_2}{t_1} = \dfrac{\dfrac{\alpha_2}{1-\alpha_2}}{\dfrac{\alpha_1}{1-\alpha_1}} = \dfrac{\alpha_2(1-\alpha_1)}{\alpha_1(1-\alpha_2)} = \dfrac{0.875\times(1-0.5)}{0.5\times(1-0.875)} = 7$$

8. 在 1 129K 温度下测得 $NH_3$ 在钨丝上的催化分解反应 $NH_3 \longrightarrow \dfrac{1}{2}N_2 + \dfrac{3}{2}H_2$ 的动力学数据如下,求反应级数与 1 129K 温度下的速率常数(以浓度表示)。

| $t/s$ | 200 | 400 | 600 | 1 000 |
|---|---|---|---|---|
| $p_{总}/\text{kPa}$ | 30.40 | 33.33 | 36.40 | 42.40 |

**解:**
$$NH_3 \longrightarrow \dfrac{1}{2}N_2 + \dfrac{3}{2}H_2$$

$$t=0 \qquad p_0 \qquad\quad 0 \qquad\quad 0$$

$$t=t \qquad p_0-p_t \qquad p_t/2 \qquad 3p_t/2$$

$$p_{总} = p_0 - p_t + p_t/2 + 3p_t/2 = p_0 + p_t \ \text{或}\ p_t = p_{总} - p_0。$$

因各组数据之间的 $\dfrac{\Delta p_{总}}{\Delta t} \approx 0.015\text{kPa/s}$ 为一常数。设该反应为零级反应,则

$$-\dfrac{\mathrm{d}p_{NH_3}}{\mathrm{d}t} = k_{p,A} = -\dfrac{\mathrm{d}(p_0 - (p_{总} - p_0))}{\mathrm{d}t} = \dfrac{\mathrm{d}p_{总}}{\mathrm{d}t}$$

移项后作定积分,经整理得: $p_{总} = k_{p,A}t - p_0$,以 $p_{总}$ 对 $t$ 作直线回归得:斜率 = 0.015 03,截距 = 27.37,相关系数 = 0.999,故确定为零级反应。

$$k_{p,A} = 斜率 = 0.015\ 03\text{kPa/s}$$

$$k_{c,A} = \frac{k_{p,A}}{RT} = \frac{0.015\ 03 \times 10^3}{8.314 \times 1\ 129} = 1.601 \times 10^{-3} \text{mol}/(\text{m}^3 \cdot \text{s})$$

9. 在某温度下进行的气相反应 $A+D \longrightarrow G$ 中,保持 D 的初压力(1.3kPa)不变,改变 A 的初压力,测得反应的初速率如下:

| $p_{A,0}$/kPa | 1.3 | 2.0 | 3.3 | 5.3 | 8.0 | 13.3 |
|---|---|---|---|---|---|---|
| $10^4 r_0$/(kPa/s) | 1.3 | 1.6 | 2.1 | 2.7 | 3.3 | 4.2 |

保持 A 的初压力(1.3kPa)不变,改变 D 的初压力,测得反应的初速率如下:

| $p_{D,0}$/kPa | 1.3 | 2.0 | 3.3 | 5.3 | 8.0 | 13.3 |
|---|---|---|---|---|---|---|
| $10^4 r_0$/(kPa/s) | 1.3 | 2.5 | 5.3 | 10.7 | 19.6 | 42.1 |

(1)若体系中其他物质不影响反应速率,求该反应对 A 和 D 的级数;(2)求反应总级数;(3)求用压力表示的反应速率常数 $k_p$;(4)若反应温度为 673K,求用浓度表示的反应速率常数 $k_c$。

**解:** 设 $r_0 = k_p p_{A,0}^{\alpha} p_{D,0}^{\beta}$

(1)当 $p_{D,0}=1.3$kPa 时,$\ln r_0 = \alpha \ln p_{A,0} +$ 常数。以 $\ln r_0$ 对 $\ln p_{A,0}$ 作直线回归,得:斜率 = 0.509 7,截距 = −9.082,相关系数 = 0.999。则 A 的反应级数为 $\alpha$ = 斜率 ≈ 0.5。

当 $p_{A,0}=1.3$kPa 时,$\ln r_0 = \beta \ln p_{B,0} +$ 常数$'$。以 $\ln r_0$ 对 $\ln p_{D,0}$ 作直线回归,得:斜率 = 1.493,截距 = −9.332,相关系数 = 0.999。则 D 的反应级数为 $\beta$ = 斜率 ≈ 1.5。

(2)总反应级数为:$n = \alpha + \beta = 2$。

(3)由 $r_0 = k_p p_{A,0}^{0.5} p_{D,0}^{1.5}$,以 $r_0$ 对 $p_{A,0}^{0.5} p_{D,0}^{1.5}$ 作直线回归(两组数据一起回归),得:斜率 = 7.60 × $10^{-5}$,截距 = 6.23 × $10^{-6}$,相关系数 = 0.999。则

$$k_p = \text{斜率} = 7.60 \times 10^{-5} \text{kPa/s}$$

(4)$k_c = k_p \cdot RT = 7.60 \times 10^{-5} \times 10^{-3} \times 8.314 \times 673.15 = 4.25 \times 10^{-4} \text{m}^3/(\text{mol} \cdot \text{s})$

10. 阿司匹林的水解为一级反应。373.15K 下速率常数为 7.92$d^{-1}$,活化能为 56.484kJ/mol。求 290.15K 下水解 30% 所需的时间。

**解:**

$$\ln \frac{k_2}{k_1} = -\frac{E_a}{R} \left( \frac{1}{T_2} - \frac{1}{T_1} \right)$$

$$\ln \frac{k_2}{7.92} = -\frac{56.484 \times 10^3}{8.314} \left( \frac{1}{290.15} - \frac{1}{373.15} \right)$$

$$k_2 = 4.33 \times 10^{-2} d^{-1}$$

$$t = \frac{1}{k} \ln \frac{c_0}{c} = \frac{1}{4.33 \times 10^{-2}} \ln \frac{1}{0.7} = 8.24 d$$

11. 二级反应 $A+D \longrightarrow G$ 的活化能为 92.05kJ/mol。A 和 D 的初浓度均为 1mol/L,在 293.15K 30 分钟后,两者各消耗一半。求:(1)在 293.15K 反应 1 小时后两者各剩多少;(2)313.15K 条件下的速率常数。

**解:**(1)因为 $t_{1/2}=\dfrac{1}{k_A c_0}$,得

$$k_A=\frac{1}{t_{1/2}c_0}=\frac{1}{0.5\times1}=2L/(mol\cdot h)$$

故

$$k_A t=\frac{1}{c_A}-\frac{1}{c_0}=\frac{2}{c_0}$$

$$c_A=c_D=\frac{c_0}{3}$$

(2)由 $\ln\dfrac{k_2}{k_1}=-\dfrac{E_a}{R}\left(\dfrac{1}{T_2}-\dfrac{1}{T_1}\right)$ 得 313.15K 的速率常数

$$\ln\frac{k_2}{2}=-\frac{92.05\times10^3}{8.314}\left(\frac{1}{313.15}-\frac{1}{293.15}\right)$$

$$k_{313.15}=22.32L/(mol\cdot h)$$

12. 溴乙烷的分解是一级反应,活化能为 230.12kJ/mol,指前因子为 $3.802\times10^{33}s^{-1}$。求:(1)反应以每分钟分解 1/1 000 的速率进行时的温度;(2)以每小时分解 95% 的速率进行时的温度。

**解:**(1)

$$k=\frac{1}{t}\ln\frac{c_0}{c}=\frac{1}{60}\ln\frac{1}{1-0.001}=1.668\times10^{-5}s^{-1}$$

由 $\ln k=\ln A-\dfrac{E_a}{RT}$,得

$$\ln(1.668\times10^{-5})=\ln(3.802\times10^{33})-\frac{230.12\times10^3}{8.314T}$$

$$T=313.4K$$

(2)

$$k=\frac{1}{t}\ln\frac{c_0}{c}=\frac{1}{60\times60}\ln\frac{1}{1-0.95}=8.321\times10^{-4}s^{-1}$$

$$\ln(8.321\times10^{-4})=\ln(3.802\times10^{33})-\frac{230.12\times10^3}{8.314T}$$

$$T=327.9K$$

13. 青霉素的分解反应是一级反应,由下列实验结果计算:(1)反应的活化能及指前因子;(2)在 298.15K 温度下分解 10% 所需的时间。

| $T/K$ | 310.15 | 316.15 | 327.15 |
|---|---|---|---|
| $t_{1/2}/h$ | 32.1 | 17.1 | 5.8 |

**解:**(1)由 $k=\dfrac{\ln 2}{t_{1/2}}$ 求得各温度下的速率常数 $k$,列表如下:

| $1/T\times10^3/K^{-1}$ | 3.224 | 3.163 | 3.057 |
|---|---|---|---|
| $t_{1/2}/h$ | 32.1 | 17.1 | 5.8 |
| $\ln k$ | -3.835 4 | -3.205 6 | -2.124 4 |

以 $\ln k$ 对 $1/T$ 作直线回归,得:斜率 $=-10\,240$,截距 $=29.182$,相关系数 $=0.999$。则

$$E_a = -斜率 \times R = 10\,240 \times 8.314 = 85.1\text{kJ/mol}$$

$$A = e^{截距} = e^{29.182} = 4.72 \times 10^{12}\text{h}^{-1}$$

(2)298.15K 时的速率常数为

$$k_{298.15} = Ae^{-\frac{E_a}{RT}} = 4.72 \times 10^{12} e^{-\frac{85.1 \times 10^3}{8.314 \times 298.15}} = 5.81 \times 10^{-3}\text{h}^{-1}$$

分解 10% 所需的时间为

$$t_{0.9} = \frac{1}{k}\ln\frac{1}{0.9} = \frac{1}{5.81 \times 10^{-3}}\ln\frac{1}{0.9} = 18.1\text{h}$$

14. 人体吸入的氧气与血液中的血红蛋白(Hb)反应,生成氧和血红蛋白(HbO$_2$):

$$Hb + O_2 \longrightarrow HbO_2$$

此反应对 Hb 和 O$_2$ 均为一级。在体温下的速率常数 $k = 2.1 \times 10^6$L/(mol·s)。为保持血液中 Hb 的正常浓度 $8.0 \times 10^{-6}$mol/L,血液中氧的浓度必须保持 $1.6 \times 10^{-6}$mol/L。求:

(1)正常情况下 HbO$_2$ 的生成速率。

(2)在某种疾病中,HbO$_2$ 生成速率达到 $1.1 \times 10^{-4}$L/(mol·s),导致 Hb 的浓度过高。为保持 Hb 的正常浓度需输氧。血液中的氧气浓度需要多大?

**解:** $r = kc_{Hb}c_{O_2}$

(1) $\qquad\qquad r = 2.1 \times 10^6 \times 8.0 \times 10^{-6} \times 1.6 \times 10^{-6} = 2.7 \times 10^{-5}\text{mol/(L·s)}$

(2) $\qquad\qquad 1.1 \times 10^{-4} = 2.1 \times 10^6 \times 8.0 \times 10^{-6} \times c_{O_2}$

$$c_{O_2} = 6.5 \times 10^{-6}\text{mol/L}$$

15. 某药物在一定温度下分解的速率常数与温度的关系为

$$\ln k = -8\,938/T + 20.40$$

$k$ 的单位是 h$^{-1}$。求:(1)30℃时每小时分解百分之几?(2)若此药物分解 30% 即失效,30℃下保存的有效期为多长?(3)若要求此药物有效期达到 2 年,保存温度不能超过多少度?

**解:**(1)当 $T = (30+273.2)$K 时,从 $\ln k = -8\,938/T + 20.40$,求得 $k = 1.14 \times 10^{-4}$h$^{-1}$。从 $k$ 的单位得知该反应为一级反应,则根据 $kt = \ln\dfrac{c_0}{c}$,有

$$\ln\frac{c}{c_0} = -kt = -1.14 \times 10^{-4} \times 1.00 = -1.14 \times 10^{-4}$$

$$1 - c/c_0 = 0.011\,4\%$$

30℃时每小时分解 0.011 4%

(2) $\qquad\qquad 1.14 \times 10^{-4}t_{0.7} = \ln\dfrac{c_0}{(1-30\%)c_0}$

$$t_{0.7} = 3\,129\text{h}$$

(3) $\qquad\qquad 24 \times 365 \times 2k = \ln\dfrac{c_0}{(1-30\%)c_0}$

$$k = 2.036 \times 10^{-5}\text{h}^{-1}$$

$$\ln(2.036 \times 10^{-5}) = -8\,938/T + 20.40$$

$$T = 286\text{K} = 12.8℃$$

16. 将 1% 盐酸丁卡因水溶液安瓿分别置于 338.15K、348.15K、358.15K、368.15K 恒温

水浴中加热,在不同时间取样测定其含量,得以下结果,当相对含量降至90%即为失效。求该药物在室温(298.15K)条件下的贮存期。

| 338.15K | | 348.15K | | 358.15K | | 368.15K | |
|---|---|---|---|---|---|---|---|
| $t$/h | $c$/% | $t$/h | $c$/% | $t$/h | $c$/% | $t$/h | $c$/% |
| 0 | 100 | 0 | 100 | 0 | 100 | 0 | 100 |
| 48 | 98.04 | 48 | 96.01 | 24 | 95.26 | 24 | 90.72 |
| 96 | 96.13 | 96 | 91.58 | 48 | 90.75 | 48 | 80.69 |
| 144 | 94.26 | 144 | 87.37 | 72 | 86.00 | 72 | 71.73 |
| 192 | 92.34 | 192 | 83.55 | 96 | 81.50 | 96 | 63.83 |
| | | | | 120 | 77.24 | 120 | 56.75 |

**解:**试将各温度下的实验数据分别以 $\ln c$ 对 $t$ 进行直线回归,得四条直线,表明该药物溶液的降解是表观一级反应。由回归后直线的斜率可得各温度下的速率常数 $k$,数据如下:

| $T$/K | 338.15K | 348.15K | 358.15K | 368.15K |
|---|---|---|---|---|
| $k$/h$^{-1}$ | $4.140\times10^{-4}$ | $9.453\times10^{-4}$ | $2.158\times10^{-3}$ | $4.768\times10^{-3}$ |

然后以 $\ln k$ 对 $1/T$ 作直线回归,得:$\ln k = -10\ 154/T + 22.219$,相关系数 $r = 0.999$。

将 $T = 298.15$K 代入,得 $k_{298.15} = 7.227\times10^{-6}$h$^{-1}$,在 298.15K 分解 10% 所需的时间(即贮存期)为

$$t_{0.9} = \frac{1}{k}\ln\frac{c_0}{c} = \frac{1}{7.227\times10^{-6}}\ln\frac{1}{0.9} = 14\ 579\text{h} \approx 1.66\text{y}$$

17. 某对峙反应 $A \underset{k_2}{\overset{k_1}{\rightleftharpoons}} G$,已知在某温度下 $k_1 = 0.006$min$^{-1}$,$k_2 = 0.002$min$^{-1}$。若反应开始时只有 A,浓度为 1mol/L,求:(1)反应达平衡后 A 和 G 的浓度;(2)使 A 和 G 浓度相等所需的时间;(3)反应进行至 100min 时 A 和 G 的浓度。

**解:**(1)$K_c = \dfrac{c_{G,eq}}{c_{A,eq}} = \dfrac{k_1}{k_2} = \dfrac{0.006}{0.002} = 3$,即 $\dfrac{c_{G,eq}}{c_{A,eq}} = \dfrac{c_{G,eq}}{c_{A,0}-c_{G,eq}} = 3$,则

$$c_{A,eq} = \frac{c_{A,0}}{4} = 0.25\text{mol/L}, c_{G,eq} = \frac{3c_{A,0}}{4} = 0.75\text{mol/L}$$

(2)当 A、G 浓度相等时,即 $c_A = c_G = \dfrac{c_{A,0}}{2}$,已知 $c_{A,eq} = \dfrac{c_{A,0}}{4}$,由 1-1 级对峙反应积分速率方程 $\ln\dfrac{c_{A,0}-c_{A,eq}}{c_A-c_{A,eq}} = (k_1+k_2)t$,得

$$\ln\frac{c_{A,0}-\dfrac{c_{A,0}}{4}}{\dfrac{c_{A,0}}{2}-\dfrac{c_{A,0}}{4}} = (0.006+0.002)t$$

$$t = 137\text{min}$$

（3）
$$\ln \frac{1-\dfrac{1}{4}}{c_A-\dfrac{1}{4}} = (0.006+0.002)\times100$$

$$c_A = 0.587\text{mol/L}$$

$$c_G = c_{A,0}-c_A = 1-0.587 = 0.413\text{mol/L}$$

18. 已知某平行反应 $A\begin{smallmatrix}k_1\nearrow G\\[4pt]k_2\searrow H\end{smallmatrix}$ 的活化能和指前因子如下,问:(1)温度升高时,哪个反应的速率常数增加得更快(指倍率)? (2)温度升高能否使 $k_1>k_2$? (3)当温度从 300K 上升至 1 000K 时,产物 G 与 H 之比值将增大还是减小? 改变多少倍?

| 反应 | 1 | 2 |
|---|---|---|
| $E_a/(\text{kJ/mol})$ | 108.8 | 83.7 |
| $A/\text{s}^{-1}$ | $10^3$ | $10^3$ |

**解**:(1)由于 $E_{a1}>E_{a2}$,故温度升高 $k_1$ 增加得更快。

(2) $k=Ae^{-\frac{E_a}{RT}}$,且 $A_1=A_2$,则

$$\frac{k_1}{k_2} = e^{\frac{E_{a2}-E_{a1}}{RT}} = e^{\frac{(83.7-108.8)\times10^3}{8.314T}} = e^{\frac{-3\,019}{T}} \leqslant 1$$

即升高温度只能使指数项的绝对值减小,却不能使其为正值。因此升高温度可使 $k_1$ 接近 $k_2$,温度为 $\infty$ 时,$k_1=k_2$,但不能使 $k_1>k_2$。

(3)由 $\dfrac{k_1}{k_2} = \dfrac{c_G}{c_H}$,有

$$\frac{\left(\dfrac{c_G}{c_H}\right)_{1\,000\text{K}}}{\left(\dfrac{c_G}{c_H}\right)_{300\text{K}}} = \frac{\left(\dfrac{k_1}{k_2}\right)_{1\,000\text{K}}}{\left(\dfrac{k_1}{k_2}\right)_{300\text{K}}} = \frac{e^{\frac{E_{a2}-E_{a1}}{1\,000R}}}{e^{\frac{E_{a2}-E_{a1}}{300R}}} = 1\,146$$

增大至 1 146 倍。

19. 血药浓度通常与药理作用密切相关,血药浓度过低不能达到治疗效果,血药浓度过高又可能发生中毒现象。已知卡那霉素最大安全治疗浓度为 $35\mu\text{g/cm}^3$,最小有效浓度为 $10\mu\text{g/cm}^3$。当以 1kg 体重 7.5mg 的剂量静脉注射入人体后 1.5 小时和 3 小时测得其血药浓度分别为 $17.68\mu\text{g/cm}^3$ 和 $12.50\mu\text{g/cm}^3$,药物在体内的消除可按一级反应处理。求:(1)速率常数;(2)经过多长时间注射第二针;(3)允许的最大初次静脉注射剂量。

**解**:(1) $kt_1 = \ln\dfrac{c_0}{c_1}$,$kt_2 = \ln\dfrac{c_0}{c_2}$

$$k(t_2-t_1) = \ln\frac{c_1}{c_2}$$

$$k(3-1.5) = \ln\frac{17.68}{12.5}$$

$$k = 0.231 \ 1h^{-1}$$

（2）根据 $k(t_2-t_1) = \ln\dfrac{c_1}{c_2}$

$$0.231 \ 1 \times (t_2-3) = \ln\frac{12.5}{10}$$

$$t_2 = 3.97h$$

（3）由 $kt = \ln\dfrac{c_0}{c}$，得

$$0.231 \ 1 \times 1.5 = \ln\frac{c_0}{17.68}$$

$$c_0 = 25.00\mu g/cm^3$$

因为血药浓度与给药剂量成正比，允许的最大初次静脉注射剂量使初始血药浓度不超过 $35\mu g/cm^3$，所以

$$X_0 = \frac{35.00}{25.00} \times 7.5 \qquad X_0 = 10.5mg/kg$$

20. $H_2$ 和 $Cl_2$ 的光化反应吸收波长为 $4.8 \times 10^{-7}m$ 的光，量子效率为 $10^6$。在此条件下吸收 1J 的辐射能，可生成多少摩尔的 HCl？

**解**：对波长为 $4.8 \times 10^{-7}m$ 的光，$1Einstein = \dfrac{0.119 \ 6}{\lambda} = \dfrac{0.119 \ 6}{4.8 \times 10^{-7}} = 2.492 \times 10^5 J/mol$

设吸收 1J 辐射能可活化 $x$mol 的反应物（$Cl_2$），则

$$\Phi = \frac{x}{1/(2.492 \times 10^5)} = 10^6$$

$$x = 4.01$$

因活化 $1mol \ Cl_2$ 可生成 $2mol \ HCl$，故可生成 $4.01 \times 2 = 8.02mol \ HCl$。

21. 某物质 A 在有催化剂 K 存在时发生分解，得产物 G。若用 X 表示 A 和 K 所生成的活化络合物，并假设反应按下列步骤进行：

（1）$A+K \xrightarrow{k_1} X$    （2）$X \xrightarrow{k_2} A+K$    （3）$X \xrightarrow{k_3} G+K$

达稳态后，$dc_X/dt = 0$，求：（1）反应速率 $-dc_A/dt$ 的一般表达式（式中不含 X 项）；（2）$k_2 \gg k_3$ 的反应速率简化表达式；（3）$k_3 \gg k_2$ 的反应速率简化表达式。

**解**：（1）稳态时

$$\frac{dc_X}{dt} = k_1 c_A c_K - k_2 c_X - k_3 c_X = 0$$

则

$$c_X = \frac{k_1 c_A c_K}{k_2 + k_3}$$

$$-\frac{dc_A}{dt} = k_1 c_A c_K - k_2 c_X = k_1 c_A c_K - k_2 \frac{k_1 c_A c_K}{k_2+k_3} = \frac{k_1 k_3}{k_2+k_3} c_A c_K$$

（2）$k_2 \gg k_3$ 时，$-\dfrac{dc_A}{dt} = \dfrac{k_1 k_3}{k_2} c_A c_K$

（3）$k_3 \gg k_2$ 时，$-\dfrac{dc_A}{dt} = k_1 c_A c_K$

22. 浓度为 0.056mol/L 的葡萄糖溶液在 413.15K 温度下被不同浓度的 HCl 催化分解,得如下数据,在酸性溶液中可忽略 $OH^-$ 的催化作用,求 $k_{H^+}$ 和 $k_0$。

| $K/h^{-1}$ | 0.003 66 | 0.005 80 | 0.008 18 | 0.010 76 | 0.012 17 |
|---|---|---|---|---|---|
| $c_{H^+}/$ ( mol/L ) | 0.010 8 | 0.019 7 | 0.029 5 | 0.039 4 | 0.049 2 |

**解:**因为 $k=k_0+k_{H^+}c_{H^+}$,以 $k$ 对 $c_{H^+}$ 作直线回归,得:斜率 $=0.228$,截距 $=1.35\times10^{-3}$,相关系数 $=0.996$。

$$k_0=截距=1.35\times10^{-3}\ h^{-1},k_{H^+}=斜率=0.228L/(mol\cdot h)$$

23. 某有机化合物 A 在 323K,酸催化下发生水解反应。当溶液的 pH $=5$ 时,$t_{1/2}=$ 69.3min;pH $=4$ 时,$t_{1/2}=6.93$min。$t_{1/2}$ 与 A 的初浓度无关。已知反应速率方程为 $-\dfrac{dc_A}{dt}=k_A c_A^\alpha c_{H^+}^\beta$。求:(1)$\alpha$ 及 $\beta$;(2)323K 时的速率常数 $k_A$;(3)在 323K、pH $=3$ 时,A 水解 80% 所需的时间。

**解:**(1)$t_{1/2}$ 与 A 的初浓度无关,$\alpha=1$,$t_{1/2}=\dfrac{\ln 2}{k_A c_{H^+}^\beta}$。

pH $=5$ 时　$69.3=\dfrac{\ln 2}{k_A\times(10^{-5})^\beta}$

pH $=4$ 时　$6.93=\dfrac{\ln 2}{k_A\times(10^{-4})^\beta}$

由上两式得 $\beta=1$

(2)$k_A=\ln 2/(t_{1/2}c_{H^+}^\beta)=\ln 2/(6.93\times10^{-4})=1\ 000L/(mol\cdot min)$

(3)$t=\ln(c_{A,0}/c_A)/(k_A\cdot c_{H^+})=\ln[1/(1-80\%)]/(1\ 000\times10^{-3})=1.61min$

24. 酶 E 作用在某一反应物 S 上而产生氧,其反应机制可表达为:$E+S\underset{k_2}{\overset{k_1}{\rightleftharpoons}}ES\overset{k_3}{\longrightarrow}E+$ P。实验测得不同的初浓度底物时氧产生的初速率 $r_0$ 数据如下,计算反应的米氏常数 $K_M$,并解释其物理意义。

| $c_{S,0}/$ ( mol/L ) | 0.050 | 0.017 | 0.010 | 0.005 | 0.002 |
|---|---|---|---|---|---|
| $r_0\times10^{-6}/$ [ mol/ ( L $\cdot$ min ) ] | 16.6 | 12.4 | 10.1 | 6.6 | 3.3 |

**解:**反应速率 $r=\dfrac{r_m c_S}{K_M+c_S}$,则

$$\frac{1}{r}=\frac{K_M+c_S}{r_m c_S}=\frac{K_M}{r_m}\cdot\frac{1}{c_S}+\frac{1}{r_m}$$

作 $1/r_0\sim1/c_{S,0}$ 图,经线性回归后,斜率为 $5.06\times10^{-10}$,截距为 $4.99\times10^{-8}$,相关系数 $r=$ 0.999。故

$$K_M/r_m=5.06\times10^{-10},1/r_m=4.99\times10^{-8}$$

$$K_M=(5.06\times10^{-10})/(4.99\times10^{-8})=1.01\times10^{-2}mol/L$$

从总反应速率 $r$ 的表达式可以看出,当反应速率 $r$ 为 $r_m/2$(即最大速率一半)时,$K_M$ 就为底物的浓度。

25. 已知 $Cl(g) + H_2(g) \longrightarrow HCl(g) + H(g)$ 是一个基元反应,反应物分子的摩尔质量和直径分别为:$M_{Cl} = 35.45 g/mol$,$M_{H_2} = 2.016 g/mol$,$d_{Cl} = 0.2 nm$,$d_{H_2} = 0.15 nm$。请根据碰撞理论计算该反应的指前因子 $A$(令 $T = 350K$)。

**解:**
$$d_{AB} = \frac{d_{Cl} + d_{H_2}}{2} = \frac{0.2 \times 10^{-9} + 0.15 \times 10^{-9}}{2} = 0.175 \times 10^{-9} m$$

$$\mu = \frac{M_{Cl} \times M_{H_2}}{M_{Cl} + M_{H_2}} = \frac{35.45 \times 10^{-3} \times 2.016 \times 10^{-3}}{35.45 \times 10^{-3} + 2.016 \times 10^{-3}} = 1.908 \times 10^{-3} kg/mol$$

$$A = d_{AB}^2 L \sqrt{\frac{8\pi RT}{\mu}} = (0.175 \times 10^{-9})^2 \times 6.02 \times 10^{23} \sqrt{\frac{8 \times 3.14 \times 8.314 \times 350}{1.908 \times 10^{-3}}}$$
$$= 1.14 \times 10^8 m^3/(mol \cdot s)$$

26. $N_2O_5$ 的热分解反应在不同温度下的速率常数如下,求:(1)阿伦尼乌斯公式中的 $E_a$ 和 $A$;(2)该反应在 323.15K 下的 $\Delta_r^{\neq} G_m^{\ominus}$、$\Delta_r^{\neq} H_m^{\ominus}$ 和 $\Delta_r^{\neq} S_m^{\ominus}$。

| $T/K$ | 298.15 | 308.15 | 318.15 | 328.15 | 338.15 |
|---|---|---|---|---|---|
| $10^5 k/s^{-1}$ | 1.72 | 6.65 | 24.95 | 75.0 | 240 |

**解:**(1)$\ln k = -\frac{E_a}{R} \times \frac{1}{T} + \ln A$,以 $\ln k$ 对 $1/T$ 作直线回归,得:斜率 = -12 402,截距 = 30.634,相关系数 = 0.999。则

$$A = e^{截距} = e^{30.634} = 2.02 \times 10^{13} s^{-1}$$

$$E_a = -R \times 斜率 = -8.314 \times (-12 402) = 103.1 kJ/mol$$

(2)当 $T = 323.15K$ 时,由直线方程得到 $k = 4.346 \times 10^{-4} s^{-1}$,又由于

$$k = \frac{RT}{Lh} K^{\neq} = \frac{RT}{Lh} e^{-\frac{\Delta_r^{\neq} G_m}{RT}}$$

$$\Delta_r^{\neq} G_m^{\ominus} = -RT \ln \frac{kLh}{RT} = -8.314 \times 323.15 \ln \frac{4.346 \times 10^{-4} \times 6.02 \times 10^{23} \times 6.626 \times 10^{-34}}{8.314 \times 323.15}$$
$$= 85.43 kJ/mol$$

$$\Delta_r^{\neq} H_m^{\ominus} = E_a + \frac{1}{2} RT = 103.1 + \frac{1}{2} \times 8.314 \times 323.15 \times 10^{-3} = 104.4 kJ/mol$$

$$\Delta_r^{\neq} S_m^{\ominus} = \frac{\Delta_r^{\neq} H_m^{\ominus} - \Delta_r^{\neq} G_m^{\ominus}}{T} = \frac{(104.4 - 85.43) \times 10^3}{323.15} = 58.7 J/(mol \cdot K)$$

# 五、本章自测题及参考答案

## 自 测 题

### (一) 选择题

1. 关于反应速率 $r$,表达不正确的是(　　)

   A. 与体系的大小无关而与浓度大小有关

   B. 与各物质浓度单位选择有关

   C. 可为正值也可为负值

D. 与反应方程式写法无关

2. 某一反应在有限时间内可反应完全,所需时间为 $c_0/k$,该反应级数为( )

    A. 零级              B. 一级              C. 二级              D. 三级

3. 关于反应级数,说法正确的是( )

    A. 只有基元反应的级数是正整数         B. 反应级数不会小于零

    C. 催化剂不会改变反应级数            D. 反应级数都可以通过实验确定

4. 有相同初始浓度的反应物在相同的温度下,经一级反应时,半衰期为 $t_{1/2}$;若经二级反应,其半衰期为 $t_{1/2}{'}$,那么( )

    A. $t_{1/2} = t_{1/2}{'}$                         B. $t_{1/2} > t_{1/2}{'}$

    C. $t_{1/2} < t_{1/2}{'}$                         D. 两者大小无法确定

5. 某化合物与水相作用时,其起始浓度为 1mol/L,1 小时后为 0.5mol/L,2 小时后为 0.25mol/L。则此反应级数为( )

    A. 0                B. 1               C. 2               D. 3

6. 某反应速率常数 $k = 2.5 \times 10^{-2} L/(mol \cdot s)$,反应起始浓度为 1.0mol/L,则其反应半衰期为( )

    A. 40 秒            B. 15 秒            C. 30 秒           D. 20 秒

7. 某反应进行时,反应物浓度与时间成线性关系,则此反应之半衰期与反应物初浓度的关系为( )

    A. 无关           B. 成正比          C. 成反比         D. 平方成反比

8. 某反应的活化能是 67.5kJ/mol,当 $T = 300K$ 时,温度增加 1K,反应速率常数增加的百分数约为( )

    A. 4.5%          B. 9.4%           C. 11%           D. 50%

9. 一个基元反应,正反应的活化能是逆反应活化能的 2 倍,反应时吸热 120kJ/mol,则正反应的活化能(kJ/mol)为( )

    A. 120          B. 240           C. 360           D. 60

10. 复杂反应表观速率常数 $k$ 与各基元反应速率常数间的关系为 $k = k_2(k_1/2k_3)^{1/2}$,则表观活化能与各基元活化能 $E_i$ 间的关系为( )

    A. $E_a = E_2 + \frac{1}{2}(E_1 - 2E_3)$          B. $E_a = E_2 + \frac{1}{2}(E_1 - E_3)$

    C. $E_a = E_2 + (E_1 - E_3)^{1/2}$           D. $E_a = E_2 \times \frac{1}{2}(E_1/2E_3)$

11. 和阿伦尼乌斯理论相比,碰撞理论有较大的进步,但以下的叙述中不正确的是( )

    A. 能说明质量作用定律只适用于基元反应

    B. 引入概率因子,说明有效碰撞数小于计算值的原因

    C. 可从理论上计算速率常数和活化能

    D. 证明活化能与温度有关

12. 关于对峙反应的描述不正确的是( )

    A. 一切化学变化都是可逆反应,不能进行到底

    B. 对峙反应中正逆反应的级数一定相同

    C. 对峙反应无论是否达到平衡,其正逆反应的速率常数之比为定值

    D. 对峙反应达到平衡时,正逆反应速率相同

13. 关于反应分子数的不正确说法是( )

A. 反应分子数是个理论数值

B. 反应分子数一定是正整数

C. 反应分子数等于反应式中的化学计量数之和

D. 现在只发现单分子反应、双分子反应、三分子反应

14. 有关化学动力学与热力学关系的陈述中不正确的是（　　　）

A. 动力学研究的反应系统不是热力学平衡系统

B. 原则上，平衡态问题也能用化学动力学方法处理

C. 反应速率问题不能用热力学方法处理

D. 化学动力学中不涉及状态函数的问题

15. 关于链反应的特点，以下说法错误的是（　　　）

A. 链反应的概率因子都远大于1

B. 链反应开始时的速率都很大

C. 很多链反应对痕迹量物质敏感

D. 链反应一般都有自由基或自由原子参加

16. 下列哪种说法不正确（　　　）

A. 催化剂不改变反应热　　　　　　　B. 催化剂不改变化学平衡

C. 催化剂具有选择性　　　　　　　　D. 催化剂不参与化学反应

17. 一个复杂化学反应可用平衡态近似法处理的条件是（　　　）

A. 反应速率快，迅速达到化学平衡态

B. 包含可逆反应且很快达到平衡，其后的基元步骤速率慢

C. 中间产物浓度小，第二步反应慢

D. 第一步反应快，第二步反应慢

18. 反应 $2O_3 \longrightarrow 3O_2$ 其反应速率方程式为 $-\dfrac{dc_{O_3}}{dt} = k_{O_3} c_{O_3}^2 c_{O_2}^{-1}$ 或者 $\dfrac{dc_{O_2}}{dt} = k_{O_2} c_{O_3}^2 c_{O_2}^{-1}$，则速率常数 $k_{O_3}$ 和 $k_{O_2}$ 的关系是（　　　）

A. $2k_{O_3} = 3k_{O_2}$　　　B. $k_{O_3} = k_{O_2}$　　　C. $3k_{O_3} = 2k_{O_2}$　　　D. $-3k_{O_3} = 2k_{O_2}$

19. 实验测得化学反应 $S_2O_8^{2-} + 2I^- \longrightarrow I_2 + 2SO_4^{2-}$ 的速率方程为 $-\dfrac{dc_{S_2O_8^{2-}}}{dt} = kc_{S_2O_8^{2-}} \cdot c_{I^-}$，根据上述条件可以认为（　　　）

A. 反应分子数为3　　　　　　　　　B. 反应分子数为2

C. 反应级数为3　　　　　　　　　　D. 反应级数为2

20. 反应 $CO(g) + 2H_2(g) \longrightarrow CH_3OH(g)$ 在恒温恒压下进行，当加入某种催化剂，该反应速率明显加快。不存在催化剂时，反应的平衡常数为 $K$，活化能为 $E_a$，存在催化剂时为 $K'$ 和 $E_a'$，则（　　　）

A. $K' = K, E_a' > E_a$　　　　　　　　B. $K' < K, E_a' > E_a$

C. $K' = K, E_a' < E_a$　　　　　　　　D. $K' < K, E_a' < E_a$

**（二）判断题**

1. 若某化学反应由一系列基元反应组成，则该反应的速率是各基元反应速率的代数和。（　　　）

2. 若一个化学反应是一级反应，则该反应的速率与反应物浓度的一次方成正比。（　　　）

3. 对于一般服从阿伦尼乌斯方程的化学反应,温度越高,反应速率越快,因此升高温度有利于生成更多的产物。(　　)

4. 温度升高,正、逆反应速率都会增大,因此反应平衡常数也不随温度而改变。(　　)

5. 一个化学反应进行完全所需的时间是半衰期的 2 倍。(　　)

6. 复杂反应是由若干个基元反应组成的,所以复杂反应的分子数是基元反应分子数之和。(　　)

7. 凡是反应级数为分数的反应都是复杂反应,凡是反应级数为 1、2 和 3 的反应都是基元反应。(　　)

8. 某放热反应的活化能较高,在没找到合适催化剂的情况下,要提高反应的效率,反应应该在较低的温度下进行。(　　)

9. 催化剂只能加快反应速率,而不能改变化学反应的标准平衡常数。(　　)

10. 反应的级数取决于反应方程式中反应物的化学计量数的和。(　　)

11. 增加反应物浓度,可加快反应速率,使反应进行得更完全。(　　)

12. 反应速率常数仅与温度有关,与浓度、催化剂等均无关系。(　　)

13. 某反应分几步进行,则总反应速率取决于最慢一步的反应速率。(　　)

14. 当某反应对物质 A 的反应级数为负值时,该反应的速率随物质 A 的浓度升高而减小。(　　)

15. 过渡态理论中的活化络合物就是一般反应历程中的活化分子。(　　)

**（三）填空题**

1. 链反应由链的_____、链的_____ 和链的_____三个基本步骤构成。

2. 对两个不同的化学反应而言,升高温度,活化能大的反应的速率常数的增加量比活化能小的反应的速率常数的增加量 _____。(填"大"或"小")

3. 已知反应 $2A \longrightarrow P$,A 的半衰期与其初始浓度成正比,此反应为_____级。

4. 对于基元反应 $A+B \longrightarrow P$,当 A 的浓度远远大于 B 的浓度时,该反应为 _____级,速率方程式为_____。

5. 若反应活化能 $E_a = 250kJ/mol$,当反应温度从 300K 升高到 310K 时,$k$ 增加_____倍。

6. 某反应的速率常数 $k = 2.5 \times 10^{-2} min^{-1}$,则反应的半衰期为_____。

7. $2A \longrightarrow B$ 为双分子基元反应,该反应的级数为_____。

8. 由动力学实验测得某反应的若干组 $c_A \sim t$ 数据,然后以 $\ln c_A$ 对 $t$ 作图得一直线,已知该直线的截距为 100,斜率为 $-2.0 \times 10^{-2} s^{-1}$,则该反应的半衰期为_____ s。

9. 由基元反应构成的复杂反应 $A \underset{k_2}{\overset{k_1}{\rightleftharpoons}} G \overset{k_3}{\longrightarrow} H$,物质 G 的浓度变化为 $dc_G/dt =$_____。

10. 按照光化当量定律,在光化反应的_____过程,一爱因斯坦能量活化_____原子或分子。

**（四）问答题**

1. 为什么反应速率需以微分形式来表达?

2. 降低反应温度有利于提高合成氨反应的平衡转化率,但实际生产中为什么选取 450～550℃的较高温度?

3. 工厂中用 $Cl_2$ 和 $H_2$ 合成 HCl 时采用的装置都是两条管子分别引出 $H_2$ 和 $Cl_2$,若改用一条管子引出 $H_2$ 和 $Cl_2$ 混合物气体来燃烧,行不行? 为什么?

4. 对于下述几个反应,增加溶液的离子强度,是否会影响反应的速率常数?(指出增大、减小或不变)

(a)$S_2O_8^{2-}+2I^- \longrightarrow I_2+2SO_4^{2-}$

(b)蔗糖在酸性条件下的水解

(c)$[Co(NH_3)_5Br]^{2+}+OH^- \longrightarrow [Co(NH_3)_5OH]^{2+}+Br^-$

5. 平行反应 $A \underset{k_2}{\overset{k_1}{\diagdown \diagup}} \begin{matrix} G \\ H \end{matrix}$ G 为产物($E_{a1}$),H 为副产物($E_{a2}$),已知活化能 $E_{a1}>E_{a2}$,怎样改变温度对反应生成 G 有利?还可以采取什么措施?

## (五)计算题

1. 在 330.55K 时,某化合物在溶液中分解,得到以下一些数据,试确定该化合物分解反应的级数以及反应速率常数。

| $c_{A,0}$/(mol/L) | 0.50 | 1.10 | 2.48 | 3.21 |
|---|---|---|---|---|
| $t_{1/2}$/s | 4 280 | 885 | 174 | 104 |

2. 今研究下述单分子气相重排反应

方法是将反应器置于恒温箱中,一定时间间隔取出样品迅速冷却,使反应停止,然后测定样品折射率以分析反应混合物组成。由此得 393.15K 时 $k_1=1.806\times10^{-4}s^{-1}$,413.15K 时 $k_2=9.140\times10^{-4}s^{-1}$,求重排反应的 $E_a$ 和 393.15K 时的 $\Delta_r^{\neq}H_m^{\ominus}$、$\Delta_r^{\neq}S_m^{\ominus}$。

3. 某溶液中反应 $A+B \longrightarrow C$,开始时反应物 A 与 B 的物质的量相等,没有产物 C。1 小时后 A 的转化率为 75%,问 2 小时后 A 尚有多少未反应?假设:

(1)对 A 为一级,对 B 为零级。

(2)对 A、B 皆为一级。

4. 某 1-1 级对峙反应 $A \underset{k_2}{\overset{k_1}{\rightleftharpoons}} G$,在某温度下测得如下数据,反应开始时 G 的浓度为零,求:(1)反应的平衡常数;(2)正、逆反应的速率常数。

| $t$/s | 0 | 45 | 90 | 225 | 360 | 585 | ∞ |
|---|---|---|---|---|---|---|---|
| $c_A$/(mol/L) | 1.00 | 0.892 | 0.811 | 0.623 | 0.507 | 0.399 | 0.300 |

5. 醋酸乙酯与 NaOH 的皂化反应为二级反应。在 283K 温度下测得如下数据。$V$ 为滴定 0.1L 样品所需浓度为 0.056mol/L 的 HCl 溶液的体积。求反应速率常数。

| $t$/min | 0 | 4.89 | 10.37 | 28.18 | ∞ |
|---|---|---|---|---|---|
| $V\times10^3$/L | 47.65 | 38.92 | 32.62 | 22.58 | 11.48 |

## 参考答案

**（一）选择题**

1. C。反应速率只能是正值。

2. A。由题意知 $c_0 - c = kt$，可见是零级反应。

3. D。反应级数都可以通过实验确定，可以是正数、整数、分数，甚至是负数。

4. D。一级反应：$t_{1/2} = \ln 2/k$，二级反应：$t_{1/2}{}' = 1/kc_{A,0}$，由于 $c_A$ 是未知，所以两者大小无法确定。

5. B。相同时间间隔内反应物消耗百分数相同，这是一级反应的特征。

6. A。由 $k$ 的单位确定为二级反应：$t_{1/2}{}' = 1/kc_{A,0} = 1/0.025 = 40\text{s}$。

7. B。由反应物浓度与时间成线性关系知道是零级反应，则半衰期与反应物最初浓度成正比。

8. B。$\ln \dfrac{k_2}{k_1} = -\dfrac{67.5 \times 10^3}{8.314}\left(\dfrac{1}{301} - \dfrac{1}{300}\right)$，$\dfrac{k_2}{k_1} = 1.094$，增加了 9.4%。

9. B。$\Delta H = E_{a正} - E_{a逆} = E_{a逆} = 120\text{kJ/mol}$，所以 $E_{a正} = 2E_{a逆} = 240\text{kJ/mol}$

10. B。$k = A_2 e^{-\frac{E_2}{RT}}\left(\dfrac{A_1 e^{-\frac{E_1}{RT}}}{2A_3 e^{-\frac{E_3}{RT}}}\right)^{\frac{1}{2}} = \dfrac{A_2 A_1^{\frac{1}{2}}}{2A_3^{\frac{1}{2}}} \times e^{-\frac{E_2 + \frac{1}{2}E_1 - \frac{1}{2}E_3}{RT}}$，即 $E = E_2 + \dfrac{1}{2}E_1 - \dfrac{1}{2}E_3$。

11. C。碰撞理论还是存在着一些不可避免的缺陷，如临界能 $E_c$ 不能由理论计算得出。

12. B。对峙反应是可以正逆方向同时进行的，但正逆反应的级数可以不一定相同。

13. C。反应分子数等于基元反应式中的化学计量数之和，目前只能等于 1、2、3。

14. D。在过渡态理论中也讨论了几种热力学函数，它们都是状态函数。

15. B。链反应开始时的速率有可能较小。

16. D。催化剂参与反应历程，降低反应活化能，加快反应速率，但不改变化学平衡。

17. B。平衡态近似法处理的条件是前面一个快速平衡的可逆反应，后面一个慢反应。

18. C。$-\dfrac{dc_{O_3}}{dt} : \dfrac{dc_{O_2}}{dt} = 2 : 3$，$k_{O_3} : k_{O_2} = 2 : 3$ 得 $3k_{O_3} = 2k_{O_2}$

19. D。反应分子数只针对基元反应。有实验得到的速率方程中反应物浓度幂次方之和是反应级数，所以反应级数为 2。

20. C。催化剂不改变化学平衡，所以平衡常数不变；催化剂参与反应历程，降低反应活化能，所以 $E_a{}' < E_a$。

**（二）判断题**

1. 错。总反应速率与其他反应速率的关系与反应机制有关。

2. 对。

3. 错。若为可逆反应，温度升高则逆反应速率常数也增加。反应向哪个方向进行决定于反应的吸放热。

4. 错。正逆反应速率增加的倍数不同。

5. 错。半衰期是反应物消耗一半所需的时间。

6. 错。只有基元反应的分子数才是参加反应的微粒数之和。

7. 错。反应级数为 1、2 和 3 的反应不一定是基元反应。

8. 对。

9. 对。

10. 错。反应的级数与反应方程式中反应物的化学计量数没有必然联系,是通过实验得出的。

11. 错。增加反应物浓度,可加快反应速率,但是反应进行程度无法判断,如果是可逆反应,进行得更不完全。

12. 错。反应速率常数与温度催化剂等有关,与浓度无关系。

13. 对。

14. 对。

15. 对。

**（三）填空题**

1. 引发;传递;终止。

2. 大。

3. 零。

4. 一;$\dfrac{\mathrm{d}c_P}{\mathrm{d}t}=kc_B$。

5. 1.38。

6. 27.7min。

7. 二。

8. 34.7。

9. $k_1 c_A - k_2 c_G - k_3 c_G$。

10. 初级;1mol。

**（四）问答题**

1. 反应速率随着反应的进行分子间相互碰撞的概率减小而逐渐变慢,为一瞬时量,故需以微分形式表达。

2. 为了加快反应速率。

3. 不行,链的传递会迅速扩展到整个系统,引起爆炸。

4. （a）增大;（b）不变;（c）减小。

5. 升高温度有利。还可采用加入适当催化剂的方法增加目的产物 B 的量。

**（五）计算题**

1. 解:以 $\ln t_{1/2}$ 对 $\ln c_{A,0}$ 作图得一直线,经回归后得:截距 = 6.98,斜率 = -2.00,相关系数 $r = 0.999$。则 $1-n=-2$,即 $n=3$,该分解反应为三级反应。对于三级反应,有 $t_{1/2}=3/(2k_A c_{A,0}^2)$,即 $\ln t_{1/2}=\ln\left(\dfrac{3}{2k_A}\right)-2\ln c_{A,0}$,故:$\ln\left(\dfrac{3}{2k_A}\right)=$ 截距 = 6.98

$$k_A = 1.40\times10^{-3} L^2/(mol^2 \cdot s)。$$

2. 解:根据阿伦尼乌斯方程 $\ln\dfrac{k_2}{k_1}=-\dfrac{E_a}{R}\left(\dfrac{1}{T_2}-\dfrac{1}{T_1}\right)$,有

$$E_a = \frac{R\ln\left(\dfrac{k_2}{k_1}\right)}{1/T_1 - 1/T_2} = \frac{8.314\times\ln\left(\dfrac{9.140\times10^{-4}}{1.806\times10^{-4}}\right)}{\dfrac{1}{393.15}-\dfrac{1}{413.15}} = 109.5 kJ/mol$$

$T=393.15K$ 时

$$\Delta_r^{\neq}H_m^{\ominus}=E_a-nRT=109.5-1\times8.314\times393.15\times10^{-3}=106.2kJ/mol$$

由过渡态理论公式 $k=\dfrac{k_B T}{h}e^{-\frac{\Delta_r^{\neq}G_m^{\ominus}}{RT}}=\dfrac{k_B T}{h}e^{\frac{\Delta_r^{\neq}S_m^{\ominus}}{R}}e^{\frac{-\Delta_r^{\neq}H_m^{\ominus}}{RT}}$，则

$$\Delta_r^{\neq}S_m^{\ominus}=R\left[\ln\frac{kh}{k_B T}+\frac{\Delta_r^{\neq}H_m^{\ominus}}{RT}\right]$$

$$=8.314\times\left[\ln\frac{1.806\times10^{-4}\times6.626\times10^{-34}}{1.38\times10^{-23}\times393.15}+\frac{106.2\times10^3}{8.314\times393.15}\right]=-48.80J/(K\cdot mol)$$

3. 解：用 $\alpha$ 表示 A 的转化率，则 $\alpha=\dfrac{c_{A,0}-c_A}{c_{A,0}}=1-\dfrac{c_A}{c_{A,0}}$ 或 $\dfrac{c_{A,0}}{c_A}=\dfrac{1}{1-\alpha}$。

（1）反应的速率方程为

$$-\frac{dc_A}{dt}=k_A c_A \quad 或 \quad 1-\alpha=e^{-kt}$$

$$\frac{t_2}{t_1}=\frac{\ln(1-\alpha_1)}{\ln(1-\alpha_2)} \quad 或 \quad 1-\alpha_2=(1-\alpha_1)^{\frac{t_2}{t_1}}=0.25^2=6.25\%$$

（2）由于 A 与 B 的初始浓度相同，速率方程

$$-\frac{dc_A}{dt}=k_A c_A^2 \quad 或 \quad \frac{1}{c_A}-\frac{1}{c_{A,0}}=k_A t \quad 或 \quad \frac{\alpha}{c_{A,0}(1-\alpha)}=kt$$

$$\frac{\alpha_2}{t_2(1-\alpha_2)}=\frac{\alpha_1}{t_1(1-\alpha_1)} \quad 或 \quad \frac{\alpha_2}{1-\alpha_2}=\frac{\alpha_1}{1-\alpha_1}\cdot\frac{t_2}{t_1}=\frac{0.75}{0.25}\cdot\frac{2}{1}=6$$

$$\alpha_2=\frac{6}{7},1-\alpha_2=\frac{1}{7}=14.3\%$$

4. 解：（1）$K_c=\dfrac{k_1}{k_2}=\dfrac{c_{G,eq}}{c_{A,eq}}=\dfrac{c_{A,0}-c_{A,eq}}{c_{A,eq}}=\dfrac{1-0.300}{0.300}=2.33$

（2）由 1-1 级对峙反应积分速率方程

$$\ln\frac{c_{A,0}-c_{A,eq}}{c_A-c_{A,eq}}=(k_1+k_2)t$$

以 $\ln(c_A-c_{A,eq})$ 对 $t$ 作直线回归，得：斜率 $=-3.33\times10^{-3}$，截距 $=-0.370$，相关系数 $=0.999$。

$$\begin{cases} k_1+k_2=3.33\times10^{-3} \\ \dfrac{k_1}{k_2}=2.33 \end{cases}$$

解此方程组，得

$$k_1=2.33\times10^{-3}s^{-1},k_2=1.00\times10^{-3}s^{-1}$$

5. 解：醋酸乙酯与 NaOH 的皂化反应为

$$CH_3COOC_2H_5+NaOH\longrightarrow CH_3COONa+C_2H_5OH$$

| | | |
|---|---|---|
| $t=0$, | $c_{A,0}$ | $c_{D,0}$ |
| $t=t$, | $c_A$ | $c_D$ |
| $t=\infty$, | $0$ | $c_{D,\infty}$ |

因 $c_D = 0.056V/100$

$$c_A = c_D - c_{D,\infty} = 0.056(V-11.48)/100$$
$$c_{D,0} = 0.056 \times 47.65/100 = 0.026\ 68\text{mol/L}$$
$$c_{D,\infty} = 0.056 \times 11.48/100 = 0.006\ 429\text{mol/L}$$
$$c_{A,0} = c_{D,0} - c_{D,\infty} = 0.020\ 25\text{mol/L}$$

又因 $\ln\dfrac{c_{D,0}c_A}{c_{A,0}c_D} = (c_{A,0}-c_{D,0})k_At$，故以 $\ln\dfrac{c_{D,0}c_A}{c_{A,0}c_D}$ 对 $t$ 作直线回归，得：斜率 $= -1.544 \times 10^{-2}$。

$k = $ 斜率$/(c_{A,0}-c_{D,0}) = -1.544 \times 10^{-2}/(0.020\ 25 - 0.026\ 68) = 2.401\text{L/(mol·min)}$

# 第八章 表面化学

## 一、要 点 概 览

### （一） 比表面和表面吉布斯能

1. 物质的比表面　单位质量或单位体积的物质所具有的表面积，用 $a_m$ 或 $a_V$ 表示。

2. 表面吉布斯能和表面张力

（1）表面吉布斯能：在等温、等压和组成不变的情况下，每增加单位表面积时系统吉布斯能的增量，也称表面能：$\sigma = \left(\dfrac{\partial G}{\partial A}\right)_{T,p,n_B}$。即是单位面积上表面分子比相同数量的体相分子多出的能量，或把这些分子从体相移到表面时环境所做的功。

（2）表面张力：一种垂直作用于表面上单位长度线段上的表面收缩力，方向和表面相切。

表面张力和表面吉布斯能的物理意义不同，单位不同，但有相同的数值和量纲。使用时习惯上采用表面张力的名称和单位，而在分析表面现象时更多地使用表面吉布斯能的概念。

3. 影响表面吉布斯能的因素　表面吉布斯能与物质的性质、组成、形成界面的另一相的性质以及温度、压力有关。分子间相互作用力大的物质表面吉布斯能也较大。溶液浓度对表面吉布斯能的影响与溶质的性质有关。表面吉布斯能一般随温度的增加而降低，压力对表面吉布斯能的影响很小。

### （二） 弯曲表面的性质

1. 弯曲液面的附加压力　弯曲表面下的液体受到一个指向曲面圆心的附加压力 $\Delta p$。对于凹液面，$\Delta p$ 的方向指向液体外部，使液体内压力减小；对于凸液面，$\Delta p$ 的方向指向液体内部，使液体内压力增大。

2. 毛细现象　毛细现象是由曲面附加压力引起的。对于不润湿毛细管壁的液体（凸液面，$r>0$），毛细管内液面由于受到向下的附加压力而下降，低于正常液面；对于能够润湿毛细管壁的液体（凹液面，$r<0$），毛细管内液面由于受到向上的附加压力而上升，高于正常液面。

3. 弯曲液面的蒸气压　曲面附加压力的存在使弯曲液面的蒸气压不同于正常液面的蒸气压。凸液面液体的蒸气压增大，凹液面液体的蒸气压降低，不同曲率液面的蒸气压数值可由开尔文公式计算。

### （三） 液体的铺展与固体的润湿

1. 液体的铺展与铺展系数　一种液体在另一种不互溶液体表面自动展开的过程称为铺展。根据热力学第二定律，该过程能否自发进行取决于新生成的界面能否降低系统的吉布斯能。常采用铺展系数 $S$ 来判断一种液体能否在另一种不互溶液体上铺展。液体 A 在液体 B 表面的铺展条件: $S = -\Delta G_s = \sigma_B - \sigma_A - \sigma_{AB} > 0$。

2. 接触角  一液滴在固体表面上处于平衡状态,液体表面和固-液界面之间的夹角称为接触角。

3. 固体表面的润湿  固体表面上的流体被另一种流体取代的过程称为润湿,但一般习惯于把水取代固体表面其他流体的过程称为润湿。常用接触角 $\theta$ 作为润湿判据,润湿的一般条件: $\theta < 90°$。

润湿可分为三种类型,①沾湿: $\Delta G_{\text{表},a} = \sigma_{s,l} - \sigma_{l,g} - \sigma_{s,g} = -\sigma_{l,g}(1 + \cos\theta) \leq 0$ 或 $\theta \leq 180°$;②浸湿: $\Delta G_{\text{表},i} = \sigma_{s,l} - \sigma_{s,g} = \sigma_{l,g}\cos\theta \leq 0$ 或 $\theta \leq 90°$;③铺展润湿: $\Delta G_{\text{表},s} = \sigma_{s,l} + \sigma_{l,g} - \sigma_{s,g} = \sigma_{l,g}(1 - \cos\theta) < 0$ 或 $\theta = 0°$。

### (四) 溶液的表面吸附

1. 表面张力等温线与表面活性物质  溶液的浓度影响溶液的表面张力。溶液表面张力随溶液浓度变化的曲线称为表面张力等温线,有三种基本类型的表面张力等温线。能使溶液表面张力下降的物质称为表面活性物质。

2. 溶液的表面吸附与表面吸附量  溶质在溶液表面的浓度与其在体相中浓度不相等的现象称为表面吸附。单位面积表面上溶质的过剩量称为表面吸附量,是单位面积表面层中溶质的量与具有相同体积溶剂的体相中所含有的溶质的量之差。表面吸附量可由吉布斯吸附等温式定量计算。

### (五) 表面活性剂

1. 表面活性剂的类型  表面活性剂是在较低浓度下就能显著降低溶液表面张力的一类物质,其分子由亲水基和疏水基两部分组成,是两亲性分子。一般根据表面活性剂分子溶于水后的电离情况,可分为阴离子型、阳离子型、两性离子型和非离子型表面活性剂。

2. 克拉夫特点与浊点  离子型表面活性剂的溶解度随着温度的升高缓慢增大,但达到某一温度后其溶解度急剧增大,该突变点的温度称为克拉夫特点。聚氧乙烯型的非离子表面活性剂在温度低时易溶解于水,形成澄清的溶液,升至某一温度时,溶液突然由透明变为混浊,这个温度称为浊点或昙点。

3. 临界胶束浓度与亲水亲油平衡值

(1)临界胶束浓度:低浓度时,表面活性剂在界面上定向排列;高浓度时,在溶液中形成胶束。形成胶束所需的最低的表面活性剂浓度称为临界胶束浓度(CMC)。

在浓度达到 CMC 或大于 CMC 不多时,胶束大多呈球形;当浓度 10 倍于 CMC 或更高时,胶束的形状变得复杂,大多呈肠状或棒状;当表面活性剂的浓度继续增加时,就会形成层状胶束。

(2)亲水亲油平衡(HLB)值:HLB 值用于衡量表面活性剂分子亲水性和亲油性的相对强弱。表面活性剂的 HLB 值越小,亲油性越强;反之,HLB 值越大,亲水性越强;HLB 值在 10 附近,亲水亲油能力均衡。

HLB 值和 CMC 是表征表面活性剂性能的两个重要物理参数。

4. 表面活性剂的几种重要作用  表面活性剂具有增溶、乳化、润湿、起泡及去污等作用。

(1)增溶作用与增溶剂:达到临界胶束浓度的表面活性剂溶液能使不溶或微溶于水的有机化合物的溶解度显著增加的作用称为增溶作用。增溶主要有内部溶解型、插入型、外壳溶解型和吸附型 4 种方式。非离子表面活性剂的增溶能力一般比较强。增溶后的溶液是热力学稳定系统,增溶过程是一个自发过程。表面活性剂作为增溶剂,它的 HLB 值应在 15 以上。

(2)乳化作用与乳化剂:一种或几种液体高度分散在另一种与其不互溶的液体中形成的分散系统称为乳状液。要制备稳定的乳状液,必须加入乳化剂。HLB 值为 8~18 的表面活性剂可用作 O/W 型乳状液的乳化剂;HLB 值为 3~6 的表面活性剂可用作 W/O 型乳状液的乳化剂。

### (六) 不溶性表面膜与表面压

一些水不溶性物质(有些需要溶剂的帮助)可在水面上铺展成膜,即为不溶性表面膜。若形成的是一个分子厚度的表面膜,则称为单分子层表面膜,分子的极性基在水中,非极性基伸向空气。表面膜产生的表面压 $\pi = \sigma_0 - \sigma$,可由膜天平测定。

### (七) 气体在固体表面上的吸附

气体在固体表面自动停留、富集的现象称为吸附。根据吸附原理的不同分为化学吸附和物理吸附。物理吸附的作用力是范德瓦耳斯力,吸附热类似于气体的液化热,吸附无选择性且不稳定,吸附既可以是单分子层,又可以是多分子层,吸附速度较快,低温即可完成。化学吸附的作用力接近于化学键力,吸附热接近于化学反应热,有选择性,吸附很稳定,是单分子层吸附,随着温度升高吸附速度加快。

气体在固体表面上的吸附曲线包括吸附等温线、吸附等压线和吸附等量线。根据吸附等量线可以求吸附热,根据吸附等压线可判断吸附类型。最常用的是吸附等温线,是一定温度下吸附量与气体压力的关系曲线,共有五种类型。对于单分子层的吸附等温线,吸附量随压力的增大先增加较快,而后缓慢增加,最后趋于恒定。多分子层的吸附等温线由于吸附热和固体表面性质的不同有多种不同形态,情况较复杂。

### (八) 固体在溶液中的吸附

固体在溶液中可能同时对溶质和溶剂都发生吸附,其吸附规律可套用弗罗因德利希吸附等温式或朗缪尔吸附等温式,只要将原公式中的压力改为浓度即可。

## 二、主 要 公 式

| | |
|---|---|
| $a_m = \dfrac{A}{m}$ 或 $a_V = \dfrac{A}{V}$ | 比表面定义式 |
| $\sigma = \left(\dfrac{\partial U}{\partial A}\right)_{S,V,n_B} = \left(\dfrac{\partial H}{\partial A}\right)_{S,p,n_B} = \left(\dfrac{\partial F}{\partial A}\right)_{T,V,n_B} = \left(\dfrac{\partial G}{\partial A}\right)_{T,p,n_B}$ | 指定条件和组成不变的条件下,表面吉布斯能的广义热力学定义 |
| $\left(\dfrac{\partial U}{\partial A}\right)_{T,V,n_B} = \sigma - T\left(\dfrac{\partial \sigma}{\partial T}\right)_{A,V,n_B}$ $\left(\dfrac{\partial H}{\partial A}\right)_{T,p,n_B} = \sigma - T\left(\dfrac{\partial \sigma}{\partial T}\right)_{A,p,n_B}$ | 指定条件和组成不变的条件下,表面吉布斯-亥姆霍兹公式 |
| $\Delta p = \sigma\left(\dfrac{1}{r_1} + \dfrac{1}{r_2}\right)$ | 杨-拉普拉斯公式 |

| | |
|---|---|
| $\ln \dfrac{p_r^{*}}{p^{*}} = \dfrac{2\sigma M}{RT\rho r}$ | 开尔文公式 |
| $\ln \dfrac{a_r}{a_{正常}} = \dfrac{2\sigma_{s,1} M}{RT\rho r}$ | 溶解度与粒子半径的关系 |
| $\sigma_{s,g} - \sigma_{s,1} = \sigma_{1,g} \cos \theta$ | 杨氏公式 |
| $\Gamma = -\dfrac{a}{RT} \left( \dfrac{\partial \sigma}{\partial a} \right)_T$ 或 $\Gamma = -\dfrac{c/c^{\ominus}}{RT} \left[ \dfrac{\partial \sigma}{\partial (c/c^{\ominus})} \right]_T$ | 吉布斯吸附等温式 |
| $\Gamma = \dfrac{x}{m} = kp^{\frac{1}{n}}$ | 弗罗因德利希吸附等温式,适用于气体在固体表面上的单分子层吸附 |
| $\Gamma = \Gamma_m \dfrac{bp}{1+bp}$ 或 $V = V_m \dfrac{bp}{1+bp}$ <br> $\dfrac{p}{\Gamma} = \dfrac{p}{\Gamma_m} + \dfrac{1}{b\Gamma_m}$ 或 $\dfrac{p}{V} = \dfrac{p}{V_m} + \dfrac{1}{bV_m}$ | 朗缪尔吸附等温式,适用于单分子层吸附 |
| $V = V_m \dfrac{Cp}{(p^{*}-p)\left[1+(C-1)p/p^{*}\right]}$ | BET 吸附等温式,适用于气体在固体表面上的单分子层吸附及多分子层吸附,$0.05 < p/p^{*} < 0.35$ |
| $\dfrac{x}{m} = kc^{\frac{1}{n}}$ | 弗罗因德利希吸附等温式,适用于固体自溶液中的吸附 |
| $\dfrac{c}{x/m} = \dfrac{c}{\Gamma_m} + \dfrac{1}{b\Gamma_m}$ | 朗缪尔吸附等温式,适用于固体自溶液中的吸附 |

## 三、例 题 解 析

**例1** 已知苯的表面张力在 293.2K 时为 $28.88 \times 10^{-3}$ N/m,在 303.2K 时为 $27.56 \times 10^{-3}$ N/m,求 20℃时将苯的总表面积可逆增加 $1m^2$ 时,环境对系统所做的功 $W$、系统的热效应 $Q$ 和系统热力学函数的变化 $\Delta S$、$\Delta G$、$\Delta H$。

**解**:在温度变化范围不太大时,可以近似将表面张力随温度的变化看成是线性的,即 $\left( \dfrac{\partial \sigma}{\partial T} \right)_p = \dfrac{\Delta \sigma}{\Delta T}$,则

$$\frac{\sigma_2 - \sigma_1}{T_2 - T_1} = \frac{(27.56 - 28.88) \times 10^{-3}}{303.2 - 293.2} = -1.32 \times 10^{-4} \text{N/(m·K)}$$

$$\Delta S = -\left( \frac{\partial \sigma}{\partial T} \right)_A \Delta A = 1.32 \times 10^{-4} \times 1 = 1.32 \times 10^{-4} \text{J/K}$$

$$\Delta G = \sigma \Delta A = 28.88 \times 10^{-3} \times 1 = 2.888 \times 10^{-2} \text{J}$$

$$\Delta H = \Delta G + T\Delta S = 2.888\times10^{-2} + 293.2\times1.32\times10^{-4} = 6.758\times10^{-2}\text{J}$$

$$Q = T\Delta S = 293.2\times1.32\times10^{-4} = 3.87\times10^{-2}\text{J}$$

$$W = \Delta G = 2.888\times10^{-2}\text{J}$$

**例2**　两根内径分别为 0.600mm 和 0.400mm 的毛细管,插入密度为 900kg/m³ 的液体中,两毛细管中液柱上升高度之差为 1.00cm,试求该液体的表面张力 $\sigma$。已知液体与毛细管的接触角为 28°。

**解:** 根据毛细管液面上升公式

$$h = \frac{2\sigma\cos\theta}{\rho g R}$$

$$\Delta h = h_2 - h_1 = \frac{2\sigma\cos\theta}{\rho g}\left(\frac{1}{R_2} - \frac{1}{R_1}\right) = \frac{2\sigma\cos 28°}{900\times9.8}\left(\frac{1}{0.4\times10^{-3}} - \frac{1}{0.6\times10^{-3}}\right) = 1\times10^{-2}$$

$$\sigma = 59.9\times10^{-3}\text{N/m}$$

**例3**　298K 时,1,2-二硝基苯在水中的饱和浓度为 $5.9\times10^{-3}$ mol/L。(1)计算直径为 $0.01\mu m$ 的二硝基苯的溶解度;(2)若要使溶解度增大 3 倍,二硝基苯颗粒的半径为多少? 每个颗粒中约有多少个分子? 已知该温度下,二硝基苯与水的界面张力为 $25.7\times10^{-3}$ N/m,二硝基苯的密度为 1 566kg/m³,$M_r = 168$。

**解:** (1) $\ln\dfrac{c_r}{c_{正常}} = \dfrac{2\sigma_晶 M}{\rho R T r}$

$$\ln\frac{c_r}{5.9\times10^{-3}} = \frac{2\times25.7\times10^{-3}\times0.168}{1\ 566\times8.314\times298\times0.005\times10^{-6}}$$

$$c_r = 9.2\times10^{-3}\text{mol/dm}^3 = 9.2\times10^{-3}\text{mol/L}$$

(2)
$$\ln 3 = \frac{2\times25.7\times10^{-3}\times0.168}{1\ 566\times8.314\times298 r}$$

$$r = 2.03\times10^{-9}\text{ m}$$

$$N = \frac{m_{颗粒}}{M} = \frac{\frac{4}{3}\pi r^3 \rho}{M/L} = \frac{\frac{4}{3}\times3.14\times(2.03\times10^{-9})^3\times1\ 566\times6.023\times10^{23}}{0.168}$$

$$= 197\text{ 个}$$

**例4**　有密度相同的液体 L 及固体粉末 S,其界面张力分别为 $\sigma_{s,g} = 150\times10^{-3}$N/m,$\sigma_{s,l} = 120\times10^{-3}$N/m,$\sigma_{l,g} = 60\times10^{-3}$N/m。

(1)如图,若烧杯中有液体 L,将固体粉末 S 投入杯中,则 S 将处在什么位置?

(2)若把固体 S 制成平板,将液体 L 滴在平板上,液滴将呈何种形状?

**解:** (1)固体在烧杯中有两种可能的位置(图 8-1):①粉末漂浮在液体表面;②粉末分布在液体中。分别计算这两种状态时表面吉布斯能的变化 $\Delta G_1$ 和 $\Delta G_2$,根据吉布斯能降低更多的状态确定固体粉末的位置。

$\Delta G$=新生界面的界面能-消失界面的界面能

设固体的表面积为 2 个单位,则

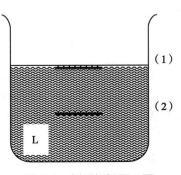

图 8-1　例题解析题 4 图

$$\Delta G_1 = (\sigma_{s,l} - \sigma_{s,g} - \sigma_{l,g})\frac{A}{2} = (120 - 150 - 60) \times 10^{-3} \times 1$$

$$= -90 \times 10^{-3} \text{N/m} < 0$$

$$\Delta G_2 = (\sigma_{s,l} - \sigma_{s,g})A = (2 \times 120 - 2 \times 150) \times 10^{-3}$$

$$= -60 \times 10^{-3} \text{N/m} < 0$$

由计算可知,固体既可以浸在液体中,也可以漂浮在液体表面,或者说固体既能被液体浸湿,也能被液体沾湿。若将固体粉末投入杯中,由上述计算结果可知,粉末将漂浮在液体表面,因为该状态系统的吉布斯能降得更低,因此不会再自发进入液体中。也可以通过进一步的计算来证明这一点。固体粉末从液体表面进入液体中所引起的吉布斯能变化为:

$$\Delta G = (A\sigma_{s,l} + \frac{A}{2}\sigma_{l,g}) - (\frac{A}{2}\sigma_{s,g} + \frac{A}{2}\sigma_{s,l}) = (2 \times 120 + 60) \times 10^{-3} - (150 + 120) \times 10^{-3}$$

$$= 30 \times 10^{-3} \text{N/m} > 0$$

该过程是不可能自发进行的。

(2)将液体 L 滴在固体 S 的表面上,其铺展系数

$$S = \sigma_{s,g} - \sigma_{l,g} - \sigma_{s,l} = (150 - 60 - 120) \times 10^{-3} = -30 \times 10^{-3} \text{N/m} < 0$$

液体 L 不能在固体 S 上铺展润湿,用杨氏公式计算其接触角:

$$\cos\theta = \frac{\sigma_{s,g} - \sigma_{s,l}}{\sigma_{l,g}} = \frac{150 - 120}{60} = 0.5$$

$$\theta = 60°$$

液体 L 可以润湿固体 S,在固体表面上形成透镜状液滴。

**例 5** 稀油酸钠水溶液的表面张力 $\sigma$ 与浓度 $c$ 之间呈线性关系 $\sigma = \sigma_0 - bc$,式中 $\sigma_0$ 为纯水表面张力,298K 时 $\sigma_0 = 0.072\text{N/m}$,$b$ 为常数。实验测得某一浓度时溶液的表面吸附量 $\Gamma = 4.33 \times 10^{-6} \text{mol/m}^2$,试计算该溶液的表面张力。

**解:** 对表面张力等温式 $\sigma = \sigma_0 - bc$ 求导得

$$\left(\frac{\partial\sigma}{\partial c}\right)_T = -b$$

代入吉布斯吸附等温式

$$\Gamma = -\frac{c/c^{\ominus}}{RT}\left[\frac{\partial\sigma}{\partial(c/c^{\ominus})}\right]_T = \frac{bc/c^{\ominus}}{RT}$$

所以
$$bc = \Gamma RT$$

$$\sigma = \sigma_0 - bc = \sigma_0 - \Gamma RT$$

$$= 0.072 - 4.33 \times 10^{-6} \times 298 \times 8.314 = 0.061\text{N/m}$$

**例 6** 200℃时测定氧在某催化剂上的吸附作用,当平衡压力分别为 101.325kPa 和 1 013.25kPa 时,每克催化剂吸附氧气的量分别为 $2.5 \times 10^{-6}\text{m}^3$ 和 $4.2 \times 10^{-6}\text{m}^3$(已换算成标准状况)。设吸附作用符合朗缪尔吸附等温式,求:

(1)朗缪尔吸附等温式中的常数 $b$ 和 $V_m$。

(2)当氧的吸附量达到饱和吸附量一半时,平衡压力为多少?

**解:**(1)根据朗缪尔吸附等温式: $\dfrac{p}{V} = \dfrac{p}{V_m} + \dfrac{1}{bV_m}$,代入数据得

$$\begin{cases} \dfrac{101\ 325}{2.5\times10^{-6}}=\dfrac{1}{V_m}\times101\ 325+\dfrac{1}{bV_m} \\ \dfrac{1\ 013\ 250}{4.2\times10^{-6}}=\dfrac{1}{V_m}\times1\ 013\ 250+\dfrac{1}{bV_m} \end{cases}$$

解得，$V_m=4.55\times10^{-6}\ \mathrm{m^3}$，$b=1.204\times10^{-5}\ \mathrm{Pa^{-1}}$

（2）当 $V=\dfrac{1}{2}V_m$ 时

$$\frac{p}{\dfrac{1}{2}V_m}=\frac{p}{V_m}+\frac{1}{bV_m}$$

$$p=\frac{1}{b}=\frac{1}{1.204\times10^{-5}}=8.306\times10^4\ \mathrm{Pa}$$

**例7**　在液氮温度时，$N_2$ 在 $ZrSiO_4$ 上的吸附符合 BET 式。现取 $1.752\times10^{-2}\ \mathrm{kg}$ 样品进行吸附测定，该温度下 $N_2$ 的饱和蒸气压 $p_s=101.325\ \mathrm{kPa}$，所有吸附气体的体积都已换算成标准状况，数据如下：

| $p/\mathrm{kPa}$ | 1.39 | 2.77 | 10.13 | 14.93 | 21.01 | 25.37 | 34.13 |
|---|---|---|---|---|---|---|---|
| $V\times10^6/\mathrm{m^3}$ | 8.16 | 8.96 | 11.04 | 12.16 | 13.09 | 13.73 | 15.10 |

（1）试计算形成单分子层所需 $N_2$ 的体积。

（2）已知 $ZrSiO_4$ 的比表面为 $2\ 640\ \mathrm{m^2/kg}$，求每个 $N_2$ 分子的截面积。

**解：**（1）BET 吸附等温式为

$$\frac{p}{V(p^*-p)}=\frac{C-1}{V_mC}\cdot\frac{p}{p^*}+\frac{1}{V_mC}$$

先计算不同 $\dfrac{p}{p^*}$ 时的 $\dfrac{p}{V(p^*-p)}$ 值：

| $\dfrac{p}{p^*}$ | 0.013 7 | 0.027 3 | 0.100 0 | 0.147 3 | 0.207 4 | 0.250 4 | 0.336 8 |
|---|---|---|---|---|---|---|---|
| $\dfrac{p}{V(p^*-p)}\times10^{-3}/\mathrm{m^{-3}}$ | 1.705 | 3.137 | 10.06 | 14.21 | 19.98 | 24.33 | 33.64 |

作 $\dfrac{p}{V(p^*-p)}\sim\dfrac{p}{p^*}$ 图得直线，直线方程为：

$$\frac{p}{V(p^*-p)}=9.746\times10^4\ \frac{p}{p^*}+216.8$$

$$V_m=\frac{1}{斜率+截距}=\frac{1}{9.746\times10^4+216.8}=1.024\times10^{-5}\ \mathrm{m^3}$$

（2）每个 $N_2$ 分子的截面积为 $A_{分子}$，则有

$$a=\frac{A}{m}=\frac{pV_m}{RTm}\cdot L\cdot A_{分子}$$

$$=\frac{101\ 325\times1.024\times10^{-5}}{8.314\times273.2\times1.752\times10^{-2}}\times6.023\times10^{23}\times A_{分子}=2\ 640$$

$$A_{分子} = 1.62 \times 10^{-19} \text{ m}^2$$

**例8**　291K 时,用木炭吸附丙酮水溶液中的丙酮,实验数据如下:

| 吸附量 $\frac{x}{m}$/(mol/kg) | 0.208 | 0.618 | 1.075 | 1.500 | 2.08 | 2.88 |
| --- | --- | --- | --- | --- | --- | --- |
| 浓度 $c \times 10^3$/(mol/L) | 2.34 | 14.65 | 41.03 | 88.62 | 177.69 | 268.97 |

试用弗罗因德利希吸附等温式处理数据,求出常数 $k$ 和 $n$。

**解:** 弗罗因德利希吸附等温式为: $\frac{x}{m} = kc^{\frac{1}{n}}$,线性关系式为: $\ln \frac{x}{m} = \frac{1}{n} \ln c + \ln k$。将题给数据处理如下:

| $\ln c$ | 0.850 | 2.684 | 3.714 | 4.484 | 5.180 | 5.595 |
| --- | --- | --- | --- | --- | --- | --- |
| $\ln \frac{x}{m}$ | −1.570 | −0.481 | 0.072 | 0.405 | 0.732 | 1.058 |

作 $\ln \frac{x}{m} \sim \ln c$ 图,线性回归方程为:

$$\ln \frac{x}{m} = 0.538\ 2\ln c - 1.982\ 9$$

则 $\frac{1}{n} = 0.538\ 2, n = 1.858$

$$\ln k = -1.982\ 9$$
$$k = 0.137\ 7 \text{mol/kg}$$

# 四、习题详解(主教材)

1. 在 293K 时,把半径为 $10^{-3}$ m 的水滴分散成半径为 $10^{-6}$ m 的小水滴,比表面增加了多少倍? 表面吉布斯能增加了多少? 完成该变化时,环境至少需做多少功? 已知 293K 时水的表面张力为 0.072 88N/m。

**解:**(1)设液滴为球形,则每个液滴的体积为 $\frac{4}{3}\pi r^3$,表面积 $4\pi r^2$,水滴的比表面: $a_V = \frac{A}{V} = \frac{4\pi r^2}{\frac{4}{3}\pi r^3} = \frac{3}{r}$。已知 $r_1 = 10^{-3}$ m, $r_2 = 10^{-6}$ m,则有

$$\frac{a_{V,2} - a_{V,1}}{a_{V,1}} \approx \frac{a_{V,2}}{a_{V,1}} = \frac{3/r_2}{3/r_1} = \frac{r_1}{r_2} = \frac{10^{-3}}{10^{-6}} = 10^3$$

(2)分散前液滴的表面积: $A_1 = 4\pi r_1^2 = 4\pi \times 10^{-6} \text{m}^2$
分散后液滴数

$$n = \frac{V_1}{V_2} = \frac{4}{3}\pi r_1^3 / \frac{4}{3}\pi r_2^3 = \left(\frac{r_1}{r_2}\right)^3 = 10^9 \quad \text{个}$$

分散后液滴总面积

$$A_2 = n \cdot 4\pi r_2^2 = 10^9 \times 4 \times 3.14 \times (10^{-6})^2 = 4 \times 3.14 \times 10^{-3} = 12.56 \times 10^{-3} \text{m}^2$$

$$\Delta A = A_2 - A_1 \approx A_2$$

$$\Delta G = \sigma \Delta A = 0.072\ 88 \times 12.56 \times 10^{-3} = 9.153 \times 10^{-4} \text{J}$$

（3）环境至少做功

$$W_r' = \Delta G = 9.153 \times 10^{-4} \text{J}$$

2. 将 $1 \times 10^{-6} \text{m}^3$ 的油分散到盛有水的烧杯内，形成乳滴半径为 $1 \times 10^{-6} \text{m}$ 的乳状液。设油-水界面张力为 $62 \times 10^{-3} \text{N/m}$，求分散过程所需的功为多少？所增加的表面吉布斯能为多少？如果加入微量的表面活性剂之后，再进行分散，这时油-水界面张力下降到 $42 \times 10^{-3} \text{N/m}$，则分散过程所需的功比原过程减少多少？

**解：**（1）分散后总面积

$$A_{总} = nA_{油滴} = \frac{V_{总}}{V_{油滴}} \cdot A_{油滴}$$

$$= \frac{10^{-6}}{\frac{4}{3}\pi r^3} \cdot 4\pi r^2 = \frac{3 \times 10^{-6}}{r} = \frac{3 \times 10^{-6}}{10^{-6}} = 3 \text{m}^2$$

分散前的表面积和分散后的表面积相比可以忽略：$\Delta A = A_{总}$
环境所做的分散功等于系统所增加的表面吉布斯能

$$W_r' = \Delta G = \sigma \Delta A = 62 \times 10^{-3} \times 3 = 0.186 \text{J}$$

（2）加入表面活性剂后，环境所做的分散功

$$W_r' = \Delta G = \sigma \Delta A = 42 \times 10^{-3} \times 3 = 0.126 \text{J}$$

比原过程少做功为

$$0.186 - 0.126 = 0.060 \text{J}$$

3. 常压下，水的表面张力 $\sigma(\text{N/m})$ 与温度 $T(\text{K})$ 的关系可表示为：

$$\sigma = 7.564 \times 10^{-2} - 1.4 \times 10^{-4}(T - 273)$$

若在 283K 时，保持水的总体积不变，可逆地扩大 $1\text{cm}^2$ 表面积，则系统的 $W$、$Q$、$\Delta S$、$\Delta G$ 和 $\Delta H$ 各为多少？

**解：**283K 时

$$\sigma = 7.564 \times 10^{-2} - 1.4 \times 10^{-4}(T - 273)$$

$$= 7.564 \times 10^{-2} - 1.4 \times 10^{-4} \times (283 - 273) = 7.424 \times 10^{-2} \text{N/m}$$

$$\left(\frac{\partial S}{\partial A}\right)_T = -\left(\frac{\partial \sigma}{\partial T}\right)_A = 1.4 \times 10^{-4}$$

$$W = \Delta G = \sigma \Delta A = 7.424 \times 10^{-2} \times 10^{-4} = 7.424 \times 10^{-6} \text{J}$$

$$\Delta S = \left(\frac{\partial S}{\partial A}\right)_T \Delta A = 1.4 \times 10^{-4} \times 10^{-4} = 1.4 \times 10^{-8} \text{J/K}$$

$$Q = T\Delta S = 283 \times 1.4 \times 10^{-8} = 3.962 \times 10^{-6} \text{J}$$

$$\Delta H = \Delta G + T\Delta S = 7.424 \times 10^{-6} + 283 \times 1.4 \times 10^{-8} = 1.139 \times 10^{-5} \text{J}$$

4. 证明药粉 S 在两种不互溶的液体 $\alpha$ 和 $\beta$ 中的分布：（1）当 $\sigma_{S,\beta} > \sigma_{S,\alpha} + \sigma_{\alpha,\beta}$，S 分布在液体 $\alpha$ 中。（2）当 $\sigma_{\alpha,\beta} > \sigma_{S,\alpha} + \sigma_{S,\beta}$，S 分布在液体 $\alpha$、$\beta$ 之间的界面上。

**证明：**药粉在 $\alpha$ 和 $\beta$ 中的分布有三种可能（图 8-2）。设药粉在液体中的表面积为 2 个单位面积，液体 $\alpha$ 和 $\beta$ 的界面面积为 1 个单位面积。

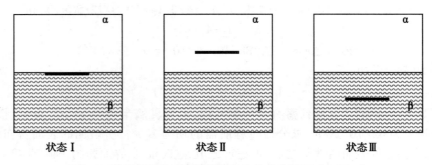

图 8-2 药粉在两种不互溶的液体中的分布情况（习题 4）

（1）当 $\sigma_{S,\beta} > \sigma_{S,\alpha} + \sigma_{\alpha,\beta}$，即 $\sigma_{S,\beta} - \sigma_{S,\alpha} - \sigma_{\alpha,\beta} > 0$

若从状态 Ⅱ 改变至状态 Ⅰ，系统吉布斯能的变化

$$\Delta G = G_{\text{Ⅰ}} - G_{\text{Ⅱ}} = (\sigma_{S,\alpha} + \sigma_{S,\beta}) - (2\sigma_{S,\alpha} + \sigma_{\alpha,\beta})$$
$$= (\sigma_{S,\beta} - \sigma_{S,\alpha} - \sigma_{\alpha,\beta}) > 0$$

该过程不会自发进行。

若从状态 Ⅱ 改变至状态 Ⅲ，系统吉布斯能的变化

$$\Delta G = G_{\text{Ⅲ}} - G_{\text{Ⅱ}} = (2\sigma_{S,\beta} + \sigma_{\alpha,\beta}) - (2\sigma_{S,\alpha} + \sigma_{\alpha,\beta})$$
$$= 2(\sigma_{S,\beta} - \sigma_{S,\alpha}) > 0$$

该过程也不会自发进行。因此，药粉 S 只能分布在液体 $\alpha$ 中。

（2）当 $\sigma_{\alpha,\beta} > \sigma_{S,\alpha} + \sigma_{S,\beta}$ 时，即当 $\sigma_{\alpha,\beta} - \sigma_{S,\alpha} - \sigma_{S,\beta} > 0$

若从状态 Ⅰ 改变至状态 Ⅱ，系统吉布斯能的变化

$$\Delta G = G_{\text{Ⅱ}} - G_{\text{Ⅰ}} = (2\sigma_{S,\alpha} + \sigma_{\alpha,\beta}) - (\sigma_{S,\alpha} + \sigma_{S,\beta})$$
$$= (\sigma_{\alpha,\beta} + \sigma_{S,\alpha} - \sigma_{S,\beta}) > 0$$

该过程不会自发进行。

若从状态 Ⅰ 改变至状态 Ⅲ，系统吉布斯能的变化

$$\Delta G = G_{\text{Ⅲ}} - G_{\text{Ⅰ}} = (2\sigma_{S,\beta} + \sigma_{\alpha,\beta}) - (\sigma_{S,\alpha} + \sigma_{S,\beta})$$
$$= (\sigma_{S,\beta} + \sigma_{\alpha,\beta} - \sigma_{S,\alpha}) > 0$$

该过程也不会自发进行。因此，药粉 S 只能分布在液体 $\alpha$、$\beta$ 之间的界面上。

5. 两块平行而又能完全被水润湿的玻璃板之间滴入水，形成一薄水层，试分析若在垂直玻璃平面的方向上想把两块玻璃分开较为困难的原因。今有一薄水层，其厚度 $\delta = 1 \times 10^{-6}$ m，设水的表面张力为 $72 \times 10^{-3}$ N/m，玻璃板的长度 $l = 0.1$ m（图 8-3），求两板之间的作用力。

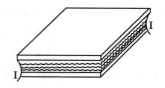

图 8-3 习题详解题 5 图

**解**：弯曲液面受到的附加压力 $p(1) = p(g) + \Delta p$，水在两块玻璃板之间形成凹液面，$r < 0$，即 $\Delta p < 0$，因此 $p(1) < p(g)$，液体内部的压力小于外压，因此，在垂直玻璃板平面的方向把两块玻璃分离较困难。

水在玻璃板之间的附加压力：

$$\Delta p = \sigma\left(\frac{1}{r_1} + \frac{1}{r_2}\right)$$

水在玻璃板之间形成的凹液面为柱形，$r_1 \to \infty$，$r_2 = \delta/2$

$$\Delta p = \frac{\sigma}{r} = \frac{2\sigma}{\delta}$$

两玻璃板之间的作用力

$$F = \Delta p \cdot A = \frac{2\sigma}{\delta} \cdot l^2$$

$$= \frac{2 \times 72 \times 10^{-3}}{10^{-6}} \times 0.1^2 = 1.44 \times 10^3 \text{N}$$

6. 汞对玻璃表面完全不润湿,若将直径为 0.100mm 的玻璃毛细管插入大量汞中,试求管内汞面的相对位置。已知汞的密度为 $1.35 \times 10^4 \text{kg/m}^3$,表面张力为 0.520N/m,重力加速度 $g = 9.8 \text{m/s}^2$。

**解:**汞对玻璃表面完全不润湿,$\theta = 180°$,曲率半径等于毛细管半径 $= 5 \times 10^{-5} \text{m}$

$$h = -\frac{2\sigma \cos\theta}{R\rho g}$$

$$= -\frac{2 \times 0.520 \times \cos 180°}{5 \times 10^{-5} \times 1.35 \times 10^4 \times 9.8} = -0.157 \text{m}$$

毛细管内汞柱下降 0.157m。

7. 如果液体的蒸气压符合高度分布定律($p = p_0 e^{-Mgh/RT}$),试由开尔文公式推导出毛细管上升式 $h = -\frac{2\sigma}{\rho g r}$。

**解:**将蒸气压高度分布公式 $\frac{p}{p_0} = e^{-gMh/RT}$ 取对数得:$\ln\frac{p}{p_0} = \frac{-Mgh}{RT}$,其中 $p = p_r^*$,$p_0 = p^*$,代入开尔文公式 $\ln\frac{p_r^*}{p^*} = \frac{2\sigma M}{RT\rho r}$,得到

$$-\frac{Mgh}{RT} = \frac{2\sigma M}{\rho RTr}$$

整理得

$$h = -\frac{2\sigma}{\rho g r}$$

8. 在 101.325kPa 压力下,若水中只含有直径为 $10^{-6}$m 的空气泡,那么这样的水在什么温度下才能沸腾? 已知水在 373K 的表面张力 $\sigma = 58.9 \times 10^{-3}$ N/m,摩尔气化热 $\Delta_{vap}H_m = 40.656$kJ/mol。设水面至空气泡之间液柱的静压力及气泡内蒸气压下降等因素均可忽略不计。

**解:**气泡凹液面的附加压力

$$\Delta p = \frac{2\sigma}{r} = \frac{2 \times 58.9 \times 10^{-3}}{-0.5 \times 10^{-6}} = -2.356 \times 10^5 \text{Pa}$$

凹液面所受到的压力　　　$p = p_{atm} - \Delta p = 101.3 - (-235.6) = 336.9 \text{kPa}$

根据克-克方程:$\ln\frac{p_2}{p_1} = -\frac{\Delta_{vap}H_m}{R}\left(\frac{1}{T_2} - \frac{1}{T_1}\right)$

$$\ln\frac{336.9 \times 10^3}{101.3 \times 10^3} = -\frac{40.656 \times 10^3}{8.314}\left(\frac{1}{T_2} - \frac{1}{373.2}\right)$$

解得　　$T_2 = 410.9 \text{K} = 138℃$

9. 水蒸气迅速冷却至 298K 会发生过饱和现象。已知 298K 时水的表面张力为 $72.1×10^{-3}$ N/m,密度为 997kg/m³。当过饱和水蒸气压为水的平衡蒸气压的 4 倍时,试求算最初形成的水滴半径为多少? 此种水滴中含有多少个水分子?

**解:**根据开尔文公式:$\ln \dfrac{p_r^*}{p^*} = \dfrac{2\sigma M}{RT\rho r}$

$$\ln 4 = \frac{2×72.1×10^{-3}×18×10^{-3}}{997×8.314×298 r}$$

$$r = 7.580×10^{-10} \text{m}$$

$$n = \frac{m_{液滴}}{m_{分子}} = \frac{\frac{4}{3}\pi r^3 \rho}{M/L} = \frac{\frac{4}{3}×3.14×(7.580×10^{-10})^3×997}{18×10^{-3}/6.022×10^{23}} = 61 \text{ 个}$$

10. 已知 $CaCO_3$ 在 773K 时的密度为 $3.9×10^3$ kg/m³,表面张力为 $1\,210×10^{-3}$ N/m,分解压力为 101.325kPa。若将 $CaCO_3$ 研磨成半径为 30nm(1nm = $10^{-9}$ m)的粉末,求其在 773K 时的分解压力。

**解:**$CaCO_3(s) \longrightarrow CaO(s) + CO_2(g)$

$CaCO_3$ 达到分解平衡时,$CO_2$ 气体的压力可以根据开尔文公式计算

$$\ln \frac{p_{CO_2,r}}{p_{CO_2,正常}} = \frac{2\sigma M}{RT\rho r}$$

$$\ln \frac{p_r}{101.325} = \frac{2×1\,210×10^{-3}×100.1×10^{-3}}{3.9×10^3×8.314×773×30×10^{-9}}$$

$$p_r = 139.8 \text{kPa}$$

11. 一滴油酸在 293K 时落在洁净的水面上,已知有关的界面张力数据为:$\sigma_水 = 75×10^{-3}$ N/m,$\sigma_{油酸} = 32×10^{-3}$ N/m,$\sigma_{油酸-水} = 12×10^{-3}$ N/m,当油酸与水相互饱和后,$\sigma'_{油酸} = \sigma_{油酸}$,$\sigma'_水 = 40×10^{-3}$ N/m。据此推测油酸在水面上开始与终了的形状。相反,如果把水滴在油酸表面上,它的形状又如何?

**解:**(1)油酸滴在水面上的铺展系数

$$S = \sigma_水 - \sigma_油 - \sigma_{油-水} = (75-32-12)×10^{-3} = 31×10^{-3} \text{N/m} > 0$$

油酸滴在水面上后铺展

$$S' = \sigma_水' - \sigma_油' - \sigma_{油-水} = (40-32-12)×10^{-3} = -4×10^{-3} \text{N/m} < 0$$

当相互饱和后,已经铺展的油酸回缩成液滴。

(2)水滴在油酸表面上的铺展系数

$$S = \sigma_油 - \sigma_水 - \sigma_{油-水} = (32-75-12)×10^{-3} = -55×10^{-3} \text{N/m} < 0$$

$$S' = \sigma_油' - \sigma_水' - \sigma_{油-水} = (32-40-12)×10^{-3} = -20×10^{-3} \text{N/m} < 0$$

水滴在油酸表面开始和相互饱和后都不能铺展,均以液滴的形式存在。

12. 298K 时,已知有关的界面张力数据如下:$\sigma_水 = 72.8×10^{-3}$ N/m、$\sigma_苯 = 28.9×10^{-3}$ N/m、$\sigma_汞 = 471.6×10^{-3}$ N/m 和 $\sigma_{汞-水} = 375×10^{-3}$ N/m、$\sigma_{汞-苯} = 362×10^{-3}$ N/m 及 $\sigma_{水-苯} = 32.6×10^{-3}$ N/m。试问:

(1)若将一滴水滴在苯和汞之间的界面上,其接触角 $\theta$ 为多少?

(2)苯能否在汞或水的表面上铺展?

**解**:(1)水在苯-汞界面上的接触角

$$\cos\theta=\frac{\sigma_{苯-汞}-\sigma_{汞-水}}{\sigma_{水-苯}}=\frac{(362-375)\times10^{-3}}{32.6\times10^{-3}}=-0.3988$$

$$\theta=113.5°$$

(2)苯滴在汞面上的铺展系数

$$S=\sigma_{汞}-\sigma_{汞-苯}-\sigma_{苯}=(471.6-362-28.9)\times10^{-3}=80.7\times10^{-3}\text{N/m}>0$$

苯能铺展在汞面上。

苯滴在水面上的铺展系数

$$S=\sigma_{水}-\sigma_{苯-水}-\sigma_{苯}=(72.8-32.6-28.9)\times10^{-3}=11.3\times10^{-3}\text{N/m}>0$$

苯也能铺展在水面上。

13. 293.15K 时,醋酸水溶液的表面张力和浓度之间的关系为:

$$\sigma=\sigma_0+a\frac{c}{c^\ominus}+b\left(\frac{c}{c^\ominus}\right)^2$$

式中,$\sigma_0$ 为纯净水的表面张力,$a$ 和 $b$ 皆为常数,$a=-1.508\times10^{-2}\text{N/m}$,$b=2.590\times10^{-3}\text{N/m}$。

(1)写出醋酸溶液表面吸附量 $\Gamma$ 与浓度 $c$ 的关系式。

(2)计算当浓度分别为 0.10mol/L、0.30mol/L、0.50mol/L、0.70mol/L、1.00mol/L、1.50mol/L 时的表面吸附量。

(3)根据(2)的计算结果画出醋酸溶液的吸附等温线。

**解**:(1)将 $\sigma=\sigma_0+a\dfrac{c}{c^\ominus}+b\left(\dfrac{c}{c^\ominus}\right)^2$ 对 $c/c^\ominus$ 求导,得

$$\left[\frac{\mathrm{d}\sigma}{\mathrm{d}(c/c^\ominus)}\right]_T=a+\frac{2bc}{c^\ominus}$$

代入吉布斯公式

$$\Gamma=-\frac{c/c^\ominus}{RT}\left[\frac{\mathrm{d}\sigma}{\mathrm{d}(c/c^\ominus)}\right]_T=-\frac{ac/c^\ominus+2b(c/c^\ominus)^2}{RT}$$

(2)将 $a=-1.508\times10^{-2}\text{N/m}$,$b=2.590\times10^{-3}\text{N/m}$ 代入吉布斯公式得:

$$\Gamma=-\frac{ac/c^\ominus+2b(c/c^\ominus)^2}{RT}$$

$$=\frac{1.508\times10^{-2}\dfrac{c}{c^\ominus}-2\times2.59\times10^{-3}\left(\dfrac{c}{c^\ominus}\right)^2}{8.314\times293.15}$$

$$=\frac{1.508\times10^{-2}\dfrac{c}{c^\ominus}-5.18\times10^{-3}\left(\dfrac{c}{c^\ominus}\right)^2}{2437}$$

分别代入浓度 0.10mol/L、0.30mol/L、0.50mol/L、0.70mol/L、1.00mol/L、1.50mol/L 得如下数据:

| $c/c^\ominus$ | 0.10 | 0.30 | 0.50 | 0.70 | 1.00 | 1.50 |
|---|---|---|---|---|---|---|
| $\Gamma\times10^7/(\text{mol/m}^2)$ | 5.97 | 16.7 | 25.6 | 32.9 | 40.6 | 45.0 |

(3)根据(2)的计算结果画出的醋酸溶液的吸附等温线见图 8-4。

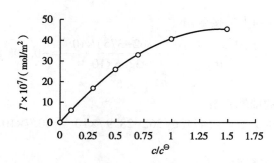

**图 8-4 醋酸溶液的吸附等温线**

14. 292.15K 时，丁酸水溶液的表面张力 $\sigma$ 和浓度之间的关系可以用下式表示：

$$\sigma = \sigma_0 - a\ln\left(1 + b\frac{c}{c^\ominus}\right)$$

式中，$\sigma_0$ 为纯水的表面张力，$a$ 和 $b$ 皆为常数。

（1）写出丁酸溶液在浓度极稀时表面吸附量 $\Gamma$ 与浓度 $c$ 的关系。

（2）若已知 $a = 13.1\times10^{-3}\text{N/m}$，$b = 19.62$，试计算当 $c = 0.200\text{mol/L}$ 时的表面吸附量。

（3）求丁酸在溶液表面的饱和吸附量 $\Gamma_m$。

（4）假定饱和吸附时表面上丁酸成单分子层吸附，计算在液面上每个丁酸分子的横截面积。

**解：**（1）$\left(\dfrac{\partial\sigma}{\partial(c/c^\ominus)}\right)_T = -\dfrac{ab}{1+bc/c^\ominus}$

$$\Gamma = -\frac{c/c^\ominus}{RT}\left(\frac{\partial\sigma}{\partial(c/c^\ominus)}\right)_T = \frac{a}{RT}\cdot\frac{bc/c^\ominus}{(1+bc/c^\ominus)}$$

（2）当 $c = 0.200\text{mol/L}$ 时

$$\Gamma = \frac{a}{RT}\cdot\frac{bc/c^\ominus}{(1+bc/c^\ominus)}$$

$$= \frac{13.1\times10^{-3}}{8.314\times292.15}\cdot\frac{19.62\times0.200}{(1+19.62\times0.200)} = 4.30\times10^{-6}\text{mol/m}^2$$

（3）$c$ 很大时，$bc/c^\ominus \gg 1$，$\Gamma\to\Gamma_m$

$$\because bc/c^\ominus \gg 1 \quad \therefore \frac{bc/c^\ominus}{1+bc/c^\ominus} \approx 1$$

$$\Gamma_m = \frac{a}{RT}\times1 = \frac{13.1\times10^{-3}}{8.314\times292.15} = 5.39\times10^{-6}\text{mol/m}^2$$

（4）

$$A_{丁酸} = \frac{1}{\Gamma_m L}$$

$$= \frac{1}{5.39\times10^{-6}\times6.022\times10^{23}} = 3.08\times10^{-19}\text{m}^2$$

15. 298K 时测得不同浓度 $c$ 下氢化肉桂酸水溶液的表面张力 $\sigma$ 的数据如下表所示：

| $c/$（kg/kg） | 0.003 5 | 0.004 0 | 0.004 5 |
|---|---|---|---|
| $\sigma\times10^3/$（N/m） | 56.0 | 54.0 | 52.0 |

求浓度为 0.004 1kg/kg 及 0.005 0kg/kg 时溶液表面吸附量 $\Gamma$。

**解:** 观察所给数据,$\sigma-c$ 之间为线性关系,其回归方程为 $\sigma=-4c+0.07$,则

$$\left(\frac{\partial \sigma}{\partial c}\right)_T=-4, \qquad \Gamma=-\frac{c}{RT}\cdot\left(\frac{\partial \sigma}{\partial c}\right)_T=\frac{4c}{RT}$$

当 $c=0.004\ 1$kg/kg 时

$$\Gamma=\frac{4\times0.004\ 1}{8.314\times298}=6.62\times10^{-6}\text{mol/m}^2$$

当 $c=0.005\ 01$kg/kg 时

$$\Gamma=\frac{4\times0.005\ 0}{8.314\times298}=8.07\times10^{-6}\text{mol/m}^2$$

16. 某活性炭吸附甲醇蒸气,在不同压力时的吸附量如下表所示:

| $p$/Pa | 15.3 | 1 070 | 3 830 | 10 700 |
|---|---|---|---|---|
| $\frac{x}{m}$/（kg/kg） | 0.017 | 0.130 | 0.300 | 0.460 |

求适用于此实验结果的弗罗因德利希等温式。

**解:** 弗罗因德利希等温式的线性形式为:$\ln\frac{x}{m}=\ln k+\frac{1}{n}\ln p$。据此,对题给数据处理如下:

| $\ln p$ | 2.728 | 6.975 | 8.251 | 9.278 |
|---|---|---|---|---|
| $\ln\frac{x}{m}$ | −4.075 | −2.040 | −1.204 | −0.776 5 |

作 $\ln\frac{x}{m}-\ln p$ 图得直线,线性方程为:$\ln\frac{x}{m}=0.508\ 1\ln p-5.483\ 0$

所求弗罗因德利希吸附等温式为

$$\frac{x}{m}=4.157\times10^{-3}p^{\frac{1}{1.97}}$$

17. 用活性炭吸附 $CHCl_3$ 符合朗缪尔吸附等温式,在 273K 时的饱和吸附量为 $9.38\times10^{-2}\text{m}^3/\text{kg}$,已知 $CHCl_3$ 的分压为 13.4kPa 时的平衡吸附量为 $8.25\times10^{-2}\text{m}^3/\text{kg}$。试计算:

(1) 朗缪尔吸附等温式中的常数 $b$。

(2) $CHCl_3$ 的分压为 6.67kPa 时的平衡吸附量。

**解:** (1) 朗缪尔吸附等温式为 $\Gamma=\frac{\Gamma_m bp}{1+bp}$,代入题中所给数据

$$8.25\times10^{-2}=\frac{9.38\times10^{-2}\times b\times13.4\times10^3}{1+b\times13.4\times10^3}$$

$$b=5.448\times10^{-4}\text{Pa}^{-1}$$

(2) 当 $p=6.67$kPa 时

$$\Gamma=\frac{9.38\times10^{-2}\times5.448\times10^{-4}\times6.67\times10^3}{1+5.448\times10^{-4}\times6.67\times10^3}=7.36\times10^{-2}\text{m}^3/\text{kg}$$

18. 273K 时,用炭黑吸附甲烷,在不同平衡压力 $p$ 之下的吸附量 $V$(已换成标准状况)数据如下:

| $p$/kPa | 13.332 | 26.664 | 39.997 | 53.329 |
|---|---|---|---|---|
| $V \times 10^4 /$ ( m³/kg ) | 97.5 | 144 | 182 | 214 |

试问该吸附系统更符合朗缪尔吸附等温式还是弗罗因德利希吸附等温式?

**解:** 分别用朗缪尔吸附等温式和弗罗因德利希吸附等温式处理数据

朗缪尔吸附等温式:
$$\frac{p}{V} = \frac{p}{V_m} + \frac{1}{bV_m}$$

弗罗因德利希吸附等温式: $\ln V = \ln k + \frac{1}{n}\ln p$

| $\dfrac{p}{V} \times 10^{-6}/$ ( Pa·kg/m )³ | 1.367 | 1.852 | 2.198 | 2.492 |
|---|---|---|---|---|
| $\ln p$ | 9.498 | 10.19 | 10.60 | 10.88 |
| $\ln V$ | −4.630 | −4.241 | −4.006 | −3.844 |

作 $p/V$−$p$ 图,见图 8-5,回归方程为: $\dfrac{p}{V} = 27.90p + 1.047 \times 10^6 (r = 0.9930)$

作 $\ln V$− $\ln p$ 图,见图 8-6,回归方程为: $\ln V = 0.5680\ln p - 10.03 (r = 1)$

根据数据处理结果, $\ln V$−$\ln p$ 线性关系更好,因此弗罗因德利希吸附等温式更适合炭黑对甲烷的吸附。弗罗因德利希吸附等温式的形式为: $V = 4.406 \times 10^{-5} p^{\frac{1}{1.76}}$。

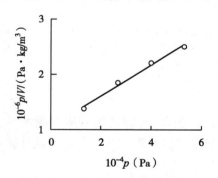

图 8-5　朗缪尔吸附等温线

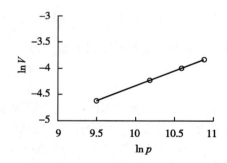

图 8-6　弗罗因德利希吸附等温线

19. 证明当 $C \gg 1$ 和 $p^* \gg p$ 时,BET 公式 $\dfrac{p}{V(p^* - p)} = \dfrac{1}{V_m C} + \dfrac{C-1}{V_m C} \cdot \dfrac{p}{p^*}$ 可还原为朗缪尔公式。

**证明:** 若 $C \gg 1$ 和 $p^* \gg p$,则 $C - 1 \approx C$, $p^* - p \approx p^*$

BET 公式可简化为

$$\frac{p}{Vp^*} = \frac{1}{V_m C} + \frac{1}{V_m} \cdot \frac{p}{p^*}$$

两边同乘以 $p^*/p$，得

$$\frac{1}{V} = \frac{p^*}{V_m C} \cdot \frac{1}{p} + \frac{1}{V_m}$$

令 $b = C/p$，则有

$$\frac{1}{V} = \frac{1}{V_m b} \cdot \frac{1}{p} + \frac{1}{V_m}$$

$$\frac{1}{V} = \frac{1}{V_m b} \cdot \frac{1}{p} + \frac{1}{V_m} \quad 或 \quad \frac{p}{V} = \frac{p}{V_m} + \frac{1}{V_m b}$$

此式即为朗缪尔公式的线性形式。

20. 在 77.2K 时硅酸铝吸附 $N_2$，测得每千克硅酸铝的吸附量 $V$（已换成标准状况）与 $N_2$ 的平衡压力数据为：

| $p/kPa$ | 8.699 3 | 13.639 | 22.112 | 29.924 | 38.910 |
|---|---|---|---|---|---|
| $V \times 10^3/$ ( $m^3/kg$ ) | 115.58 | 126.3 | 150.69 | 166.38 | 184.42 |

已知 77.2K 时 $N_2$ 的饱和蒸气压为 99.125kPa，每个 $N_2$ 分子的截面积 $A = 16.2 \times 10^{-20} m^2$。试用 BET 公式计算硅酸铝的比表面。

**解**：BET 公式 $\dfrac{p}{V(p^*-p)} = \dfrac{1}{V_m C} + \dfrac{C-1}{V_m C} \cdot \dfrac{p}{p^*}$

| $p/p^*$ | 0.087 76 | 0.137 6 | 0.223 1 | 0.301 9 | 0.392 5 |
|---|---|---|---|---|---|
| $\dfrac{p}{V(p^*-p)}/$ ( $m^3/kg$ ) | 0.832 4 | 1.263 | 1.905 | 2.599 | 3.504 |

$\dfrac{p}{V(p^*-p)} - p/p^*$ 的线性回归方程为：

$$\frac{p}{V(p^*-p)} = 8.651\ 0\ \frac{p}{p^*} + 0.043\ 4 \quad (r = 0.998\ 5)$$

$$V_m = \frac{1}{截距+斜率} = \frac{1}{0.043\ 4 + 8.651\ 0} = 0.115\ 0 m^3$$

比表面　　　$a_m = \dfrac{p V_m}{RT} \cdot L \cdot A$

$$= \frac{101\ 325 \times 0.115\ 0}{8.314 \times 273.2} \times 6.022 \times 10^{23} \times 16.2 \times 10^{-20}$$

$$= 5.00 \times 10^5 m^2/kg$$

21. 298K 时，在下列各不同浓度的醋酸溶液中，各取 0.1L，分别放入 $2 \times 10^{-3} kg$ 的活性炭，测得吸附达平衡前后醋酸的浓度如下：

| $c_前/$ ( mol/L ) | 0.177 | 0.239 | 0.330 | 0.496 | 0.785 | 1.151 |
|---|---|---|---|---|---|---|
| $c_后/$ ( mol/L ) | 0.018 | 0.031 | 0.062 | 0.126 | 0.268 | 0.471 |

根据上述数据绘出吸附等温线，并分别以弗罗因德利希吸附等温式和朗缪尔吸附等温式进

行拟合,何者更合适?

**解:**根据公式$\dfrac{x}{m}=\dfrac{(c_0-c)V}{m}$,计算得

| $\dfrac{x}{m}$/（mol/kg） | 7.95 | 10.40 | 13.40 | 18.50 | 25.85 | 34.00 |
|---|---|---|---|---|---|---|
| $\ln c$ | −4.027 4 | −3.473 8 | −2.780 6 | −2.071 5 | −1.316 8 | −0.752 9 |
| $\ln \dfrac{x}{m}$ | 2.073 2 | 2.341 8 | 2.595 3 | 2.917 8 | 3.252 3 | 3.526 4 |
| $\dfrac{c}{x/m}\times10^2$/(kg/dm³) | 0.226 4 | 0.298 1 | 0.462 7 | 0.681 1 | 1.037 | 1.325 |

作$\dfrac{x}{m}-c$图,得吸附等温线,见图 8-7。

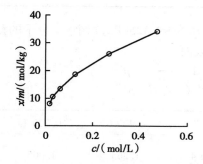

**图 8-7　活性炭对 CHCl₃ 吸附的等温线**

作$\ln\dfrac{x}{m}-\ln c$图,见图 8-8,线性回归得弗罗因德利希吸附等温式:

$$\ln\frac{x}{m}=0.438\ 9\ \ln c+3.838\ 7(r=0.999\ 4)$$

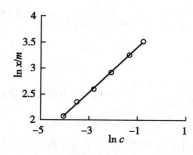

**图 8-8　弗罗因德利希吸附等温线**

作$\dfrac{c}{x/m}-c$图,见图 8-9,线性回归得朗缪尔吸附等温式:

$$\frac{c}{x/m}=2.400\times10^{-2}c+2.813\times10^{-3}(r=0.976\ 5)$$

根据数据处理结果可以得出结论:弗罗因德利希吸附等温式更合适。

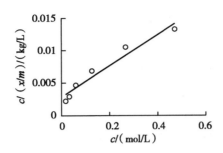

图 8-9　朗缪尔吸附等温线

# 五、本章自测题及参考答案

## 自　测　题

**（一）选择题**

1. 纯液体温度升高时,表面张力(　　)
   A. 随温度升高呈指数增大
   B. 随温度升高呈线性降低
   C. 随温度呈对数变化
   D. 不变

2. 液体表面张力的方向总是(　　)
   A. 沿液体表面的法线方向,指向液体内部
   B. 沿液体表面的法线方向,指向气相
   C. 沿液体表面的切线方向
   D. 无确定的方向

3. 把玻璃毛细管插入水中,凹面下液体所受的压力 $p$ 与平面液体所受的压力 $p_0$ 相比
(　　)
   A. $p = p_0$ 　　　　　 B. $p < p_0$ 　　　　　 C. $p > p_0$ 　　　　　 D. 不确定

4. 水银完全不润湿玻璃表面,若将半径为 $5 \times 10^{-5}$ m 的玻璃毛细管插入水银(水银的密度为 $13.6 \times 10^3$ kg·m$^{-3}$,表面张力为 0.520N/m)中后,管内水面将(　　)
   A. 上升 0.015m
   B. 下降 0.015m
   C. 上升 0.15m
   D. 下降 0.15m

5. 往液体 1 的表面滴加一滴与其不互溶的液体 2,两种液体的表面张力分别为 $\sigma_1$ 和 $\sigma_2$,两种液体间的界面张力为 $\sigma_{1,2}$,则液体 2 能在液体 1 上铺展的条件为(　　)
   A. $\sigma_{1,2} > \sigma_1 + \sigma_2$
   B. $\sigma_1 > \sigma_2 + \sigma_{1,2}$
   C. $\sigma_1 < \sigma_2 + \sigma_{1,2}$
   D. $\sigma_{1,2} < \sigma_1 + \sigma_2$

6. 对吉布斯吸附等温式中吸附量 $\Gamma$ 的叙述正确的是(　　)
   A. 溶液表面的吸附量,其单位为 mol·m$^{-2}$
   B. 只可能大于零
   C. 对表面活性剂溶液,$\Gamma$ 总小于零
   D. 为单位表面上溶质超过体相的溶质的量

7. 把细长不渗水的两张纸片互相靠近(距离为 $d$),平行地浮在水面上,用玻璃棒轻轻地在两纸中间滴一滴油酸溶液,两纸片间的距离将(　　)

    A. 增大                   B. 减小

    C. 不变                   D. 上述三种情况都可能

8. 用 HLB 分别为 6 和 18 的乳化剂配制 10kg HLB = 12 的混合乳化剂,则所用 HLB = 6 的乳化剂的质量(kg)为(　　)

    A. 7             B. 6             C. 5             D. 3

9. 对临界胶束浓度(CMC)的描述不正确的是(　　)

    A. CMC 是形成胶束的最低浓度

    B. 在 CMC 前后溶液的表面张力有显著变化

    C. 在 CMC 前后溶液的电导值变化显著

    D. 达到 CMC 以后溶液的表面张力不再有明显变化

10. BET 吸附等温式是在朗缪尔理论基础上发展导出的,它与朗缪尔理论的最主要区别是(　　)

    A. 固体表面是均匀的             B. 吸附是动态平衡

    C. 吸附是单分子层的             D. 吸附是多分子层的

11. 5g 硅胶表面为 $N_2$ 分子单分子层覆盖时需 $N_2$ 645cm³(标态),已知 $N_2$ 分子的截面积为 $16.2×10^{-20}m^2$,则硅胶的比表面为(　　)

    A. 2 810m²/g                 B. 810m²/g

    C. 562m²/g                  D. 280m²/g

## (二) 判断题

1. 表面吉布斯能在数值上等于等温等压条件下系统增加单位表面积时环境对系统所做的可逆非体积功。(　　)

2. 对于一定体积的水,当聚集成一个大水球或分散成许多小水滴时,同温度下,两种状态的表面能保持不变。(　　)

3. 由拉普拉斯公式 $\Delta p = 2\sigma/r$ 可知,当 $\Delta p = 0$ 时,则 $\sigma = 0$。(　　)

4. 微小晶体与普通晶体比较,微小晶体的溶解度较小。(　　)

5. 20℃时,水-辛醇的界面张力为 0.009N/m,水-汞的界面张力为 0.375N/m,汞-辛醇的界面张力为 0.348N/m,则辛醇不能在水-汞界面上铺展。(　　)

6. 毛细管凝结是硅胶作为干燥剂的工作原理。(　　)

7. 当非表面活性物质加入溶液中后发生负吸附,表面活性物质加入溶液中后发生正吸附。(　　)

8. 在一定温度下,溶液的表面张力不随溶质浓度变化时,溶质浓度增大,表面吸附量不变。(　　)

9. 不溶性表面膜的表面压就是不溶性表面活性物质的表面张力。(　　)

10. 只有离子型表面活性剂具有克拉夫点。(　　)

11. 表面活性剂的 HLB 值越大时可起乳化作用,较低时不起乳化作用。(　　)

12. 朗缪尔等温吸附理论只适用于单分子层吸附。(　　)

13. 物理吸附和化学吸附的最本质区别是吸附剂与吸附质之间的作用力不同。(　　)

**（三）填空题**

1. 灰黄霉素粉末的密度为 $1.0g \cdot cm^{-3}$，粉末的半径为 $0.5\mu m$，则粉末的比表面积 $a_m$ 为 _____ $m^2/g$。

2. 表面张力产生的原因是_____。

3. 两支相同的毛细管分别垂直插入食盐水（1）和去离子水（2）中，则两个毛细管内液面上升的高度的关系为 $h_1$ _____ $h_2$。（填>、<或=）

4. 30℃时纯乙醇的密度为 $0.781 \times 10^3 kg/m^3$，在半径为 $0.023cm$ 的玻璃毛细管中上升 $2.48cm$，则此温度下乙醇的表面张力为_____ $N/m$。

5. 通常衡量液体对固体的润湿程度的物理量为_____。

6. 做表面张力测定实验时，往水中加入适当的醋酸，会使得 $\Gamma$ _____ $0$。（填>、<、=或不确定）

7. 表面活性剂在水表面形成单分子膜时，水的表面能将_____。（填升高、降低、不变或不确定）

8. 表征表面活性剂性能的物理参数是_____和 HLB。

9. 温度对不同类型的表面活性剂的溶解度的影响各异，也就使得离子型和非离子型表面活性剂分别具有克拉夫特点和_____。

10. 做比表面测定实验时，脱附过程的 $\Delta S$ _____ $0$。

11. 化学吸附与物理吸附的本质差别是作用力不同，前者是化学键，后者是_____。

**（四）问答题**

1. "物质的表面吉布斯能就是单位面积的表面分子所具有的吉布斯能"，这种说法是否正确？为什么？

2. 纯液体和溶液各采用什么方法来降低表面能使系统稳定？

3. 已知某肥皂水的表面张力为 $4.0 \times 10^{-2} N/m$，求半径为 $1.0cm$ 的肥皂泡所受的附加压力。当该肥皂泡用一细导管与半径为 $2.0cm$ 的肥皂泡相连，会看到什么现象？为什么？

4. 如果在一杯含有极微小蔗糖晶粒的蔗糖饱和溶液中，投入一块较大的蔗糖晶体，在恒温密闭的条件下，放置一段时间，这时该溶液有何变化？

5. 图 8-10 是四根毛细管垂直插入某种液体后所引起的液面升高或降低情况，哪些是错误的？为什么？

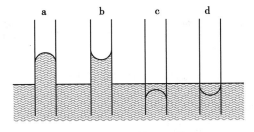

**图 8-10 问答题 5 图**

6. 为什么喷洒农药时要在农药中加表面活性剂？

7. 液体 A 在某毛细管中上升的高度为 $h$（图 8-11），当把毛细管折断，使其高度 $h' < h$，此时液体能否从毛细管的顶端冒出？将一根上端向下弯曲的毛细管插入液体 A，若毛细管的

最高处距液面的高度 $h''<h$，液体能否从毛细管口滴下？为什么？

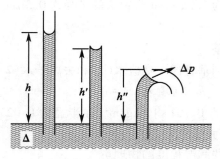

图 8-11　问答题 7 图

8. 在一个密封的容器中有某液体的几个大小不等的液滴，容器的其余空间是该液体的饱和蒸气。若温度不发生变化，当放置足够长的时间后，容器内会出现什么现象？

9. 用不同大小的 $CaCO_3(s)$ 颗粒作分解实验，在相同温度下，哪些晶粒的分解压大？为什么？

10. 如图 8-12 所示，干净的玻璃片表面是亲水的，用稀有机胺水溶液处理后，变成疏水的。再用浓有机胺溶液处理后，又变成亲水的表面。后者用水冲洗之，又变成疏水的表面，请解释这一现象。

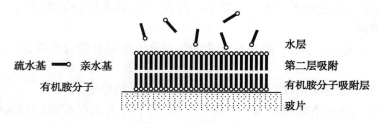

疏水基 ●——　亲水基

有机胺分子

水层
第二层吸附
有机胺分子吸附层
玻片

图 8-12　问答题 10 图

11. 为什么泉水、井水都有比较大的表面张力？将泉水小心地注入干燥的杯子，泉水会高出杯面，这是为什么？这时加一滴肥皂水将会发生什么现象？

12. 两根水平放置的毛细管，管径粗细不均（图 8-13）。管中装有少量液体，a 管内为湿润性液体，b 管内为不润湿液体。两管内液体最后平衡位置在何处？为什么？

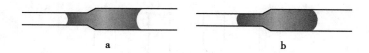

a　　　　　　　　b

图 8-13　问答题 12 图

13. 在装有部分液体的毛细管中，将其一端小心加热时（图 8-14），润湿性液体（a 管）、不润湿液体（b 管）各向毛细管哪一端移动？为什么？

14. 有一杀虫剂粉末，欲分散在一适当的液体中制成混悬喷洒剂，今有三种液体

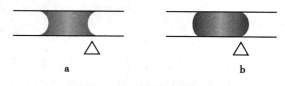

a　　　　　　　　b

图 8-14　问答题 13 图

（1、2 和 3），测得它们与药粉及虫体表皮之间的界面张力关系如下：

$$\sigma_{粉}>\sigma_{1-粉} \qquad \sigma_{表皮}<\sigma_{表皮-1}+\sigma_1$$
$$\sigma_{粉}<\sigma_{2-粉} \qquad \sigma_{表皮}>\sigma_{表皮-2}+\sigma_2$$
$$\sigma_{粉}>\sigma_{3-粉} \qquad \sigma_{表皮}>\sigma_{表皮-3}+\sigma_3$$

从润湿原理考虑，选择何种液体最适宜？为什么？

**（五）计算题**

1. 两根内径分别为 0.600mm 和 0.400mm 的毛细管，插入密度为 900kg/m³ 的液体中，两毛细管中液柱上升高度差为 1.00cm，试求该液体的表面张力 $\sigma$。（假设液体与毛细管的接触角为零，空气密度可忽略）。

2. 298K 时，1,2-二硝基苯（NB）在水中的饱和浓度为 $5.9\times10^{-3}$ mol/L。

（1）计算直径为 $0.01\mu m$ 的 NB 的溶解度。

（2）若要使溶解度增大 3 倍，NB 的半径为多少？该颗粒中约有多少分子？已知该温度下，NB 与水的界面张力为 $25.7\times10^{-3}$ N/m，NB 密度为 1 566kg/m³，$M_r=168$。

3. 有两种液体 $L_1$ 和 $L_2$ 及固体 S，密度相同，其界面张力 $\sigma$ 如下：

| 界面 | S | $L_1$ | $L_2$ | S-$L_1$ | S-$L_2$ | $L_1$-$L_2$ |
|---|---|---|---|---|---|---|
| $\sigma\times10^3$/（N/m） | 150 | 60 | 50 | 180 | 70 | 80 |

（1）如图 8-15，若烧杯中有液体 $L_1$（下层）和 $L_2$（上层），将固体 S 投入杯中，则固体将处在什么位置？

（2）若把固体制成平板，分别将液体 $L_1$ 和 $L_2$ 滴入平板，液滴将呈何种形状？

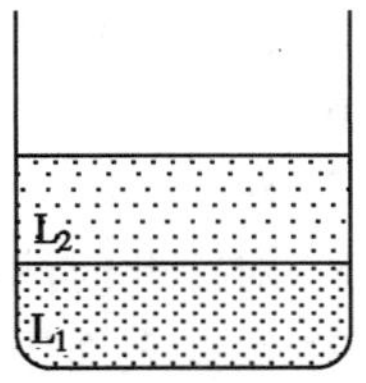

4. 用活性炭吸附 $CHCl_3$ 符合朗缪尔吸附等温式，在 273K 时的饱和吸附量为 $9.38\times10^{-2}$ m³/kg，已知 $CHCl_3$ 的分压为 13.4kPa 时的平衡吸附量为 $8.25\times10^{-2}$ m³/kg。试计算：

图 8-15 计算题 3 图

（1）朗缪尔吸附等温式中的常数 $b$。

（2）$CHCl_3$ 的分压为 6.67kPa 时的平衡吸附量。

5. 在液氮温度时，$N_2$ 在 $ZrSiO_4$ 上的吸附符合 BET 吸附等温式，现取 $1.752\times10^{-2}$ kg 样品进行吸附测定，该温度下氮气饱和蒸气压 $p^*$ 为 101.325kPa，所有吸附气体的体积都已换算成标准状况，数据如下：

| $p$/kPa | 1.39 | 2.77 | 10.13 | 14.93 | 21.01 | 25.37 | 34.13 |
|---|---|---|---|---|---|---|---|
| $V\times10^6$/m³ | 8.16 | 8.96 | 11.04 | 12.16 | 13.09 | 13.73 | 15.10 |

（1）试计算形成单分子层所需 $N_2$(g) 的体积。

（2）已知该吸附剂比表面为 2 640m²/kg，求 $N_2$ 分子的截面积。

参 考 答 案

**（一）选择题**

1. B。温度升高，分子间作用力降低，表面张力降低。

2. C。表面张力是液体表面存在的一种使液面收缩的力,方向与表面相切。

3. B。A 为平面液面,C 为凸液面,凹液面为 B。

4. D。根据毛细管上升公式可以算得。

5. B。根据铺展系数的计算公式 $S_{1/2} = \sigma_2 - \sigma_2 + \sigma_{1,2}$,铺展发生的条件为 $S>0$,可以得到答案为 B。

6. A。溶液表面可发生正吸附或负吸附。表面活性剂溶液,表面发生正吸附。吸附量的定义为单位面积表面层中溶质的量与具有相同体积溶剂的体相中所含有的溶质的量之差。所以正确答案为 A。

7. A。油酸的加入降低了两纸中间区域的表面张力的缘故。

8. C。可通过公式计算得到。

9. C。只有离子型表面活性剂才会有这种变化。

10. D。朗缪尔理论只适用于单分子层吸附,BET 适用于单分子及多分子层吸附。

11. C。可通过计算得到。

**（二）判断题**

1. 对。此为表面吉布斯能的物理意义。

2. 错。表面吉布斯能不变,但表面能要改变。

3. 错。平面液面,$r$ 无穷大,得到 $\Delta p = 0$。

4. 错。微小晶体溶解度大。

5. 错。由铺展系数公式计算得到。

6. 对。

7. 对。

8. 对。此时溶液表面已被溶质占满,吸附达饱和,吸附量不再改变。

9. 错。表面压是膜对单位长度浮物所施加的推力。表面张力是液体表面的紧缩力。

10. 对。

11. 错。不同 HLB 值的表面活性剂都可以做乳化剂,HLB 值为 8~18 的表面活性剂,可用作 O/W 型乳状液的乳化剂;HLB 值为 3~6 的表面活性剂,可用作 W/O 型乳状液的乳化剂。

12. 对。

13. 对。

**（三）填空题**

1. 6。

2. 处于表面层的分子与处于体相内的分子受力情况不同。

3. >。

4. $21.8 \times 10^{-3}$。

5. 接触角。

6. >。

7. 降低。

8. CMC。

9. 浊点。

10. >。

11. 范德瓦耳斯力。

## （四）问答题

1. 不正确。表面吉布斯能是指单位面积的表面分子比相同数量的体相分子所高出的吉布斯能，或称表面能。

2. 系统的表面吉布斯能 $G_{表面}=\sigma A$，微分得 $dG_{表面}=\sigma\,dA+Ad\sigma$。根据热力学第二定律，自发过程的方向为 $dG_{T,p}<0$。对于纯液体，指定温度下表面张力为一确定值，即 $d\sigma=0$，则 $dG_{表面}=\sigma dA$，此时 $dG_{T,p}<0$ 的自发方向为自动缩小表面积的趋势，因此液滴、气泡都呈球形。对于溶液，其表面张力不仅是温度的函数，还和组成有关。溶液不仅会自发缩小表面积到最小，还会尽可能改变表面浓度使表面张力降到最低。

3. $\Delta p=2\times2\sigma/r=8\text{Pa}$。相连后小泡变小，大泡变大，最后小泡变成一个与大泡曲率半径相同的弧。这是因为弯曲液面受到的附加压力 $\Delta p$，其大小与表面张力 $\sigma$ 成正比，与曲率半径 $r$ 成反比，则大泡附加压力小，小泡附加压力大。

4. 任何物质的饱和溶液，当其中存在着大小不同的被溶解物质晶态物质时，实际上这些大小不同的同种晶态物质的溶解度是不同的，晶粒越小越微，其溶解度越大。因此，将这饱和溶液长期放置后，微晶、小晶体便逐渐消失，而大块晶体却逐渐增大。

5. a 和 d 是错误的。由于弯曲液面附加压力的存在，附加压力指向弯曲液面的曲率中心，所以凹液面液体所受的压力低于大气压，而凸液面液体所受的压力高于大气压。

6. 植物有自身保护功能，在叶子表面有蜡质物而不被雨水润湿，可防止茎叶折断。若农药是普通水溶液，喷在植物上不能润湿叶子即接触角大于90°，成水滴淌下，达不到杀虫效果；加表面活性剂后，使农药表面张力下降，接触角小于90°，能润湿叶子，提高杀虫效果。所以有的农药在制备时就加了表面活性剂，制成乳剂，可很好地润湿植物的茎叶。

7. 液体不会从折断后的管口处冒出。当液柱升至管口处再继续上升时，液面的曲率将发生改变，液面曲率半径的增大，使产生的附加压力减小，直至附加压力和水柱的静压力相等。液体也不会从上端向下弯曲的毛细管弯曲处滴下，因为当水升至毛细管的弯曲处时，凹液面附加压力的方向发生改变，对抗重力的向上方向的分力减小。因此，液面不会越过弯曲处，更不会从管口滴下来（图 8-11）。

8. 液滴越小蒸气压越大，容器内的蒸气压对于正常液体是饱和的，但对于小液滴来说还未饱和，因此小液滴会蒸发。蒸发使容器内的蒸气变得过饱和，过饱和蒸气在大液滴上凝结，最终小液滴消失，大液滴长大。

9. 根据开尔文公式 $\ln\dfrac{p_r^*}{p^*}=\dfrac{2\sigma M}{RT\rho r}$，$CaCO_3$ 的粒径越小，蒸气压越大，这个蒸气压就是它的分解压，因此小颗粒 $CaCO_3$ 的分解压大。

10. 有机胺分子是由亲水基和疏水基两部分组成的。玻片表面是亲水的，当用稀有机胺水溶液处理干净玻片表面时，有机胺在玻片表面形成单分子吸附层，亲水基向玻片，疏水基向外，使玻片表面变为疏水性。当再用浓有机胺水溶液处理后，则形成第二层吸附层，疏水基向玻片，亲水基向外，玻片表面变成亲水性。若再用水冲洗，可将第二层洗去，玻片表面又成疏水性了。如图 8-12 所示。

11. 泉水或井水含有大量无机盐，其表面张力比纯水大，因此，水和杯子壁之间的接触角变大，当液面超过杯面时可保持水不溢出。如果此时加入肥皂水，则表面张力大大降低，水和杯子壁之间的接触角变小，液体将溢出杯口。

12. 根据杨-拉普拉斯公式 $\Delta p = \sigma\left(\dfrac{1}{r_1}+\dfrac{1}{r_2}\right)$，弯曲液面的附加压力 $\Delta p$ 的大小与液体的表面张力 $\sigma$ 成正比，与弯曲液面的曲率半径 $r$ 成反比。毛细管中两侧的液体表面张力相同，影响附加压力的是弯曲液面的曲率半径。a 管为凹液面，$r<0$，附加压力 $\Delta p$ 的方向指向液体外部，左侧液面曲率半径较小，因而向左的附加压力较大，使液体向左移动，直至两侧弯曲液面的曲率半径相同，此时管内液体不再流动，处于平衡状态。

b 管为凸液面，$r>0$，附加压力 $\Delta p$ 的方向指向液体内部，左侧液面曲率半径较小，因而向右的附加压力较大，使液体向右移动，直至两侧弯曲液面的曲率半径相同，此时管内液体不再流动，处于平衡状态。

13. 毛细管的半径均匀，影响附加压力大小的是表面张力，而且液体的表面张力 $\sigma$ 随温度的升高而下降。a 管内的液体为凹液面，附加压力 $\Delta p$ 的方向指向液体外部，左侧液体受热表面张力 $\sigma$ 下降，$\Delta p$ 降低，液柱左侧指向外部的附加压力大于右侧，液滴向左移动。

b 管液体为凸液面，附加压力 $\Delta p$ 的方向指向液体内部，右侧液体受热表面张力 $\sigma$ 下降导致 $\Delta p$ 降低，液柱左侧指向液体内部的附加压力大于右侧，液滴向右移动。

14. 适宜用作喷洒剂的液体应符合两个条件：能浸湿药粉且能润湿虫体表面。

（1）根据浸湿条件 $\sigma_{粉} - \sigma_{粉-液体} > 0$，液体 1、3 可以浸湿药粉。

（2）根据铺展润湿条件 $\sigma_{表皮} - \sigma_{液体} - \sigma_{表皮-液体} > 0$，液体 2、3 可以在虫体表皮铺展润湿。

综合两个条件，液体 3 最适宜。

**（五）计算题**

1. 解：当接触角为零时，液面曲率半径等于毛细管半径，$r_1 = -0.600\times10^{-3}$ m，$r_2 = -0.400\times10^{-3}$ m。按毛细管液面上升公式 $h = -\dfrac{2\sigma}{\rho g r}$，有

$$\Delta h = h_2 - h_1 = -\frac{2\sigma}{\rho g}\left(\frac{1}{r_2}-\frac{1}{r_1}\right) = \frac{2\sigma}{900\times9.8}\left(\frac{1}{0.4\times10^{-3}}-\frac{1}{0.6\times10^{-3}}\right) = 1\times10^{-2}$$

解得：$\sigma = 52.9\times10^{-3}$ N/m

2. 解：（1）$\ln\dfrac{c}{c_0} = \dfrac{2\sigma_{晶}M}{\rho RT}\cdot\dfrac{1}{r}$

$$\ln\frac{c}{5.9\times10^{-3}} = \frac{2\times25.7\times10^{-3}\times0.168}{1\,566\times8.314\times298}\cdot\frac{1}{0.005\times10^{-6}}$$

$$c = 9.2\times10^{-3}\ \text{mol/dm}^3$$

（2）$\ln 3 = \dfrac{2\times25.7\times10^{-3}\times0.168}{1\,566\times8.314\times298}\cdot\dfrac{1}{r}$

$$r = 2.03\times10^{-9}\ \text{m}$$

$$分子数 = \frac{颗粒质量}{单个分子质量} = \frac{\frac{4}{3}\pi r^3\cdot\rho}{M/L} = \frac{\frac{4}{3}\pi(2.03\times10^{-9})^3\times1\,566\times6.023\times10^{23}}{0.168}$$

$$= 197\ 个$$

3. 解：（1）固体在烧杯中有四种可能的位置，见图 8-16。

分别计算它们形成时表面能的变化 $\Delta G$，$\Delta G$ 下降最多者即是最可能的位置，计算式为

$$\Delta G = 新生界面的界面能 - 消失界面的界面能。$$

设固体的表面积为 2 个单位,则

$$\Delta G_1 = \sigma_{S\text{-}L2} - \sigma_S = (70-150) \times 10^{-3} = -80 \times 10^{-3} \text{N/m}$$

$$\Delta G_2 = 2\sigma_{S\text{-}L2} - 2\sigma_S = (2 \times 70 - 2 \times 150) \times 10^{-3}$$

$$= -160 \times 10^{-3} \text{N/m}$$

$$\Delta G_3 = (\sigma_{S\text{-}L2} + \sigma_{S\text{-}L1}) - (2\sigma_S + \sigma_{L2\text{-}L1})$$

$$= (70+180-2 \times 150-80) \times 10^{-3} = -130 \times 10^{-3} \text{N/m}$$

$$\Delta G_4 = 2\sigma_{S\text{-}L1} - 2\sigma_S = (2 \times 180 - 2 \times 150) \times 10^{-3} = 60 \times 10^{-3} \text{N/m}$$

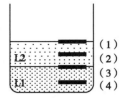

图 8-16　计算题 3 解

由计算可知,位置 2 的 $\Delta G$ 下降最多,固体应在位置 2 处。

(2)液体 $L_2$ 滴在固体 S 上,先计算其铺展系数

$$S = \sigma_S - \sigma_{L2} - \sigma_{S\text{-}L2} = (150-50-70) \times 10^{-3} > 0$$

因此液体 $L_2$ 在固体 S 上铺展开来。

液体 $L_1$ 滴在固体 S 上,其铺展系数

$$S = \sigma_S - \sigma_{L1} - \sigma_{S\text{-}L1} = (150-60-180) \times 10^{-3} < 0$$

液体 $L_1$ 不能在固体 S 上铺展,用杨氏公式计算其接触角:

$$\cos\theta = \frac{\sigma_S - \sigma_{S\text{-}L1}}{\sigma_{L1}} = \frac{150-180}{60} = -\frac{1}{2}$$

$$\theta = 150°$$

即液体 $L_1$ 在固体 S 上形成椭球状液滴。

4. 解:(1)朗缪尔吸附等温式为 $\Gamma = \dfrac{\Gamma_m bp}{1+bp}$,代入题中所给数据

$$8.25 \times 10^{-2} = \frac{9.38 \times 10^{-2} \times b \times 13.4 \times 10^3}{1+b \times 13.4 \times 10^3}$$

$$b = 5.448 \times 10^{-4} \text{Pa}^{-1}$$

(2)当 $p = 6.67\text{kPa}$ 时

$$\Gamma = \frac{9.38 \times 10^{-2} \times 5.448 \times 10^{-4} \times 6.67 \times 10^3}{1+5.448 \times 10^{-4} \times 6.67 \times 10^3} = 7.36 \times 10^{-2} \text{m}^3/\text{kg}$$

5. 解:(1)BET 吸附等温式为

$$\frac{p/p^*}{V(1-p/p^*)} = \frac{C-1}{V_m C} \cdot p/p^* + \frac{1}{V_m C}$$

先计算不同 $p/p^*$ 时的 $\dfrac{p/p^*}{V(1-p/p^*)}$ 值:

| $p/p^*$ | 0.013 7 | 0.027 3 | 0.100 0 | 0.147 3 | 0.207 4 | 0.250 4 | 0.336 8 |
|---|---|---|---|---|---|---|---|
| $\dfrac{p/p^*}{V(1-p/p^*)} \times 10^{-3}/\text{m}^{-3}$ | 1.705 | 3.137 | 10.06 | 14.21 | 19.98 | 24.33 | 33.64 |

作 $\dfrac{p/p^*}{V(1-p/p^*)} \sim p/p^*$ 的线性回归,得回归方程为:

$$\frac{p/p^*}{V(1-p/p^*)} = 9.746 \times 10^4 p/p^* + 216.8 \quad (r = 0.999\ 4, n = 7)$$

$$V_m = \frac{1}{斜率 + 截距} = \frac{1}{9.746 \times 10^4 + 216.8} = 1.024 \times 10^{-5} \text{m}^3$$

（2）比表面　　$a = \dfrac{A}{m} = \left( \dfrac{pV_m}{RT} \cdot L \cdot A_{N_2} \right) / m$

$$= \frac{\left( \dfrac{101\,325 \times 1.024 \times 10^{-5}}{8.314 \times 273.2} \times 6.023 \times 10^{23} \times A_{N_2} \right)}{1.752 \times 10^{-2}} = 2\,640$$

$N_2$ 分子截面积 $A_{N_2} = 1.62 \times 10^{-19}$ m$^2$。

# 第九章　溶胶与大分子溶液

## 一、要　点　概　览

### （一）溶胶的分类及特性

1. 分类　分散系统按其形成的相态分为均相系统和多相系统。在均相系统中,按溶质分子的大小分为小分子溶液和大分子溶液;在多相系统中按分散相粒径大小分为超微分散系统和粗分散系统。当分散相的粒径在1~100nm之间的分散系统称胶体。其中大分子物质能溶解在水中成为均相系统,称为亲液胶体;在水中不溶的超微分散系统称为憎液胶体,简称溶胶。溶胶按分散介质的聚集状态可分为三大类:气溶胶,液溶胶和固溶胶。

2. 溶胶的特性　特有的分散程度,相不均匀性和聚结的不稳定性是溶胶的3个基本特性。

### （二）溶胶的制备和净化

1. 溶胶的制备　主要有分散法和凝聚法两种。分散法是用适当的手段将大块物质或粗分散的物质在有稳定剂存在的情况下分散成溶胶的方法;凝聚法则是使单个分子、原子或离子相互凝聚成粒径为1~100nm的胶体分散系统。

2. 溶胶的净化　用化学凝聚法制备的溶胶中含有一些电解质,会破坏溶胶的稳定性,需要净化,常用的净化方法有渗析和超滤法。

### （三）溶胶的性质

溶胶性质主要包括动力性质、光学性质和电学性质。

1. 动力性质　溶胶的动力性质主要指溶胶粒子在介质中的无规则运动(布朗运动)产生的扩散现象与渗透现象,以及重力场和离心力场对粒子运动的影响。布朗运动是溶胶的特征,是处于不停热运动状态的介质分子以不同的速率、从不同的方向撞击悬浮在液体中的颗粒所产生的结果。通过对溶胶动力性质的研究可以得知溶胶粒子的大小、形状及其聚沉的原因。

2. 光学性质　溶胶的光学性质是指溶胶对光的散射作用。其外观表现为丁铎尔现象,这是溶胶分散系统的最主要光学特征,定量描述为瑞利公式。测定溶胶的散射可了解粒子大小、形状和浓度。

3. 电学性质　溶胶的电学性质是指溶胶粒子因表面带电而表现的各种电动行为,包括电泳、电渗、流动电势和沉降电势。溶胶粒子带电原因主要为:胶核的选择性吸附、表面分子的电离等。胶粒的带电是溶胶得以稳定的重要原因,对电动现象特别是电泳的测定有许多实际应用。

　　由于溶胶粒子带电,从而在固液界面上形成双电层的结构。在电场中,固体和液体发生相对移动时,滑动界面与溶液内部的电势差称为电动电势或 $\zeta$ 电势。$\zeta$ 电势的存在,使得胶粒不易聚沉。外加电解质可使 $\zeta$ 电势下降,使得胶粒容易聚沉。

### (四) 溶胶的稳定性与聚沉

　　1. 胶团结构　　胶核的选择性吸附使得胶粒带电,从而在界面上形成了双电层。胶核吸附的定位离子、部分反离子及溶剂分子组成的是吸附层,吸附层以外的剩余反离子为扩散层。胶核和吸附层组成胶粒,胶核、吸附层和扩散层总称为胶团,整个胶团是电中性的。胶团结构可表示为

$$[(胶核)_m \cdot n\,定位离子 \cdot (n-x)内层反离子] \cdot x\,外层反离子。$$

　　2. 溶胶的稳定性　　溶胶可在一定时间内保持相对稳定,其主要原因为动力稳定性(布朗运动)、分散相粒子带电及溶剂化作用。

　　3. 溶胶的聚沉　　胶粒聚集、长大,从介质中沉淀下来的现象称为聚沉。引起溶胶聚沉的原因主要有:

　　(1)电解质的聚沉作用:过量电解质对溶胶的稳定性有很大影响,不同价反离子的聚沉作用遵循舒尔策-哈代规则,同价反离子的聚沉能力用感胶离子序表示。

　　(2)有机化合物的离子都具有很强的聚沉能力。

　　(3)大分子对溶胶有保护作用,但用量不足时有絮凝作用。

　　4. DLVO 理论　　该理论认为胶体粒子相互间的范德瓦尔斯引力和电性斥力的总结果决定了溶胶的稳定性。

### (五) 乳状液和微乳状液

　　液-液分散的系统为乳状液,有 O/W 型和 W/O 型两种,制备乳状液需使用乳化剂。一般乳状液为粗分散系统,液滴半径小于 100nm 时称为微乳,微乳是热力学稳定系统。

### (六) 大分子溶液的特征

　　大分子溶液由于分子大小已进入胶体分散度范围,具有扩散速度慢、不能透过半透膜等胶体溶液的特性。但大分子溶液是分子分散且热力学稳定的均相系统,对电解质不敏感,这使它与溶胶又有本质的区别。

　　制备大分子溶液首先要经过溶胀过程。线型大分子在良性溶剂中可以无限溶胀形成溶液;体型大分子只能有限溶胀。

### (七) 大分子的平均摩尔质量

　　大分子的摩尔质量只有统计意义,是统计平均值。常用的平均摩尔质量有数均摩尔质量、质均摩尔质量、$z$ 均摩尔质量和黏均摩尔质量。数均摩尔质量通常用依数性方法测定;质均摩尔质量用光散射方法测定;$z$ 均摩尔质量用超离心沉降法测定;黏均摩尔质量用黏度法测定。

### (八) 大分子溶液的黏度

　　常用的黏度表示方法有相对黏度、增比黏度、比浓黏度和特性黏度。在一定温度下,大分子溶液平均摩尔质量与其特性黏度 $[\eta]$ 之间的关系为 $[\eta]=KM^{\alpha}$,式中 $M$ 为大分子化合物的黏均摩尔质量,$K$ 和 $\alpha$ 为与溶剂、大分子化合物及温度有关的经验常数。

### (九) 大分子溶液的唐南平衡和渗透压

　　1. 唐南平衡　　因为大分子电解质不能透过半透膜,渗透平衡时,由于大分子离子的存在而导致小分子离子在半透膜两边分布不均匀的现象称为唐南效应,这种平衡称为唐南平衡。

2. 大分子溶液的渗透压　大分子溶液的渗透压比相同浓度的小分子溶液大,使用测渗透压的方法可较正确地测定大分子的数均摩尔质量。但由于唐南平衡的存在,会影响测定的准确性。因此,在测定大分子电解质溶液渗透压时,应当设法消除唐南平衡的影响,通常采用在膜外放置一定浓度的小分子电解质溶液的方法。

### （十）凝胶

在一定条件下,大分子溶质或溶胶粒子相互连接,形成空间网状结构,而溶剂小分子充满在网架的空隙中,成为失去流动性的半固体状态,这种系统称为凝胶,这种凝胶化过程称为胶凝。凝胶是介于固体和液体之间的一种特殊状态,一方面显示有弹性、强度、屈服值和无流动性等固体的力学性质,但又具有与固体不同的物理特性。根据分散相质点的性质以及形成凝胶结构时质点联结的结构强度,凝胶可以分为刚性凝胶和弹性凝胶两类。凝胶具有膨胀作用、触变作用、离浆作用、扩散作用等性能。

# 二、主 要 公 式

| | |
|---|---|
| $\dfrac{\mathrm{d}n}{\mathrm{d}t}=-DA\dfrac{\mathrm{d}c}{\mathrm{d}x}$ | 菲克第一定律 |
| $D=\dfrac{RT}{L}\cdot\dfrac{1}{6\pi\eta r}$ | 球形粒子的扩散系数 |
| $\bar{x}=\sqrt{\dfrac{RT}{L}\cdot\dfrac{t}{3\pi\eta r}}=\sqrt{2Dt}$ | 爱因斯坦-布朗运动公式 |
| $v=\dfrac{2r^2(\rho-\rho_0)g}{9\eta}$ | 重力沉降速度公式 |
| $RT\ln\dfrac{c_2}{c_1}=-\dfrac{4}{3}\pi r^3(\rho-\rho_0)gL\cdot(h_2-h_1)$ | 重力场中的高度分布公式 |
| $I=\dfrac{24\pi^2A^2\nu V^2}{\lambda^4}\left(\dfrac{n_1^2-n_2^2}{n_1^2+2n_2^2}\right)^2$ | 瑞利散射公式 |
| $\zeta=\dfrac{K\eta v}{4\varepsilon_0\varepsilon_r E}$ 或 $\zeta=9\times10^9\dfrac{K\pi\eta v}{\varepsilon_r E}$ | 电泳法求 $\zeta$ 电势 |
| $M_n=\dfrac{\sum n_B M_B}{\sum n_B}$ | 数均摩尔质量公式 |
| $M_m=\dfrac{\sum m_B M_B}{\sum m_B}=\dfrac{\sum n_B M_B^2}{\sum n_B M_B}$ | 质均摩尔质量公式 |

$$M_z = \frac{\sum z_B M_B}{\sum z_B}$$ z 均摩尔质量公式

$$M_\eta = \left(\frac{\sum m_B M_B^\alpha}{\sum m_B}\right)^{1/\alpha}$$ 黏均摩尔质量公式

$$\Pi = 2RT\frac{c_1^2 + c_1 c_2}{c_1 + 2c_2} = 2c_1 RT\frac{c_1 + c_2}{c_1 + 2c_2}$$ 大分子电解质溶液的渗透压公式。适用于大分子电解质与小分子离子的唐南平衡

# 三、例 题 解 析

**例1** 把 $Fe(OH)_3$ 溶胶放在电泳池中,两电极的距离为 0.20m,两电极的电势差为 110V,测得其电泳速度为 $1.65\times10^{-5}$ m/s,此时的温度为 293K,水的 $\eta$ 为 $1.00\times10^{-3}$ Pa·s,胶粒为棒状,求此溶胶胶粒的 $\zeta$ 电势。

**解:** 根据公式 $\zeta = \dfrac{K\eta v}{4\varepsilon_0\varepsilon_r E}$,代入数据,得

$$\zeta = \frac{K\eta v}{4\varepsilon_0\varepsilon_r E} = \frac{4\times1.00\times10^{-3}\times1.65\times10^{-5}}{4\times8.85\times10^{-12}\times81\times\dfrac{110}{0.20}} = 0.042\text{V}$$

**例2** 某金溶胶在 298K 时达沉降平衡,在某一高度粒子的数量为 $8.89\times10^8$ m$^{-3}$,再上升 0.001m 粒子数量为 $1.08\times10^8$ m$^{-3}$。设粒子为球形,金的密度为 $1.93\times10^4$ kg/m$^3$,水的密度为 $1.0\times10^3$ kg/m$^3$,试求:

(1)胶粒的平均半径及平均摩尔质量。

(2)使粒子的浓度下降一半,需上升多少高度。

**解:**(1)根据沉降平衡时粒子高度分布公式

$$RT\ln\frac{c_2}{c_1} = -\frac{4}{3}\pi r^3(\rho - \rho_0)gL\cdot(h_2 - h_1),$$

$$298\times8.314\ln\frac{1.08\times10^8}{8.89\times10^8} = -\frac{4}{3}\times3.14\times r^3(19.3-1)\times10^3\times9.8\times6.023\times10^{23}\times0.001$$

解得,$r = 2.26\times10^{-8}$ m。

溶胶的摩尔质量 $M = \dfrac{4}{3}\pi r^3\rho L$,则有

$$M = \frac{4}{3}\pi(2.26\times10^{-8})^3\times19.3\times10^3\times6.023\times10^{23} = 5.62\times10^5\text{kg/mol}$$

(2)粒子的浓度下降一半时,

$$298R\ln\frac{1}{2} = -\frac{4}{3}\pi(2.26\times10^{-8})^3\times(19.3-1)\times10^3\times9.8\times6.023\times10^{23}\cdot\Delta h$$

解得:$\Delta h = 3.29\times10^{-4}$ m。

**例 3**　在两个充有 0.001mol/L KCl 溶液的容器之间放一个 AgCl 晶体组成的多孔塞,其细孔道中也充满了 KCl 溶液。在多孔塞两侧放两个接直流电源的电极,问通电时溶液将向哪一极方向移动? 若改用 0.1mol/L 的 KCl 溶液,在相同外加电场中,溶液流动速度是变快还是变慢? 若用 $AgNO_3$ 溶液代替原来用的 KCl 溶液,情形又将如何?

**解:**充以 KCl 溶液,AgCl 晶体吸附 $Cl^-$ 离子,溶液带正电,溶液向负极移动。KCl 浓度增加,$\zeta$ 电位下降,溶液移动速度变慢。

改用 $AgNO_3$ 溶液,AgCl 晶体吸附 $Ag^+$ 离子,溶液带负电,溶液向正极移动。增加 $AgNO_3$ 溶液浓度,$\zeta$ 电位下降,也使运动速度变慢。

**例 4**　向三个均盛有 0.02L $Fe(OH)_3$ 溶胶的烧杯中分别加入 $NaCl$、$Na_2SO_4$、$Na_3PO_4$ 溶液使溶胶完全聚沉,至少需要加入电解质的量为:

(1)1mol/L 的 NaCl 溶液 0.021 0L。

(2)0.005mol/L 的 $Na_2SO_4$ 溶液 0.125 0L。

(3)0.003 3mol/L 的 $Na_3PO_4$ 溶液 0.007 4L。

试计算各电解质的聚沉值及其聚沉能力之比,并判断胶粒所带电荷的符号。

**解:**根据聚沉值的定义,上述电解质的聚沉值分别为

$$NaCl:c_1=\frac{1\times0.021\ 0}{0.020+0.021}\times10^3=512mol/m^3$$

$$Na_2SO_4:c_2=\frac{0.005\times0.125\ 0}{0.020+0.125}\times10^3=4.31mol/m^3$$

$$Na_3PO_4:c_3=\frac{0.003\ 3\times0.007\ 4}{0.020+0.007\ 4}\times10^3=0.891mol/m^3$$

聚沉值之比为

$$c_1:c_2:c_3=512:4.31:0.891=100:0.84:0.17$$

聚沉能力 $\propto\dfrac{1}{聚沉值}$,所以聚沉能力之比为

$$NaCl:Na_2SO_4:Na_3PO_4=\frac{1}{512}:\frac{1}{4.31}:\frac{1}{0.891}=1:119:575$$

由此可知,上述电解质聚沉能力的顺序为 $Na_3PO_4>Na_2SO_4>NaCl$。因为三种电解质具有相同的正离子,所以对溶胶聚沉起主要作用的是负离子,因而胶粒带正电荷。

**例 5**　$NaNO_3$、$Mg(NO_3)_2$、$Al(NO_3)_3$ 对 AgI 水溶胶的聚沉值分别为 140mol/L、2.60mol/L、0.167mol/L,试判断该溶胶是正溶胶还是负溶胶?

**解:**从聚沉值看,三种电解质的聚沉能力为 $NaNO_3<Mg(NO_3)_2<Al(NO_3)_3$,因此可以判断 AgI 为负溶胶。起聚沉作用的离子主要是正离子,价数之比为 1:2:3,聚沉值之比为 100:1.86:0.119,与舒尔策-哈代规则相符。

**例 6**　将细胞壁看成半透膜,试解释:

(1)红细胞置于蒸馏水中时会破裂。

(2)拌有盐的黄瓜在数小时内会变软。

**解:**(1)红细胞膜是一种蛋白质不能通过,而水及小分子离子能通过的半透膜,当它置于蒸馏水中,水在膜外化学势大于膜内,于是水透过膜进入红细胞内直至破裂。

(2)黄瓜拌了盐后,其组织细胞膜外 NaCl 浓度大大高于膜内,水在膜内化学势大于膜外,水会从膜内向膜外渗透,所以黄瓜就变软了。

**例 7** 试计算 293.2K 时,使半径分别为 $1.00×10^{-5}$ m、$1.00×10^{-7}$ m 和 $1.00×10^{-9}$ m 的金的水溶胶粒子在重力场中下降 $1.00×10^{-2}$ m 所需的时间。已知分散介质的密度为 $1.00×10^3$ kg/m,黏度为 $1.00×10^{-3}$ kg/(m·s),金的密度为 $1.93×10^4$ kg/m。从计算结果中可得到什么启示?

**解:**粒子在重力场中达沉降平衡时,沉降力=黏滞阻力

即 $$\frac{4}{3}\pi r^3(\rho-\rho_0)g=6\pi\eta r\left(\frac{dx}{dt}\right)\approx6\pi\eta r\left(\frac{\Delta x}{\Delta t}\right)$$

$$\Delta t=\frac{6\eta\Delta x}{\frac{4}{3}r^2(\rho-\rho_0)g}$$

$$=\frac{6×(1.00×10^{-3})×(1.00×10^{-2})}{\frac{4}{3}×(1.93×10^4-1.00×10^3)×9.81}×\frac{1}{r^2}$$

当 $r=1.00×10^{-5}$ m、$1.00×10^{-7}$ m 和 $1.00×10^{-9}$ m 时,可求得 $\Delta t$ 值分别为 2.51s、$2.51×10^4$ s 和 $2.51×10^8$ s。

由以上结果可知,胶粒($10^{-9}$ m$<r<10^{-7}$ m)在重力场中的沉降速度极慢,所以重力场中的沉降平衡只适用于粗分散体系粒子的实验测定。

**例 8** 将某聚合物 $5.0×10^{-3}$ kg 分各种级别,用渗透压法测出各级分的数均摩尔质量 $M_n$,所得结果见下表:

| 级分 | 1 | 2 | 3 | 4 | 5 | 6 |
|------|---|---|---|---|---|---|
| $m_B×10^3$/kg | 0.25 | 0.65 | 2.20 | 1.2 | 0.55 | 0.15 |
| $M_n$/(kg/mol) | 2 | 50 | $1×10^2$ | $2×10^2$ | $5×10^2$ | $1×10^3$ |

假设每个级分的摩尔质量是均匀的,试计算原聚合物的 $M_m$ 和 $M_n$ 和 $M_m/M_n$。

**解:**因为 $n_B M_B=m_B$,所以

$$M_m=\frac{\sum n_B M_B^2}{n_B M_B}=\frac{\sum m_B M_B}{\sum m_B}$$

$$=\frac{0.25×10^{-3}×2+0.65×10^{-3}×50+2.20×10^{-3}×1×10^2}{5×10^{-3}}$$

$$+\frac{1.2×10^{-3}×2×10^2+0.55×10^{-3}×5×10^2+0.15×10^{-3}×1×10^3}{5.0×10^{-3}}$$

$$=1.84×10^2 \text{kg/mol}$$

$$M_n=\frac{\sum n_B M_B}{\sum n_B M_B}=\frac{\sum m_B}{\sum n_B}$$

$$=\frac{5.0×10^{-3}}{\frac{0.25×10^{-3}}{2}+\frac{0.65×10^{-3}}{50}+\frac{2.20×10^{-3}}{1×10^2}+\frac{1.2×10^{-3}}{2×10^2}+\frac{0.55×10^{-3}}{5×10^2}+\frac{0.15×10^{-3}}{1×10^3}}$$

$$=30.3 \text{kg/mol}$$

$$\frac{M_m}{M_n} = \frac{1.84 \times 10^2}{29.9} = 6.15$$

**例 9**　在 25℃时,测得各浓度下异丁烯聚合物的苯溶液的渗透压如下表所示:

| $c \times 10^{-1}/(\text{kg/m}^3)$ | 0.5 | 1.00 | 1.25 | 1.50 | 2.00 |
|---|---|---|---|---|---|
| $\Pi/\text{Pa}$ | 49.45 | 100.94 | 126.96 | 154.84 | 210.70 |

求聚异丁烯的平均摩尔质量。

**解:**由已知数据处理得

| $c \times 10^{-1}/(\text{kg/m}^3)$ | 0.5 | 1.00 | 1.25 | 1.50 | 2.00 |
|---|---|---|---|---|---|
| $\Pi/\text{Pa}$ | 49.45 | 100.94 | 127.75 | 154.84 | 210.70 |
| $\Pi/c/(\text{Pa}\cdot\text{m}^3/\text{kg})$ | 9.890 | 10.094 | 10.220 | 10.323 | 10.535 |

由公式 $\dfrac{\Pi}{c} = \dfrac{RT}{M} + A_2 RTc$ 知,以 $\dfrac{\Pi}{c}$ 对 $c$ 作图为一直线,其截距等于 $RT/M$,于是可求得 $M$。由图得截距为 $9.67\text{Pa}/(\text{kg}\cdot\text{m}^3)$,图略。即

$$\frac{RT}{M} = 9.67$$

$$M = \frac{RT}{9.67} = \frac{8.314 \times 298}{9.67} = 256\text{kg/mol}$$

**例 10**　在 25℃时聚苯乙烯溶于甲苯中,测得其黏度如下

| $c/(\text{kg/m}^3)$ | 0 | 2.0 | 4.0 | 6.0 | 8.0 | 10.0 |
|---|---|---|---|---|---|---|
| $\eta \times 10^{-4}/[\text{kg/(m}\cdot\text{s)}]$ | 5.57 | 6.14 | 6.73 | 7.33 | 7.97 | 8.62 |

已知该系统的 $k = 3.70 \times 10^{-5}\text{m}^3/\text{kg}, \alpha = 0.62$。试由此求出聚苯乙烯的摩尔质量。

**解:**由已知数据处理得

| $c/(\text{kg/m}^3)$ | 0 | 2.0 | 4.0 | 6.0 | 8.0 | 10.0 |
|---|---|---|---|---|---|---|
| $\eta \times 10^{-4}/[\text{kg/(m}\cdot\text{s)}]$ | 5.57 | 6.14 | 6.73 | 7.33 | 7.97 | 8.62 |
| $\eta_r$ | | 1.102 | 1.208 | 1.316 | 1.431 | 1.548 |
| $\eta_{sp}$ | | 0.102 | 0.208 | 0.316 | 0.431 | 0.548 |
| $(\eta_{sp}/c) \times 10^2$ | | 5.10 | 5.20 | 5.27 | 5.39 | 5.48 |
| $(\ln \eta_r/c) \times 10^2$ | | 4.86 | 4.72 | 4.58 | 4.48 | 4.37 |

以 $\eta_{sp}/c$ 对 $c$ 或以 $\ln\eta_r/c$ 对 $c$ 作图得一直线,其截距 $=[\eta]$(图略)。由图知 $[\eta] = 5.01 \times$

$10^{-2} m^3/kg$。对公式 $[\eta]=kM^\alpha$ 取对数,并代入数据,则

$$\ln [\eta] = \ln k + \alpha \ln M$$

$$\ln M = \frac{\ln[\eta] - \ln k}{\alpha}$$

$$= \frac{\ln (5.01 \times 10^{-2}) - \ln (3.70 \times 10^{-5})}{0.62}$$

$$= 11.630\,5$$

$$M = 112 kg/m^3$$

**例 11** 含 2% 的蛋白质水溶液(质量百分数),由电泳实验发现其中有两种蛋白质,一种摩尔质量是 100kg/mol,另一种摩尔质量是 60kg/mol,二者摩尔浓度相等。假设把蛋白质分子作钢球处理,已知其密度 $\rho = 1.3kg/L$,水的密度 $\rho_0 = 1kg/L$,黏度为 $1 \times 10^{-3} Pa \cdot s$,温度为 298.2K。计算:

(1)数均摩尔质量和质均摩尔质量。

(2)摩尔质量较高的分子与摩尔质量较低的分子的扩散系数之比。

**解**:(1)设 $n$ 表示 0.1kg 溶液中每种蛋白质的物质的量,则

$$2 \times 10^{-2} = 100n + 60n = 160n$$

$$n = \frac{2 \times 10^{-2}}{160} = 1.25 \times 10^{-4} mol$$

$$M_n = \frac{\sum M_B n_B}{\sum n_B} = \frac{160n}{2n} = 80 kg/mol$$

$$M_m = \frac{\sum m_B M_B}{\sum m_B} = \frac{\sum n_B M_B^2}{\sum n_B M_B}$$

$$= \frac{n \times 100^2 + n \times 60^2}{160n} = 85 kg/mol$$

(2)根据爱因斯坦公式

$$D = \frac{RT}{6\pi\eta rL}$$

蛋白质的摩尔质量为

$$M = \frac{4}{3}\pi r^3 \rho L$$

由上两式可得

$$D \propto \frac{1}{M^{\frac{1}{3}}}$$

因而

$$\frac{D_2}{D_1} = \left(\frac{M_1}{M_2}\right)^{\frac{1}{3}} = \left(\frac{60}{100}\right)^{\frac{1}{3}} = 0.843$$

**例 12** 在 298K 时,某大分子 $R^+Cl^-$ 置于半透膜内,其浓度为 0.1mol/L,膜外放置 NaCl 水溶液,其浓度为 0.5mol/L,计算 Donnan 平衡后,膜两边离子浓度及渗透压 $\Pi_{测}$。

**解：**

| 膜 | | | | 膜 | | | | | |
|---|---|---|---|---|---|---|---|---|---|

| 膜内 | | 膜外 | | | 膜内 | | | 膜外 | |
|---|---|---|---|---|---|---|---|---|---|
| $R^+$ | $Cl^-$ | $Na^+$ | $Cl^-$ | | $Na^+$ | $R^+$ | $Cl^-$ | $Na^+$ | $Cl^-$ |
| 0.1 | 0.1 | 0.5 | 0.5 | | $x$ | 0.1 | $0.1+x$ | $0.5-x$ | $0.5-x$ |
| 平衡前 | | | | | 平衡后 | | | | |

根据唐南平衡关系式，平衡时

$$(c_{Na^+}c_{Cl^-})_内 = (c_{Na^+}c_{Cl^-})_外$$

$$(0.1+x)x = (0.5-x)^2$$

解之，得

$$x = 0.23\,mol/L$$

$$\Pi_内 = 2RT(0.1+x)$$

$$\Pi_外 = 2RT(0.5-x)$$

$$\Pi_测 = \Pi_内 - \Pi_外 = 2RT\left[(0.1+x)-(0.5-x)\right]$$

$$= 2RT(2x-0.4)$$

$$= 2\times8.314\times298\times(2\times0.23-0.4)\times10^3$$

$$= 2.97\times10^5\,Pa$$

**例 13**　在一渗析膜左侧将 $1.3\times10^{-3}$kg 盐基胶体（RH）溶于 0.100L 的极稀盐酸中，胶体酸完全解离。渗析膜右侧置 $1.0\times10^{-4}$m$^3$ 纯水。298K 时达平衡后测得左侧、右侧的 pH 分别为 2.67 和 3.26，求胶体酸的摩尔质量。

**解：**设 RH 的初始浓度为 $x$，盐酸的初始浓度为 $y$，平衡后膜右侧盐酸的浓度为 $z$，在达到渗透后渗析膜两侧的离子浓度如下图：

| 左 | | 右 |
|---|---|---|
| $[R^-]_左 = x$ | 渗 | |
| $[H^+]_左 = x+y-z$ | 析 | $[H^+]_右 = z$ |
| $[Cl^-]_左 = y-z$ | 膜 | $[Cl^-]_右 = z$ |

由题意知 $-lg\{[H^+]_右\times]10^{-3}\} = 3.26$，解得 $[H^+]_右 = z = 0.55\,mol/m^3$。

根据唐南平衡：$[H^+]_左[Cl^-]_左 = [H^+]_右[Cl^-]_右$，即

$$(x+y-z)(y-z) = z^2 \qquad\qquad 式（9-1）$$

又有 $-lg\{[H^+]_左\times10^{-3}\} = 2.67$，即 $-lg\{(x+y-z)\times10^{-3}\} = 2.67$

解得

$$(x+y-z) = 2.14\,mol/m^3 \qquad\qquad 式（9-2）$$

式（9-1）、式（9-2）联立

$$\begin{cases} (x+y-0.55)(y-0.55) = 0.55^2 \\ (x+y-0.55) = 2.14 \end{cases}$$

解得
$$x = 2.00 \text{mol/m}^3$$
$$y = 0.69 \text{mol/m}^3$$

故 RH 的摩尔质量为

$$M = \frac{m}{[\text{RH}]V} = \frac{1.3 \times 10^{-3}}{2.00 \times 1.0 \times 10^{-4}} = 6.50 \text{mol/kg}$$

# 四、习题详解(主教材)

1. 某溶胶胶粒的平均直径为 4.2nm,设介质黏度 $\eta = 1.0 \times 10^{-3} \text{Pa} \cdot \text{s}$,试计算:

(1)298K 时胶粒的扩散系数。

(2)在 1s 内由于布朗运动,粒子沿 $x$ 轴方向的平均位移。

**解**:(1)$D = \frac{RT}{6\pi r \eta L} = \dfrac{8.314 \times 298}{6 \times 3.14 \times \dfrac{4.2 \times 10^{-9}}{2} \times 1.0 \times 10^{-3} \times 6.023 \times 10^{23}} = 1.040 \times 10^{-10} \text{m}^2/\text{s}$

(2)    $\bar{x} = \sqrt{2Dt} = \sqrt{2 \times 1.040 \times 10^{-10} \times 1} = 1.442 \times 10^{-5} \text{m}$

2. 贝林(Perrin)实验观测藤黄混悬液的布朗运动,实验测得时间 $t$ 与平均位移 $\bar{x}$ 数据如下:

| $t$/s | 30 | 60 | 90 | 120 |
|---|---|---|---|---|
| $\bar{x} \times 10^6$/m | 6.9 | 9.3 | 11.8 | 13.9 |

已知藤黄粒子的半径为 $2.12 \times 10^{-7} \text{m}$,实验温度为 290K,混悬液的黏度 $\eta = 1.10 \times 10^{-3} \text{Pa} \cdot \text{s}$,试计算阿伏伽德罗常数 $L$。

**解**:由 $\bar{x}^2 = \dfrac{RTt}{3\pi r \eta L}$ 代入 $t$、$\bar{x}$ 数据求 $L$,结果:

| $t$/s | 30 | 60 | 90 | 120 | 平均 |
|---|---|---|---|---|---|
| $\bar{x} \times 10^6$/m | 6.9 | 9.3 | 11.8 | 13.9 | |
| $L \times 10^{-23}$ | 6.917 | 7.615 | 7.096 | 6.818 | 7.112 |

若 $\bar{x}^2 \sim t$ 线性回归:$\bar{x}^2 = 1.631\,8 \times 10^{-12} t - 5.75 \times 10^{-12} (r = 0.997)$

斜率:$\dfrac{RT}{3\pi r \eta L} = 1.631\,8 \times 10^{-12}$,解得

$$L = 6.72 \times 10^{23}$$

3. 在内径为 0.02m 的管中盛油,使直径 $d = 1.588\text{mm}$ 的钢球从其中落下,下降 0.15m 需时 16.7s。已知油和钢球的密度分别为 $\rho_{油} = 960 \text{kg/m}^3$ 和 $\rho_{球} = 7\,650 \text{kg/m}^3$。试计算在实验温度时油的黏度。

**解**:根据沉降速度公式 $v = \dfrac{2r^2(\rho - \rho_0)g}{9\eta}$,代入已知数据:

$$\frac{0.15}{16.7} = \frac{2\left(\dfrac{1.588 \times 10^{-3}}{2}\right)^2 \times (7\,650 - 960) \times 9.8}{9\eta}$$

$$\eta = 1.023 \text{Pa} \cdot \text{s}$$

4. 试计算 293K 时，在地心力场中使粒子半径分别为（1）$r_1 = 10\mu m$；（2）$r_2 = 100nm$；（3）$r_3 = 1.5nm$ 的金溶胶粒子下降 0.01m，分别所需的时间。已知分散介质的密度为 $\rho_{介} = 1\,000 \text{kg/m}^3$，金的密度 $\rho_{金} = 1.93 \times 10^4 \text{kg/m}^3$，溶液的黏度近似等于水的黏度，为 $\eta = 0.001 \text{Pa} \cdot \text{s}$。

**解：**根据沉降速度公式 $v = \dfrac{2r^2(\rho - \rho_0)g}{9\eta}$，代入已知数据：

（1）
$$\frac{0.01}{t_1} = \frac{2(10 \times 10^{-6})^2 \times (19\,300 - 1\,000) \times 9.8}{9 \times 0.001}$$

$$t_1 = 2.5 \text{s}$$

（2）同理可得 $t_2 = 2.51 \times 10^4 \text{s}$

（3）同理可得 $t_3 = 1.12 \times 10^8 \text{s}$

5. 密度为 $\rho_{粒} = 2.152 \times 10^3 \text{kg/m}^3$ 的球形 $CaCl_2(s)$ 粒子，在密度为 $\rho_{介} = 1.595 \times 10^3 \text{kg/m}^3$、黏度为 $\eta = 9.75 \times 10^{-4} \text{Pa} \cdot \text{s}$ 的 $CCl_4(l)$ 介质中沉降，在 100s 的时间里下降了 0.049 8m，计算此球形 $CaCl_2(s)$ 粒子的半径。

**解：**根据沉降速度公式 $v = \dfrac{2r^2(\rho - \rho_0)g}{9\eta}$，代入已知数据：

$$\frac{0.049\,8}{100} = \frac{2r^2(2\,152 - 1\,595) \times 9.8}{9 \times 9.75 \times 10^{-4}}$$

$$r = 2.0 \times 10^{-5} \text{m}$$

6. 已知 298.15K 时，分散介质及金的密度分别为 $1.0 \times 10^3 \text{kg/m}^3$ 及 $19.32 \times 10^3 \text{kg/m}^3$。试求半径为 $1.0 \times 10^{-8} \text{m}$ 的金溶胶的摩尔质量及高度差为 $1.0 \times 10^{-3} \text{m}$ 时粒子的数浓度之比。

**解：**金溶胶粒子的摩尔质量

$$M = \frac{4\pi r^3 \rho L}{3} = \frac{4}{3} \times 3.141\,6 \times (10^{-8})^3 \times 19.32 \times 10^3 \times 6.022 \times 10^{23} = 48\,735 \text{kg/mol}$$

粒子的浓度之比 $\dfrac{c_2}{c_1}$ 可由下列式计算：

$$\ln \frac{c_2}{c_1} = -\frac{Mg}{RT}\left(1 - \frac{\rho_0}{\rho}\right)\Delta h$$

$$= \frac{48\,735 \times 9.8}{8.314 \times 298.15} \times \left(1 - \frac{1.0 \times 10^3}{19.32 \times 10^3}\right) \times 1.0 \times 10^{-3}$$

$$= -0.182\,7$$

$$\frac{c_2}{c_1} = 0.833$$

7. 在实验室中，用相同的方法制备两份浓度不同的硫溶胶，测得两份硫溶胶的散射光强度之比为 $I_1/I_2 = 10$。已知第一份溶胶的浓度 $c_1 = 0.10 \text{mol/L}$，设入射光的频率和强度等实验条件都相同，试求第二份溶胶的浓度 $c_2$。

**解：**浊度法求溶胶粒子大小或浓度 $\dfrac{I}{I_0} = \dfrac{r^3}{r_0^3} = \dfrac{c}{c_0}$，对于本题

$$\frac{I_1}{I_2} = \frac{c_1}{c_2} = \frac{0.10}{c_2} = 10$$

$$c_2 = 0.01 \text{mol/L}$$

8. 将过量 $H_2S$ 通入足够稀的 $As_2O_3$ 溶液中制备硫化砷（$As_2S_3$）溶胶。请写出该胶团的结构式，指明胶粒的电泳方向，比较电解质 KCl、$MgSO_4$、$MgCl_2$ 对该溶胶聚沉能力的大小。

**解：**反应式

$$As_2O_3 + 3H_2S(\text{过量}) \longrightarrow As_2S_3(\text{溶胶}) + H_2O$$

$$H_2S \longrightarrow HS^-(\text{定位离子}) + H^+(\text{反离子})$$

结构式：$[(As_2S_3)_m \cdot nHS^- \cdot (n-x)H^+]^{x-} \cdot xH^+$，为负溶胶，在电场中向正极移动。

聚沉能力排序：$MgCl_2 > MgSO_4 > KCl$。

9. 在热水中水解 $FeCl_3$ 制备 $Fe(OH)_3$ 溶胶。请写出该胶团结构式，指明胶粒的电泳方向，比较电解质 $Na_3PO_4$、$Na_2SO_4$、NaCl 对该溶胶聚沉能力的大小。

**解：**结构式：$\{[Fe(OH)_3]_m \cdot nFeO^+ \cdot (n-x)Cl^-\}^{x+} \cdot xCl^-$，为正溶胶，在电场中向负极移动。

聚沉能力：$Na_3PO_4 > Na_2SO_4 > NaCl$。

10. 混合等体积 0.008mol/L 的 KCl 和 0.1mol/L 的 $AgNO_3$ 溶液制备 AgCl 溶胶，试比较电解质 $CaCl_2$、$Na_2SO_4$、$MgSO_4$ 的聚沉能力。

**解：**$Ag^+$ 过量，吸附 $Ag^+$，溶胶带正电。所以，电解质中的负离子对溶胶有聚沉作用。

根据舒尔策-哈代规则，反离子价数越高，聚沉能力越大。而反离子相同时，则同号离子价数越高，电解质聚沉能力越低。

聚沉能力：$Na_2SO_4 > MgSO_4 > CaCl_2$。

11. 将等体积的 0.008mol/L 的 KI 溶液与 0.01mol/L $AgNO_3$ 溶液混合制备 AgI 溶胶。试比较三种电解质 $MgSO_4$、$K_3[Fe(CN)_6]$、$AlCl_3$ 的聚沉能力。若将等体积的 0.01mol/L KI 溶液与 0.008mol/L $AgNO_3$ 溶液混合制备 AgI 溶胶，上述三种电解质的聚沉能力又将如何？

**解：**$Ag^+$ 过量，溶胶带正电。聚沉能力：$K_3[Fe(CN)_6] > MgSO_4 > AlCl_3$。

若 $I^-$ 过量，溶胶带负电。聚沉能力：$AlCl_3 > MgSO_4 > K_3[Fe(CN)_6]$。

12. 由电泳实验测知，$Sb_2S_3$ 溶胶（设为球形粒子）在 210V 电压下，两极间距离为 0.385m 时通电 36min12s，溶液界面向正极移动 $3.20 \times 10^{-2}$m。已知分散介质的介电常数 $\varepsilon_r = 81$（$\varepsilon_0 = 8.85 \times 10^{-12}$），黏度 $\eta = 1.03 \times 10^{-3}$Pa·s，求算溶胶的 $\zeta$ 电势。

**解：**电泳法求 $\zeta$ 电势公式 $\zeta = 9 \times 10^9 \cdot \dfrac{K\pi\eta v}{\varepsilon_r E}$，对于球形粒子，$K = 6$，代入其他数据，得

$$\zeta = 9 \times 10^9 \times \frac{6\pi \times 1.03 \times 10^{-3} \times \dfrac{3.20 \times 10^{-2}}{2\ 172}}{81 \times \dfrac{210}{0.385}} = 0.058\ 27\text{V}$$

13. 在显微电泳管内装入 $BaSO_4$ 的水混悬液，管的两端接上二电极，设电极之间距离为 $6 \times 10^{-2}$m，接通直流电源，电极两端电压为 40V，在 298K 时于显微镜下测得 $BaSO_4$ 颗粒平均位移 $275 \times 10^{-6}$m 距离所需时间为 22.12s。已知水的相对介电常数 $\varepsilon_r = 81$（$\varepsilon_0 = 8.85 \times 10^{-12}$），

黏度 $\eta = 0.89 \times 10^{-3} Pa \cdot s$，粒子形状参数 $K = 4$，求 $BaSO_4$ 颗粒的 $\zeta$ 电势。

**解**：电泳法求 $\zeta$ 电势公式 $\zeta = 9 \times 10^9 \cdot \dfrac{K \pi \eta v}{\varepsilon_r E}$，形状参数 $K = 4$，代入其他数据，得

$$\zeta = 9 \times 10^9 \frac{4 \pi \eta v}{\varepsilon_r E} = 9 \times 10^9 \times \frac{4 \pi \times 0.89 \times 10^{-3} \times \dfrac{275 \times 10^{-6}}{22.12}}{81 \times \dfrac{40}{0.06}} = 0.023V$$

14. 有几种不同大小单分散的某大分子样品，它们的平均摩尔质量分别为 40.0kg/mol、30.0kg/mol、20.0kg/mol、10.0kg/mol，将它们按 $1 : 1.2 : 0.8 : 1$ 的物质的量比例混合。试计算混合后大分子样品的数均、质均、$z$ 均摩尔质量。

**解**：数均摩尔质量

$$M_n = \frac{\sum n_B M_B}{\sum n_B}$$

$$= \frac{1 \times 40 + 1.2 \times 30 + 0.8 \times 20 + 1 \times 10}{1 + 1.2 + 0.8 + 1}$$

$$= 25.5 kg/mol$$

质均摩尔质量

$$M_m = \frac{\sum n_B M_B^2}{\sum n M_B}$$

$$= \frac{1 \times 40^2 + 1.2 \times 30^2 + 0.8 \times 20^2 + 1 \times 10^2}{1 \times 40 + 1.2 \times 30 + 0.8 \times 20 + 1 \times 10}$$

$$= 30.4 kg/mol$$

$z$ 均摩尔质量

$$M_z = \frac{\sum n_B M_B^3}{\sum n_B M_B^2}$$

$$= \frac{1 \times 40^3 + 1.2 \times 30^3 + 0.8 \times 20^3 + 1 \times 10^3}{1 \times 40^2 + 1.2 \times 30^2 + 0.8 \times 20^2 + 1 \times 10^2}$$

$$= 33.9 kg/mol$$

15. 303K 时，聚异丁烯在环己烷中，$[\eta] = 0.026 M^{0.70}$，若 $[\eta] = 2.00 m^3/kg$，求此温度条件下聚异丁烯的平均摩尔质量。

**解**：
$$[\eta] = KM^{0.70}$$
$$2.00 = 0.026 M^{0.70}$$
$$M = 494.73 kg/mol$$

16. 在 298K 时，具有不同平均摩尔质量的同一聚合物，溶解在有机溶剂中的特性黏度如表所示：

| $M/(kg/mol)$ | 34 | 61 | 130 |
|---|---|---|---|
| $[\eta]/(m^3/kg)$ | 1.02 | 1.60 | 2.75 |

求该系统的 $\alpha$ 和 $K$ 值。

**解：**
$$[\eta] = KM^\alpha$$
$$\ln[\eta] = \ln K + \alpha \ln M$$

以 $\ln[\eta]$ 对 $\ln M$ 作图，得一条直线，截距为 $\ln K$，斜率为 $\alpha$。也可以将已知数字代入，求出 3 个 $K$ 值及 3 个 $\alpha$ 值，然后取平均。所得结果为

$$\alpha = 0.74, K = 0.076$$

17. 在 20℃ 时测得某聚苯乙烯苯溶液的黏度数据如下：

| $c/(\text{kg/m}^3)$ | 2.00 | 3.00 | 4.00 | 5.00 | 7.50 | 10.00 |
|---|---|---|---|---|---|---|
| $\eta_r$ | 1.171 | 1.263 | 1.361 | 1.461 | 1.720 | 2.030 |

已知该系统在 20℃ 时 $K = 0.0123$，$\alpha = 0.72$，求聚乙烯苯的平均摩尔质量。

**解：**将题给数据处理如下表：

| $c/(\text{kg/m}^3)$ | 2.00 | 3.00 | 4.00 | 5.00 | 7.50 | 10.00 |
|---|---|---|---|---|---|---|
| $\eta_{sp}/c$ | 0.0855 | 0.0877 | 0.0903 | 0.0922 | 0.0960 | 1.0030 |
| $\ln \eta_r/c$ | 0.0789 | 0.0778 | 0.0771 | 0.0758 | 0.0723 | 0.0708 |

分别以 $\eta_{sp}/c$ 对 $c$、$\ln \eta_r/c$ 对 $c$ 进行线性回归得直线方程为

$$\eta_{sp}/c = 0.02097c + 0.08144$$
$$\ln \eta_r/c = -0.01066c + 0.08105$$
$$[\eta] = (0.08144 + 0.08105)/2 = 0.08125$$

将数据代入
$$[\eta] = KM^\alpha$$
$$0.08125 = 0.0123M^{0.72}$$

解得
$$M = 13.777\text{kg/mol}$$

18. 在 27℃ 时，半透膜内某大分子水溶液的浓度为 $1.0 \times 10^2 \text{mol/m}^3$，膜外 NaCl 浓度为 $5.0 \times 10^2 \text{mol/m}^3$，$R^+$ 代表不能透过膜的大分子离子，试求平衡后溶液的渗透压为多少？

**解：**

| | 内 | | 膜 | 外 | |
|---|---|---|---|---|---|
| | Na$^+$ | R$^+$ | Cl$^-$ | Na$^+$ | Cl$^-$ |
| 开始 | 0 | $1.0 \times 10^2$ | $1.0 \times 10^2$ | $5.0 \times 10^2$ | $5.0 \times 10^2$ |
| 平衡 | $x$ | $1.0 \times 10^2$ | $1.0 \times 10^2 + x$ | $5.0 \times 10^2 - x$ | $5.0 \times 10^2 - x$ |

$$x(100 + x) = (500 - x)^2$$

解得
$$x = 227.3\text{mol/m}^3$$

平衡时
$$[\text{Na}^+]_内 = 227.3\text{mol/m}^3$$
$$[\text{Cl}^-]_内 = 327.3\text{mol/m}^3$$

$$[Na^+]_{外} = [Cl^-]_{外} = 5.0 \times 10^2 - 227.3 = 272.7 \text{mol/m}^3$$

又因渗透压是因膜两边质点数不同(即浓度不同)而引起的,所以

$$\Pi = \Delta cRT$$

$$= \{ ([R^+] + [Cl^-]_{内} + [Na^+]_{内}) - ([Na^+]_{外} + [Cl^-]_{外}) \} RT$$

$$= [ (100 + 327.3 + 227.3) - (272.7 + 272.7) ] \times 8.314 \times 300.15$$

$$= 272.5 \text{kPa}$$

# 五、本章自测题及参考答案

## 自 测 题

### (一) 选择题

1. 测定胶体的 $\zeta$ 电势不能用于( )

    A. 确定胶粒的热力学电势 $\varphi$

    B. 确定胶粒所携带电荷的符号

    C. 帮助分析固-液界面的结构

    D. 帮助推测吸附原理

2. 下列关于乳状液的说法中,正确的是( )

    A. W/O 型乳状液的分散介质为水

    B. W/O 型乳状液能被水稀释

    C. 牛奶是 W/O 型乳状液

    D. 乳状液是热力学不稳定系统

3. 下列各项中,与大分子化合物对溶胶的稳定作用无关的是( )

    A. 浓度                     B. 温度

    C. 大分子自身结构          D. 相对摩尔质量

4. 关于胶粒的稳定性,下列说法中不正确的是( )

    A. 胶团中扩散层里反号离子越多,溶胶越稳定

    B. 胶粒的表面吉布斯能越大,溶胶越稳定

    C. 溶胶中电解质越少,溶胶越不稳定

    D. 胶粒的布朗运动越激烈,溶胶越稳定

5. 下列说法中正确的是( )

    A. 溶胶在热力学和动力学上都是稳定系统

    B. 溶胶与真溶液一样是均相系统

    C. 能产生丁铎尔效应的分散系统就是溶胶

    D. 通过超显微镜也不能看到胶体粒子的形状和大小

6. 恒定温度与相同时间内,$KNO_3$、$NaCl$、$Na_2SO_4$、$K_3Fe(CN)_6$ 对 $Al(OH)_3$ 溶胶的凝结能力是( )

    A. $Na_2SO_4 > K_3Fe(CN)_6 > KNO_3 > NaCl$

    B. $K_3Fe(CN)_6 > Na_2SO_4 > NaCl > KNO_3$

  C. $K_3Fe(CN)_6 > Na_2SO_4 > NaCl = KNO_3$

  D. $K_3Fe(CN)_6 > KNO_3 > Na_2SO_4 > NaCl$

 7. 下列叙述中正确的是（　　　）

  A. 胶体粒子很小,可以透过半透膜

  B. 电泳现象可证明胶体属于电解质溶液

  C. 直径介于 $1 \sim 10 nm$ 之间的微粒称为胶体

  D. 利用丁铎尔效应可以区别溶液与胶体

 8. 凝胶的性质不包括（　　　）

  A. 膨胀作用　　　　　　　　　　　B. 离浆现象

  C. 扩散作用　　　　　　　　　　　D. 高度水化

 9. 固体物质与极性介质(如水溶液)接触后,在相之间出现双电层,所产生的电势是（　　　）

  A. 滑动面与本体溶液间电势差

  B. 固体表面与本体溶液间电势差

  C. 紧密层与扩散层之间电势差

  D. 表面电势 $\varphi$

 10. 下列各性质中,不属于溶胶的动力性质的是（　　　）

  A. 布朗运动　　　　　　　　　　　B. 扩散

  C. 电泳　　　　　　　　　　　　　D. 沉降平衡

**（二）判断题**

 1. 溶胶中胶粒的布朗运动是溶剂分子热运动的反映。（　　　）

 2. 蛋白质溶液属于真溶液。（　　　）

 3. 溶胶中加入高分子化合物,可以增加溶胶的稳定性,即高分子化合物对溶胶有保护作用。（　　　）

 4. 电泳实验中观察到胶粒向负极移动,说明胶粒带负电。（　　　）

 5. 溶胶的光学性质是其高分散性和多相性的反映。（　　　）

 6. 凝胶一般可通过大分子溶液的胶凝或大分子化合物的有限溶胀制得。（　　　）

 7. 大分子溶液和溶胶都是热力学稳定系统。（　　　）

 8. 大分子溶液的特性黏度随溶液浓度的增加而减小。（　　　）

 9. 大分子化合物的溶解必须先经溶胀过程,但是溶胀并不一定都能溶解。（　　　）

 10. 唐南平衡时当有 $Na^+$ 扩散进入膜内,则必有同样浓度的 $Cl^-$ 扩散进入膜内。（　　　）

**（三）填空题**

 1. 重力场作用下,当_____和_____相等时,胶体分散系达到沉降平衡。

 2. 溶胶产生光学性质的原因归结于溶胶的_____和_____。

 3. 分散系中粒子在外力场作用下的定向移动称为_____。

 4. 把含有离子或小分子的溶胶装入_____容器里,然后把该容器放在溶剂中,从而使离子或分子从溶胶中分离出来的操作叫作_____。应用该方法可以达到_____的目的。

 5. 在外加直流电场作用下,溶胶中向某一电极作定向移动的是_____。

 6. 乳光计的光源是从侧向照射溶胶,检测的是_____的强度。

## （四）问答题

1. 什么是大分子溶液的流变性？

2. 为什么明矾能使浑浊的水很快澄清？

3. 大分子化合物数均分子量的物理意义是什么？

4. 在两份 $Al(OH)_3$ 溶胶中分别加入 KCl 和 $K_2C_2O_4$ 溶液，使溶胶恰能聚沉的浓度分别为 $80mol/m^3$ 和 $0.4mol/m^3$。

（1）$Al(OH)_3$ 溶胶胶粒所带电荷为正还是为负？

（2）为使该溶胶聚沉，$CaCl_2$ 的浓度约为多少？

5. 溶胶是热力学不稳定系统，但是很多溶胶能长期稳定存在的原因是什么？

6. 用如下反应制备 $BaSO_4$ 溶胶，用略为过量的反应物 $Ba(CNS)_2$ 作稳定剂，反应式为 $Ba(CNS)_2+K_2SO_4 \longrightarrow BaSO_4(溶胶)+2KCNS$，请写出胶核、胶粒和胶团的结构式，并指出胶粒所带的电性。

7. 在胶体银中，加入 KCl 溶液后，有什么现象？若在加 KCl 溶液前，先加入足量的明胶（高分子）溶液，现象相同吗？

8. 简述凝胶和普通溶胶的区别。

9. 溶胶发生布朗运动的本质是什么？这对溶胶的稳定性有何影响？

10. 将 0.01L 的 0.05mol/kg 的 KCl 和 0.1L 的 0.002mol/kg 的 $AgNO_3$ 溶液混合，生成 AgCl 溶胶。若分别使用 KCl、$AlCl_3$ 和 $ZnSO_4$ 将溶胶聚沉，请排列聚沉值由小到大的顺序。

## （五）计算题

1. 设有一大分子聚合物样品，其中摩尔质量为 15kg/mol 的分子有 5mol，摩尔质量为 150kg/mol 的分子有 3mol，试分别计算数均摩尔质量和质均摩尔质量。

2. 有几种不同大小单分散的某大分子样品，它们的平均摩尔质量分别为 40.0kg/mol、30.0kg/mol、20.0kg/mol、10.0kg/mol，将它们按 1:1.2:0.8:1 的物质的量比例混合。试计算混合后大分子样品的数均、质均、$z$ 均摩尔质量。

3. 在 310K 时，血浆的渗透压是 770kPa，试问溶解物质呈现的总浓度是多少？等渗透压的盐水是阻止血液细胞渗透破裂的 NaCl 溶液，试计算其浓度。

4. 某分子量很大的一元酸 HR 1.3g 溶于 100ml 盐酸中，假定 HR 完全电离，将此溶液放在一半透膜口袋中，让其在 298K 与膜外 100ml 蒸馏水达到平衡，平衡时测得膜外 pH 为 3.26，膜内 pH 为 2.67。试计算 HR 的分子量。

5. 半透膜内放置羧甲基纤维素钠溶液，其浓度为 $1.28\times10^{-3}mol/L$，膜外放置苄基青霉素钠盐溶液，唐南平衡时，测得膜内苄基青霉素离子浓度为 $32\times10^{-3}mol/L$，求膜内外青霉素离子的浓度比。

# 参 考 答 案

## （一）选择题

1. A。热力学电势是粒子表面与本体溶液之间的电势差，而 ζ 电势是滑动界面与本体溶液之间的电势差，注意区别。

2. D。W/O 是油包水型的乳状液，乳状液是热力学不稳定系统。

3. B。大分子不是通过温度作用改变溶胶的稳定性。

4. B。胶粒表面吉布斯能越大,溶胶越不稳定。

5. D。超显微镜,没有提高显微镜的分辨率,看不到粒子的真实大小和形状,但是可以观察到胶粒发出的强烈的散射光信号。

6. B。反离子价数越高,聚沉能力越大。同离子价数越高,聚沉能力越小,舒尔策-哈代规则:聚沉值和异号离子电荷的六次方成反比,即电荷高,聚沉值就小,聚沉能力强。阴离子起作用则:聚沉能力 Fe(CN)$_6$]$^{3-}$ > SO4$^{2-}$ > Cl$^-$。反离子电荷数相同时,决定反离子聚沉能力相对大小的因素为半径。通常情况下反阴离子半径越小,其聚沉能力越大则:Cl$^-$ > NO$_3^-$。

7. D。丁铎尔效应可以区分溶液和胶体。胶体粒子能透过滤纸,但是不能透过半透膜;电泳现象能证明胶体粒子带电;胶体分散系粒子大小介于 1~100nm 之间。故 A、B、C 错。

8. D。凝胶的性质有膨胀作用、离浆现象、扩散作用、化学反应。

9. B。接触的两相之间的电势,是固体表面与本体溶液之间的电势差。

10. C。电泳是溶胶的电学性质。

**（二）判断题**

1. 对。

2. 对。蛋白质溶液为均相系统,属于亲液溶胶,是真溶液。

3. 错。溶胶中加入高分子化合物,视加入量的多少,可对溶胶产生保护作用,也可能产生絮凝作用。

4. 错。胶粒带正电。

5. 对。

6. 对。

7. 错。溶胶是热力学不稳定,动力学稳定体系。

8. 错。特性黏度表示单个大分子对溶液黏度的贡献,其数值不随浓度而改变,只与大分子在溶液中的结构、形态及分子质量大小有关。

9. 对。对于线性大分子,在良溶剂中能无限溶胀至完全溶解。对于体型大分子,在良溶剂中只能有限溶胀。

10. 对。

**（三）填空题**

1. 沉降力;扩散力。

2. 高分散性;不均一性。

3. 沉降。

4. 半透膜;渗析;净化溶胶。

5. 胶粒。

6. 散射光。

**（四）问答题**

1. 大分子溶液的流变性是指在外力作用下大分子发生黏性流动和形变的性质。

2. 明矾是硫酸钾铝复盐,溶于水后产生 K$^+$、Al$^{3+}$ 等离子。另外,Al$^{3+}$ 离子在水中发生水解,产生 Al(OH)$_3$ 絮状胶体,这种胶粒带正电。混浊的水中有大量带负电的泥沙胶粒,受电解质 Al$^{3+}$ 离子的作用,很快就发生凝聚,并与带正电的 Al(OH)$_3$ 絮状胶体相互作用,两种带不同电荷的胶体发生混凝而迅速下沉,所以明矾能使浑浊的水很快澄清。

3. 数均分子量的物理意义是各个不同分子量的分子所占的分数与其相对应的分子量乘积的总和。

4. （1）对于 KCl，恰能使 $Al(OH)_3$ 溶胶聚沉时 $K^+$：$80mol/m^3$，$Cl^-$：$80mol/m^3$；对于 $K_2C_2O_4$，则 $K^+$：$0.8mol/m^3$、$C_2O_4^{2-}$：$0.4mol/m^3$。可以看到，$K^+$ 离子浓度在恰能聚沉时差别太大显然不是能使溶胶聚沉的离子，因此起聚沉作用的应当是负离子，所以该 $Al(OH)_3$ 溶胶胶粒带正电。（2）为使该溶胶聚沉，加入 $CaCl_2$ 时，起聚沉作用的是 $Cl^-$，浓度应为 $80mol/m^3$，故 $CaCl_2$ 浓度为 $40mol/m^3$。

5. 溶胶稳定的因素主要包括：胶粒带电、溶剂化膜的保护作用和布朗运动。

6. 形成的胶核是 $(BaSO_4)_m$。由于同离子效应，胶核优先吸附稳定剂中的 $Ba^{2+}$，吸附层中还有 $CNS^-$ 离子，所以胶粒的结构为 $[(BaSO_4)_m \cdot nBa^{2+} \cdot 2(n-x)CNS^-]^{2x+}$，胶粒带正电。胶团是电中性的，所以胶团的结构为 $[(BaSO_4)_m \cdot nBa^{2+} \cdot 2(n-x)CNS^-]^{2x+} \cdot 2xCNS^-$。

7. 胶体银中加入电解质 KCl 溶液后，会使溶胶聚沉。若先加入足量明胶溶液，它可保护 Ag 溶胶，使胶粒外层覆盖了高分子保护层。此时，再加入 KCl 溶液，Ag 溶胶就不聚沉了。

8. 对于溶胶来说分散相颗粒是独立的运动单元，可以自由运动，具有良好的流动性。而凝胶分散相颗粒是通过相互联结，搭成具有三维结构的骨架的，不能自由运动，是一种半固体状态，具有一定弹性、强度等固体特有的性质。

9. 溶胶发生布朗运动的本质是液体分子的热运动。由于溶胶的布朗运动，使溶胶在重力场中不易沉降，具有动力稳定性。

10. 这两种溶液混合，KCl 略过量，作为稳定剂，所以生成的 AgCl 胶核优先吸附 $Cl^-$，胶粒带负电。外加电解质中正离子的电价越高，聚沉能力就越强，而聚沉值则就越小。所以这些电解质的聚沉值由小到大的顺序为：$AlCl_3 < ZnSO_4 < KCl$。

## （五）计算题

1. 解：数均摩尔质量

$$M_n = \frac{\sum N_B M_B}{\sum N_B}$$

$$= \frac{5 \times 15 + 3 \times 150}{5 + 3} = 65.6kg/mol$$

质均摩尔质量：

$$M_m = \frac{\sum N_B M_B^2}{\sum N_B M_B}$$

$$= \frac{5 \times 15^2 + 3 \times 150^2}{5 \times 15 + 3 \times 150} = 130.7kg/mol$$

2. 解：数均摩尔质量：

$$M_n = \frac{\sum N_B M_B}{\sum N_B}$$

$$= \frac{1 \times 40 + 1.2 \times 30 + 0.8 \times 20 + 1 \times 10}{1 + 1.2 + 0.8 + 1}$$

$$= 25.5kg/mol$$

质均摩尔质量：

$$M_m = \frac{\sum N_B M_B^2}{\sum N_B M_B}$$

$$= \frac{1 \times 40^2 + 1.2 \times 30^2 + 0.8 \times 20^2 + 1 \times 10^2}{1 \times 40 + 1.2 \times 30 + 0.8 \times 20 + 1 \times 10}$$

$$= 30.4 \text{kg/mol}$$

$z$ 均摩尔质量：

$$M_z = \frac{\sum N_B M_B^3}{\sum N_B M_B^2}$$

$$= \frac{1 \times 40^3 + 1.2 \times 30^3 + 0.8 \times 20^3 + 1 \times 10^3}{1 \times 40^2 + 1.2 \times 30^2 + 0.8 \times 20^2 + 1 \times 10^2}$$

$$= 33.5 \text{kg/mol}$$

3. 解：因为 $\Pi = cRT$，所以

$$c = \frac{\Pi}{RT} = \frac{770 \times 10^3}{8.314 \times 310} = 0.299 \times 10^3 \text{mol/m}^3$$

$$= 0.299 \text{mol/L}$$

对于 NaCl 应用公式：$\Pi = 2cRT$

$$c = \frac{\Pi}{RT} = \frac{770 \times 10^3}{2 \times 8.314 \times 310} = 0.149 \times 10^3 \text{mol/m}^3$$

$$= 0.149 \text{mol/L}$$

NaCl 的百分浓度为

$$0.150 \times 58.5 \times 100 \div 1\,000 = 0.88\% \approx 0.9\%$$

4. 解：设开始 HR 浓度为 $x$，HCl 的浓度为 $y$。平衡时袋外 HCl 的浓度为 $z$，则

$$(x+y-z)(y-z) = z^2$$

当 $\lg[H^+]_外 = -3.26$，则 $[H^+]_外 = z = 5.5 \times 10^{-4} \text{mol/L}$；当 $\lg[H^+]_内 = -2.67$，则 $[H^+]_内 = x + y - z = 2.14 \times 10^{-3} \text{mol/L}$。因为

$$(x+y-z)(y-z) = z^2$$

所以

$$y - z = \frac{z^2}{(x+y-z)} = 1.41 \times 10^{-4}$$

$$x = 1.999 \times 10^{-3} \text{mol/L}$$

$$\frac{1.3 \times 1\,000}{100 M_{HR}} = 1.999 \times 10^{-3}$$

所以 $\qquad M_{HR} = 6.5 \times 10^3$

5. 解：

| | 内 | | 膜 | 外 | |
|---|---|---|---|---|---|
| | $R_1^-$ | $Na^+$ | $R_2^-$ | $Na^+$ | $R_2^-$ |
| 始态 | $1.28 \times 10^{-3}$ | $1.28 \times 10^{-3}$ | 0 | $c$ | $c$ |
| 终态 | $1.28 \times 10^{-3}$ | $32 \times 10^{-3} + 1.28 \times 10^{-3}$ | $32 \times 10^{-3}$ | $c - 32 \times 10^{-3}$ | $c - 32 \times 10^{-3}$ |

其中 $R_1^-$、$R_2^-$ 分别为羧甲基纤维素阴离子和苄基青霉素阴离子，唐南平衡时应满足

$$(c_{Na^+} \cdot c_{R_2^-})_{膜内} = (c_{Na^+} \cdot c_{R_2^-})_{膜外}$$

代入数值得

$$[(32+1.28) \times 10^{-3}] \times 32 \times 10^{-3} = (c-32 \times 10^{-3})^2$$

解之得

$$c = 64.63 \times 10^{-3} \text{mol/L}$$

$$\frac{(c_{R_2^-})_{外}}{(c_{R_2^-})_{内}} = \frac{64.63 \times 10^{-3} - 32 \times 10^{-3}}{32 \times 10^{-3}} = 1.02$$

# 模拟试卷一

## 试　卷

**一、选择题（每题 1 分，共 28 分）**

1. 下列过程中，可看作可逆过程的是（　　　）
   A. $N_2(g)$ 和 $O_2(g)$ 在等温等压下混合
   B. 蔗糖溶解在水中
   C. 液体苯在其沸点 353K，$p^{\ominus}$ 下蒸发成苯蒸气
   D. 甲烷在空气中燃烧

2. 在非体积功为零的等容过程中，系统热力学能随温度的变化率等于（　　　）
   A. $C_{V,m}$　　　　　　B. $C_V$　　　　　　C. $C_{p,m}$　　　　　　D. $C_p$

3. 范德瓦耳斯气体进行绝热恒外压膨胀，则其温度将（　　　）
   A. 升高　　　　　　B. 降低　　　　　　C. 不变　　　　　　D. 不确定

4. 某一化学反应，在低温下可自发进行，但随着温度的升高，其自发倾向降低，该反应为（　　　）
   A. $\Delta S>0,\Delta H>0$　　B. $\Delta S>0,\Delta H<0$　　C. $\Delta S<0,\Delta H>0$　　D. $\Delta S<0,\Delta H<0$

5. 下面有关熵的说法不正确的是（　　　）
   A. 熵是系统的状态函数
   B. 可逆过程的熵变为零
   C. 孤立系统中，自发过程熵将增加
   D. 熵与系统的微观状态数有关

6. 某系统经过一个不可逆循环，则（　　　）
   A. 系统的熵一定增加
   B. 系统的热力学能一定增加
   C. 环境的熵一定增加
   D. 环境的热力学能一定减少

7. 对于封闭系统，下列各组状态函数的关系中，哪一个是正确的（　　　）
   A. $F>U$　　　　　　B. $F<U$　　　　　　C. $G<U$　　　　　　D. $H<F$

8. 对于某物质偏摩尔量的定义，下列条件中正确的是（　　　）
   A. 等温等压
   B. 等温等压、其他物质浓度不变
   C. 等温、其他物质浓度不变
   D. 等温等容

9. 食盐可顺利溶解在水中，说明固体食盐的化学势比盐水中食盐的化学势（　　　）
   A. 高
   B. 低
   C. 相等
   D. 两者不能比较大小

10. 在 1 000K 时,已知理想气体反应 $CO(g) + H_2O(g) \Longrightarrow CO_2(g) + H_2(g)$ 的标准平衡常数为 1.43,今在同温度且系统中各物质的分压均为标准压力时,上述反应将(　　)

    A. 反应正向进行　　　　　　　　　　B. 反应恰好达到平衡

    C. 不能判断其进行方向　　　　　　　D. 反应逆向进行

11. 放热反应 $2CO(g) + O_2(g) \Longrightarrow 2CO_2(g)$ 达平衡后,若分别采取①增加压力;②减少 $NO_2$ 的分压;③增加 $O_2$ 分压;④升高温度;⑤加入催化剂,则能使平衡向右移动的是(　　)

    A. ①②③　　　　　B. ②③④　　　　　C. ③④⑤　　　　　D. ①②⑤

12. 下列描述中不正确的是(　　)

    A. 标准平衡常数只是温度的函数

    B. 催化剂不能改变平衡常数的大小

    C. 化学平衡发生新的移动,平衡常数必发生变化

    D. 平衡常数发生变化,化学平衡必定发生移动,达到新的平衡

13. 已知 A 和 B 两种液体可形成无最高或最低恒沸点的液态完全互溶双液系统,则将 A 和 B 混合精馏可以获得(　　)

    A. 一个纯组分和一个恒沸混合物　　B. 两个恒沸混合物

    C. 两个纯组分　　　　　　　　　　　D. 以上答案均不正确

14. 已知某混合物的最低共熔点的组成为含 B 量 0.4,当含 B 量小于此质量分数的 A、B 混合物系统降温至最低共熔点时,析出的固体为(　　)

    A. 固体 A　　　　　　　　　　　　　B. 固体 B

    C. 处于三相线两端的两种固体　　　　D. 含纯 A 和纯 B 的固体混合物

15. 电解质 B 的水溶液,设 B 电离后产生 $\nu_+$ 个正离子和 $\nu_-$ 个负离子,且 $\nu = \nu_+ + \nu_-$,下列各式中,不能成立的是(　　)

    A. $a_\pm = a_B$　　　　　　　　　　　B. $a_\pm = a_B^{1/\nu}$

    C. $a_\pm = \gamma_\pm (m_\pm / m^\ominus)$　　　　　D. $a_\pm = (a_+^{\nu_+} \cdot a_-^{\nu_-})^{1/\nu}$

16. 当电极上有净电流通过时,随着电流密度的增加,则(　　)

    A. 阳极超电势增加,阴极超电势减小

    B. 阳极超电势增加,阴极超电势增加

    C. 阳极超电势减小,阴极超电势增加

    D. 阳极超电势减小,阴极超电势减小

17. 下列化合物中,其无限稀释摩尔电导率 $\Lambda_m^\infty$ 不能用 $\Lambda_m$ 对 $\sqrt{c}$ 作图外推至 $c = 0$ 时而求得的是(　　)

    A. NaCl　　　　　　B. $CH_3COONa$　　　　C. HCl　　　　　　D. $CH_3COOH$

18. 电导测定在实验室或实际生产上得到广泛的应用,但下列问题中不能通过电导测定得到解决的是(　　)

    A. 求难溶盐的溶解度　　　　　　　　B. 求弱电解质的电离度

    C. 求离子平均活度系数　　　　　　　D. 测定电解质溶液的浓度

19. 采用化学法测定反应速率,需要中止反应测定物质浓度。下列方法中,不适合中止反应的是(　　)

    A. 冰水冷却　　　　B. 加入阻断剂　　　　C. 大量稀释　　　　D. 加入产物

20. 合成氨反应 $\frac{1}{2}N_2 + \frac{3}{2}H_2 \Longrightarrow NH_3$ 中,测得 1h 内氨气生成了 2mol,则该反应速率为(　　)

    A. 1mol/h　　　　　B. 2mol/h　　　　　C. 3mol/h　　　　　D. 1.5mol/h

21. 298K 时,乙酸酐与乙醇发生的酯化反应为二级反应,若以乙醇为溶剂,则该反应的级数为(　　　)

    A. 零级　　　　　B. 一级　　　　　C. 二级　　　　　D. 三级

22. 药物的有效期 $t_{0.9}$ 是指药物分解一定百分比的时间,此百分比为(　　　)

    A. 90%　　　　　B. 10%　　　　　C. 0.9%　　　　　D. 0.1%

23. 用最大气泡法测定液体表面张力的实验中,错误的是(　　　)

    A. 毛细管壁必须清洁干净　　　　　B. 毛细管口必须平整

    C. 毛细管必须垂直放置　　　　　D. 毛细管须插入液体一定深度

24. 重量分析中的"陈化"过程,发生(　　　)

    A. 晶体粒子变大,晶粒数减小

    B. 晶体粒子变小,晶粒数增多

    C. 晶体粒子大小和数目均保持不变

    D. 大小晶体粒子尺寸趋于相等,晶粒数保持不变

25. 人工降雨是将 AgI 微细晶粒喷洒在积雨云层中,目的是为降雨提供(　　　)

    A. 冷量　　　　　B. 湿度　　　　　C. 晶核　　　　　D. 温度

26. 对于亲水性固体表面,其固、液间的接触角 $\theta$(　　　)

    A. $\theta>90°$　　　　　B. $\theta=90°$　　　　　C. $\theta<90°$　　　　　D. $\theta=180°$

27. 下列分散系统中丁铎尔效应最强的是(　　　)

    A. 空气　　　　　B. 蔗糖水溶液　　　　　C. 大分子溶液　　　　　D. 硅胶溶胶

28. 电动电势 $\zeta$ 是指(　　　)

    A. 固体表面与滑移面的电势差

    B. 固体表面与溶液本体的电势差

    C. 滑移面与溶液本体的电势差

    D. 紧密层与扩散层分界处与溶液本体的电势差

## 二、判断题(每题1分,共30分)

1. 一个系统经历一个无限小的过程,则该过程就是一个可逆过程。(　　　)

2. 在标准压力下,1mol 液体苯由 298K 变成 353K(苯的正常沸点)的苯蒸气,则此过程的焓变 $\Delta H=\int_{298}^{353} C_{p,m} \mathrm{d}T$。(　　　)

3. 绝热过程 $Q=0$,而 $\Delta H=Q$,因此 $\Delta H=0$。(　　　)

4. 在 298K、标准压力和非体积功为零的条件下,反应 $H_2(g)+Cl_2(g)\!=\!=\!=\!2HCl(g)$ 的恒压热效应 $Q_p$ 一定大于恒容热效应 $Q_V$。(　　　)

5. 对于理想气体等温过程,计算结果 $\Delta F=\Delta G$,这是由于理想气体的 $U$ 和 $H$ 只是温度的函数的必然结果。(　　　)

6. 凡吉布斯能降低的过程,一定是自发过程。(　　　)

7. 在 0K 条件下,任何纯物质完美晶体的熵一定为零。(　　　)

8. 单组分系统的偏摩尔量是强度性质,而多组分系统的偏摩尔量是广度性质。(　　　)

9. 对于某一反应来说,其平衡常数是一个不变的常数。(　　　)

10. 反应 $CO(g)+H_2O(g)\!=\!=\!=\!CO_2(g)+H_2(g)$,因为反应前后分子数相等,所以无论压

力如何变化,对平衡均无影响。(　　)

11. 某一化学反应的标准平衡常数的数值不单只与反应方程式的写法有关,而且还与物质标准态的选择有关。(　　)

12. 在等温条件下,理想气体反应 $2A(g)+B(g)\Longrightarrow 2C(g)$ 达平衡时,维持系统总压不变,向系统中加入惰性气体,平衡向右移动。(　　)

13. 部分互溶的双液系统总是以互相共轭的两相平衡共存。(　　)

14. 假设液体 A 和 B 组成的完全互溶双液系统,则通过精馏方法都可以分离得到纯 A 和 B 组分。(　　)

15. 对于二元液体系统中,若 A 组分对拉乌尔定律产生正偏差,则 B 组分必定对拉乌尔定律产生负偏差。(　　)

16. 对于恒沸混合物,其恒沸点随外压的变化而变化。(　　)

17. 在 298K 时,电池反应 $H_2(g)+\dfrac{1}{2}O_2(g)\Longrightarrow H_2O(l)$ 所对应的电池的标准电动势为 $E_1^{\ominus}$,则反应 $2H_2O(l)\Longrightarrow 2H_2(g)+O_2(g)$ 所对应的标准电动势是 $E_2^{\ominus}=-E_1^{\ominus}$。(　　)

18. 将铜片和锌片用导线相连后,同时插入 HCl 溶液中,所构成的电池是可逆电池。(　　)

19. 由于电极上发生氧化还原反应,因此只有氧化还原反应才能被设计成电池。(　　)

20. 电导率测定是检验水纯度的一种方便实用的方法,电导率越小,说明水的纯度越低。(　　)

21. 不同的反应若具有相同的级数,则其反应原理将相同。(　　)

22. 活化能是发生化学反应所需克服的阈能,因此对于一个化学反应而言,活化能不可能为负值。(　　)

23. 平行反应中,若主反应速率常数大于副反应速率常数,则主反应活化能一定小于副反应的活化能。(　　)

24. 某温度下的对峙反应,当达到平衡时正逆反应的速率相等。(　　)

25. 对于大多数系统来说,当温度升高时,表面张力下降。(　　)

26. 同温度下,液滴的饱和蒸汽压恒大于平液面的蒸汽压。(　　)

27. 由于溶质在溶液表面产生吸附,因此溶质在溶液表面的浓度恒大于它在溶液内部的浓度。(　　)

28. 溶胶是均相系统,在热力学上是稳定的。(　　)

29. 丁铎尔效应是溶胶粒子对入射光的折射作用引起的。(　　)

30. 等温等压及 $W'=0$ 时,化学反应达平衡,反应的化学势之和等于产物的化学势之和。(　　)

## 三、填空题(每空1分,共12分)

1. 在 298K 和 101 325Pa 下,2mol 理想气体经一恒温可逆膨胀至体积加倍,则系统做功_____J。

2. 在 298K,101 325Pa 下,石墨(s)和金刚石(s)的标准摩尔燃烧熔分别为 $-393.4kJ/mol$ 和 $-395.3kJ/mol$,则金刚石的标准摩尔生成熔 $\Delta_f H_m^{\ominus}(298K)$ 为_____ kJ/mol。

3. 任意可逆过程的热温商之和_____零(填>、<或=)。

4. 熵增原理是:在孤立系统中,自动发生熵值_____的过程,到达平衡时熵值不变。

5. 在标准压力下,化学反应 $CO(g)+H_2O(g)\Longrightarrow CO_2(g)+H_2(g)$ 在 1 100K 时达到平衡,则产物的化学势之和_____反应物化学势之和。(填>、<或=)

6. 气相反应 $CO+2H_2\Longrightarrow CH_3OH$ 的 $\Delta_r G_m^\ominus=-90.625+0.221T$,单位 kJ/mol,若要使平衡常数 $K^\ominus>1$,温度应控制在_____。

7. 已知反应 $Ag_2O(s)\Longrightarrow 2Ag(s)+1/2O_2(g)$,298K 下查得 $Ag_2O(s)$ 的 $\Delta_f G_m^\ominus=-11.20kJ/mol$,则该温度下反应的 $\Delta_r G_m^\ominus=$_____ kJ/mol。

8. 描述电极上通过的电量与已发生电极反应的物质的量之间关系的是_____定律。

9. 假设 $H+HBr\longrightarrow H_2+Br$ 是基元反应,则其反应分子数为_____。

10. 装有润湿性液体的毛细管水平放置,在其右端加热,则管内液体将向_____移动。(填左或右)

11. 泡沫是以_____为分散相的分散系统。

12. 电解质使溶胶发生聚沉时,起作用的是与胶体粒子带电符号相_____的离子。(填"同"或"反")

## 四、问答题(每题 4 分,共 12 分)

1. "熵值增大的过程一定是不可逆过程",这种说法是否正确?请举例说明。

2. 甲烷转化反应如下:$CH_4(g)+H_2O(g)\Longrightarrow CO(g)+3H_2(g)$,$\Delta_r H_m=206.1kJ/mol$。设反应在某温度下达到平衡,讨论下列因素对平衡的影响。①增加 $CH_4(g)$ 的数量;②提高反应温度;③增加系统的总压力;④增加氮气分压。

3. 有稳定剂存在时,溶胶优先吸附哪种离子,请举例说明。

## 五、计算题(每题 6 分,共 18 分)

1. 在一个绝热量热计中将 1.632 4g 蔗糖燃烧,水温升高 2.854K,已知蔗糖的燃烧热为 $-5$ 646.73kJ/mol,求绝热量热计中水及量热计的总热容量。若量热计中的水为 1 850g,水的热容为 4.184J/(g·K),问量热计的热容量为多少?(细铁丝的燃烧热可忽略不计。)若在此绝热量热计中放入 0.763 6g 苯甲酸,其完全燃烧后使水温升高 2.139K,求苯甲酸的燃烧热为多少?

2. 25℃时在一电导池中装入 0.01mol/L KCl 溶液,测得电阻为 300.0Ω。换上 0.01mol/L $AgNO_3$ 溶液,测得电阻为 340.3Ω,试计算(1)电导池常数;(2)上述 $AgNO_3$ 溶液的电导率;(3)$AgNO_3$ 溶液的摩尔电导率。($\kappa_{KCl}=0.140\ 887S/m$)

3. 青霉素的分解反应是一级反应。已知其在 310K 和 316K 条件下的半衰期分别为 32.1 小时和 17.1 小时,试求(1)计算反应在 310K 和 316K 条件下的反应速率;(2)该反应的活化能。

# 参 考 答 案

## 一、选择题(每题 1 分,共 28 分)

1. C; 2. B; 3. B; 4. D; 5. B; 6. C; 7. B; 8. B; 9. A; 10. A; 11. A; 12. C; 13. C; 14. C; 15. A; 16. B; 17. D; 18. C; 19. D; 20. A; 21. B; 22. B; 23. D; 24. A; 25. C; 26. C; 27. D; 28. C

## 二、判断题(每题 1 分,共 30 分)

1. ×; 2. ×; 3. ×; 4. ×; 5. √; 6. ×; 7. √; 8. ×; 9. ×; 10. √; 11. √; 12. ×; 13. ×; 14. ×; 15. ×; 16. √; 17. √; 18. ×; 19. ×; 20. ×; 21. ×; 22. ×; 23. ×;

24. √; 25. √; 26. √; 27. ×; 28. ×; 29. ×; 30. √

### 三、填空题（每空 1 分，共 12 分）

1. －3 434; 2. 1.9; 3. =; 4. 增大; 5. =; 6. $T<410.1K$; 7. 11.20; 8. 法拉第;
9. 2; 10. 左; 11. 气体; 12. 反。

### 四、问答题（每题 4 分，共 12 分）

1. 答：不正确。熵值增大的过程不一定都是不可逆过程。例如，气体的等温可逆膨胀过程，熵值增大了，但过程是可逆的。又如，在 100℃时水变为水蒸气，熵值也增大了，但过程为等温等压可逆相变。只有在孤立系统或绝热系统中，熵值增大的过程才一定是自发过程。

2. 答：①甲烷是反应物，增加 $CH_4(g)$ 的数量，会使平衡向正向移动；②提高反应温度会使平衡向右移动，因为这是一个吸热反应，提高反应温度对正反应有利；③增加系统的总压力，会使平衡向体积变小的方向移动，会使平衡向左方移动，不利于正向反应；④氮气在这个反应中是惰性气体，会使平衡向体积变大的方向移动，可以使产物的含量增加，对正向反应有利。

3. 答：稳定剂一般是略过量的某一反应物，胶核首先吸附与自身有相同成分的离子。比如，制备 AgI 溶胶时，若 KI 过量，胶核优先吸附 $I^-$，若 $AgNO_3$ 过量，则吸附 $Ag^+$，利用同离子效应保护胶核不被溶解。若稳定剂是另外的电解质，胶核优先吸附的是使自己不被溶解的离子，或转变成溶解度更小的沉淀的离子。

### 五、计算题（每题 6 分，共 18 分）

1. 解：蔗糖的摩尔质量为 342g/mol，1.632 4g 蔗糖燃烧时放热为

$$Q=-\frac{1.632\ 4}{342}\times5\ 646.73=-26.95kJ$$

总热容量为

$$C=\frac{26.95}{2.854}=9.443kJ/K$$

绝热量热计的热容为

$$C'=9\ 443-1\ 850\times4.184=1.703kJ/K$$

苯甲酸的摩尔质量为 122g/mol，其燃烧热为

$$Q_V=-9.443\times2.139\times\frac{122}{0.763\ 6}=-3\ 227.12kJ/mol$$

2. 解：

$(1)\ l/A=\kappa_{KCl}R_{KCl}=0.140\ 887\times300.0=42.26/m$

$(2)\ \kappa_{AgNO_3}=\dfrac{\dfrac{l}{A}}{R}=\dfrac{42.26}{340.3}=0.124\ 2/(\Omega\cdot m)$

$(3)\ \Lambda_m=\kappa/c=0.124\ 2/(0.01\times10^3)=0.012\ 42m^2/(\Omega\cdot m)$

3. 解：计算 310K、316K 条件下的反应速率常数 $k_1$、$k_2$

根据一级反应公式：$k=\dfrac{1}{t}\ln\dfrac{c_0}{c}$

$$k_1=\frac{\ln 2}{t_{1/2}}=\frac{0.693}{32.1}=0.021\ 6/h$$

$$k_2=\frac{\ln 2}{t_{1/2}}=\frac{0.693}{17.1}=0.040\ 5/h$$

根据两组数据代入阿伦尼乌斯方程:$\ln \dfrac{k_2}{k_1} = \dfrac{-E_a}{R}\left(\dfrac{1}{T_2} - \dfrac{1}{T_1}\right)$

$$\ln \frac{0.040\ 5}{0.021\ 6} = \frac{-E_a}{R}\left(\frac{1}{316} - \frac{1}{310}\right)$$

$$E_a = 85.3\text{kJ/mol}$$

# 模拟试卷二

## 试 卷

### 一、选择题（每题 2 分，共 20 分）

1. 理想气体向真空膨胀时,下列说法正确的是(　　)

    A. $\Delta U = 0, \Delta S = 0, \Delta G = 0$　　　　　　　　B. $\Delta U > 0, \Delta S > 0, \Delta G > 0$

    C. $\Delta U < 0, \Delta S < 0, \Delta G < 0$　　　　　　　　D. $\Delta U = 0, \Delta S > 0, \Delta G < 0$

2. 已知反应 $C(s) + O_2(g) \longrightarrow CO_2(g)$ 的 $\Delta H$,下列说法中不正确的是(　　)

    A. $\Delta H$ 是 $CO_2(g)$ 的生成焓　　　　　　　　B. $\Delta H$ 是 $CO_2(g)$ 的燃烧焓

    C. $\Delta H$ 是 $C(s)$ 的燃烧焓　　　　　　　　　D. $\Delta H$ 是负值

3. 可直接用 $dH = TdS + Vdp$ 进行计算的是(　　)

    A. 101.325kPa, $-10℃$ 的过冷水结冰　　　　B. $H_2$ 的燃烧反应

    C. $H_2$ 和 $N_2$ 在等温等压下的混合过程　　　D. 理想气体绝热可逆膨胀过程

4. 分解反应 $A(s) {=\!=\!=} B(g) + 2C(g)$,此反应的平衡常数 $K_p$ 与分解压 $p$ 之间关系为(　　)

    A. $K_p = 4p^3$ 　　　　B. $K_p = \dfrac{4p^3}{27}$ 　　　　C. $K_p = \dfrac{p^3}{27}$ 　　　　D. $K_p = 4p^2$

5. 在一定温度和较小的浓度情况下,增大强电解质溶液的浓度,则溶液的电导率 $\kappa$ 与摩尔电导率 $\Lambda_m$ 变化为(　　)

    A. $\kappa$ 增大,$\Lambda_m$ 增大　　　　　　　　B. $\kappa$ 增大,$\Lambda_m$ 减少

    C. $\kappa$ 减少,$\Lambda_m$ 增大　　　　　　　　D. $\kappa$ 减少,$\Lambda_m$ 减少

6. 当在溶胶中加入大分子化合物时(　　)

    A. 一定使溶胶更加稳定

    B. 一定使溶胶更容易为电解质所聚沉

    C. 对溶胶稳定性影响视其加入量而定

    D. 对溶胶的稳定性没有影响

7. 某反应,反应物反应掉 5/9 所需的时间是它反应掉 1/3 所需时间的 2 倍,这个反应是(　　)

    A. 一级　　　　　　B. 二级　　　　　　C. 零级　　　　　　D. 不能确定

8. 在刚性密闭容器中,有下列理想气体的反应达到平衡 $A(g) + B(g) {=\!=\!=} C(g)$,若在恒温下加入一定量的惰性气体,则平衡将(　　)

    A. 向右移动　　　　B. 向左移动　　　　C. 不移动　　　　D. 无法确定

9. 表面活性剂具有增溶作用是因为其(　　)

    A. 能降低溶液的表面张力　　　　　　　　B. 具有乳化作用

    C. 在溶液中形成胶团　　　　　　　　　　D. 具有润湿作用

10. 大分子溶液和普通小分子非电解质溶液的主要区分是大分子溶液的（　　　）

    A. 丁铎尔效应显著　　　　　　　　B. 渗透压大

    C. 不能透过半透膜　　　　　　　　D. 对电解质敏感

## 二、判断题（每题 2 分，共计 20 分）

1. 绝对零度时，任何物质的熵都为零。（　　　）

2. 自发过程是不可逆过程，所以不可逆过程一定是自发的。（　　　）

3. 单分子反应一定是基元反应。（　　　）

4. 明矾净水的原理利用的是电解质对溶胶的凝聚作用。（　　　）

5. 系统经一循环过程对环境做 1kJ 的功，它必然从环境吸热 1kJ。（　　　）

6. 在等温情况下，理想气体发生状态变化时，$\Delta F$ 与 $\Delta G$ 相等。（　　　）

7. $\Delta_r G_m^\ominus$ 是平衡状态时自由能的变化，因为 $\Delta_r G_m^\ominus = -RT \ln K^\ominus$。（　　　）

8. 溶液中产生正吸附时，溶液的表面张力增大，表面吉布斯能降低，表面层中溶质分子数增多。（　　　）

9. 一般来说，反应的活化能越小，反应速度越快。（　　　）

10. 溶胶与大分子溶液一样是均相系统。（　　　）

## 三、简答题（每题 5 分，共计 15 分）

1. 将 $FeCl_3$ 水溶液加热水解得到 $Fe(OH)_3$ 溶胶，试写出此胶团结构。若将此溶胶注入电泳仪池中，通电后将会观察到什么现象？今有 $NaCl$、$MgCl_2$、$Na_2SO_4$、$MgSO_4$ 四种盐，哪一种对聚沉上述溶胶最有效？

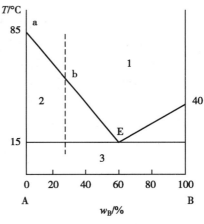

图 10-1　题 2 图

2. 在一定的压力下，药物 A 和 B 可形成低共熔系统，已知 A 的熔点为 85℃，B 的熔点为 40℃，低共熔混合物含 B 60%，低共熔点为 15℃，如图 10-1 所示。

（1）标出相图中 1、2、3 区的相态。

（2）求 a 点、E 点、b 线 1 区的自由度。

（3）将含 B 50% 的混合物降温分离时可得到什么纯品，什么条件下析出量最大？

3. 液溶胶中先加入大量明胶溶液再加 $NaCl$ 溶液，或先加 $NaCl$ 溶液再加大量明胶溶液，结果是否相同？为什么？

## 四、计算题（共计 45 分）

1. （15 分）把 1mol He 在 400K 和 0.5MPa 下等温压缩至 1MPa，试求其 $Q$、$W$、$\Delta U$、$\Delta H$、$\Delta S$、$\Delta F$、$\Delta G$。He 可视为理想气体。（1）设为可逆过程；（2）设压缩时外压自始至终为 1MPa。

2. （10 分）某化合物分解为一级反应，323K 时速率常数为 $7.08 \times 10^{-4} h^{-1}$，活化能为 69.7kJ/mol，求 298K 时分解 30% 所用时间。

3. （10 分）电池 $Pt \mid H_2(100kPa) \mid HCl(0.1mol/kg) \mid Hg_2Cl_2(s) \mid Hg(s)$ 电动势 $E$ 与温度 $T$ 的关系为 $E = 0.069\,4 + 1.881 \times 10^{-3} T - 2.9 \times 10^{-6} T^2$。

（1）写出正极、负极和电池的反应式。

（2）计算 293K 时该反应的 $\Delta_r G_m$、$\Delta_r S_m$、$\Delta_r H_m$ 以及电池恒温可逆放电时该反应的过程热

效应 $Q_r$。

4. (10 分) 设稀油酸钠水溶液的表面张力 $\sigma$ 与溶质浓度 $c$ 呈线性关系 $\sigma = \sigma_0 - bc$，式中 $\sigma_0$ 为纯水表面张力，298K 时 $\sigma_0 = 0.072\text{N/m}$，b 为常数。实验测得某一浓度时溶液表面的吸附量 $\Gamma = 4.33 \times 10^{-6}\text{mol/m}^2$，试计算该溶液的表面张力。

## 参 考 答 案

### 一、选择题（每题 2 分，共 20 分）

1. D；2. B；3. D；4. B；5. B；6. C；7. A；8. C；9. C；10. C

### 二、判断题（每题 2 分，共 20 分）

1. ×；2. ×；3. √；4. ×；5. √；6. √；7. ×；8. ×；9. √；10. ×

### 三、简答题（每题 5 分，共计 15 分）

1. 答：$\{[Fe(OH)_3]_m \cdot nFeO^+ \cdot (n-x)Cl^-\}^{x+} \cdot xCl^-$。胶粒泳向负极，$Na_2SO_4$ 聚沉最有效。

2. (1) 1 区为 A、B 形成的溶液（或者液相区）；2 区为固体 A 和溶液（或者液相）；3 区为固体 A 和固体 B 共存

(2) a 点的自由度 $f = 1 - 2 + 1 = 0$；E 点的自由度 $f = 2 - 3 + 1 = 0$；b 线的自由度 $f = 2 - 2 + 1 = 1$；1 区的自由度 $f = 2 - 1 + 1 = 2$。

(3) 将含 B 50% 的混合物降温分离时可得到纯 A，当温度接近低共熔点 15℃ 时析出量最大。

3. 答：结果不同。因为大量的大分子溶液对憎液溶胶起保护作用，因此向憎液溶胶中先加大量明胶溶液再加溶液，由于明胶对溶胶的保护作用，使电解质不能中和溶胶的电荷，从而不发生聚沉。而先加 NaCl 溶液再加大量明胶溶液，NaCl 可以使溶胶发生明显的聚沉。

### 四、计算题（共计 45 分）

1. （15 分）

解：(1) $\Delta U = 0$，$\Delta H = 0$

$$W = -nRT \ln \frac{p_1}{p_2} = 2\,305\text{J}$$

$$\Delta S = nR \ln \frac{p_1}{p_2} = -5.763\text{J/K}$$

$$\Delta F = W = 2\,305\text{J}$$

$$Q = \Delta U - W = -2\,305\text{J}$$

$$\Delta G = \Delta F = 2\,305\text{J}$$

(2) $\Delta U$、$\Delta H$、$\Delta S$、$\Delta F$、$\Delta G$ 同 (1)

$$W = -p_e \Delta V = p_2 \left( \frac{nRT}{p_2} - \frac{nRT}{p_1} \right) = nRT \left( 1 - \frac{p_2}{p_1} \right) = 3\,326\text{J}$$

$$Q = \Delta U - W = -3\,326\text{J}$$

2. （10 分）

解：代入阿伦尼乌斯公式 $\ln \frac{k_2}{k_1} = \frac{E_a}{R} \left( \frac{1}{T_1} - \frac{1}{T_2} \right)$，得

$$k_{298} = 8.02 \times 10^{-5}\text{h}^{-1}$$

求 298K 时分解 30% 所用时间

$$t=\frac{1}{k}\ln\frac{1}{1-x}=\frac{1}{8.02\times10^{-5}}\ln\frac{1}{1-0.3}=4\ 447.3\text{h}=185\text{d}$$

**3.（10分）**

解：(1) 正极反应　$Hg_2Cl_2(s)+2e^-\longrightarrow 2Hg(s)+2Cl^-$

负极反应　$H_2\longrightarrow 2H^++2e^-$

电池反应　$Hg_2Cl_2(s)+H_2\longrightarrow 2Hg(s)+2Cl^-+2H^+$

(2) 293K 时电池的电动势

$$E=0.069\ 4+1.881\times10^{-3}\times293-2.9\times10^{-6}\times(293)^2=0.371\ 6\text{V}$$

$$\Delta_rG_m=-zFE=-2\times96\ 500\times0.371\ 6=-71\ 718.8=-71.72\text{kJ/mol}$$

$$\Delta_rS_m=-(\partial\Delta_rG_m/\partial T)_p=zF(\partial E/\partial T)_p=zF\times(1.881\times10^{-3}-5.8\times10^{-6}\times293)$$

$$=2\times96\ 500\times(1.881\times10^{-3}-5.8\times10^{-6}\times293)=35.05\text{J}/(\text{K}\cdot\text{mol})$$

$$\Delta_rH_m=\Delta_rG_m+T\Delta_rS_m=-71\ 720+293\times35.05=61.45\text{kJ/mol}$$

$$Q_r=T\Delta_rS_m=293\times35.05=10.27\text{kJ/mol}$$

**4.（10分）**

解：对表面张力等温式 $\sigma=\sigma_0-bc$ 求导

$$\left(\frac{\partial\sigma}{\partial c}\right)_T=-b$$

代入吉布斯吸附等温式

$$\Gamma=-\frac{c}{RT}\left(\frac{\partial\sigma}{\partial c}\right)_T=\frac{bc}{RT}$$

$$bc=\Gamma RT$$

$$\sigma=\sigma_0-bc=\sigma_0-\Gamma RT=0.072-4.33\times10^{-6}\times298\times8.314=0.061\text{N/m}$$

# 模拟试卷三

## 试　卷

**一、选择题（每题2分，共30分）**

1. 已知 $H_2O(g)$、$CO(g)$ 在298K 时的标准生成焓分别为 $-242\text{kJ/mol}$、$-111\text{kJ/mol}$，则反应 $H_2O(g)+C(s)\Longrightarrow H_2(g)+CO(g)$ 的反应焓为（　　）

A. 131kJ/mol　　　　B. $-131$kJ/mol　　　　C. $-353$kJ/mol　　　　D. 353kJ/mol

2. 系统经不可逆循环过程，则有（　　）

A. $\Delta S=0,\Delta S_{孤}<0$ 　　　　　　　　　B. $\Delta S>0,\Delta S_{环}=0$

C. $\Delta S>0,\Delta S_{环}<0$ 　　　　　　　　　D. $\Delta S=0,\Delta S_{环}>0$

3. 将固体 NaCl 投放到水中，NaCl 逐渐溶解，最后达到饱和。开始溶解时溶液中的 NaCl 的化学势为 $\mu(a)$，饱和时溶液中 NaCl 的化学势为 $\mu(b)$，固体 NaCl 的化学势为 $\mu(c)$，则（　　）

A. $\mu(a)=\mu(b)<\mu(c)$ 　　　　　　　　　B. $\mu(a)=\mu(b)>\mu(c)$

C. $\mu(a)>\mu(b)=\mu(c)$ 　　　　　　　　　D. $\mu(a)<\mu(b)=\mu(c)$

4. 反应 $A(g)+2B(g)\Longrightarrow 2D(g)$ 在温度 $T$ 时的 $K^{\ominus}=1$。若温度恒定为 $T$，在一真空容器中通入 A、B、D 三种理想气体，它们的分压恰好皆为 100kPa。在此条件下，反应（　　）

A. 从右向左进行　　　B. 从左向右进行　　　C. 处于平衡状态　　　D. 无法判断

5. 某化学反应，$\Delta_r H_m^{\ominus}<0$，$\Delta_r S_m^{\ominus}>0$，则反应的标准平衡常数（　　　）

  A. $K_a^{\ominus}>1$，且随温度升高而增大　  B. $K_a^{\ominus}<1$，且随温度升高而减小

  C. $K_a^{\ominus}<1$，且随温度升高而增大　  D. $K_a^{\ominus}>1$，且随温度升高而减小

6. 硫酸与水可形成三种稳定化合物，在通常情况下，该系统的组分数和能平衡共存的最多相数分别为（　　　）

  A. 1,5      B. 2,4      C. 5,3      D. 2,3

7. 在一个抽空容器中放入足够多的水、$CCl_4(1)$ 及 $I_2(g)$。水和 $CCl_4$ 共存时完全不互溶，$I_2(g)$ 可同时溶于水和 $CCl_4$ 之中，容器上部的气相中同时含有 $I_2(g)$、$H_2O(g)$ 及 $CCl_4(g)$。此平衡系统的自由度数为（　　　）

  A. 2      B. 1      C. 0      D. 3

8. 单组分系统的固液平衡线的斜率 $\dfrac{\mathrm{d}p}{\mathrm{d}T}$ 的值（　　　）

  A. 大于零     B. 等于零     C. 小于零     D. 不确定

9. 298K 时，当 $H_2SO_4$ 溶液的浓度从 0.01mol/kg 增加到 0.1mol/kg 时，其电导率 $\kappa$ 和摩尔电导率 $\Lambda_m$ 将（　　　）

  A. $\kappa$ 减小，$\Lambda_m$ 增加　     B. $\kappa$ 增加，$\Lambda_m$ 减小

  C. $\kappa$ 减小，$\Lambda_m$ 减小　     D. $\kappa$ 增加，$\Lambda_m$ 增加

10. 反应 $CO(g)+2H_2(g)\longrightarrow CH_3OH(g)$ 在恒温恒压下进行，当加入某种催化剂，该反应速率明显加快。不存在催化剂时，反应的平衡常数为 $K$，活化能为 $E_a$，存在催化剂时为 $K'$ 和 $E_a'$，则（　　　）

  A. $K'=K$，$E_a'>E_a$　     B. $K'<K$，$E_a'>E_a$

  C. $K'=K$，$E_a'<E_a$　     D. $K'<K$，$E_a'<E_a$

11. 某化学反应的方程式为 $2A\longrightarrow P$，则在动力学研究中表明该反应为（　　　）

  A. 二级反应    B. 基元反应    C. 双分子反应    D. 无法确定

12. 在相同温度及压力下，把一定体积的水高度分散成小水滴的过程，下列保持不变的是（　　　）

  A. 比表面能    B. 附加压力    C. 总表面能    D. 比表面积

13. 水在毛细管中上升的高度为 $h$，若将此管垂直的向水深处插下，露在水面以上的高度为 $h/2$，则（　　　）

  A. 水会不断冒出

  B. 水不流出，管内液面突起

  C. 水不流出，管内凹液面的曲率半径增大为原先的 2 倍

  D. 水不流出，管内凹液面的曲率半径减小为原先的一半

14. 让一束足够强的自然光通过某无色溶胶，从垂直入射光的方向和透过光的方向可分别看到（　　　）

  A. 均为蓝紫色的光　     B. 均为红橙色的光

  C. 红橙色的光和蓝紫色的光　    D. 蓝紫色的光和红橙色的光

15. 溶胶的电动现象主要取决于（　　　）

  A. 热力学电势　     B. $\zeta$ 电势

  C. 扩散层电势　     D. 紧密层电势

## 二、计算题（15 分）

1mol 理想气体,始态为 $T_1 = 298.2K$,$p_1 = 100kPa$,分别经（1）等温可逆过程;（2）绝热可逆过程,到达终态 $p_2 = 600kPa$。计算各过程的 $Q$、$W$、$\Delta U$、$\Delta H$、$\Delta F$、$\Delta G$ 和 $\Delta S_{孤立}$。已知:298.2K 理想气体的标准熵为 205.03J/（K·mol）,绝热指数 $\gamma = 7/5$。

## 三、计算题（10 分）

五氯化磷分解反应为 $PCl_5(g) \longrightarrow PCl_3(g) + Cl_2(g)$

已知 298.2K、$p^{\ominus}$ 下 $PCl_5(g)$、$PCl_3(g)$、$Cl_2(g)$ 的摩尔生成焓分别为 −375kJ/mol、−287kJ/mol、0,摩尔标准熵分别为 364.6J/（K·mol）、311.8J/（K·mol）、223.07J/（K·mol）。

（1）求 298.2K 时反应的 $\Delta_r H_m^{\ominus}$、$\Delta_r S_m^{\ominus}$、$\Delta_r G_m^{\ominus}$、$K^{\ominus}$。

（2）假设反应焓不随温度而变,求 473K 时反应的标准平衡常数。

## 四、计算题（15 分）

298.15K 时,测得电池（Pt）$H_2$（101 325Pa）｜NaOH（aq）｜HgO（s）｜Hg 的电动势为 0.926 5V,已知水的标准生成焓为 −285 810J/mol,有关物质的规定熵数据如下

| 物质 | HgO（s） | $O_2$（g） | $H_2O$（l） | Hg（l） | $H_2$（g） |
|---|---|---|---|---|---|
| $S_m^{\ominus}$ J/（K·mol） | 72.22 | 205.10 | 70.08 | 77.40 | 130.67 |

试求 HgO 在此温度下的分解压。

## 五、计算题（15 分）

某药物在一定温度下分解的速率常数与温度的关系为

$$\ln k = -\frac{8\,938}{T} + 20.40$$

$k$ 的单位是 $h^{-1}$,$T$ 是绝对温度。求:

（1）0℃时每小时分解的百分率。

（2）若此药物分解 30% 即失效,30℃下保存的有效期为多长?

（3）若要求有效期达到 2 年,保存温度不能超过多少度?

## 六、计算题（15 分）

向三个均盛有 0.02L $Fe(OH)_3$ 溶胶的烧杯中分别加入 NaCl、$Na_2SO_4$、$Na_3PO_4$ 溶液使溶胶完全聚沉,至少需要加入电解质的量为①1mol/L 的 NaCl 溶液 0.021 0L;② 0.005mol/L 的 $Na_2SO_4$ 溶液 0.125 0L;③ 0.003 3mol/L 的 $Na_3PO_4$ 溶液 0.007 4L。

（1）试计算各电解质的聚沉值及其聚沉能力之比,并判断胶粒所带电荷的符号。

（2）制备上述 $Fe(OH)_3$ 溶胶时,是用稍过量的 $FeCl_3$ 与 $H_2O$ 作用制成的,写出其胶团的结构式。

## 参 考 答 案

### 一、选择题（每题 2 分，共 30 分）

1. A; 2. D; 3. D; 4. C; 5. D; 6. B; 7. A; 8. D; 9. B; 10. C; 11. D; 12. A; 13. C; 14. D; 15. B

### 二、计算题（15 分）

解:（1）等温可逆过程 $\Delta U = \Delta H = 0$

$$W = -nRT \ln \frac{V_2}{V_1} = -nRT \ln \frac{p_1}{p_2} = -1 \times 8.314 \times 298.2 \times \ln \frac{100}{600} = 4\,442J$$

由于 $\Delta U = 0$

$$Q = -W = -4\ 442\text{J}$$

$$\Delta S = \frac{Q}{T} = -14.9\text{J}/(\text{K} \cdot \text{mol})$$

$$\Delta S_{环} = \frac{Q_{环}}{T} = -\frac{Q}{T} = 14.9\text{J}/(\text{K} \cdot \text{mol})$$

$$\Delta S_{孤立} = \Delta S + \Delta S_{环} = 0$$

$$\Delta G = \Delta H - T\Delta S = 0 - 298.2 \times (-14.9) = 4\ 443.2\text{J}/\text{mol}$$

$$\Delta F = \Delta U - T\Delta S = 0 - 298.2 \times (-14.9) = 4\ 443.2\text{J}/\text{mol}$$

（2）因为是绝热过程，所以 $Q = 0$

根据理想气体绝热可逆方程 $p_1^{1-\gamma} T_1^{\gamma} = p_2^{1-\gamma} T_2^{\gamma}$

$$T_2 = 497.5\text{K}$$

$$W = C_{V,m}(T_2 - T_1) = \frac{5}{2} \times 8.314 \times (497.5 - 298.2) = 4\ 142\text{J}$$

$$\Delta U = Q - W = W = 4\ 142\text{J}$$

$$\Delta H = C_{p,m}(T_2 - T_1) = \frac{7}{2} \times 8.314 \times (497.5 - 298.2) = 5\ 799\text{J}$$

绝热可逆过程为恒熵过程，$\Delta S = 0$

$$\Delta G = \Delta H - \Delta(TS) = 5\ 799 - 205.03 \times (497.5 - 298.2) = -35\ 063.5\text{J}/\text{mol}$$

$$\Delta F = \Delta U - \Delta(TS) = 4\ 122 - 205.03 \times (497.5 - 298.2) = -36\ 740.5\text{J}/\text{mol}$$

## 三、计算题（10分）

解：（1）$\Delta_r H_m^{\ominus} = \Delta_f H_{m,PCl_3(g)}^{\ominus} + \Delta_f H_{m,Cl_2(g)}^{\ominus} - \Delta_f H_{m,PCl_5(g)}^{\ominus}$

$$= -287 + 0 - (-375) = 88\text{kJ}/\text{mol}$$

$$\Delta_r S_m^{\ominus} = S_{m,PCl_3(g)}^{\ominus} + S_{m,Cl_2(g)}^{\ominus} - S_{m,PCl_5(g)}^{\ominus}$$

$$= 311.8 + 223.07 - 364.6 = 170.27\text{J}/(\text{K} \cdot \text{mol})$$

$$\Delta_r G_m^{\ominus} = \Delta_r H_m^{\ominus} - T\Delta_r S_m^{\ominus} = 88\ 000 - 298.2 \times 170.27 = 37\ 225\text{J}/\text{mol}$$

$$\Delta_r G_m^{\ominus} = -RT \ln K^{\ominus}$$

$$K^{\ominus} = \exp\left(-\frac{\Delta_r G_m^{\ominus}}{RT}\right) = \exp\left(-\frac{37\ 225}{8.314 \times 298.2}\right) = 3.014 \times 10^{-7}$$

（2）反应的 $\Delta_r H_m^{\ominus} = \Delta_f H_m^{\ominus}$，利用反应的等压方程

$$\ln\frac{K_1^{\ominus}}{K^{\ominus}} = \frac{\Delta_r H_m^{\ominus}}{R}\left(\frac{1}{T} - \frac{1}{T_1}\right)$$

$$K_1^{\ominus} = K^{\ominus} \cdot \exp\left[\Delta_f H_m^{\ominus}(T_1 - T)/(RT_{1T})\right]$$

$$= 3.014 \times 10^{-7} \cdot \exp\left(88\ 000 \times \frac{473.2 - 298.2}{8.314 \times 473.2 \times 298.2}\right) = 0.151$$

## 四、计算题（15分）

解：负极：$H_2 + 2OH^- \longrightarrow 2H_2O + 2e^-$

正极：$HgO + H_2O + 2e^- \longrightarrow Hg + 2OH^-$

电池反应：$HgO + H_2 \longrightarrow Hg + H_2O$

$$E_1^{\ominus} = \varphi_+^{\ominus} - \varphi_-^{\ominus} = 0.926\ 5\text{V}$$

$$\Delta G_{m,1}^{\ominus} = -zE^{\ominus}F = -178.815\text{kJ}/\text{mol}$$

水的生成反应

$$H_2 + \frac{1}{2}O_2 \longrightarrow H_2O(1)$$

$$\Delta H^{\ominus}_{m,2} = \Delta_f H^{\ominus}_{m,H_2O} = -285\ 810\ \text{J/mol}$$

$$\Delta S^{\ominus}_{m,2} = 70.08 - 130.67 - \frac{1}{2} \times 205.1 = -163.14\ \text{J}$$

$$\Delta G^{\ominus}_{m,2} = \Delta H^{\ominus}_{m,2} - T\Delta S_{m,2} = -237\ 170\ \text{J/mol}$$

两方程式相减得

$$HgO \longrightarrow Hg + O_2$$

$$\Delta G^{\ominus}_{m,3} = \Delta G^{\ominus}_{m,1} - \Delta G^{\ominus}_{m,2} = 58\ 355\ \text{J/mol}$$

$$\Delta G^{\ominus}_{m,3} = -RT \ln K_3$$

$$K_3 = \exp\left(-\frac{\Delta G^{\ominus}_{m,3}}{RT}\right) = 5.97 \times 10^{-11}$$

$$K_3 = (p_{O_2}/p^{\ominus})^{\frac{1}{2}}$$

$$p_2 = 3.566 \times 10^{-21} \times 101\ 325 = 3.613 \times 10^{-16}\ \text{Pa}$$

## 五、计算题（15分）

解：（1）0℃（273.2K）时，由 $\ln k = -\dfrac{8\ 938}{T} + 20.40$，得

$$k = 4.48 \times 10^{-6}\ \text{h}^{-1}$$

由 $k$ 的单位可知，该药物的分解反应为一级反应

$$\ln \frac{c_0}{c} = kt = 4.48 \times 10^{-6} \times 1$$

$$1 - \frac{c_0}{c} = 0.000\ 448\%$$

（2）当 $c = (1-30\%)c_0$ 时

$$k = 1.14 \times 10^{-4}\ \text{h}^{-1}$$

$$\ln \frac{c_0}{(1-30\%)c_0} = 1.14 \times 10^{-4}t$$

$$t = 3\ 129\ \text{h}$$

（3）当 $t = 2$ 年，即 17 520 h，$c = (1-30\%)c_0$ 时

$$\ln \frac{c_0}{c} = kt$$

$$k = 2.036 \times 10^{-5}\ \text{h}^{-1}$$

由 $\ln k = -\dfrac{8\ 938}{T} + 20.40$，得

$$T = 286.5\ \text{K} = 13.3\ ℃$$

## 六、计算题（15分）

解：（1）根据聚沉值的定义，上述电解质的聚沉值分别为

$$NaCl:c_1 = \frac{1 \times 0.021\ 0}{0.020 + 0.021} \times 10^3 = 512.2\ \text{mol/L}$$

$$\text{Na}_2\text{SO}_4 : c_2 = \frac{0.005 \times 0.125\,0}{0.020 + 0.125} \times 10^3 = 4.31 \text{mol/L}$$

$$\text{Na}_3\text{PO}_4 : c_3 = \frac{0.003\,3 \times 0.007\,4}{0.020 + 0.007\,4} \times 10^3 = 0.891 \text{mol/L}$$

聚沉值之比为

$$c_1 : c_2 : c_3 = 512.2 : 4.31 : 0.891 = 575 : 4.84 : 1$$

已知聚沉能力 $\propto \dfrac{1}{\text{聚沉值}}$，所以聚沉能力之比为

$$\text{NaCl} : \text{Na}_2\text{SO}_4 : \text{Na}_3\text{PO}_4 = \frac{1}{512.2} : \frac{1}{4.31} : \frac{1}{0.891}$$

由此可知，上述电解质聚沉能力的顺序为

$$\text{Na}_3\text{PO}_4 > \text{Na}_2\text{SO}_4 > \text{NaCl}$$

因为三种电解质具有相同的正离子，所以对溶胶聚沉起主要作用的是负离子，因而胶粒带正电荷。

（2）胶团结构为

$$\{[\text{Fe(OH)}_3]_m \cdot n\text{Fe}^+\text{O} \cdot (n-x)\text{Cl}^-\}^{x+} \cdot x\text{Cl}^-$$

# 模拟试卷四

## 试 卷

### 一、选择题（每题 2 分，共 30 分）

1. 下列各项中，不属于公式 $\ln \dfrac{p_2}{p_1} = -\dfrac{\Delta_{\text{vap}} H_\text{m}}{R}\left(\dfrac{1}{T_2} - \dfrac{1}{T_1}\right)$ 需满足的条件的是（　　）

    A. 气相的摩尔体积远大于凝聚相的摩尔体积

    B. 气相服从理想气体定律

    C. 相变热不随温度变化而变化

    D. 液相中的分子间无缔合作用

2. 若某地的海拔为负值，则在当地水的沸点（　　）

    A. >373K        B. <373K

    C. =373K        D. =298K

3. 在一个抽空容器中放入足够多的水、$\text{CCl}_4(\text{l})$ 及 $\text{I}_2(\text{g})$。水和 $\text{CCl}_4$ 共存时完全不互溶，$\text{I}_2(\text{g})$ 可同时溶于水和 $\text{CCl}_4$ 之中，容器上部的气相中同时含有 $\text{I}_2(\text{g})$、$\text{H}_2\text{O}(\text{g})$ 及 $\text{CCl}_4(\text{g})$。此平衡体系的自由度数为（　　）

    A. 0        B. 1

    C. 2        D. 3

4. 图 10-2 为形成简单低共熔混合物的二元相图，当物系的组成为 $x$，冷却到 $T'$K 时，固液二相的重量之比是（　　）

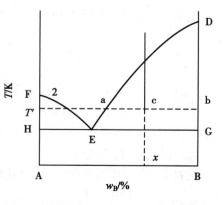

图 10-2 题 4 图

  A. $w(s):w(l)=ac:ab$      B. $w(s):w(l)=bc:ab$

  C. $w(s):w(l)=ac:bc$      D. $w(s):w(l)=bc:ac$

 5. 在希托夫法测迁移数的实验中,用 Ag 电极电解 $AgNO_3$ 溶液,测出在阳极部 $AgNO_3$ 的浓度增加了 $x$ mol,而串联在电路中的 Ag 库仑计上有 $y$ mol 的 Ag 析出,则 $Ag^+$ 离子迁移数为(　　)

  A. $x/y$      B. $y/x$      C. $(x-y)/x$      D. $(y-x)/y$

 6. 理想气体经历绝热不可逆过程从状态 $1(p_1,V_1,T_1)$ 变化到状态 $2(p_2,V_2,T_2)$,所做的功为(　　)

  A. $p_2V_2-p_1V_1$      B. $p_2(V_2-V_1)$

  C. $[p_2V_2^{\gamma}/(1-\gamma)](1/V_2^{\gamma-1}-1/V_1^{\gamma-1})$    D. $(p_2V_2-p_1V_1)/(\gamma-1)$

 7. 在平行反应中要提高活化能较低的反应的产率,应采取的措施为(　　)

  A. 升高反应温度      B. 降低反应温度

  C. 反应温度不变      D. 不能用改变温度的方法

 8. 对于一任意化学反应 $a\text{A}+b\text{B}\rightleftharpoons g\text{G}+h\text{H}$,当反应达平衡时,下列等式中正确的是(　　)

  A. $\mu_A+\mu_B=\mu_G+\mu_H$      B. $g\mu_G+h\mu_H=a\mu_A+b\mu_B$

  C. $\mu_G^g+\mu_H^h=\mu_A^a+\mu_B^b$      D. 以上都不对

 9. 某温度压力下,有大小相同的水滴、水泡和气泡(图 10-3),其气相部分组成相同。它们三者表面自由能大小为(　　)

  A. $G_a=G_c<G_b$    B. $G_a=G_b>G_c$    C. $G_a<G_b<G_c$    D. $G_a=G_b=G_c$

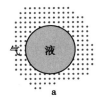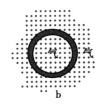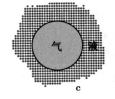

图 10-3　题 9 图

 10. 用同一支滴管分别滴取纯水与下列水的稀溶液,若都是取 1ml,则所需液滴数最少的液体是(　　)

  A. 纯水        B. NaOH 水溶液

  C. 正丁醇水溶液      D. 苯磺酸钠水溶液

 11. 唐南平衡产生的本质原因是(　　)

  A. 溶液浓度大,大分子离子迁移速度慢

  B. 小分子离子浓度大,影响大分子离子通过半透膜

  C. 大分子离子不能透过半透膜且因静电作用使得小分子离子在膜两边浓度不同

  D. 大分子离子浓度大,妨碍小分子离子通过半透膜

 12. 矿石浮选法的原理是根据表面活性剂的(　　)

  A. 乳化作用    B. 增溶作用     C. 去污作用      D. 湿润作用

 13. 胶体粒子的 $\zeta$ 电势是指(　　)

  A. 固体表面与本体溶液之间的电势差

  B. 固液之间可以相对移动处(滑动面)与本体溶液之间的电势差

    C. 扩散层处与本体溶液之间的电势差

    D. 紧密层、扩散层分界处与本体溶液之间的电势差

14. 在一支干净的水平放置的内径均匀的玻璃毛细管中部,注入一滴纯水,形成一自由移动的液柱。然后用微量注射器向液柱右侧注入少量 NaCl 水溶液,假若接触角 $\theta$ 不变,则液柱将( )

    A. 不移动        B. 向右移动        C. 向左移动        D. 难以确定

15. 蛋白质甲的等电点为 8.6,蛋白质乙的等电点为 3.8,将它们分别放入 pH = 5.0 的溶液中,在直流电场的作用下,电泳方向为( )

    A. 甲向正极泳动,乙向负极泳动        B. 甲、乙皆向正极泳动

    C. 甲、乙皆向负极泳动        D. 甲向负极泳动,乙向正极泳动

## 二、计算题（15分）

268.2K,1mol 液态苯凝固时放热 9 874J,求苯凝固过程中的 $\Delta G$ 及 $\Delta S$,并判断此过程是否自发进行。已知苯的熔点为 278.7K,$\Delta H_{m,熔} = 9\,916J/mol$,$C_{p,m}(l) = 126.8J/(K \cdot mol)$,$C_{p,m}(s) = 122.6J/(K \cdot mol)$。268.2K 时,液态苯和固态苯的饱和蒸气压分别为 2.64kPa、2.28kPa,设苯蒸气是理想气体。

## 三、计算题（15分）

在 298K 和平衡时系统总压为 100kPa 的条件下,$N_2O_4$ 有 18.46% 离解,反应方程式为 $N_2O_4 \longrightarrow 2NO_2$,求 298K,系统总压为 50kPa 时 $N_2O_4$ 的离解度。

## 四、计算题（15分）

298K 时,测得电池 $Zn(s) | ZnCl_2(m = 0.5mol/kg) | AgCl(s) | Ag(s)$ 的电动势 $E = 1.015V$,电池电动势的温度系数 $(\partial E/\partial T)_p = -4.02 \times 10^{-4} V/K$。已知 $\varphi^{\ominus}_{AgCl/Ag} = 0.222V$,$\varphi^{\ominus}_{Zn^{2+}/Zn} = -0.763V$。

（1）写出电池反应式。

（2）计算电池反应的平衡常数。

（3）计算电池中电解质溶液 $ZnCl_2$ 的离子平均活度系数。

（4）当反应在电池中于相同环境条件下可逆进行时的热效应为多少?

## 五、计算题（15分）

环氧乙烷的分解是一级反应。380℃ 时的半衰期为 363 分钟,反应的活化能为 217.57kJ/mol。求该反应在 450℃ 条件下完成 75% 所需时间。

## 六、简答题（10分）

将 0.010L,0.02mol/L 的 $AgNO_3$ 溶液,缓慢地加入到 0.1L,0.005mol/L 的 KCl 溶液中,可得到 AgCl 溶胶。

（1）写出胶团结构的表示式。

（2）指出胶体粒子电泳的方向。

（3）若加入 $KNO_3$、$Ca(NO_3)_2$、$Fe(NO_3)_3$ 使溶胶聚沉,比较三种电解质的聚沉能力。

## 参 考 答 案

### 一、单选题（每题2分，共30分）

1. D; 2. A; 3. C; 4. C; 5. D; 6. D; 7. B; 8. B; 9. A; 10. B; 11. C; 12. D; 13. B; 14. B; 15. D

## 二、计算题（15 分）

解：首先设计可逆过程，计算 $\Delta G$：

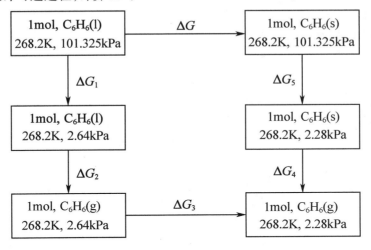

$$\Delta G_1 = \int V dp \cong 0$$

$$\Delta G_2 = 0$$

$$\Delta G_3 = nRT \ln \frac{p_2}{p_1} = 1 \times 8.314 \times 268 \ln \frac{2.28}{2.64} = 326.7\text{J}$$

$$\Delta G_4 = 0$$

$$\Delta G_5 = \int V dp \cong 0$$

$$\Delta G = \Delta G_1 + \Delta G_2 + \Delta G_3 + \Delta G_4 + \Delta G_5 = -326.7\text{J}$$

等温等压过程 $\Delta G < 0$，此过程为自发过程。

然后设计可逆过程，计算 $\Delta S$：

$$\Delta S_1 = C_{p,\text{m}}(\text{l}) \ln \frac{T_2}{T_1} = 126.8 \times \ln \frac{278.2}{268.2} = 4.64\text{J/K}$$

$$\Delta S_2 = \frac{\Delta H_{\text{m,熔}}}{T_2} = -\frac{9\,916}{278.2} = -35.64\text{J/K}$$

$$\Delta S_3 = C_{p,\text{m}}(\text{s}) \ln \frac{T_2}{T_1} = 122.6 \times \ln \frac{268.2}{278.2} = -4.49\text{J/K}$$

$$\Delta S = \Delta S_1 + \Delta S_2 + \Delta S_3 = -35.49\text{J/K}$$

以熵变作为判据，则

$$\Delta S_{环境} = 9\,874 \div 268.2 = 36.82\ \text{J/K}$$

$$\Delta S_{隔离} = \Delta S_{环境} + \Delta S = 36.82 - 35.49 = 1.33\ \text{J/K} > 0$$

此过程为自发过程。

### 三、计算题（15分）

解：　　　　　$N_2O_4 \rightleftharpoons 2NO_2$　　　　$n\ 总$

开始　　　　　1mol　　　　　　　　1mol

平衡　　　$(1-\alpha_1)\,\text{mol}$　$2\alpha_1\,\text{mol}$　　$(1+\alpha_1)\,\text{mol}$

$$K^\ominus = \frac{\left[\dfrac{p_1\left(\dfrac{2\alpha_1}{1+\alpha_1}\right)}{p^\ominus}\right]^2}{\dfrac{p_1\left(\dfrac{1-\alpha_1}{1+\alpha_1}\right)}{p^\ominus}} = \frac{\left(\dfrac{100\times\dfrac{2\times0.184\,6}{1+0.184\,6}}{100}\right)^2}{\dfrac{100\times\dfrac{1-0.184\,6}{1+0.184\,6}}{100}} = 0.141\,1$$

因为温度不变，故当总压变为50kPa时，$K^\ominus$不变，故

$$K^\ominus = \frac{\left[\dfrac{p_2\left(\dfrac{2\alpha_2}{1+\alpha_2}\right)}{p^\ominus}\right]^2}{\dfrac{p_2\left(\dfrac{1-\alpha_2}{1+\alpha_2}\right)}{p^\ominus}} = \frac{\left(\dfrac{50\times\dfrac{2\alpha_2}{1+2\alpha_2}}{100}\right)^2}{\dfrac{50\times\dfrac{1-\alpha_2}{1+\alpha_2}}{100}} = 0.141\,1$$

解得 $\alpha_2 = 0.256\,7$

### 四、计算题（15分）

解：(1)电极反应为：

负极　　　$Zn(s) - 2e^- \longrightarrow Zn^{2+}(m=0.5\text{mol/kg})$

正极　　　$2AgCl(s) + 2e^- \longrightarrow 2Ag(s) + 2Cl^-(m=1.0\text{mol/kg})$

电池反应　$Zn(s) + 2AgCl(s) \longrightarrow 2Ag(s) + Zn^{2+}(m=0.5\text{mol/kg}) + 2Cl^-(m=1.0\text{mol/kg})$

(2)　　　$E^\ominus = \varphi^\ominus_{AgCl/Ag} - \varphi^\ominus_{Zn^{2+}/Zn} = 0.222 + 0.763 = 0.985\text{V}$

$$\Delta_r G_m^\ominus = -nE^\ominus F = -2\times0.985\times96\,500 = -190.1\text{kJ/mol}$$

$$\ln K^\ominus = \frac{nE^\ominus F}{RT} = \frac{2\times0.985\times96\,500}{8.314\times298} = 76.73$$

$$K^\ominus = 2.1\times10^{33}$$

(3)　　　$E = E^\ominus - \dfrac{RT}{zF}\ln(a_{Zn^{2+}}a^2_{Cl^-}) = E^\ominus - \dfrac{RT}{zF}\ln\left[\gamma_\pm\left(\dfrac{m_\pm}{m^\ominus}\right)\right]^3$

$$\left(\frac{m_\pm}{m^\ominus}\right)^3 = \frac{m_{Zn^{2+}}}{m^\ominus}\left(\frac{m_{Cl^-}}{m^\ominus}\right)^2 = \frac{0.5}{1}\times\left(\frac{2\times0.5}{1}\right)^2 = 0.5$$

代入 $E$ 的表达式，可得：

$$1.015 = 0.985 - \frac{8.314\times298}{2\times96\,500}\times\ln(\gamma_\pm^3\times0.5)$$

解得：$\gamma_\pm = 0.578$

$(4)\Delta_r S_m = zF\left(\dfrac{\partial E}{\partial T}\right)_p = 2\times96\,500\times(-4.02\times10^{-4}) = -77.586\,\text{J}/(\text{K}\cdot\text{mol})$

电池在可逆条件下进行时的热效应为

$$Q_r = T\Delta_r S_m = -298\times77.586 = -23\,121\,\text{J}$$

## 五、计算题（15分）

解:由一级反应半衰期公式 $t_{\frac{1}{2}} = \ln 2/k_1$,得

$$k_1(653\text{K}) = \ln 2/t_{1/2} = 1.91\times10^{-3}\,\text{min}^{-1}$$

$$\ln\frac{k(T_2)}{k(T_1)} = \frac{E_a}{R}\left(\frac{1}{T_1}-\frac{1}{T_2}\right)$$

$$\ln\frac{k(723)}{1.91\times10^{-3}} = \frac{217\,570}{8.314}\left(\frac{1}{653}-\frac{1}{723}\right)$$

$$k_2(723\text{K}) = 9.25\times10^{-3}\,\text{min}^{-1}$$

$$\ln\frac{c_0}{c} = kt$$

$$\ln\frac{c_0}{\dfrac{c_0}{4}} = 9.25\times10^{-3}t$$

$$t = 15\,\text{min}$$

## 六、简答题（10分）

解:(1)胶团结构为:$\left[(\text{AgCl})_m \cdot n\text{Cl}^- (n-x)\text{K}^+\right]^{x-} \cdot x\text{K}^+$

(2)电泳方向:正极

(3)聚沉能力:$\text{Fe}(\text{NO}_3)_3 > \text{Ca}(\text{NO}_3)_2 > \text{KNO}_3$

# 模拟试卷五

## 试　卷

### 一、选择题（每题2分，共20分）

1. $H$、$U_m$、$T$、$C_{p,m}$、$Q$ 等物理量中,属于强度性质的个数为(　　)

    A. 1　　　　　　　　B. 2　　　　　　　　C. 3　　　　　　　　D. 4

2. 下面各组变量,都是状态函数的是(　　)

    A. $U$、$Q_p$、$C_p$、$C$　　　　B. $Q_V$、$C_V$、$C$、H

    C. $U$、$H$、$C_p$、$C_V$　　　　D. $\Delta U$、$Q_p$、$Q_V$、$\Delta H$

3. 设一气体由状态 A 经过恒温可逆膨胀至状态 B 后,由状态 B 恒压可逆压缩至状态 C,再由状态 C 绝热可逆压缩回到状态 A,形成一循环。如图 10-4 所示,循环 ABCA 所围的面积用①表示,BC 下方的面积用②表示,CA 下方的面积用③表示。则 BC 过程的热等于(　　)

    A. ①+②+③　　　　　B. ③-②

    C. -(②+③)　　　　　D. ②+③

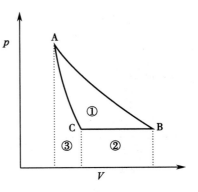

图 10-4　题 3 图

4. 对反应 $CO(g)+H_2O(g)\Longrightarrow H_2(g)+CO_2(g)$,下列式子正确的是(　　)

　　A. $K_p^{\ominus}=1$　　　　　B. $K_p^{\ominus}=K_c$　　　　　C. $K_p^{\ominus}>K_c$　　　　　D. $K_p^{\ominus}<K_c$

5. 在 400K 时,液体 A 的蒸气压为 $4\times10^4Pa$,液体 B 的蒸气压为 $6\times10^4Pa$,两者组成理想液体混合物,平衡时溶液中 A 的物质的量分数为 0.6,则气相中 B 的物质的量分数为(　　)

　　A. 0.60　　　　　　　　　　　　　B. 0.40

　　C. 0.50　　　　　　　　　　　　　D. 0.31

6. 如图 10-5 所示,当物系点在通过 A 点的一条直线上变动时,则物系的特点是(　　)

　　A. B 和 C 的百分含量之比不变

　　B. A 的百分含量不变

　　C. B 的百分含量不变

　　D. C 的百分含量不变

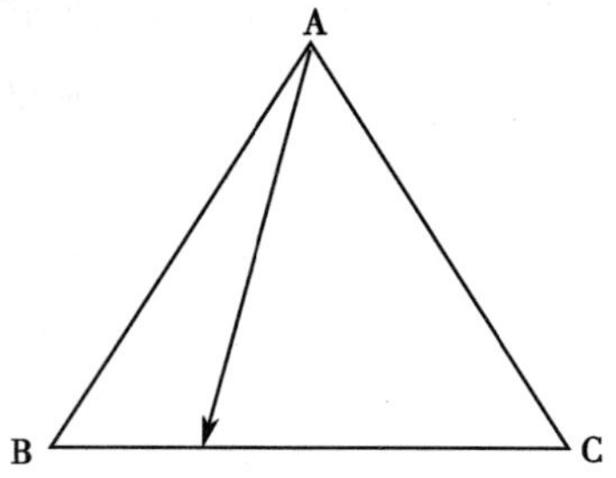

图 10-5　简单三组分相图

7. 恒定压力下,下列反应中反应热不是化合物标准生成焓的是(　　)

　　A. $3H_2(g)+N_2(g)\Longrightarrow 2NH_3(g)$　　　　　　B. $\dfrac{1}{2}H_2(g)+Br_2(g)\Longrightarrow HBr(g)$

　　C. $Na(s)+\dfrac{1}{2}Cl_2(g)\Longrightarrow NaCl(s)$　　　　　D. $2P(s,白磷)+\dfrac{5}{2}O_2(g)\Longrightarrow P_2O_5(s)$

8. 实验测得反应 $CO(g)+Cl_2(g)\longrightarrow COCl_2(g)$ 的速率方程为 $\dfrac{d[COCl_2]}{dt}=k[Cl_2]^n[CO]$,当温度及 CO 浓度维持不变而使 $Cl_2$ 浓度增加 3 倍时,反应速率增加到原来的 5.2 倍,则相应于 $Cl_2$ 的反应级数 $n$ 是(　　)

　　A. 1　　　　　　　　B. 2　　　　　　　　C. 3　　　　　　　　D. 1.5

9. 关于电池和极化作用,下列说法不正确的是(　　)

　　A. 电极发生极化作用时,阳极电势一定升高,阴极电势一定降低

　　B. 因为扩散是不可逆过程,所以浓差电池一定是不可逆电池

　　C. 电极的极化作用一定会导致原电池的电动势降低

　　D. 电池中只要有电流通过,该电池就一定不是可逆电池

10. 将一毛细管插入水中时,毛细管中的水面升高 60mm,毛细管的半径为 $R$,现在 25mm 处折断,则下列说法正确的是(　　)

　　A. 断口处有液体将溢出　　　　　　　B. 毛细管中的液面变为凸液面

　　C. 可用 $h=\dfrac{2\sigma\cos\theta}{\rho gR}$ 求液面升高　　　D. 不可以用 $h=\dfrac{2\sigma\cos\theta}{\rho gR}$ 求液面升高

## 二、简答题（共 30 分）

1. （3 分）指出公式的适用条件 $\Delta H=Q_p$。

2. （4 分）请在下表中填上"$=0$""$>0$"或"$<0$"（"$\neq$"表示无法确定）

| 过程 | $\Delta U$ | $\Delta H$ | $\Delta S$ | $\Delta G$ |
| --- | --- | --- | --- | --- |
| 理想气体卡诺循环 |  |  |  |  |
| 理想气体向真空自由膨胀 |  |  |  |  |

续表

| 过程 | $\Delta U$ | $\Delta H$ | $\Delta S$ | $\Delta G$ |
|---|---|---|---|---|
| $H_2O$ 在 373.2K，$p^\ominus$ 下蒸发 | | | | |
| $H_2$ 和 $O_2$ 在绝热钢瓶中发生反应 | | | | |

3. (5分)请将反应 $HCl(a_2) \longrightarrow HCl(a_1)$ 设计为一热力学意义上的可逆电池，并写出电池电动势的表达式。

4. (5分)在稀砷酸 $H_3AsO_3$ 中通入 $H_2S$ 气体可以制备 $As_2S_3$ 溶胶，请写出胶团结构式并根据古依-查普曼扩散双电层模型指出 $\xi$ 电势对应的位置。

5. (7分)某二组分体系的相图如图 10-6 所示

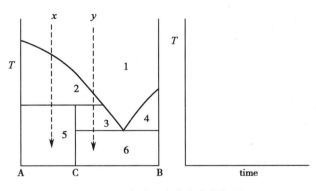

图 10-6 生成不稳定化合物相图

请填写下表，并画出组成为 $x$ 和 $y$ 的熔融液的冷却曲线。

| 相区 | 1 | 2 | 3 | 4 | 5 | 6 |
|---|---|---|---|---|---|---|
| 相态 | | | | | | |
| 自由度 | | | | | | |

6. (6分)综述 0 级、1 级和 2 级反应的浓度-时间关系、$k$ 的单位和半衰期的表达式(要求能表达各级反应的特征，正确的数学表达和明确的物理意义)。

### 三、计算题（10分）

1mol $H_2$(可看成理想气体)从 298k、400kPa 分别经恒温可逆膨胀和绝热恒外压膨胀至 200kPa，求过程的 $W$、$Q$、$\Delta H$、$\Delta G$ 和 $\Delta S$。已知：$H_2$ 的 $S_m = 130.59J/(K \cdot mol)$。

### 四、计算题（10分）

已知苯的正常凝固点是 278K，正常凝固点时的熔化焓为 9 940J/mol，固体苯和液体苯的平均 $C_{p,m}$ 分别为 123J/(K·mol)和 127J/(K·mol)。求 100kPa、268K 时，过冷液体苯凝固时的 $\Delta S_m$，并判断此过程是不是自发进行的。

### 五、计算题（10分）

298K 时，电池 $Ag(s)|AgCl(s)|HCl(m)|Cl_2(g,p)，(Pt)$，电动势 $E = 1.137V$，电池的热效应为 $-171.20kJ/mol$。(1)写出电池反应式；(2)求 350K 时的电动势；(3)求 298K 时电池反应的 $\Delta_r G_m$ 和 $\Delta_r H_m$。

### 六、计算题（10分）

某一级反应在 340K 时完成 20% 需时 3.20min，而在 300K 时同样完成 20% 需时 12.6min，试计算该反应的实验活化能。

### 七、计算题（10分）

在一半透膜内放有大分子电解质 $Na_{10}P$ 溶液，浓度为 0.05mol/kg，膜外放置浓度为 0.5mol/kg 的 NaCl 溶液。（1）求膜平衡后膜两边各离子的浓度；（2）求 $\Pi_{测}$。

## 参 考 答 案

### 一、选择题（每题2分，共20分）

1. C；2. C；3. D；4. B；5. C；6. A；7. A；8. D；9. B；10. C

### 二、简答题（共30分）

1. 公式 $\Delta H = Q_p$ 的适用条件为封闭体系，等压，非体积功为零。

2.

| 过程 | $\Delta U$ | $\Delta H$ | $\Delta S$ | $\Delta G$ |
|---|---|---|---|---|
| 理想气体卡诺循环 | = 0 | = 0 | = 0 | = 0 |
| 理想气体向真空自由膨胀 | = 0 | = 0 | > 0 | < 0 |
| $H_2O$ 在 100℃，$p^\ominus$ 下蒸发 | > | > 0 | > 0 | = 0 |
| $H_2$ 和 $O_2$ 在绝热钢瓶中发生反应 | = 0 | < 0 | < 0 | ≠ |

3. $Pt \mid H_2(p) \mid HCl(a_1) \mid Ag(s), AgCl(s) \parallel AgCl(s), Ag(s) \mid HCl(a_2) \mid H_2(p) \mid Pt$，电动势：$E = \dfrac{RT}{F} \ln \dfrac{a_2}{a_1}$

4. $\left[ (As_2S_3) \right]_m \cdot nHS^- \cdot (n-x)H^+ \right]^{x+} \cdot xH^+$

$\xi$ 电动势存在于胶粒与扩散层之间，即胶粒移动界面和溶液深处电势差。

5. 见图 10-7。

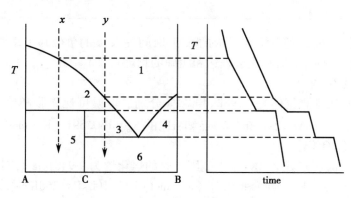

图 10-7    题 5 答案图

| 相区 | 1 | 2 | 3 | 4 | 5 | 6 |
|---|---|---|---|---|---|---|
| 相态 | L | A+L | C+L | B+L | A+C | B+C |
| 自由度 | 2 | 1 | 1 | 1 | 1 | 1 |

6. 解：

| 反应级数 | 浓度-时间浓度 | $k$ 的单位 | 半衰期表达式 |
|---|---|---|---|
| 0 | $c_A = c_{A,0} - k_A t$ | 浓度·时间$^{-1}$ | $c_{A,0}/2k_A$ |
| 1 | $\ln \dfrac{c_{A,0}}{c_A} = k_A t$ | 时间$^{-1}$ | $\ln 2/k_A$ |
| 2 | $\dfrac{1}{c_A} - \dfrac{1}{c_{A,0}} = k_A t$ | 浓度$^{-1}$·时间$^{-1}$ | $1/(k_A c_{A,0})$ |

### 三、计算题（10分）

解：（1）恒温可逆膨胀过程

$$W = -nRT \ln \frac{p_1}{p_2} = -1\,717.32\text{J}$$

$$\Delta U = \Delta H = 0, Q = -W = 1\,717.32\text{J}$$

$$\Delta S = nR \ln \frac{p_1}{p_2} = 5.76\text{J/K}$$

$$\Delta G = \Delta H - T\Delta S = -1\,717.32\text{J/mol} = -1.71\text{kJ/mol}$$

（2）绝热恒外压膨胀

$$Q = 0, p_e(V_2 - V_1) = -C_{V,m}(T_2 - T_1), T_2 = 255.43\text{K}, W = -884.8\text{J}$$

$$\Delta S = nC_{p,m} \ln \frac{T_2}{T_1} + nR \ln \frac{p_1}{p_2} = 1.277\text{J/K}$$

$$\Delta H = nC_{p,m}(T_2 - T_1) = -1\,238.7\text{J}$$

$$\Delta G = \Delta H - \Delta(TS) = \Delta H - \Delta(T_2 S_2 - T_1 S_1) = -1\,238.7 - (255.43 \times 131.87 - 298 \times 130.59) = 3\,994\text{J}$$

### 四、计算题（10分）

解：268K 时苯(1)的凝固是不可逆过程，设计可逆过程如下

$$\Delta S_1 = nC_{p,m(1)} \ln \frac{T_2}{T_1} = 127 \times \ln \frac{278}{268} = 4.65\text{J/K}$$

$$\Delta S_2 = \frac{Q_r}{T_2} = \frac{-9\,940}{278} = -35.76\text{J/K}$$

$$\Delta S_3 = nC_{p,m(s)} \ln \frac{T_1}{T_2} = 123 \times \ln \frac{268}{278} = -4.51\text{J/K}$$

$$\Delta S_m = \Delta S_1 + \Delta S_2 + \Delta S_3 = -35.62\text{J/(K·mol)}$$

可认为环境是一大储热器，且可看作是可逆过程，所以环境的熵变，以实际过程环境的热温商求得。

$$\Delta H_{268} = -9\ 940 + (123 - 127)(268 - 278) = -9\ 900\text{J/mol}$$

$$\Delta S_{环境} = \frac{-Q}{T_{环境}} = \frac{9\ 900}{268} = 36.94\text{J/K}$$

$$\Delta S_{孤立} = \Delta S_m + \Delta S_{环境} = -35.62 + 36.94 = 1.32\text{J/K} > 0$$

上述过程是可以自动发生的不可逆过程。

## 五、计算题（10分）

解：（1）负极反应 $Ag(g) - e^- + Cl^-(m) \longrightarrow AgCl(s)$

正极反应 $\frac{1}{2}Cl_2(g,p) + e^- \longrightarrow Cl^-(m)$

电池反应 $Ag(g) + \frac{1}{2}Cl_2(g,p) \longrightarrow AgCl(s)$

（2）$Q_r = T\Delta S$，$\Delta S = -574.5\text{J/(K·mol)}$

$$\left(\frac{\partial E}{\partial T}\right)_p = \frac{\Delta S}{zF} = -5.953 \times 10^{-3}$$

$$E_{350K} = \int_{T_1}^{T_2}\left(\frac{\partial E}{\partial T}\right)_p \mathrm{d}T + E_{298K} = \int_{298}^{350} -5.953 \times 10^{-3}\mathrm{d}T + 1.137 = 0.827\text{V}$$

（3）
$$\Delta_r G_m = -zEF = -109.72\text{kJ/mol}$$

$$\Delta_r H_m = \Delta_r G_m + T\Delta S = -280.92\text{kJ/mol}$$

## 六、计算题（10分）

解：$\ln k_2/k_1 = E_a/R(1/T_1 - 1/T_2)$

$$\ln a/(a-x) = kt$$

$$k_1 = 0.069\ 732\text{min}^{-1}$$

$$k_2 = 0.017\ 710\text{min}^{-1}$$

$$\ln\frac{0.017\ 710}{0.069\ 732} = \frac{E_a}{8.314} \times \left(\frac{1}{340} - \frac{1}{300}\right)$$

$$E_a = 29.1\text{kJ/mol}$$

## 七、计算题（10分）

解：（1）

| | 膜内 | | | 膜外 | |
| --- | --- | --- | --- | --- | --- |
| | $P^-$ | $Na^+$ | $Cl^-$ | $Na^+$ | $Cl^-$ |
| 平衡前 | 0.05 | 0.05×10 | 0 | 0.5 | 0.5 |
| 平衡后 | 0.05 | 0.5+x | x | 0.5−x | 0.5−x |

根据唐南平衡

$$(0.5+x)x = (0.5-x)^2$$

$$x = 0.166\ 7$$

平衡后膜内：$c(P^-) = 0.05\text{mol/kg}$

$$c(Na^+) = 0.666\ 7\text{mol/kg}$$

$$c(Cl^-) = 0.166\ 7\text{mol/kg}$$

平衡后膜外：$c(Na^+) = 0.333\ 3mol/kg$

$$c(Cl^-) = 0.333\ 3mol/kg$$

（2）$\Pi = cRT$

$$\Pi_{测} = \Pi_内 - \Pi_外 = (c_0 + 10c_0 + x + x)RT - (c_1 - x)2RT$$
$$= (11×0.05 + 2×0.17)×8.314×298 - (0.5 - 0.17)×2×8.314×298$$
$$= 570\ 000Pa$$

# 模拟试卷六

## 试　卷

**一、选择题（每题 1 分，共 25 分）**

1. 对于 1mol 理想气体，其 $(\partial S/\partial V)_T$ 的值等于（　　）

　　A. $-R/V$ 　　　　　B. $R/p$ 　　　　　C. $p/T$ 　　　　　D. $V/R$

2. 在 300K，101.325kPa 的条件下，1mol 理想气体在恒定外压下恒温压缩至内外压相等，然后再升温到 1 000K，已知该理想气体的 $C_{V,m} = 12.47J/(K \cdot mol)$，则该过程的 $\Delta U$ 为（　　）

　　A. $-8\ 729J$ 　　　B. $14.55kJ$ 　　　C. $8\ 729J$ 　　　D. $9\ 530J$

3. 已知：$\Delta_f G_m^{\ominus}(NO) = 87kJ/mol$，$\Delta_f G_m^{\ominus}(NO_2) = 52kJ/mol$，$\Delta_f G_m^{\ominus}(N_2O) = 104kJ/mol$，$\Delta_f G_m^{\ominus}(N_2O_5) = 118kJ/mol$，则在这些氧化物中，热分解稳定性最强的是（　　）

　　A. NO 　　　　　　B. $NO_2$ 　　　　　C. $N_2O$ 　　　　　D. $N_2O_5$

4. 对于催化机制的描述，不正确的是（　　）

　　A. 不同催化剂催化机制不同

　　B. 催化剂和反应物形成了不稳定的中间络合物，从而改变反应的途径

　　C. 催化剂吸附于反应物表面，降低反应的活化能，提高反应速率

　　D. 催化剂改变了化学平衡，降低了反应吉布斯能

5. 下述对电动电势的描述错误的是（　　）

　　A. 表示胶粒溶剂化界面至均匀相内的电势差

　　B. 电动电势值易随外加电解质而变化

　　C. 其值总是大于热力学电势值

　　D. 当双电层被压缩到与溶剂化层相合时，电动电势值变为 0

6. HI 光化分解反应的量子效率近似为 2，下列说法正确的是（　　）

　　A. 1mol HI 吸收 1mol 光量子，可以生成 2mol $H_2$

　　B. 2mol HI 吸收 1mol 光量子，可以生成 2mol $H_2$

　　C. 1mol 光量子可以使 2mol HI 分子分解

　　D. 2mol 光量子可以使 1mol HI 分解

7. 理想气体放热反应 $2NO(g) + O_2(g) \Longrightarrow 2NO_2(g)$，当反应达平衡后，若分别采取以下措施：（1）增加压力；（2）减少 $NO_2$ 的分压；（3）增加 $O_2$ 分压；（4）升高温度；（5）加入催化剂，则能使平衡向产物方向移动的是（　　）

　　A. （1），（2），（3） 　　　　　　　B. （2），（3），（4）

　　C. （3），（4），（5） 　　　　　　　D. （1），（2），（5）

8. 图 10-8 为一双组分完全互溶系统的 $T$-$x$ 图,以下叙述中不正确的是(　　)

A. adchb 为气相线,aecfb 为液相线

B. B 的含量 $x(e,l)>y(d,g)$,$y(h,g)>x(f,l)$

C. B 的含量 $y(e,g)>x(d,l)$,$y(h,g)>x(f,l)$

D. B 的含量 $y(c,g)=x(c,l)$

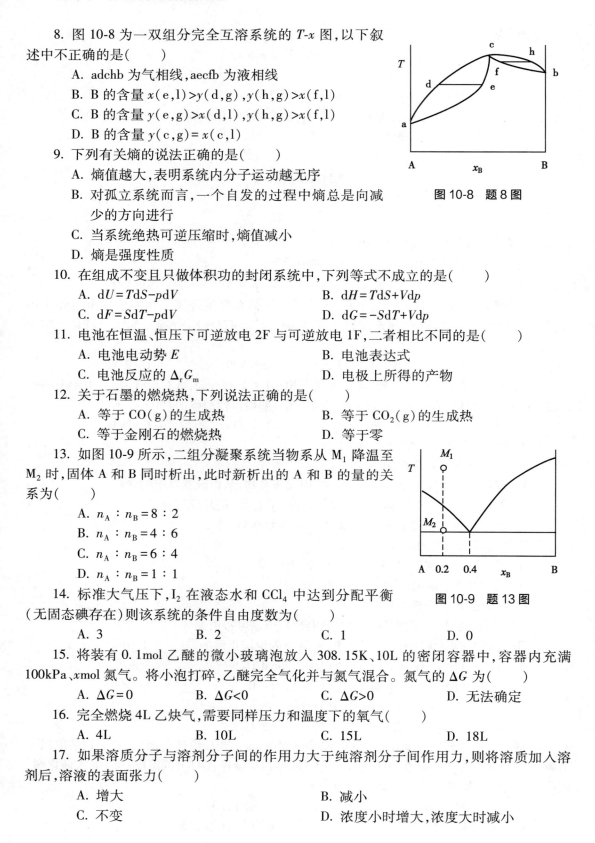

图 10-8　题 8 图

9. 下列有关熵的说法正确的是(　　)

A. 熵值越大,表明系统内分子运动越无序

B. 对孤立系统而言,一个自发的过程中熵总是向减少的方向进行

C. 当系统绝热可逆压缩时,熵值减小

D. 熵是强度性质

10. 在组成不变且只做体积功的封闭系统中,下列等式不成立的是(　　)

A. $dU=TdS-pdV$ 　　　　　　B. $dH=TdS+Vdp$

C. $dF=SdT-pdV$ 　　　　　　D. $dG=-SdT+Vdp$

11. 电池在恒温、恒压下可逆放电 2F 与可逆放电 1F,二者相比不同的是(　　)

A. 电池电动势 $E$ 　　　　　　B. 电池表达式

C. 电池反应的 $\Delta_r G_m$ 　　　　D. 电极上所得的产物

12. 关于石墨的燃烧热,下列说法正确的是(　　)

A. 等于 $CO(g)$ 的生成热 　　　B. 等于 $CO_2(g)$ 的生成热

C. 等于金刚石的燃烧热 　　　　D. 等于零

13. 如图 10-9 所示,二组分凝聚系统当物系从 $M_1$ 降温至 $M_2$ 时,固体 A 和 B 同时析出,此时新析出的 A 和 B 的量的关系为(　　)

A. $n_A : n_B = 8 : 2$

B. $n_A : n_B = 4 : 6$

C. $n_A : n_B = 6 : 4$

D. $n_A : n_B = 1 : 1$

图 10-9　题 13 图

14. 标准大气压下,$I_2$ 在液态水和 $CCl_4$ 中达到分配平衡(无固态碘存在)则该系统的条件自由度数为(　　)

A. 3 　　　　B. 2 　　　　C. 1 　　　　D. 0

15. 将装有 0.1mol 乙醚的微小玻璃泡放入 308.15K、10L 的密闭容器中,容器内充满 100kPa、$x$mol 氮气。将小泡打碎,乙醚完全气化并与氮气混合。氮气的 $\Delta G$ 为(　　)

A. $\Delta G=0$ 　　B. $\Delta G<0$ 　　C. $\Delta G>0$ 　　D. 无法确定

16. 完全燃烧 4L 乙炔气,需要同样压力和温度下的氧气(　　)

A. 4L 　　　　B. 10L 　　　　C. 15L 　　　　D. 18L

17. 如果溶质分子与溶剂分子间的作用力大于纯溶剂分子间作用力,则将溶质加入溶剂后,溶液的表面张力(　　)

A. 增大 　　　　　　　　　　　B. 减小

C. 不变 　　　　　　　　　　　D. 浓度小时增大,浓度大时减小

18. 某已知复杂反应的速率常数 $k$ 与其基元反应的 $k_1$、$k_2$ 和 $k_3$ 有如下关系 $k = k_3(k_1/k_2)^2$。又已知各基元反应的活化能 $E_{a,1} = 120 kJ/mol$，$E_{a,2} = 96 kJ/mol$，$E_{a,3} = 196 kJ/mol$。则 $E_a(kJ/mol)$ 为（　　）

    A. 61　　　　　　　B. 122　　　　　　　C. 244　　　　　　　D. 488

19. 1mol 单原子理想气体从 400K 分别经过①恒压膨胀；②绝热膨胀，到达相同的终态温度 300K，则两过程的 $\Delta U$ 和 $\Delta H$ 分别为（　　）

    A. $\Delta U_1 < 0, \Delta U_2 > 0$；$\Delta H_1 = \Delta H_2 = 0$

    B. $\Delta U_1 < 0, \Delta U_2 = 0$；$\Delta H_1 < 0, \Delta H_2 = 0$

    C. $\Delta U_1 = \Delta U_2 = \Delta H_1 = \Delta H_2$

    D. $\Delta U_1 = \Delta U_2$；$\Delta H_1 = \Delta H_2$

20. $Cl_2(g)$ 的燃烧热为（　　）

    A. $HCl(g)$ 的生成热　　　　　　　　　　B. $HClO_3$ 的生成热

    C. $HClO_4$ 的生成热　　　　　　　　　　D. $Cl_2(g)$ 生成盐酸水溶液的热效应

21. 在组成不变且只做体积功的封闭系统中，下列等式不成立的是（　　）

    A. $S = -(\partial F/\partial T)_V$　　　　　　　　B. $V = -(\partial H/\partial p)_S$

    C. $S = -(\partial G/\partial T)_p$　　　　　　　　D. $T = (\partial U/\partial S)_V$

22. 263K、$p^\ominus$ 时，冰的化学势 $\mu_{H_2O}(s)$ 和过冷水的化学势 $\mu_{H_2O}(l)$ 的关系为

    A. $\mu_{H_2O}(s) = \mu_{H_2O}(l)$　　　　　　B. $\mu_{H_2O}(s) > \mu_{H_2O}(l)$

    C. $\mu_{H_2O}(s) < \mu_{H_2O}(l)$　　　　　　D. 无法判断

23. 图 10-10 为部分互溶三组分系统相图，图中 $D_1D_2$、$E_1E_2$ 为结线，$l_1$ 和 $l_2$ 表示平衡液相，若向物系 M 中不断加入 A 组分，则（　　）

    A. 组分 A 较多地进入 $l_1$ 相

    B. 组分 A 较多地进入 $l_2$ 相

    C. 组分 A 以同等数量进入 $l_1$ 和 $l_2$ 相

    D. 组分 A 开始较多地进入 $l_1$ 相后来较多地进入 $l_2$ 相

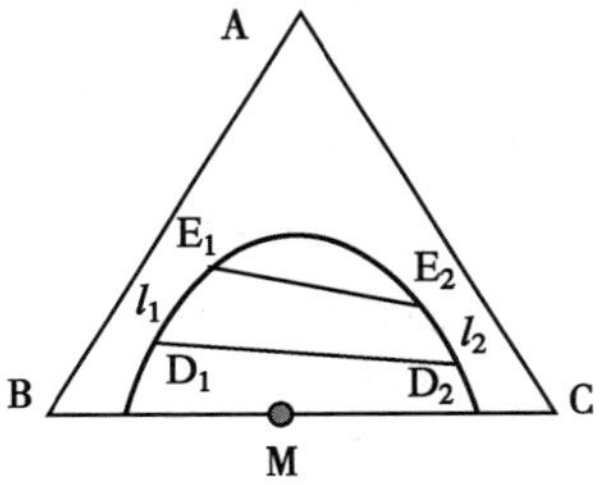

图 10-10　题 23 图

24. 在一定温度和标准压力下，反应 $C(石墨) + O_2(g) = CO_2(g)$ 的焓变为 $\Delta_r H_m^\ominus$，则下列说法不正确的是（　　）

    A. $\Delta_r H_m^\ominus$ 是石墨的燃烧焓

    B. $\Delta_r H_m^\ominus$ 是 $CO_2(g)$ 的标准摩尔生成焓

    C. $\Delta_r H_m^\ominus = \Delta_r U_m^\ominus$

    D. $\Delta_r H_m^\ominus > \Delta_r U_m^\ominus$

25. 关于电泳现象，下列说法正确的是（　　）

    A. 电泳是在电场作用下带电粒子的定向移动

    B. 外加电解质对电泳的影响很小

    C. 电泳测定无法了解带电物质的电荷量

    D. 两性电解质的电泳速度与 pH 无关

## 二、判断题（每题 1 分，共 15 分）

1. 冰的熔点与外压无关。（　　）

2. 测定电解质高分子溶液渗透压时，必须考虑唐南平衡，产生唐南平衡的根本原因在

于小离子浓度大,影响大离子通过半透膜。(　　)

3. 热力学第一定律指出,能量不能无中生有也不会无形消失,所以一个系统若要对外做功,必须从外界吸收热量。(　　)

4. 等温等压下的可逆电池,则一定有电池反应的 $\Delta_r G_m = 0$。(　　)

5. 化学反应速率常数与反应级数有关,因此可以根据速率常数的单位直接判断反应级数。(　　)

6. 298K 下,1mol 正庚烷在弹式量热计中完全燃烧,放热 4 791kJ,则其 $\Delta H = -4\ 791kJ/mol$。(　　)

7. 1mol 冰在恒压条件下,由 270K 升温至 272K,该过程中, $\Delta F < \Delta G$。(　　)

8. 可逆过程的热温商就是熵。(　　)

9. 一般系统的物种数是不能随意确定的,所以组分数也是固定不变的。(　　)

10. 孤立系统的熵变可以用来判断过程的方向和限度。(　　)

11. 二组分部分互溶系统中,组分在二相中的浓度相同。(　　)

12. 对于定量的理想气体,当系统的焓和温度确定后,系统的所有状态函数就确定。(　　)

13. 若有几个不同活化能的反应同时进行,升高温度对于活化能大的反应有利。(　　)

14. 光化反应的活化过程完全不依赖于温度。(　　)

15. 等温等压条件下,一对部分互溶的三组分液相系统中帽形区结线一般平行于底边。(　　)

## 三、填空题（每空 2 分，共 20 分）

1. 分子或原子吸收一个具有特定能量的光量子后,就由低能级跃迁到高能级而成为活化分子,这一过程称为光化反应的_____。

2. 任何宏观物质的 $H$ 一定_____ $U$(填>、<或 =),因为_____。

3. 温度为 $T$ 的某抽空容器中 $NH_4HCO_3(s)$ 发生下列分解反应: $NH_4HCO_3(s)$ ==== $NH_3(g) + CO_2(g) + H_2O(g)$。反应达到平衡时,气体总压为 60kPa,则此反应的标准平衡常数 $K^{\ominus} = $_____。

4. 水蒸气通过蒸汽机对外做出一定量的功之后恢复原状,以水蒸气为系统,则 $W$_____ 0。(填>、<或 =)

5. 1mol $H_2(g)$ 的燃烧焓等于 1mol _____的生成焓。

6. 将装有 0.1mol 乙醚的微小玻璃泡放入 308.15K、10L 的密闭容器中,容器内充满 100kPa、$x$ mol氮气。将小泡打碎,乙醚完全气化并与氮气混合。氮气的 $\Delta G$ _____ 0。(填>、<或 =)

7. 对 $As_2S_3$ 溶胶的聚沉能力, $(C_2H_5)_4N^+Cl^-$_____ $(C_2H_5)_2NH_2^+Cl^-$。(填>、<或 =)

8. 323K 时有以下两个化学反应达到平衡

(1) $2NaHCO_3(s)$ ==== $Na_2CO_3(s) + H_2O(g) + CO_2(g)$

(2) $CuSO_4 \cdot 5H_2O(s)$ ==== $CuSO_4 \cdot 3H_2O(s) + 2H_2O(g)$。

已知反应(1)的分解压力为 4kPa,反应(2)的水蒸气压力为 6.05kPa,则这个系统平衡时 $CO_2(g)$ 的分压为_____。

9. 某药物在 25℃时的降解速率常数为 $8.73 \times 10^{-3}$ 每月,则其有效期 $t_{0.9} = $_____月。

## 四、问答题（共 15 分）

1. (3分)1mol 甲苯在其沸点 383.2K 蒸发为甲苯蒸气(假设甲苯蒸气为理想气体)。因为过程中系统的温度不变,所以 $\Delta U=0,\Delta H=\int C_p\mathrm{d}T=0$。这一结论是否正确? 为什么?

2. (3分)试写出下面电池的电极反应和电池反应:

$$\mathrm{Pb(s)\,|\,PbSO_4(s)\,|\,K_2SO_4(\mathit{a}_1)\,\|\,HCl(\mathit{a}_2)\,|\,AgCl(s)\,|\,Ag(s)}$$

3. (3分)一理想气体从 $T_1$ 等容加热至 $T_2$ 和从同一始态等压加热至 $T_2$,用热力学第一定律说明其 $\Delta U$ 是否相同? $W$ 是否相同?

4. (6分)假设 A+D $\longrightarrow$ AD,式中 K 为催化剂,其催化原理可表达为:

(1) A+K $\underset{k_2}{\overset{k_1}{\rightleftharpoons}}$ AK(快速平衡)

(2) AK+D $\overset{k_3}{\longrightarrow}$ AD+K(慢反应)

试证明加入催化剂的表观活化能 $E_a=E_{a1}+E_{a3}-E_{a2}$。

## 五、计算题(每题 5 分,共 25 分)

1. 298K 时,反应 $\mathrm{N_2O_4(g)}\Longrightarrow\mathrm{2NO_2(g)}$ 的 $K^\ominus=0.155$。求:

(1)反应系统总压力为 $p^\ominus$ 时, $\mathrm{N_2O_4(g)}$ 的转化率。

(2)反应系统总压为 $1/2p^\ominus$ 时, $\mathrm{N_2O_4(g)}$ 的转化率。

(3)反应系统总压力为 $p^\ominus$,分解前 $n[\mathrm{N_2O_4(g)}]:n[\mathrm{N_2(g)}]=1:1$, $\mathrm{N_2O_4(g)}$ 的转化率。

2. 某溶液中化学反应,若在等温等压(298K,100kPa)下进行,放热 $4\times10^4$ J,若使该反应通过可逆电池来完成,则吸热 4 000J。试计算:

(1)该化学反应的 $\Delta S$。

(2)当该反应自发进行(即不做电功时),求环境的熵变及总熵变。

3. 已知 373K、101.325kPa 下水的气化热为 40.67kJ/mol,液态水和水蒸气的摩尔体积分别是 30.19L/mol 和 $18\times10^{-3}$ L/mol,试计算下列两个过程的 $W$、$Q$、$\Delta U$、$\Delta H$。

(1)1mol 液体水在 373K、101 325Pa 下可逆蒸发为水蒸气。

(2)1mol 液体水在 373K 恒温下向真空全部蒸发为水蒸气,而且蒸气的压力也刚好为 101.325kPa。

4. 已知某注射液中的药物在血液中的清除动力学可按一级反应处理,已知药物在血液中的清除速率常数为 0.52h$^{-1}$。试问:

(1)该药物在血液中的半衰期为多少?

(2)已知第一次注射给药后 0.5 小时测得其血药浓度为 5.0mg/ml,若要保持药物在血液中的浓度不低于 1.50mg/ml,第一次给药后需多长时间第二次给药?

5. 在某温度时,纯液体 A 和液体纯 B 的饱和蒸气压分别为 40kPa 和 120kPa。已知 A、B 两组分可形成理想液态混合物。

(1)在温度 $T$ 时,将 $y_B=0.60$ 的 A、B 混合气体于气缸中进行恒温压缩。求第一滴小液滴(不改变气相组成)出现时系统的总压力及小液滴的组成 $x_B$ 各为多少?

(2)若 A、B 液态混合物恰好在温度 $T$、100kPa 下沸腾,此混合物的组成 $x_B$ 及沸腾时蒸气的组成 $y_B$ 各为多少?

# 参 考 答 案

**一、单选题（每题1分，共25分）**

1. C；2. C；3. A；4. D；5. C；6. C；7. A；8. C；9. A；10. C；11. C；12. B；13. C；14. B；15. B；16. B；17. A；18. C；19. D；20. D；21. B；22. C；23. A；24. D；25. A

**二、判断题（每题1分，共15分）**

1. 错；2. 错；3. 错；4. 错；5. 对；6. 错；7. 错；8. 错；9. 错；10. 对；11. 错；12. 错；13. 对；14. 对；15. 错

**三、填空题（每题2分，共20分）**

1. 初级过程；2. >,$H=U+pV$；3. $8.0 \times 10^{-3}$；4. <；5. $H_2O$（l）；6. <；7. >；8. 0.661kPa；9. 12

**四、简答题**

1.（3分）这一结论不对。因为（1）等温过程的 $\Delta U = 0$，只适用于理想气体的简单状态变化过程，不能用于相变过程。（2）$\Delta H = \int C_p dT = 0$ 也不能用于相变化过程。在可逆相变过程中，$\Delta U_m = \Delta_{vap} H_m - RT$，$Q_p = \Delta_{vap} H_m$。

2.（3分）电极反应

负极 $Pb(s) + SO_4^{2-}(a_1) \longrightarrow PbSO_4(s) + 2e^-$

正极 $2AgCl(s) + 2e^- \longrightarrow 2Ag(s) + 2Cl^-(a_2)$

电池反应 $Pb(s) + SO_4^{2-}(a_1) + 2AgCl(s) \longrightarrow PbSO_4(s) + 2Ag(s) + 2Cl^-(a_2)$

3.（3分）理想气体的热力学能仅是温度的函数。由于两过程的始终态的温度相同，故两过程的 $\Delta U$ 应相同。两过程的 $Q$ 分别为 $C_V(T_2 - T_1)$ 和 $C_p(T_2 - T_1)$，由于 $Q$ 不同，由第一定律可知，$W$ 也不同。

4.（6分）反应（1）的正、逆反应速率都远大于反应（2）的速率，按平衡态近似法可得

$$k_1 c_A c_K = k_2 c_{AK}$$

$$r = k_2 c_{AK} c_D = k_3 \frac{k_1 c_A c_K}{k_2} c_D$$

$$\frac{dc_{AD}}{dt} = \frac{k_1 k_3}{k_2} c_k c_A c_D = k' c_A c_D$$

$$k' = A' e^{-E_a / RT}$$

因此，总反应的表观速率常数、表观活化能和表观指前因子分别为：

$$k' = k_3 \frac{k_1}{k_2}$$

$$E_a = E_{a1} + E_{a3} - E_{a2}$$

$$A' = \frac{A_1 A_3}{A_2} c_K$$

**五、计算题（每题5分，共25分）**

1.（1）设反应前 $N_2O_4(g)$ 的物质的量为 1mol，$\alpha$ 为转化率

$$N_2O_4(g) \Longrightarrow 2NO_2(g)$$

开始          1          0

平衡          $1-\alpha$          $2\alpha$          $n_{总} = 1+\alpha$

$$x_{N_2O_4(g)} = \frac{1-\alpha}{1+\alpha}, x_{NO_2(g)} = \frac{2\alpha}{1+\alpha}$$

$$k^{\ominus} = \frac{\left(\dfrac{p_{NO_2}}{p^{\ominus}}\right)^2}{\dfrac{p_{N_2O_4}}{p^{\ominus}}} = \frac{x_{NO_2}^2}{x_{N_2O_4}} \cdot \frac{p_{总}}{p^{\ominus}} = \frac{4\alpha^2}{1-\alpha^2} = 0.155$$

$$\alpha_1 = 0.193$$

（2）同理 $\alpha_2 = 0.268$

（3）         $N_2O_4(g) \Longrightarrow 2NO_2(g)$

开始          1          1

平衡          $1-\alpha$          $1+2\alpha$          $n_{总} = 2+\alpha$

$$x_{N_2O_4(g)} = \frac{1-\alpha}{2+\alpha}, x_{NO_2(g)} = \frac{2\alpha}{2+\alpha}$$

$$k^{\ominus} = \frac{\left(\dfrac{p_{NO_2}}{p^{\ominus}}\right)^2}{\dfrac{p_{N_2O_4}}{p^{\ominus}}} = \frac{x_{NO_2}^2}{x_{N_2O_4}} \cdot \frac{p_{总}}{p^{\ominus}} = \frac{\left(\dfrac{2\alpha}{2+\alpha}\right)^2}{\dfrac{1-\alpha}{2+\alpha}} = \frac{4\alpha^2}{(1-\alpha)(2+\alpha)} = 0.155$$

$$\alpha_3 = 0.255$$

2. （1）通过可逆电池来完成即该过程为可逆过程，所以 $Q_r = 4\,000J$

$$\Delta S = Q_r/T = 4\,000/298 = 13.4J/K$$

（2）自发进行时，$Q = -4 \times 10^4 J$

$$\Delta S_{环} = -Q/T = 4 \times 10^4/298 = 134.2J/K$$

$$\Delta S_{总} = \Delta S_{系} + \Delta S_{环} = 13.4 + 134.2 = 147.6 \ J/K$$

3. （1）可逆相变为等温等压过程，所以 $\Delta H = Q = 40.67kJ$

$$W = -p(V_g - V_1) = -101\,325(30.19 - 18 \times 10^{-3}) \times 10^{-3} = -3.057kJ$$

$$\Delta U = Q + W = 40.67 - 3.057 = 37.61kJ$$

（2）因为与过程（1）的始终态相同，所以 $\Delta H = 40.67kJ$，$\Delta U = 37.61kJ$。向真空蒸发，$W = 0$，所以 $Q = \Delta U = 37.61kJ$。

4. （1）根据一级反应半衰期公式：

$$t_{1/2} = 0.693/k = 0.693/0.52 = 1.33h$$

（2）根据一级反应速率方程 $\ln(c_{A,0}/c_A) = kt$，代入数据

$$\ln \frac{c_0}{5.0} = 0.52 \times 0.5$$

$$c_0 = 6.48mg/mL$$

$$\ln \frac{6.48}{1.5} = 0.52 \times t$$

所以          $t = 2.8h$

5. 解：(1)设与 $y_B = 0.60$ 的气相组成平衡的液相组成为 $x_B$ 时，总压力为 $p$，有，

$$y_B = p_B^* x_B / [p_A^*(1-x_B) + p_B^* x_B]$$

代入已知数据计算可得

$$x_B = 0.333\ 3$$

$$p = p_A^*(1-x_B) + p_B^* x_B$$
$$= 40 \times (1-0.333\ 3) + 120 \times 0.333\ 3 = 66.67 \text{kPa}$$

(2)由题意可知

$$100 = p_A^*(1-x_B) + p_B^* x_B$$

将 $p_A^* = 40 \text{kPa}, p_B^* = 120 \text{kPa}$ 代入上式可得液相组成为

$$x_B = 0.75$$

气相组成为

$$y_B = p_B^* x_B / 100 = 0.900$$

# 模拟试卷七

## 试　　卷

### 一、选择题（每题 2 分，共 30 分）

1. $X$ 为状态函数，下列表述中不正确的是（　　）

  A. $dX$ 为全微分

  B. 当状态确定，$X$ 的值也确定

  C. $\Delta X = \int dX$ 的积分与路径无关，只与始终态有关

  D. 当系统状态变化，$X$ 值一定变化

2. 对于克劳修斯不等式 $dS \geqslant \dfrac{\delta Q}{T_{环}}$，判断不正确的是（　　）

  A. $dS = \dfrac{\delta Q}{T_{环}}$ 必为可逆过程或处于平衡状态

  B. $dS > \dfrac{\delta Q}{T_{环}}$ 必为不可逆过程

  C. $dS > \dfrac{\delta Q}{T_{环}}$ 必为自发过程

  D. $dS < \dfrac{\delta Q}{T_{环}}$ 违反卡诺定理和第二定律，过程不可能自发发生

3. 一理想气体与温度为 $T$ 的热源接触，分别做等温可逆膨胀和等温不可逆膨胀到达同一终态。已知 $W_r = 2W_{ir}$，下列式子中不正确的是（　　）

  A. $\Delta S_r > \Delta S_{ir}$

  B. $\Delta S_r = \Delta S_{ir}$

  C. $\Delta S_r = \dfrac{2Q_i}{T}$

  D. $\Delta S_{总(等温可逆)} = \Delta S_系 + \Delta S_环 = 0, \Delta S_{总(等温不可逆)} = \Delta S_系 + \Delta S_环 > 0$

4. 下列过程可用 $\Delta S = \dfrac{n\Delta H_m}{T}$ 计算的是(　　　)

　　A. 恒温恒压下无非体积功的化学反应

　　B. 恒温恒压下可逆原电池反应

　　C. 恒温恒压下任意相变

　　D. 恒温恒压下任意可逆相变

5. 化学反应若严格遵循体系的"摩尔吉布斯能-反应进度"的曲线进行,则该反应最终处于(　　　)

　　A. 曲线的最低点 　　　　　　　　　B. 最低点与起点或终点之间的某一侧

　　C. 曲线上的每一点 　　　　　　　　D. 曲线的终点

6. 若反应气体都是理想气体,平衡常数之间符合关系($K_a = K_p = K_x$)的反应是(　　　)

(1) $2HI(g) \Longrightarrow H_2(g) + I_2(g)$ 　　　　　(2) $N_2O_4(g) \Longrightarrow 2NO_2(g)$

(3) $CO(g) + H_2O(g) \Longrightarrow CO_2(g) + H_2(g)$ 　　　(4) $C(s) + CO_2(g) \Longrightarrow 2CO(g)$

　　A.(1)(2) 　　　　B.(1)(3) 　　　　C.(1)(3)(4) 　　　　D.(2)(4)

7. 恒温恒压下,在反应 $2NO_2(g) \Longrightarrow N_2O_4(g)$ 达到平衡后的体系中加入惰性气体,则(　　　)

　　A. 平衡向右移动 　　　　　　　　　B. 平衡向左移动

　　C. 条件不充分,无法判断 　　　　　D. 平衡不移动

8. 在等温等压条件下,将一原电池两端短路,此电池放出的热量 $Q_p$ 为(　　　)

　　A. $Q_p = \Delta H$ 　　　　B. $Q_p > \Delta H$ 　　　　C. $Q_p < \Delta H$ 　　　　D. $Q_p$ 与 $\Delta H$ 无关系

9. 一根毛细管插入水中,液面上升的高度为 $h$,当在水中加入少量的 NaCl,这时毛细管中液面的高度为(　　　)

　　A. 等于 $h$ 　　　　B. 大于 $h$ 　　　　C. 小于 $h$ 　　　　D. 无法确定

10. 下列浓度相同的各物质的稀水溶液中,溶液表面发生负吸附的是(　　　)

　　A. 硫酸 　　　　B. 己酸 　　　　C. 硬脂酸 　　　　D. 苯甲酸

11. 固体表面不能被液体润湿时,其相应的接触角 $\theta$(　　　)

　　A. $\theta = 0°$ 　　　　B. $\theta > 90°$ 　　　　C. $\theta < 90°$ 　　　　D. 可为任意角

12. 当在溶胶中加入大分子化合物时(　　　)

　　A. 一定使溶胶更加稳定

　　B. 一定使溶胶更容易为电解质所聚沉

　　C. 对溶胶稳定性影响视其加入量而定

　　D. 对溶胶的稳定性没有影响

13. 溶胶的基本特性之一是(　　　)

　　A. 热力学上和动力学上皆属于稳定体系

　　B. 热力学上和动力学上皆属不稳定体系

　　C. 热力学上不稳定而动力学上稳定体系

　　D. 热力学上稳定而动力学上不稳定体系

14. 关于反应级数,说法正确的是(　　　)

　　A. 只有基元反应的级数是正整数

　　B. 反应级数不会小于零

　　C. 反应级数不会是分数

D. 反应级数都可以通过实验确定

15. 373.2K、101 325Pa 的水,使其与大热源接触,向真空蒸发成为 373.2K、101 325Pa 条件下的水气,对这一过程,应选作为过程方向的判据的是(　　　　)

A. $\Delta U$ 　　　　　B. $\Delta F$ 　　　　　C. $\Delta H$ 　　　　　D. $\Delta G$

## 二、判断题（每题1分，共20分）

1. 若一个过程是可逆过程,则该过程中的每一步都是可逆的。(　　　)

2. 若一个过程是不可逆过程,则该过程中的每一步都是不可逆的。(　　　)

3. 不可逆过程一定是自发过程。(　　　)

4. 过冷水结冰的过程是在恒温、恒压、不做其他功的条件下进行的,由基本方程可得 $\Delta G = 0$。(　　　)

5. 反应的吉布斯能变化就是反应产物与反应物之间的吉布斯能的差值。(　　　)

6. 在等温、等压不作非体积功的条件下,反应的 $\Delta_r G_m < 0$ 时,若值越小,自发进行反应的趋势也越强,反应进行得越快。(　　　)

7. 单组分体系的相图中两相平衡线都可以用克拉贝龙方程定量描述。(　　　)

8. 在简单低共熔物的相图中,三相线上的任何一个体系点的液相组成都相同。(　　　)

9. 一完全互溶的双液系,温度-组成图上没有极值点,若 $p_A^* > p_B^*$,则蒸馏时的馏出物为 B。(　　　)

10. 电解质水溶液的电导率和摩尔电导率都随溶液浓度减小而增大。(　　　)

11. 离子独立运动定律是说电解质溶液中每种离子都是独立运动的,不受其他离子的干扰。(　　　)

12. 对大多数系统来讲,当温度升高时,表面张力下降。(　　　)

13. 单分子反应称为基元反应,双分子反应和三分子反应称为总包反应。(　　　)

14. 溶胶与真溶液一样是均相系。(　　　)

15. 若化学反应由一系列基元反应组成,则该反应的速率是各基元反应速率的代数和。(　　　)

16. 零级反应的反应速率不随反应物浓度变化而变化。(　　　)

17. 对于一般服从阿伦尼乌斯方程的化学反应,温度越高,反应速率越快,因此升高温度有利于生成更多的产物。(　　　)

18. 二组分固液平衡体系的自由度最多为3。(　　　)

19. 比表面能与表面张力数值相等,所以二者的物理意义亦相同。(　　　)

20. 绝热循环过程一定是个可逆循环过程。(　　　)

## 三、简答题（每题6分，共30分）

1. 理想气体经等温膨胀后,由于 $\Delta U = 0$,所以吸的热全部转化为功,这与热力学第二定律"开尔文说法"矛盾吗? 为什么?

2. 在重量分析法中,常将不同粒径的沉淀物放置"陈化",以获取较大直径的结晶。请用物理化学原理解释陈化过程。

3. 向憎液溶胶中先加大量明胶溶液再加 NaCl 溶液或先加 NaCl 溶液再加大量明胶溶液,结果是否相同? 为什么?

4. 用渗透压方法测定蛋白质分子量时,常将蛋白质溶液放在半透膜的一边,而在半透膜的另一边加入一定量的某电解质,请解释原因。

5. 将等体积的 0.1mol/L KCl 和 0.08mol/L 的 $AgNO_3$ 溶液制备 AgCl 溶胶,写出溶胶的结构式;试比较电解质 $MgCl_2$、$Na_2SO_4$ 和 $MgSO_4$ 聚沉能力,按聚沉能力由大到小排列。

### 四、计算题（10 分）

1mol 理想气体于 298.2K 时:(1)由 100.0kPa 等温可逆膨胀到 60.8kPa,求 $Q$、$W$、$\Delta U$、$\Delta H$、$\Delta G$ 和 $\Delta S_{体}$;(2)若自始至终用 60.8kPa 的外压,等温压缩到终态,求上述各热力学量的变化。

### 五、计算题（10 分）

已知 268K 时,过冷液态苯蒸气压为 2.64kPa,设苯蒸气为理想气体,苯的密度约为 0.876kg/$dm^3$,求 268K、100kPa,1mol 过冷苯蒸气凝结为液态苯的 $\Delta G$。

参 考 答 案

#### 一、选择题（每题 2 分,共 30 分）

1. D; 2. C; 3. A; 4. D; 5. A; 6. B; 7. B; 8. A; 9. B; 10. A; 11. B; 12. C; 13. C; 14. D; 15. B

#### 二、判断题（每题 1 分,共 20 分）

1. √; 2. ×; 3. ×; 4. ×; 5. ×; 6. ×; 7. √; 8. √; 9. ×; 10. ×; 11. √; 12. √; 13. ×; 14. ×; 15. ×; 16. √; 17. ×; 18. √; 19. ×; 20. √

#### 三、简答题（每题 6 分,共 30 分）

1. 答:不矛盾。热力学第二定律"开尔文说法"是从单一热源吸取热,使之全部转变为功而不发生其他变化是不可能的。理想气体经等温膨胀后,由于 $\Delta U=0$,虽然吸的热全部转化为功,但体积变大了,即发生了其他变化,所以与热力学第二定律"开尔文说法"并不矛盾。

2. 答:由开尔文公式 $\ln\dfrac{a_r}{a_{正常}}=\dfrac{2\sigma_{s-l}M}{\rho RTr}$ 可知,在指定温度下,晶体溶解度和其粒子半径成反比,越小的晶体颗粒溶解度越大。因此,实验室就是利用这个原理,将新生成沉淀的饱和溶液长时间放置,使较小的晶体逐渐溶解,较大的晶体逐渐长大,最终得到较大的晶体,这就是物理化学中"陈化"的原理。

3. 答:结果不同。因为大量的大分子溶液对憎液溶胶起保护作用,因此向憎液溶胶中先加大量明胶溶液再加溶液,由于明胶对溶胶的保护作用,使电解质不能中和溶胶的电荷,从而不发生聚沉。而先加 NaCl 溶液再加大量明胶溶液,NaCl 可以使溶胶发生明显的聚沉。

4. 答:因为大分子离子的存在,为了保持溶液的电中性,导致小离子分布不均匀,这种不均匀的分布平衡称为唐南平衡。当达到唐南平衡时,电解质在半透膜的内外浓度是不相同的,会产生额外的渗透压,测得的蛋白质分子量偏低。因此,在半透膜另一边加入一定量的电解质,使电解质在膜两边分布是均匀的,消除了唐南平衡,由此测定的蛋白质分子量才比较准确。

5. 答:溶胶结构式:$[(AgCl)_m \cdot n\,Cl^- \cdot (n-x)K^+] \cdot xK^+$。制备 AgCl 溶胶时由于 KCl 过量,胶核吸附 $Cl^-$ 而形成负溶胶。因此,主要起聚沉作用的应是正离子。根据舒尔策-哈代规则,二价正离子的聚沉能力强,则 $MgSO_4$ 和 $MgCl_2$ 聚沉能力大于 $Na_2SO_4$;$MgSO_4$ 和 $MgCl_2$ 具有相同的正离子,再根据负离子(即同离子)判断;同离子价数越高,聚沉能力越弱,则 $Cl^- >$ $SO_4^{2-}$。综上所述,对 AgCl 正溶胶聚沉能力的强弱顺序为:$MgCl_2>MgSO_4>Na_2SO_4$。

#### 四、计算题（10 分）

解:(1)为等温可逆膨胀过程:$\Delta U=\Delta H=0$

$$W=-nRT\ln(p_1/p_2)=-1\times8.314\times298.2\times\ln(100/60.8)=-1\,233.4J$$

$$Q = -W = 1\,233.4J$$

$$\Delta S_{体} = nR\ln(p_1/p_2) = 1\times8.314\times\ln(100/60.8) = 4.1J/K$$

（2）此过程为恒外压 $p_e = 60.8kPa$ 压缩至终态的过程：

∵ $U$、$H$、$S$、$G$ 均为状态函数

∴ $\Delta U$、$\Delta H$、$\Delta S_{体}$、$\Delta G$ 均与（1）相同

$$W = -p_2(V_2 - V_1) = -p_2 V_2 \times (1 - V_1/V_2) = -nRT \times (1 - V_2/V_1)$$

$$= -1\times8.314\times298.2\times(1 - 60.8/100) = -971.9J$$

$$Q = -W = 971.9J$$

## 五、计算题（10分）

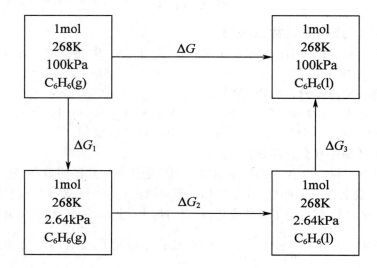

$$\Delta G_1 = \int V dp = -nRT\ln(p_1/p_2) = -1\times8.314\times268\times\ln(100/2.64) = -8\,098J$$

$$\Delta G_2 = 0$$

$$\Delta G_3 = \int V dp = V(p_1 - p_2) = \frac{0.078\times10^{-3}}{0.876}\times(100\,000 - 2\,640) = 8.67J$$

$$\Delta G = \Delta G_1 + \Delta G_2 + \Delta G_3 = -8\,098 + 0 + 8.67 = -8\,089.33J$$

# 模拟试卷八

## 试　卷

### 一、选择题（每题2分，共10分）

1. 在 100kPa 和 −5℃时，冰变为水，系统吉布斯能的变化为（　　）

    A. $\Delta G_{体} > 0$     B. $\Delta G_{体} < 0$     C. $\Delta G_{体} = 0$     D. 不能确定

2. 已知电池反应

①$Zn(s) + Cu^{2+}(a_{Cu^{2+}} = 1) \Longrightarrow Zn^{2+}(a_{Zn^{2+}} = 1) + Cu(s)$

②$\frac{1}{2}Zn(s) + \frac{1}{2}Cu^{2+}(a_{Cu^{2+}} = 1) \Longrightarrow \frac{1}{2}Zn^{2+}(a_{Zn^{2+}} = 1) + \frac{1}{2}Cu(s)$

两个反应的 $\Delta_r G_m$ 和 $E$ 的关系为（　　）

A. $\Delta_r G_{m,1} = 2\Delta_r G_{m,2}, E_1 = E_2$　　　　　　　B. $2\Delta_r G_{m,1} = \Delta_r G_{m,2}, E_1 > E_2$

C. $\Delta_r G_{m,1} = 2\Delta_r G_{m,2}, E_1 < E_2$　　　　　　　D. $2\Delta_r G_{m,1} = \Delta_r G_{m,2}, E_1 = E_2$

3. 在带正电的 AgI 溶胶中加入等体积、等浓度的下列溶液,则使溶胶聚沉最快的是(　　　)

A. KCl　　　　　　B. $KNO_3$　　　　　　C. $K_2Cr_2O_7$　　　　　　D. $K_3[Fe(CN)_6]$

4. 将一个球形液滴分散为 10 个小液滴时,其比表面将增大为(　　　)

A. 原来的 100 倍　　　　　　　　　　B. 原来的 10 倍

C. 原来的$10^{-2/3}$倍　　　　　　　　　D. 原来的$10^{2/3}$倍

5. 能在毛细管中产生凝聚现象的物质是由于该物质的液体在毛细管中形成:①凸面;②凹面;③平面。其在毛细管内液面上的饱和蒸气压 $p$:④大于平面的;⑤等于平面的;⑥小于平面的。正确答案是(　　　)

A. ②④　　　　　　B. ②⑥　　　　　　C. ③⑥　　　　　　D. ①⑤

**二、判断题（每题 2 分，共 10 分）**

1. 已知①$MnCO_3$ 的分解温度为 525℃;②$CaCO_3$ 的分解温度为 897℃;它们在 298K 下分解反应的平衡常数 $K_p$ 的关系为:$K_{p,①} > K_{p,②}$。(　　　)

2. 盐桥在测定电池电动势中的作用是消除液体接界电势。(　　　)

3. 唐南平衡是指小分子电解质的存在使大分子电解质在膜两边分布不均匀的现象。(　　　)

4. 浊点是表面活性剂都具有的性质参数。(　　　)

5. $\xi$ 电势表示了滑动面到溶液内部电中性处的电势差。(　　　)

**三、填空题（每题 2 分，共 10 分）**

1. 用黏度法测定大分子电解质的分子量时,常加入足量的小分子电解质的作用是_____。

2. 气相反应 A(g)+2B(g)$\Longleftrightarrow$P(g) 在温度 $T$ 时的平衡常数 $K^{\ominus}$ 为 0.168 2,体系的压力为 $2p^{\ominus}$,则反应的平衡转化率为_____%。

3. 表面活性剂的分子结构特点为_____。

4. 某药物的混悬液（剂）用于皮肤给药。已知 $\sigma_{混悬液} = 54mN/m, \sigma_{皮肤} = 29.7mN/m$,混悬液与皮肤之间的接触角为 85°,则混悬液与皮肤间的界面张力 $\sigma_{混悬液-皮肤} = $_____ mN/m。

5. 在 310K 时,血浆中溶解物质的总浓度为 0.3mol/L,则血浆的渗透压是_____ kPa。

**四、简答题（每题 5 分，共 20 分）**

1. 用你学过的物理化学知识,提出 2 种提高难溶性药物溶解度的方法,并说明原因。

2. 某些中草药的有效成分为挥发油,其不溶于水、沸点高,且高温直接蒸馏提取时易分解,因此常用水蒸气蒸馏的方法在低于 100℃将其从中草药中提取蒸出。简述水蒸气蒸馏的原理。

3. 液体的饱和蒸气压越高,沸点就越低;而由克劳修斯-克拉珀龙方程知,液体温度越高,饱和蒸气压愈大。两者是否矛盾? 为什么?

4. 如何用 DLVO 理论解释电解质对溶胶稳定性的影响。

**五、计算题（共 50 分）**

1. (15 分)353K、101 325Pa 下,1 mol 液态苯向真空蒸发为同温同压的苯蒸气(设为理想气体)。已知苯在正常沸点 353K 时的摩尔气化热为 30.75kJ/mol。

(1)计算该过程的 $Q$、$W$、$\Delta U$、$\Delta H$、$\Delta S$、$\Delta F$、$\Delta G$。

（2）根据判据说明该过程的不可逆性。（20分）

2. （20分）298.15K时，测得电池

$$Zn(s)\,|\,ZnCl_2(m=0.002mol/kg)\,|\,Hg_2Cl_2(s)\,|\,Hg(l)$$

的电池电动势为1.044 2V，电池电动势的温度系数为$-1.02\times10^{-4}$V/K，假设发生2mol电子的反应。

（1）根据德拜-休克尔公式计算$ZnCl_2$溶液的离子强度和平均活度系数。

（2）写出电极反应和电池反应。

（3）计算298.15K时，反应的标准平衡常数$K^{\ominus}$。

（4）计算298.15K时，该反应的$\Delta_rS_m$。

3. （15分）298K时，反应B+D⟶E的机制如下：

$$B\xrightarrow{k_1}C$$

$$C+D\xrightarrow{k_2}E$$

实验过程中观测到：与B、D、E的浓度相比较，C的浓度很小。

（1）请用稳态近似法证明反应的速率方程为：$\dfrac{dc_E}{dt}=k_1c_B$。

（2）实验测得第一步反应活化能$E_{a1}=120\times10^3$J·mol$^{-1}$，指前因子$A_1=1.2\times10^{13}$s$^{-1}$，求速率常数$k_1$。

（3）求B在298K时反应一半所需的时间。

## 参考答案

**一、选择题（每题2分，共10分）**

1. A；2. A；3. D；4. C；5. B。

**二、判断题（每题2分，共10分）**

1. √；2. ×；3. ×；4. ×；5. √。

**三、填空题（每题2分，共10分）**

1. 消除电黏效应；2. 21；3. 既含有亲水基团又含有疏水基团；4. 25；5. 773。

**四、简答题（每题5分，共20分）**

1. （1）减少药物颗粒的粒径。因为根据开尔文公式，药物颗粒粒径越小，溶解度越大。（2）利用胶束进行增溶。因为胶束是由具有双亲结构的表面活性剂分子在达到临界胶束浓度之后形成的，难溶药物可以以内部溶解型、外壳溶解型、插入型、吸附型的形式增溶于胶束中，提高其在水中的溶解度。

2. 对于两种完全不互溶的液体，任一组分的蒸气压与同温度下单独存在一样，溶液的总蒸气压等于各组分单独存在时的蒸气压之和，因此体系会在低于任一组分沸点的温度下共沸，并且能按一定的比例蒸出。

3. 两者并不矛盾。因为沸点是指液体的饱和蒸气压等于外压时对应的温度。在相同温度下，不同液体的饱和蒸气压一般不同，饱和蒸气压高的液体，其饱和蒸气压等于外压时，所需的温度较低，故沸点较低；克劳修斯-克拉珀龙方程是用于计算同一液体在不同温度下的饱和蒸气压的，温度越高，液体越易蒸发，故饱和蒸气压越大。

4. DLVO理论认为，溶胶的稳定性取决于粒子间的范德瓦耳斯引力和双电层的静电排

斥力的相对大小。粒子间的范德瓦耳斯引力是组成胶粒的分子之间的范德瓦耳斯引力之和,而斥力的大小与粒子所带电荷的多少、粒子间的距离等因素有关。因此,粒子间的总势能为引力势能与斥力势能之和。在势能曲线上有时会出现称为势垒的最高点,势垒越高,体系越稳定,粒子的 $\xi$ 电势越大。电解质的加入会影响到双电层的静电排斥力。随着电解质浓度的逐渐增大,部分反离子进入吸附层,扩散层被压缩,$\xi$ 电势随之变小,斥力势能相应降低。当扩散层被压缩到一定程度时,体系的引力势能大于斥力势能,总势能曲线上的势垒消失,溶胶必然聚沉。

## 五、计算题(共 50 分)

1.(15 分)

解:(1)$\Delta G = 0$

$\Delta H = 1\text{mol} \times 30.75\text{kJ/mol} = 30.75\text{kJ}$

$\Delta S = \Delta H / T = 30\,750 / 353 = 87.11\text{J/K}$

$\Delta U = \Delta H - nRT = 30.75 - (1 \times 8.314 \times 353) \times 10^{-3} = 27.82\text{kJ}$

$\Delta F = \Delta U - T\Delta S = 27.82 - 353 \times 87.11 \times 0.001 = -2.93\text{kJ}$

$W = 0$

$Q = \Delta U = 27.82\text{kJ}$

(2)$\Delta F < 0$,自发过程。

2.(20 分)

解:(1)$I = \dfrac{1}{2}\sum m_B Z_B^2 = \dfrac{1}{2}(0.002 \times 2^2 + 0.004 \times 1^2) = 0.006\text{mol/kg}$

$$\lg \gamma_\pm = -0.509 |Z_+ Z_-| \sqrt{I / m^\ominus} = -0.509 \times 2 \times \sqrt{0.006} = -0.078\,9$$

$$\gamma_\pm = 0.834$$

(2) (−) $\quad \text{Zn(s)} - 2e \longrightarrow \text{Zn}^{2+}(a_1)$

(+) $\quad \text{Hg}_2\text{Cl}_2(s) + 2e \longrightarrow 2\text{Hg}(l) + 2\text{Cl}^-(a_2)$

$$\text{Zn(s)} + \text{Hg}_2\text{Cl}_2(s) \longrightarrow 2\text{Hg}(l) + \text{ZnCl}_2(a)$$

(3)$E = E^\ominus - \dfrac{RT}{2F} \ln a_{\text{Zn}^{2+}} a_{\text{Cl}^-}^2$

$\quad = E^\ominus - \dfrac{RT}{2F} \ln a_\pm^3$

$\quad = E^\ominus - \dfrac{RT}{2F} \ln \gamma_\pm^3 m_\pm^3$

$\quad = E^\ominus - \dfrac{8.314 \times 298.15}{2 \times 96\,500} \ln(0.834^3 \times 4 \times 0.002)$

$$1.044\,2 = E^\ominus + 0.069\,0$$

$$E^\ominus = 0.975\,2\text{V}$$

$$\ln K^\ominus = \frac{ZE^\ominus F}{RT} = \frac{2 \times 0.975\,2 \times 96\,500}{8.314 \times 298.15} = 75.93$$

$$K^\ominus = 9.45 \times 10^{32}$$

(4)$\Delta_r S_m = ZF \left( \dfrac{\partial E}{\partial T} \right)_p = 2 \times 96\,500 \times (-1.02 \times 10^{-4}) = -19.686\text{J/K}$

3. (15 分)

解:(1)

$$\frac{dc_E}{dt} = k_2 c_C c_D$$

$$\frac{dc_C}{dt} = k_1 c_B - k_2 c_C c_D = 0$$

$$\frac{dc_E}{dt} = k_2 c_C c_D = k_1 c_B$$

(2)

$$\ln k = -\frac{E_{a1}}{RT} + \ln A_1$$

$$\ln k_1 = -\frac{120 \times 10^3}{8.314 \times 298} + \ln(1.2 \times 10^{13}) = -18.32$$

$$k_1 = 1.11 \times 10^{-8} \, s^{-1}$$

(3)

$$t_{1/2} = -\frac{0.693}{k} = 1.98 \text{ 年}$$

# 模拟试卷九

## 试 卷

### 一、选择题（每题 2 分，共 40 分）

1. 将一刚性容器中的水加热至一定的温度,该热力学过程为(　　)
   A. 等压过程　　　　B. 等容过程　　　　C. 绝热过程　　　　D. 等温过程

2. 以下关于焓的表述中错误的是(　　)
   A. 敞开系统中,$\Delta H \approx Q$,故 $\Delta H$ 不是状态函数,而是过程函数
   B. 封闭系统,等压,只做体积功,$\Delta H \approx Q$
   C. 凝聚相系统,$\Delta H \approx \Delta U$
   D. 焓不是系统能量的度量

3. 用以衡量系统混乱程度的是(　　)
   A. 吉布斯能　　　　B. 热力学第三定律　　C. 熵　　　　　　　D. 状态函数

4. 以下物理量中,与系统的数量有关的是(　　)
   A. 吉布斯能　　　　B. 摩尔电导率　　　　C. 电动势　　　　　D. 活化能

5. 联系系统温度和蒸气压的公式是(　　)
   A. 开尔文公式　　　　　　　　　　　B. 克拉珀龙方程
   C. 阿伦尼乌斯方程　　　　　　　　　D. 范特霍夫等压方程

6. 101.325kPa 时,1mol/L NaCl 水溶液的自由度为(　　)
   A. 0　　　　　　　B. 1　　　　　　　C. 2　　　　　　　D. 3

7. 在电解池中,(　　)
   A. 电流是由化学反应产生　　　　　　B. 电子流向阳极
   C. 非自发反应可以发生　　　　　　　D. 阴极发生氧化反应

8. 某基元反应:$2A \longrightarrow B+C$,其反应速率表示为(　　)
   A. $r=k[2A]$　　　　B. $r=k[A]$　　　　C. $r=k[A]^2$　　　　D. $r=k[A]^{1/2}$

9. 下列关于光化学反应的表述中不正确的是(　　)

　　A. 光照是反应进行的基本条件

　　B. 温度对反应速率有很大影响

　　C. 吉布斯能变化可以不为负

　　D. 反应物消耗的量可能大于吸收的光量子数

10. 以下对物理吸附的描述,正确的是(　　)

　　A. 可以是单分子层或多分子层吸附　　B. 吸附较弱

　　C. 无选择性且较快　　　　　　　　　D. 以上都对

11. 下列措施中可增加溶液反应速率的是(　　)

　　A. 若为同种电荷间的反应,增加溶液的离子强度

　　B. 若为同种电荷间的反应,在介电常数小的溶剂中进行

　　C. 若反应物极性大于产物的极性,增加溶剂的极性

　　D. 以上都对

12. 图 10-11 为反应 $X+Y \longrightarrow Z$ 的能量变化图,若在反应系统中加入催化剂,则能量发生变化的是(　　)

　　A. 只有 I

　　B. 只有 II

　　C. 只有 I 和 II

　　D. I、II 和 III

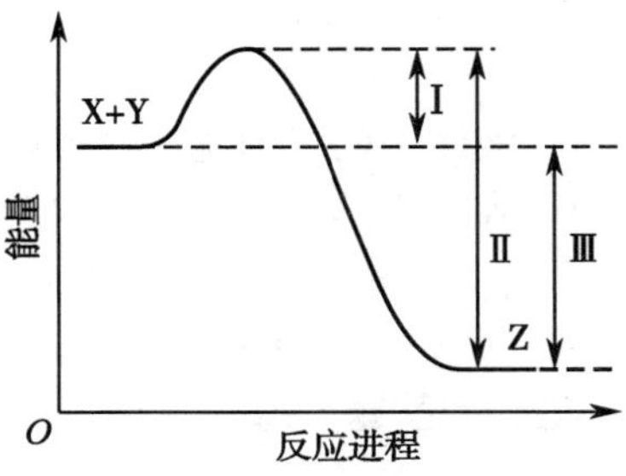

13. 对平面液体而言,其值为零的物理量是(　　)

　　A. 表面吉布斯能

　　B. 附加压力

　　C. 表面张力

　　D. 比表面能

图 10-11　反应能量进程图

14. 下列关于液体在固体表面润湿的表述中,正确的是(　　)

　　A. 若接触角大于 180°,可发生黏附润湿

　　B. 若液体的表面张力越高,铺展润湿越容易发生

　　C. 若接触角为零,可发生铺展润湿

　　D. 若铺展系数为负,可发生铺展润湿

15. 下列不属于表面活性剂的性质的是(　　)

　　A. 通过在水中的完全溶解来降低水的表面张力

　　B. 通过在液-气界面的吸附降低水的表面张力

　　C. HLB 值

　　D. CMC

16. 在外电场的作用下,带电溶胶粒子向所带电荷相反符号的电极方向运动称为(　　)

　　A. 电泳　　　　　　　B. 电渗　　　　　　　C. 扩散　　　　　　　D. 渗透

17. 属于溶胶动力性质的是(　　)

　　I. 布朗运动　　II. 扩散　　III. 沉降　　IV. 聚沉

　　A. I、II 和 III　　　　　　　　　　　　B. I、III 和 IV

　　C. II、III 和 IV　　　　　　　　　　　D. 以上都是

18. 对 $Fe(OH)_3$ 溶胶聚沉最有效的是(　　)

    A. NaCl　　　　　　　B. $Na_2SO_4$　　　　　C. $AlCl_3$　　　　　D. $K_3[Fe(CN)_6]$

19. 大分子电解质溶液不具有(　　)

    A. 高电荷密度　　　B. 电黏效应　　　　C. 唐南平衡　　　　D. 丁达尔效应

20. 大分子溶液的特性黏度(　　)

    A. 等于相对黏度减去 1

    B. 等于溶液黏度比溶剂黏度

    C. 与大分子的摩尔质量成正比

    D. 可通过以增比黏度对浓度作图,将直线外推至无限稀释处求得

## 二、判断题(每题 1 分,共 16 分)

1. 对一放热过程,$Q<0$,$\Delta S_{环境}>0$。(　　)

2. 二元液态混合物的沸点在一定温度范围内变动。(　　)

3. 标准电极就是标准氢电极。(　　)

4. 对反应速率常数为 1(单位)的 0 级和 2 级反应来说,2 级反应具有较短的半衰期。(　　)

5. 液体中的气泡越小,气泡内液体的饱和蒸气压亦越低。(　　)

6. 表面积越大,表面张力越高。(　　)

7. $\zeta$ 电势越大,溶胶越稳定。(　　)

8. O/W 乳状液是电的良导体。(　　)

## 三、问答题(每题 8 分,共 24 分)

1. 热力学可逆过程的特点是什么? 简述研究热力学可逆过程的意义。

2. 若某反应为放热反应,试从热力学和动力学角度讨论温度对反应的影响。

3. 双电层理论描述了溶胶粒子表面的电学结构。现由等体积的 0.1mol/L KI 溶液和 0.08mol/L $AgNO_3$ 溶液制备得到 AgI 溶胶,试分析该溶胶的胶束结构。若用 $FeCl_3$、$MgCl_2$、$NaNO_3$ 或 $K_3[Fe(CN)_6]$ 溶液使该溶胶聚沉,则聚沉能力最强(聚沉值最小)的是哪个?

## 四、计算题(共 20 分)

1. (8 分)现有反应:$Ag^+(aq)+Cl^-(aq)\longrightarrow AgCl(s)$

(1)利用表中的热力学数据,计算该反应在 298K 时的平衡常数;(2)将该反应设计成电池,并写出电池表达式。

| 物质 | $\Delta_f H_m^\ominus$(kJ/mol) | $S_m^\ominus$(J/(K·mol)) |
|---|---|---|
| $Ag^+$(aq) | 105.90 | 73.93 |
| $Cl^-$(aq) | −167.2 | 56.5 |
| AgCl(s) | −127.0 | 96.11 |

2. (12 分)反应(1)$CO_2(g)+C(s)\Longrightarrow 2CO(g)$ 的平衡结果如下:

| $T$/K | $CO_2$ 分压 $p$/kPa | CO 分压 $p$/kPa |
|---|---|---|
| 1 073 | 68.88 | 191.52 |
| 1 173 | 16.13 | 216.97 |

现有反应(2)$2CO_2(g)\Longrightarrow 2CO(g)+O_2(g)$,计算 1 173K 时,反应(2)的 $\Delta_r G_m^\ominus$,$\Delta_r H_m^\ominus$ 及

$\Delta_r S_m^{\ominus}$。已知 1 173K 时 C 的燃烧焓 $\Delta_c H_m^{\ominus} = -390.66$kJ/mol，反应(2)的 $K_p^{\ominus}(2) = 1.25 \times 10^{-16}$。

## 参 考 答 案

**一、选择题（每题 2 分，共 40 分）**

1. B；2. A；3. C；4. A；5. B；6. B；7. C；8. C；9. B；10. D；11. A；12. C；13. B；14. C；15. A；16. A；17. A；18. D；19. D；20. C

**二、是非题（每题 2 分，共 16 分）**

1. √；2. √；3. ×；4. ×；5. √；6. ×；7. ×；8. √

**三、问答题（每题 8 分，共 24 分）**

1. 答：(1)由一系列无限接近平衡的状态组成；(2)系统做最大功，环境做最小功；(3)按原过程的相反方向进行，系统与环境同时复原。

真正的可逆过程并不存在，但是可逆过程能量利用率最高，所以可以使实际过程最大限度地趋近于可逆过程，实现能量利用的最大化。此外，有些热力学函数的改变量只有通过可逆过程才能计算。

2. 答：从热力学平衡的角度考虑，放热反应，温度升高，对正反应不利。但是从动力学角度考虑，温度升高，反应速率加快，对正反应有利。因此，必须综合动力学和热力学两因素，在保证有一定平衡转化率的基础上，适当升高温度，加快反应速率。

3. 答：胶核：$m$AgI；定位离子：$n$I$^-$；内层反离子：$(n-x)$K$^+$；外层反离子：$x$K$^+$

也可写为：$\left[ (AgI)_m \quad \cdot \quad n I^- \quad \cdot \quad (n-x)K^+ \right] \quad \cdot \quad xK^+$

　　　　　　胶核　　　　定位离子　　内层反离子　　外层反离子

聚沉能力最强的是：$FeCl_3$

**四、计算题（共 20 分）**

1. （8 分）

解：(1) $\Delta H^{\ominus} = -127.0 - (-167.2) - 105.9 = -65.7$kJ

$$\Delta S^{\ominus} = 96.11 - 56.5 - 73.93 = -34.32 \text{J/K}$$

$$\Delta G = -65\ 700 - 298 \times (-34.32) = -55.47 \text{kJ}$$

$$\Delta G^{\ominus} = -RT \ln K^{\ominus}$$

$$-55\ 470 = -8.314 \times 298 \times \ln K^{\ominus}$$

$$22.39 = \ln K^{\ominus}$$

$$K^{\ominus} = 5.3 \times 10^9$$

(2) Ag(s) | AgCl(s) | Cl$^-(a_1)$ ‖ Ag$^+(a_2)$ | Ag(s)

2. （12 分）

解：首先由平衡分压求 1 073K 和 1 173K 时反应(1)的平衡常数

$$K_{1\ 073}^{\ominus} = \frac{\left( \dfrac{191.52}{100} \right)^2}{\dfrac{68.88}{100}} = 5.325$$

$$K_{1\ 173}^{\ominus} = \frac{\left( \dfrac{216.97}{100} \right)^2}{\dfrac{16.13}{100}} = 29.19$$

由化学反应等压方程式,计算反应(1)的 $\Delta_r H_m^\ominus$

$$\ln \frac{K_2^\ominus}{K_1^\ominus} = \frac{\Delta_r H_m^\ominus}{R}\left(\frac{1}{T_1} - \frac{1}{T_2}\right)$$

$$\ln \frac{29.19}{5.325} = \frac{\Delta_r H_m^\ominus}{8.314}\left(\frac{1}{1\,073} - \frac{1}{1\,173}\right)$$

$$\Delta_r H_m^\ominus = 178.0\text{kJ/mol}$$

已知 C 的燃烧焓,可以得知 $CO_2(g)$ 的生成焓为 $-390.66$kJ/mol,结合反应(1)的反应焓变,可以得到 $CO(g)$ 的生成焓:

$$\Delta_f H_m^\ominus(CO) = \frac{[(-390.66)+178.0]}{2} = -106.3\text{kJ/mol}$$

反应(2)的 $\Delta_r H_m^\ominus$ 为

$$\Delta_r H_m^\ominus = 2\Delta_f H_m^\ominus(CO) - 2\Delta_f H_m^\ominus = 2\times(-106.3) - 2\times(-390.66) = 568.72\text{kJ/mol}$$

$$\Delta_r G_m^\ominus = -RT\ln K_p^\ominus = -8.314\times1\,173\ln 1.25\times10^{-16} = 357.1\text{kJ/mol}$$

$$\Delta_r S_m^\ominus = \frac{\Delta_r H_m^\ominus - \Delta_r G_m^\ominus}{T} = \frac{568.72-357.1}{1\,173} = 180.4\text{J/(K·mol)}$$

# 模拟试卷十及答案

## Test

### I. Multiply Choice (50 points in total, two points each)

Direction: *Choose the best answer for each question and write the letter of your choice in the corresponding brackets.*

1. Which of the following statements is correct? (　　)

   A. Thermodynamic energy is an intensive property.

   B. Heat is a temperature difference.

   C. The enthalpy change for a reaction is equal to the heat of the reaction.

   D. The first law states that the energy of the universe is conserved.

2. For a thermodynamically reversible process, (　　)

   A. the work done by the system is maximum.

   B. the work done by the surroundings is maximum.

   C. the thermodynamic energy of the system remains constant.

   D. it is uncertain.

3. For a process of water sublimation, (　　)

   A. $W>0$    B. $Q<0$    C. $\Delta S>0$    D. $\Delta G>0$

4. Which of the following statements is true about a chemical reaction with negative Gibbs energy change of $-350$kJ? (　　)

   A. The entropy always increases.

   B. The enthalpy always decreases.

   C. Both the entropy and enthalpy changes decide the fate of the reaction.

   D. The reaction should be instantaneous.

5. Which of the following statements is the expression of second law? (　　)

　　A. The Gibbs energy is a function of both enthalpy and entropy.

　　B. A pure and perfect crystal has zero entropy at 0K.

　　C. The entropy of the universe is continually increasing.

　　D. Spontaneous processes are always exothermic.

6. The thermodynamic equilibrium constant(　　)

　　A. equals one when a chemical reaction reaches equilibrium

　　B. changes with temperature

　　C. changes with the quantities of reactants and products initially present

　　D. is independent on the stoichiometry

7. On a phase diagram, the quantities can either be varied or keep constant are referred to as (　　)

　　A. independent variables　　　　　　B. dependent variables

　　C. numbers of component　　　　　　D. constants

8. Pick the one in the following which is three-phase in equilibrium. (　　)

　　A. critical point　　　　　　　　　　B. isothermal consolute point

　　C. azeotropic point　　　　　　　　　D. eutectic point

9. A solution of two binary perfect liquids shows(　　)

　　A. a straight liquid line in $p$-$x$ phase diagram

　　B. a straight vapor line in $p$-$x$ phase diagram

　　C. a straight liquid line in $T$-$x$ phase diagram

　　D. a straight vapor line in $T$-$x$ phase diagram

10. The electrochemical cell for determination of the standard electrode potential of copper electrode using standard hydrogen electrode is(　　)

　　　　A. $Pt \mid H_2(p^{\ominus}) \mid H^+(a=1) \parallel Cu^{2+}(a=1) \mid Cu(s)$

　　　　B. $H_2(p^{\ominus}) \mid H^+(a=1) \parallel Cu^{2+}(a=1) \mid Cu(s)$

　　　　C. $Cu(s) \mid Cu^{2+}(a=1) \parallel H^+(a=1) \mid H_2(p^{\ominus}) \mid Pt$

　　　　D. $Cu(s) \mid Cu^{2+}(a=1) \parallel H^+(a=1) \mid H_2(p^{\ominus})$

11. The salt bridge used in an electrochemical cell is to(　　)

　　A. provide a source of ions to react at two electrodes

　　B. minimize the liquid junction potential

　　C. eliminate the liquid junction potential

　　D. enhance the transference of the solutions of two half cells

12. A catalyst can(　　)

　　A. speed up a forward reaction and slow down the reverse reaction

　　B. increase the Gibbs energy change in the reaction

　　C. decrease the Gibbs energy change in the reaction

　　D. decrease the activation energy of the forward reaction

13. Which of the following reactions has a concentration independent rate? (　　)

　　A. first order reaction　　　　　　　B. zeroth order reaction

    C. second order reaction                  D. all of the above

14. Which of the following statements about the photochemical reaction is correct? (     )

    A. The quantum yield can never be larger or smaller than one.

    B. The reaction rate is greatly affected by temperature.

    C. It may has a positive Gibbs energy change.

    D. Any light radiation on the system can cause the photochemical reaction.

15. For a planar surface, which of the following properties has a zero value? (     )

    A. surface tension                  B. surface work

    C. surface Gibbs energy            D. additional pressure

16. Which of the followings is not the basic feature of physical adsorption? (     )

    A. It is caused by weak van der Waals forces.

    B. The enthalpy of adsorption is low and ranged from 10kJ/mol to 40kJ/mol.

    C. It has a larger adsorption rate.

    D. It is highly specific in nature.

17. Which of the following statements is incorrect? (     )

    A. Higher is CMC of the surfactant, more is its surface activity.

    B. Larger is the HLB number, more hydrophilic is the surfactant.

    C. The spreading coefficient for spreading of liquid A on surface of liquid B can be calculated by $\sigma_B - \sigma_A - \sigma_{A-B}$.

    D. A droplet of water on a hydrophobic surface will give a contact angle which is larger than 90°.

18. The liquid substance with the lowest surface tension is(     )

    A. Hg            B. $H_2O$            C. $CH_3CH_2OH$       D. $CH_3OCH_3$

19. Which of the following is not the character of the sol? (     )

    A. heterogeneity                 B. kinetic stability

    C. coagulation unstability          D. high dispersion

20. The method which can be used to determine the mass average molar weight of macromolecular compound is(     )

    A. light scattering     B. viscometry           C. ultracentrafuge       D. osmosis

21. The colloid micelle structure of AgI can be arranged as: $[(Ag)_m nI^- (n-x)K^+]^{z-} xK^+$. The part which is referred to as colloid particle is(     )

    A. $(Ag)_m$                       B. $(Ag)_m nI^-$

    C. $[(Ag)_m nI^- (n-x)K^+]^{z-}$        D. $nI^- (n-x)K^+$

22. Which of the following statements about the zeta potential is correct? (     )

    A. The higher the zeta potential, the less stable is the colloid.

    B. The zeta potential at the isoelectric point is zero.

    C. Zeta potential is the electric potential difference between the surface of dispersed phase and the bulk of the solution.

    D. The zeta potential can be measured directly.

23. Which of the following reasons for the origin of electrical charge on the colloidal particles

is incorrect? (　　)

  A. adsorption of any ions from solution  B. ionization of molecules

  C. frictional electrification  D. lattice replacement

24. Colloidal solutions are not purified by (　　)

  A. dialysis  B. electrodialysis  C. electrophoresis  D. ultra filtration

25. Which of the follow statements is correct? (　　)

  A. Macromolecular particles are able to pass through filter paper and semipermeable membrane.

  B. Macromolecular solution is homogeneous and thermodynamically stable system.

  C. Macromolecular solution has less osmosis pressure than that of the true solution

  D. Macromolecular solution is more sensitive to electrolytes than that of sol.

## Ⅱ. Question answering (24 points total)

1. (6 points) Write out one characteristic of the opposing, parallel and consecutive reactions respectively.

2. (6 points) Match the following.

| Property | Reason |
| --- | --- |
| (1) Brownian movement | (a) Due to the presence of macromolecular electrolyte |
| (2) Tyndall effect | (b) Due to the presence of charge |
| (3) Electrophoresis | (c) Due to the formation of micelle |
| (4) Surface adsorption | (d) Due to the bombardment by solvent molecules |
| (5) Donnan equilibrium | (e) Due to the scattering of light |
| (6) Solubilization | (f) Due to the presence of surface tension |

3. (8 points) What is the reason for the stability of colloidal solution?

4. (4 points) A three component phase diagram is shown below. Determine the compositions of A, B and C of point P(Fig 10-12). At what area will two phases coexist? What character does line AR possess?

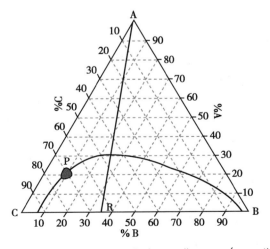

Fig 10-12　A three component phase diagram (question 4)

### III. Calculation problems (26 points total)

1. (8 points) Using the information in this table to do the calculations:

$$N_2(g) + 3H_2(g) \longrightarrow 2NH_3(g)$$

| Compound | $\Delta_f H^\ominus$/ (kJ/mol) | $S^\ominus$/ [ J/ (mol · K) ] |
|:---:|:---:|:---:|
| $N_2(g)$ | 0 | 191. 61 |
| $H_2(g)$ | 0 | 130. 68 |
| $NH_3(g)$ | −46. 11 | 192. 45 |

(1) Calculate $\Delta_r H_m$ and $\Delta_r S_m$ for the above reaction. (2) Predict whether the above reaction is spontaneous at 298K. (3) Calculate the $T$ at which $\Delta_r G_m$ is zero.

2. (8 points) A reaction has a concentration independent half-life. The rate constant for the reaction is expressed by the equation: $\lg k = -\dfrac{1.25 \times 10^4}{T} + 14.34$. (1) What is the activation energy of this reaction? (2) At what temperature will its $t_{1/2}$ be equal to 256 min?

3. (10 points) A cell $Pt \mid H_2(g) \mid HCl(aq) \mid AgCl(s) \mid Ag(s)$ shows the standard electromotive force of 0.23V at 288K and 0.21V at 308K. (1) Write out the electrodes and cell reaction respectively. (2) Calculate $\Delta_r H_m^\ominus$ and $\Delta_r S_m^\ominus$ for the cell reaction at 298K by assuming that these quantities remain unchanged in the range 288K to 308K. (3) Calculate the $K_{sp}(AgCl)$ in water at 298K. Given: $\varphi_{Ag^+/Ag}^\ominus = 0.80V$, $\varphi_{AgCl/Ag}^\ominus = 0.224V$.

## Solutions

### I. Multiply Choice (50 points in total, two points each)

1. D    2. A    3. C    4. C    5. C    6. B    7. A    8. D    9. A    10. A    11. B    12. D
13. B    14. C    15. D    16. D    17. A    18. D    19. B    20. A    21. C    22. B    23. A
24. C    25. B

### II. Question answering (24 points total)

1. (6 points)

For an opposing reaction, letting time become infinite, the system will have settled down into equilibrium, that is the forward rate of any chemical reaction equals the reverse rate and the ration of concentrations will be the equilibrium constant $K$.

For a pair of parallel first-order reactions, the ratio of the concentrations of the two products at any time is given by $k_1/k_2$.

For the consecutive reaction, the rate will depend on the rate of the single slowest step.

2. (6 points)

(1)-(d); (2)-(e); (3)-(b); (4)-(f); (5)-(a); (6)-(c).

3. (8 points)

There are three main reasons for the stability of colloidal sols:

Brownian motion: Strong enough Brownian motion to overcome the influence of gravity.

Solvation: If water acts as a medium, all the ions forming the double layer structure of colloid micelle should be hydrated to form a elastic shell around the colloid particles.

Electrical stability:Presence of equal and similar charges on the colloidal particles prevents coagulation of the colloidal sol.

4. (4 points)

(1)A:20% ;B:10% ;C:70%.

(2)For a point in the region below the curved line, the system consists of two liquid phases in equilibrium.

(3)Points on line AR represent systems in which the ratio of $w_B : w_C$ remains constant.

## Ⅲ. Calculation problems (26 points total)

1. (8 points)

(1)
$$\Delta H^{\ominus} = (\sum n\Delta_f H^{\ominus})_{products} - (\sum n\Delta_f H^{\ominus})_{reactants}$$
$$= -2 \times 46.11 = -92.22 \text{kJ/mol}$$
$$\Delta S^{\ominus} = (\sum nS^{\ominus})_{products} - (\sum nS^{\ominus})_{reactants}$$
$$= 2 \times 192.45 - 191.61 - 3 \times 130.68$$
$$= -198.75 \text{J/(K·mol)}$$

(2)
$$\Delta G^{\ominus} = \Delta H^{\ominus} - T\Delta S^{\ominus} = -92.22 - 298.15 \times (-0.198\ 75)$$
$$= -32.96 \text{kJ/mol}$$

$\Delta G$ is negative so the reaction is spontaneous.

(3)
$$T = \Delta_r H_m / \Delta_r S_m = -92.22 \times 1\ 000 / (-198.75) = 464 \text{K}$$

2. (8 points)

(1)
$$\lg k = -\frac{E_a}{2.303RT} + \lg A$$

Compare the equation, we have

$$\frac{E_a}{2.303 \times 8.314T} = \frac{1.25 \times 10^4}{T}$$

$$E_a = 239.3 \text{kJ/mol}$$

(2)
$$k = 0.693 / t_{1/2} = 0.693 / 256$$

$$\lg \frac{0.693}{256} = 14.34 - \frac{1.25 \times 10^4}{T}$$

$$T = 739.3 \text{K}$$

3. (10 points)

(1)Negative electrode: $\quad H_2(g) - 2e^- \longrightarrow 2H^+(aq)$

Positive electrode: $\quad 2AgCl(s) + 2e^- \longrightarrow 2Ag(s) + 2Cl^-(aq)$

Cell reaction: $\quad H_2(g) + 2AgCl(s) \longrightarrow 2Ag(s) + 2HCl(aq)$

(2)
$$(\partial E / \partial T)_p = (0.23 - 0.21) / (288 - 308) = -0.001 \text{V/K}$$

$$\Delta_r S_m^{\ominus} = zF\left(\frac{\partial E}{\partial T}\right)_p = 2 \times 96\ 500 \times (-0.001) = -193 \text{J/(K·mol)}$$

$$E^{\ominus} = \varphi_{AgCl/Ag}^{\ominus} - \varphi_{H^+/H_2}^{\ominus} = 0.224 \text{V}$$

$$\Delta_r G_m^{\ominus} = -zFE^{\ominus} = -2 \times 96\ 500 \times 0.224 = -43.232 \text{kJ/mol}$$

$$\Delta_r H_m^{\ominus} = \Delta_r G_m^{\ominus} + T\Delta_r S_m^{\ominus} = -43.232 + 298 \times (-0.193) = -100.75 \text{kJ/mol}$$

(3) Design the cell for reaction: $AgCl(s) \longrightarrow Ag^+ + Cl^-$

$$Ag(s) \mid AgCl(s) \parallel HCl(aq) \mid AgCl(s) \mid Ag(s)$$

$$E^{\ominus} = \varphi_{AgCl/Ag}^{\ominus} - \varphi_{Ag^+/Ag}^{\ominus} = 0.224 - 0.80V = -0.576V$$

$$E^{\ominus} = \frac{RT}{zF} \ln K^{\ominus}$$

$$-0.576 = \frac{8.314 \times 298}{1 \times 96\ 500} \ln K^{\ominus}$$

$$K^{\ominus} = 1.8 \times 10^{-10}$$